EDA 工程技术丛书

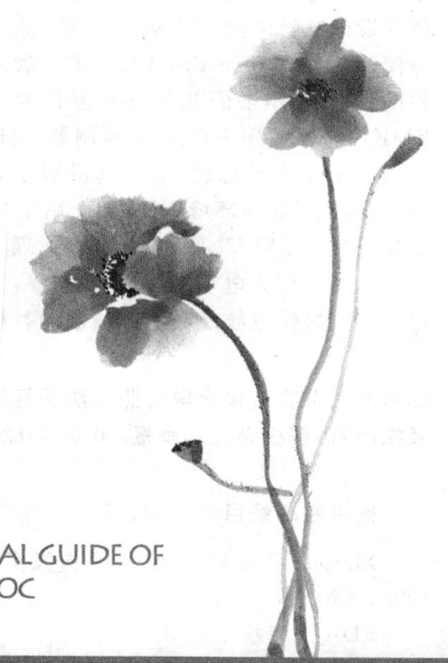

THE DEVELOPMENT AND PRACTICAL GUIDE OF XILINX ZYNQ-7000 AP SOC

Xilinx ZYNQ-7000 AP SoC 开发实战指南

符晓 Fu Xiao　张国斌 Zhang Guobin　朱洪顺 Zhu Hongshun　编著

清华大学出版社
北京

内容简介

本书基于 Xilinx 公司的 ZYNQ-7000 AP SoC，介绍了其体系结构与开发思想，并使用多个实例讲述了其开发方法与流程。全书共 9 章。书中讲述了 ZYNQ-7000 AP SoC 家族的特点、体系与结构以及软件开发的独特之处；以 Vivado 开发套件为基础，讲述了 ZYNQ-7000 AP SoC 的软硬件开发流程；为了方便使用 ISE/PlanAhead 软件的读者入手，还简要描述了使用它们开发 ZYNQ-7000 AP SoC 嵌入式软件的方法，但本书仍以 Vivado 套件为主要工具进行开发讲解；给出了常用外设的使用示例，包括 MIO/EMIO 接口、通用 I/O、中断控制器、定时器系统等，还给出了 XADC 模块的使用示例；围绕 Vivado 以 IP 为中心的设计思想，用实例讲解了如何设计用户自定义 IP 核；使用 System Generator for DSP 在 Matlab/Simulink 环境下建模，介绍了基于模型的 DSP 算法设计，并通过多个实例讲解了其设计思想和设计流程；使用 Vivado HLS 软件，通过多个实例讲述了高层次综合的设计思想和设计流程。

本书可作为电子通信、软件工程、自动控制、智能仪器和物联网相关专业高年级本科生或研究生学习嵌入式操作系统及其应用技术的教材，也可作为嵌入式系统开发和研究人员的参考用书。

图书在版编目(CIP)数据

Xilinx ZYNQ-7000 AP SoC 开发实战指南/符晓，张国斌，朱洪顺编著. —北京：清华大学出版社，2016
(2022.2重印)
EDA 工程技术丛书
ISBN 978-7-302-41491-9

Ⅰ. ①X… Ⅱ. ①符… ②张… ③朱… Ⅲ. ①可编程序逻辑器件—系统设计—指南
Ⅳ. ①TP332.1-62

中国版本图书馆 CIP 数据核字(2015)第 212880 号

责任编辑：刘 星
封面设计：李召霞
责任校对：焦丽丽
责任印制：杨 艳

出版发行：清华大学出版社
网 址：http://www.tup.com.cn，http://www.wqbook.com
地 址：北京清华大学学研大厦 A 座 **邮 编**：100084
社 总 机：010-62770175 **邮 购**：010-83470235
投稿与读者服务：010-62776969，c-service@tup.tsinghua.edu.cn
质量反馈：010-62772015，zhiliang@tup.tsinghua.edu.cn
课件下载：http://www.tup.com.cn，010-83470236
印 装 者：北京九州迅驰传媒文化有限公司
经 销：全国新华书店
开 本：185mm×260mm **印 张**：19 **字 数**：463 千字
版 次：2016 年 1 月第 1 版 **印 次**：2022 年 2 月第 6 次印刷
印 数：3701 ～ 3900
定 价：49.00 元

产品编号：060455-01

前言

Xilinx ZYNQ®-7000 All Programmable(AP)SoC 系列器件将处理器的软件可编程能力与 FPGA 的硬件可编程能力完美结合，通过硬件、软件和 I/O 可编程性实现了扩展式系统级差异、集成和灵活性，并以其低功耗和低成本等系统优势实现无与伦比的系统性能，同时可以加速产品上市进程。与基于传统 SoC 的处理解决方案不同，ZYNQ-7000 器件的灵活可编程逻辑能实现优化与差异化功能，使设计人员可以根据大部分应用的要求添加外设和加速器。通过 ZYNQ-7000 AP SoC 平台，设计人员可以设计更智能的系统，控制和分析部分利用灵活的软件、紧密配合擅长实时处理的硬件，辅之以优化的系统接口，从而使得 BOM 成本可大幅削减、NRE 成本更低、设计风险减少、加快上市时间。

本书导读

本书基于 Xilinx 公司的 ZYNQ-7000 AP SoC，介绍了其体系结构与开发思想，并使用多个实例讲述了其开发方法与流程。

全书共 9 章。第 1 章讲述了 ZYNQ-7000 AP SoC 家族的特点，及其与传统 FPGA 和 SoC 的区别，给读者提供了一定的背景资料，使得读者对 ZYNQ-7000 AP SoC 的芯片和开发思想具有整体的概念。

第 2 章简要介绍了 ZYNQ-7000 AP SoC 的体系与结构，包括应用处理单元、接口与引脚、时钟、复位、JTAG 调试与测试、启动与配置、系统的互联结构和可编程逻辑，并着重描述了 ZYNQ-7000 AP SoC 软件开发的独特之处以及设计基于可编程逻辑的算法加速器时需要考虑的多个问题。初学者一开始可能不容易理解这些内容，但是对这些内容有基本的理解之后，能更好地在编程、开发时，针对 ZYNQ-7000 AP SoC 的体系设计更高效的软硬件架构。因为 ZYNQ-7000 AP SoC 的特性众多，本书并未对器件手册和用户指南进行简单的翻译、复制，而是根据作者的理解、认识进行了归类描述。

第 3 章以 Vivado 开发套件为基础，讲述了 ZYNQ-7000 AP SoC 的软硬件开发流程；为了方便使用 ISE/PlanAhead 软件的读者入手，还简要描述了使用它们开发 ZYNQ-7000 AP SoC 嵌入式软件的方法，但本书仍以 Vivado 套件为主要工具进行开发讲解。只有熟练掌握了 Vivado 套件的使用方法，才能做到高效的开发效率。

接下来的 3 章讲述了 ZYNQ-7000 AP SoC 的软硬件协同开发的思想与方法。其中，第 4 章为 ZYNQ-7000 AP SoC 中常用外设的使用示例，包括 MIO/EMIO 接口、通用 I/O、中断控制器、定时器系统等。第 5 章为 XADC 模块的使用示例。第 6 章围绕 Vivado 以 IP 为中心的设计思想，用实例讲解了如何设计用户自定义 IP 核。

第 7 章与第 8 章讲述了针对 ZYNQ-7000 AP SoC 的、不同于传统 HDL 和 C 手工编码的高级开发方法。其中，第 7 章使用 System Generator for DSP 在 Matlab/Simulink 环境下建模，介绍了基于模型的 DSP 算法设计，并通过多个实例讲解了其设计思想和设计流程。第 8 章讲述了高层次综合的设计思想，使用 Vivado HLS 软件，通过多个实例讲

前言

述了高层次综合的设计思想和设计流程。这些内容并不是初学者所必须掌握的，然而它们可以作为更高级的开发方式，在复杂的、面向产品的开发过程中起到非常重要的作用。

第 9 章详细介绍了本书中所使用的安富利 MicroZed 平台的特点、基本使用方法、常用外设的测试过程和运行开源 Linux 的方法。使用其他 ZYNQ-7000 AP SoC 硬件平台的读者，也可结合其对应的硬件接口，进行相关的测试与验证工作。

相关资源

本书中所有实例的相关源代码都可在清华大学出版社网站下载。

在开发过程中如果有疑问，欢迎到电子创新网的赛灵思社区交流：http://xilinx.eetrend.com；作者将不定期在此网站发布勘误表、问题解答等。

有关 MicroZed 开发板的问题可访问以下网址：

http://zedboard.com/product/microzed

致谢

在本书的写作过程中，得到了赛灵思公司中国区公共关系经理张俊伟女士、工业市场营销经理林逸芳女士和亚太区业务拓展经理罗霖先生的诸多帮助和鼓励，并最终促成了本书的编写；感谢赛灵思为本书的编写所提供的软件授权。安富利公司的高级技术市场经理陈志勇博士和高级高级现场销售工程师黄志刚为本书的写作提供了技术支持和最新的 MicroZed 开发系统。感谢电子创新网为本书的实验部分提供了高速、稳定的下载地址。感谢清华大学出版社工作人员为本书的出版所做的大量工作。最后要感谢家人和朋友们的支持。

限于笔者的水平和经验，加之时间比较仓促，疏漏或者错误之处在所难免，敬请读者批评指正。有兴趣的朋友可发送邮件到 netsky985@163.com，与作者进行交流；也可发送邮件到 workemail6@163.com，与本书策划编辑进行交流。

免责声明

作　者

2015 年 9 月

目录

目录

目录

目录

第1章 不只是芯片，更是完整的平台产品

1.1 FPGA 的这三十年

自从三十年前，赛灵思制造出了世界上首款 FPGA(1985 年推出相当于 1000 个 ASIC 门的 XC2064)以来，FPGA 已经取得了长足的发展。最早的 FPGA 定位于门阵列和 ASIC 的替代品，主要用作"粘性逻辑"，协助两个最初设计不相互通信的器件进行对话，此外也能在设计最后时刻为大型 ASIC 补充此前缺失的功能。限于当时的工艺水平，最早只有 1K 级别的可用门资源。

随着工艺水平与设计方法的日新月异，如今的 FPGA 已经从当初 XC2064 的 2μm 工艺、64 个逻辑模块、85 000 个晶体管和不到 1K 的门，发展到新的 UltraScale 系列，其中包括目前最强大的使用 3D IC 堆叠技术的 20nm 工艺、高达 4 407 480 个逻辑单元的 XCVU440(截至 2014 年 6 月)。其应用领域也从早期的逻辑胶合发展成为集算法逻辑、数字信号处理 DSP、高速串行收发以及软核/硬核处理器为一体的片上系统 SoC。

图 1-1 Xilinx XC2064 FPGA：LUT 的诞生

1.2 FPGA 的芯片结构

FPGA 是由通过可编程相互连接的可配置逻辑块(CLB)矩阵构成的可编程半导体器件。相对于专为特定设计定制构建的专用集成电路(ASIC)而言，FPGA 能通过编程来满足应用和功能要求。虽然市面上也有一次性可编程(OTP) FPGA，但绝大多数是基于 SRAM 的类型，可随着设计的演化进行重新编程。FPGA 可支持工程师在设计

周期的后期进行修改，甚至能够在生产后给产品升级新的功能。此外，Xilinx FPGA 能够远程完成现场升级，消除了与重新设计或手动更新电子系统有关的成本。

目前的 FPGA 已经远远超出了先前版本的基本性能，并且整合了如 RAM、时钟管理和 DSP 这些常用功能的硬(ASIC 型)块。FPGA 的基本单元结构如图 1-2 所示。

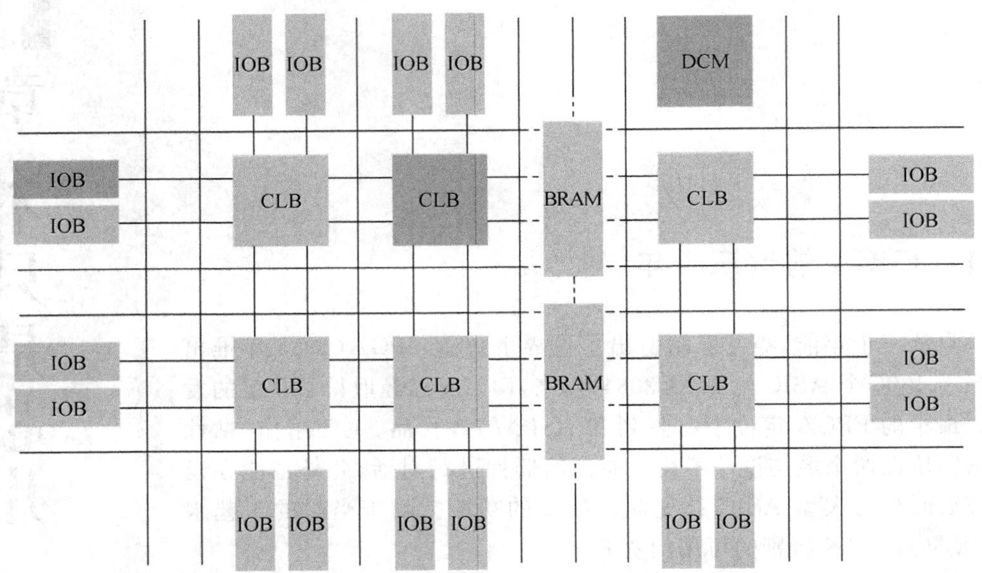

图 1-2　FPGA 的基本单元结构

下面简要介绍图 1-2 中各基本模块的组成与特点。

1. 可配置逻辑块(CLB)

CLB 是 FPGA 的基本逻辑单元，其基本结构如图 1-3 所示。CLB 实际数量和特性会依器件的不同而改变，但是每个 CLB 都包含一个由 4 或 6 个输入、一些选择电路(多路复用器等)和触发器组成的可配置开关矩阵。开关矩阵具有高度的灵活性，经配置可以处

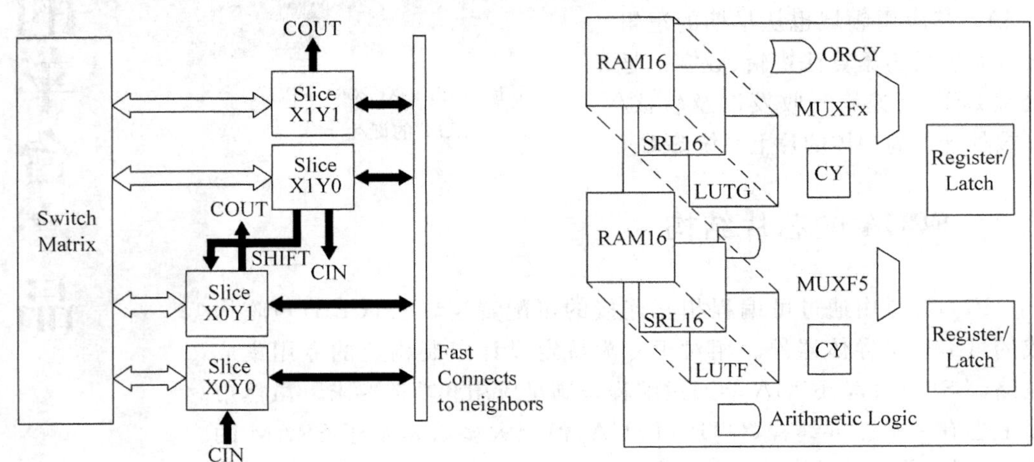

图 1-3　CLB 的基本结构

理组合型逻辑、移位寄存器或 RAM。

2. 互联

CLB 提供逻辑性能，灵活的互联布线则负责在 CLB 和 I/O 之间传递信号。布线有几种类型，包括设计用于专门实现 CLB 互联、器件内的高速水平和垂直长线以及时钟与其他全局信号的全局低偏移布线。

3. SelectIO(IOB)

目前的 FPGA 可支持多种 I/O 标准，例如多种多样的电平标准，因而为系统设计提供了理想的接口桥接。FPGA 内的 I/O 按 Bank 分组，如图 1-4 所示。每个 Bank 能独立支持不同的 I/O 标准。目前最先进的 FPGA 提供了十多个 I/O Bank，能够提供灵活的 I/O 支持。

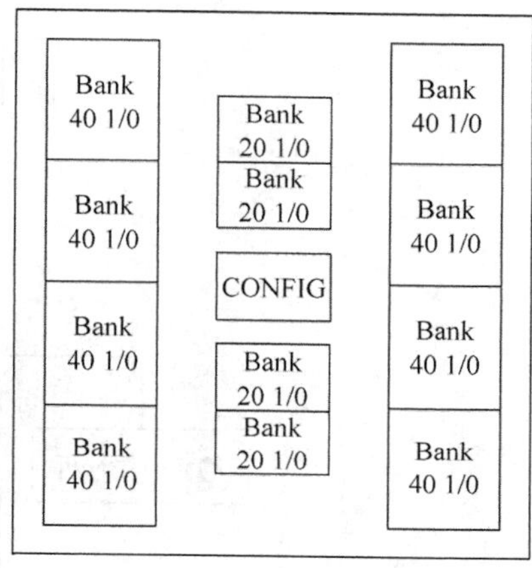

图 1-4　IOB 的图示

4. 存储器

嵌入式模块 RAM 存储器在大部分 FPGA 中都可用，这能为用户的设计实现片上存储。Xilinx FPGA 提供高达 10Mb 的片上存储(每个区块大小为 36Kb)，能够支持真正的双端口运行。

5. 完整的时钟管理

目前大多数的 FPGA 都提供数字时钟管理(所有 Xilinx FPGA 都具有此特性)。Xilinx 推出的最高级 FPGA 提供了数字时钟管理和锁相环锁定功能，不仅提供了精确时钟综合功能，而且能够降低抖动和实现过滤。

6. 其他

除了上述的基本逻辑模块之外，目前的 Xilinx FPGA 还包括大量的硬件乘法器、数字信号处理单元，甚至是复杂的 PowerPC 硬核处理器和双核 ARM A9 处理器。

1.3　传统的 FPGA 开发基本流程

传统的 FPGA 设计流程就是利用 EDA 开发软件和编程工具对 FPGA 芯片进行开发的过程。典型 FPGA 的开发流程一般如图 1-5 所示，包括功能定义/器件选型、设计输入、功能仿真、综合优化、综合后仿真、布局与布线、时序仿真、板级仿真与验证以及芯片编程与调试等主要步骤。对于包含 ARM9 双核的 ZYNQ 器件的开发，图 1-5 对应它的可编程逻辑部分(PL)的开发流程，其完整的处理器系统(PS)的开发以及与 PL 的协同工作，则是本书后续章节要重点描述的过程。

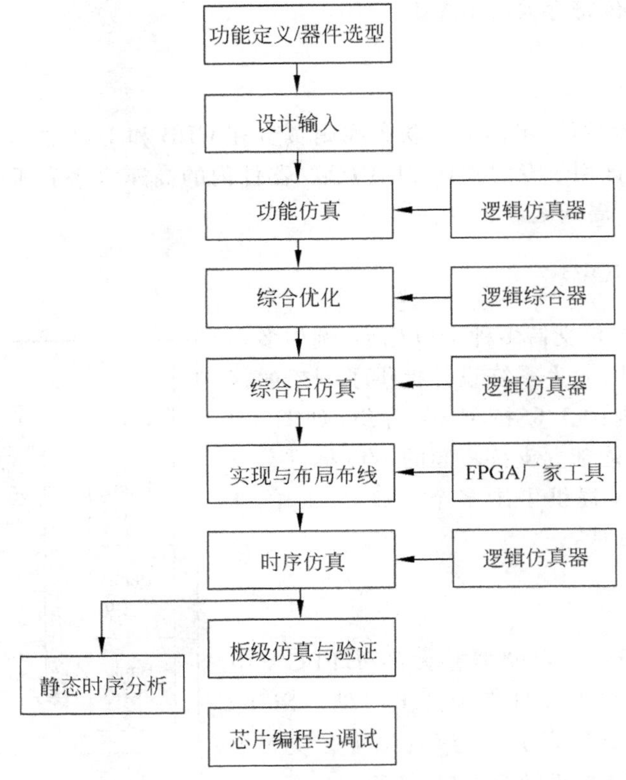

图 1-5　FPGA 开发的基本流程

1. 功能定义/器件选型

在 FPGA 设计项目开始之前，必须有系统功能的定义和模块的划分，另外就是要根据任务要求，如系统的功能和复杂度，对工作速度和器件本身的资源、成本以及连线的可布性等方面进行权衡，选择合适的设计方案和合适的器件类型。一般都采用自顶向下的设计方法，把系统分成若干个基本单元，然后再把每个基本单元划分为下一层次的基本单元，一直这样做下去，直到可以直接使用 EDA 元件库为止。

2. 设计输入

设计输入是将所设计的系统或电路以开发软件要求的某种形式表示出来，并输入给 EDA 工具的过程。常用的方法有硬件描述语言(HDL)和原理图输入方式等。原理图输入方式是一种最直接的描述方式，在可编程芯片发展的早期应用比较广泛，它将所需的器件从元件库中调出来，画出原理图。这种方法虽然直观并易于仿真，但效率很低，且不易维护，不利于模块构造和重用。更主要的缺点是可移植性差，当芯片升级后，所有的原理图都需要做一定的改动。

目前，在实际开发中应用最广的就是 HDL 语言输入法。利用文本描述设计，可以分为普通 HDL 和行为 HDL。普通 HDL 有 ABEL、CUR 等，支持逻辑方程、真值表和状态机等表达方式，主要用于简单的小型设计。而在中大型工程中，主要使用行为 HDL，其主流语言是 Verilog HDL 和 VHDL。这两种语言都是美国电气与电子工程师协会(IEEE)的标准,其共同的突出特点是语言与芯片工艺无关,利于自顶向下设计,便于模块的划分与移植,可移植性好,具有很强的逻辑描述和仿真功能,而且输入效率很高。除了IEEE 标准语言外,还有厂商自己的语言。也可以用 HDL 为主、原理图为辅的混合设计方式,以发挥两者的各自特色。

3. 功能仿真

功能仿真也称为前仿真,是在编译之前对用户所设计的电路进行逻辑功能验证,此时的仿真没有延时信息,仅对初步的功能进行检测。仿真前,要先利用波形编辑器和HDL 等建立波形文件和测试向量(即将所关心的输入信号组合成序列),仿真结果生成报告文件和输出信号波形,从中便可以观察各个节点信号的变化。如果发现错误,则返回设计修改逻辑设计。常用的工具有 Model Tech 公司的 ModelSim、Sysnopsys 公司的VCS 和 Cadence 公司的 NC-Verilog 以及 NC-VHDL 等软件。

4. 综合优化

所谓综合就是将较高级抽象层次的描述转化成较低层次的描述。综合优化根据目标与要求优化所生成的逻辑连接,使层次设计平面化,供 FPGA 布局布线软件进行实现。就目前的层次来看,综合(Synthesis)优化是指将设计输入编译成由与门、或门、非门、RAM、触发器等基本逻辑单元组成的逻辑连接网表,而并非真实的门级电路。真实具体的门级电路需要利用 FPGA 制造商的布局布线功能,根据综合后生成的标准门级结构网表来产生。

为了能转换成标准的门级结构网表,HDL 程序的编写必须符合特定综合器所要求的风格。由于门级结构、RTL 级的 HDL 程序的综合是很成熟的技术,所有的综合器都可以支持到这一级别的综合。常用的综合工具有 Synplicity 公司的 Synplify/Synplify Pro 软件以及各个 FPGA 厂家自己推出的综合开发工具。

5. 综合后仿真

综合后仿真检查综合结果是否和原设计一致。在仿真时,把综合生成的标准延时文件反标注到综合仿真模型中去,可估计门延时带来的影响。但这一步骤不能估计线延时,因此和布线后的实际情况还有一定的差距,并不十分准确。目前的综合工具较为成熟,对于一般的设计可以省略这一步,但如果在布局布线后发现电路结构和设计意图不符,则需要回溯到综合后仿真来确认问题之所在。在功能仿真中介绍的软件工具一般都支持综合后仿真。

6. 实现与布局布线

布局布线可理解为利用实现工具把逻辑映射到目标器件结构的资源中,决定逻辑的最佳布局,选择逻辑与输入/输出功能链接的布线通道进行连线,并产生相应文件(如配置文件与相关报告)。实现是将综合生成的逻辑网表配置到具体的 FPGA 芯片上,布局布线是其中最重要的过程。布局将逻辑网表中的硬件原语和底层单元合理地配置到芯片内部的固有硬件结构上，并且往往需要在速度最优和面积最优之间做出选择。布线根据布局的拓扑结构，利用芯片内部的各种连线资源，合理正确地连接各个元件。

目前，FPGA 的结构非常复杂，特别是在有时序约束条件时，需要利用时序驱动的引擎进行布局布线。布线结束后，软件工具会自动生成报告，提供有关设计中各部分资源的使用情况。由于只有 FPGA 芯片生产商对芯片结构最了解，所以布局布线必须选择芯片开发商提供的工具。

7. 时序仿真

时序仿真，也称为后仿真，是指将布局布线的延时信息反标注到设计网表中来检测有无时序违规(即不满足时序约束条件或器件固有的时序规则，如建立时间、保持时间等)现象。时序仿真包含的延时信息最全，也最精确，能较好地反映芯片的实际工作情况。由于不同芯片的内部延时不一样，不同的布局布线方案也给延时带来不同的影响。因此在布局布线后，通过对系统和各个模块进行时序仿真，分析其时序关系，估计系统性能，以及检查和消除竞争冒险是非常必要的。在功能仿真中介绍的软件工具一般都支持综合后仿真。

8. 板级仿真与验证

板级仿真主要应用于高速电路设计中，对高速系统的信号完整性、电磁干扰等特征进行分析，一般都以第三方工具进行仿真和验证。

9. 芯片编程与调试

设计的最后一步就是芯片编程与调试。芯片编程是指产生使用的数据文件(Bitstream Generation，位数据流文件)，然后将编程数据下载到 FPGA 芯片中。其中，芯片编程需要满足一定的条件，如编程电压、编程时序和编程算法等方面。逻辑分析仪(Logic Analyzer，LA)是 FPGA 设计的主要调试工具，但需要引出大量的测试引脚，且 LA 价格昂贵。

目前，主流的 FPGA 芯片生产商都提供了内嵌的在线逻辑分析仪(如 Xilinx ISE 中的 ChipScope、Altera Quartus Ⅱ中的 SignalTap Ⅱ以及 SignalProb)来解决上述矛盾，它们只需要占用芯片少量的逻辑资源，具有很高的实用价值。

1.4 Xilinx FPGA 家族介绍

Xilinx 提供广泛的现场可编程门阵列(FPGA)芯片器件，为设计提供高级功能、低功耗、高性能及高价值。Xilinx 提供综合而全面的多节点产品系列，充分满足各种应用需求，其工艺结点如图 1-6 所示。例如采用业界一流 28nm HPL 工艺技术的 7 系列 All Programmable FPGA，可在优化性能价格与功耗比的同时，实现突破性性能、容量与系统集成度。Xilinx 20nm UltraScale 器件是该公司 Virtex 与 Kintex FPGA 以及 3D IC 系列的扩展部件，不但可提供前所未有的系统集成度，同时还支持 ASIC 类系统级性能。

目前市场上主流的 Xilinx FPGA 系列如表 1-1 所示。

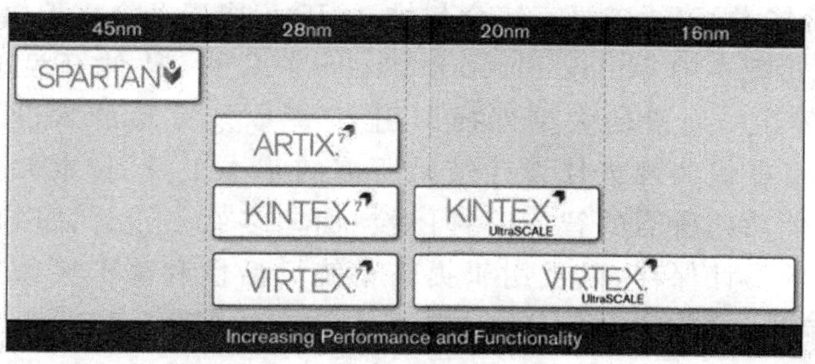

图 1-6 Xilinx FPGA 工艺结点

表 1-1 市场上主流的 Xilinx FPGA 系列

资源 \ 系列名称	Spartan-6	Artix-7	Kintex-7	Virtex-7	Kintex UltraScale	Virtex UltraScale
逻辑单元	147 443	215 360	477 760	1 954 560	1 160 880	4 407 480
BlockRAM/Mb	4.8	13	34	68	76	132.9
DSP Slice	180	740	1920	3600	5520	2880
DSP 性能(对称 FIR)/GMACs	140	930	2845	5335	8180	4268
收发器数量	5	16	32	96	64	120
收发器速度/(Gb/s)	3.2	6.6	12.5	28.05	16.3	32.75
总收发器带宽(全双工)/(Gb/s)	50	211	800	2784	2086	5886
存储器接口(DDR3)	800	1066	1866	1866	2400	2400
PCI Express 接口	x1 Gen1	x4 Gen2	x8 Gen2	x8 Gen3	x8 Gen3	x8 Gen3
模拟混合信号(AMS)/XADC	—	XADC	XADC	XADC	系统监视器	系统监视器
配置 AES	有	有	有	有	有	有
I/O 引脚	576	500	500	1200	832	1456
I/O 电压/V	1.2～3.3	1.2～3.3	1.2～3.3	1.2～3.3	1.0～3.3	1.0～3.3

因为经过三十年的发展，FPGA 的家族已十分庞大，故在此不一一列出。如果需要其他有关 Xilinx FPGA 系列的详细信息，例如 Spartan3、Virtex4/5/6 等，请到 Xilinx 网站查询(http://china.xilinx.com/support/index.html/content/xilinx/zh/supportNav/silicon_devices.html)。有关表 1-1 中芯片的更详细信息，既可以在上述网址查询，也可以在安装了最新版本的 Xilinx FPGA 开发软件后，使用其中的 DocNav 软件进行智能查询与阅读。

1.5 Xilinx 开发工具与设计平台

1.5.1 ISE 与 Vivado、Vivado HLS 简介

早在 1997 年，Xilinx 就推出了 ISE 设计套件，界面如图 1-7 所示。ISE 套件采用了当时非常具有创新性的基于时序的布局布线引擎，并随着 FPGA 能够执行日趋复杂的功

能，增添了许多新技术，包括多语言综合与仿真、IP 集成以及众多编辑和测试实用功能。目前的 ISE 嵌入式版本有 Xilinx Platform Studio（XPS）、软件开发套件（SDK）、包括 MicroBlaze 软处理器和外设的大型即插即用 IP 库以及完整的 RTL 到比特流设计流程。嵌入式版本可提供实现最佳设计结果所需的基本工具、技术和熟悉的设计流程。具体包括动态降低功耗所需的智能时钟门控、面向多站点设计团队的团队设计支持、面向时序重复性的设计保存，以及用于提高系统灵活性和降低系统尺寸、功耗和成本的部分重配置选项。目前的 ISE 套件支持所有在产的 Xilinx FPGA 与 CPLD 器件（注：自从 2014 年 10 月 Xilinx 发布 ISE14.7 之后，ISE 套件便暂时没有了更新计划，基于 Artix-7/Kintex-7/Virtex-7/ZYNQ-7000 系列的设计，Xilinx 都推荐使用新的 Vivado 套件进行）。

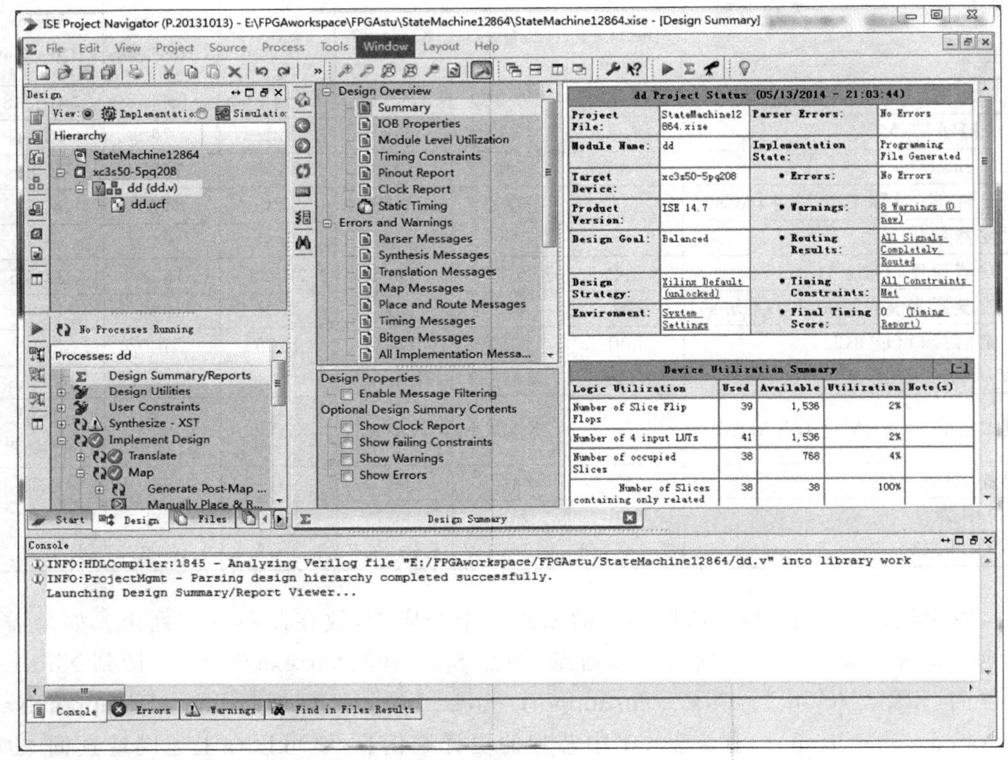

图 1-7　ISE设计套件界面

但是上一代 FPGA 设计套件采用基于时序的单维布局布线引擎，通过模拟退火算法随机确定工具应在什么地方布置逻辑单元。使用这类工具时，用户先输入时序，模拟退火算法根据时序先从随机初始布局种子开始，然后在本地移动单元，“尽量”与时序要求吻合。在当时这种方法是可行的，因为设计规模非常小，逻辑单元是造成延时的主要原因。但今天随着设计的日趋复杂化和芯片工艺的进步，互联和设计拥塞一跃成为延时的主因。采用模拟退火算法的布局布线引擎对低于 100 万门的 FPGA 来说是完全可以胜任的，但对超过这个水平的设计，引擎便不堪重负。不仅仅有拥塞的原因，随着设计的规模超过 100 万门，设计的结果也变得更加不可预测。着眼于未来，赛灵思为 Vivado 设计套件开发了新型多维分析布局引擎，可与当代价值百万美元的 ASIC 布局布线工具中所采用的引擎相媲美。该新型引擎通过分析可以找到从根本上能够最小化设计三维（时序、拥塞和走线长度）的解决方案。Vivado 设计套件的算法从全局进行优化，同时实现了最佳时序、拥塞和走线长度，它对整个设计进行通盘考虑，不像模拟退火算法只着眼于局部调整。这样该工具能够迅速、决定性地完成上千万门的布局布线，同时保持始终如一的高结果质量。由于它能够同时处理三大要素，也意味着可以减少重复运行流程的次数。目前最新版本的 Vivado Design Suite 2014.1 将运行速度提升了 25%，性能提升了 5%，并通过 UltraFast 设计方法的自动化以及 OpenCL 所实现的硬件加速，大幅提升了设计生产力。其界面如图 1-8 所示。

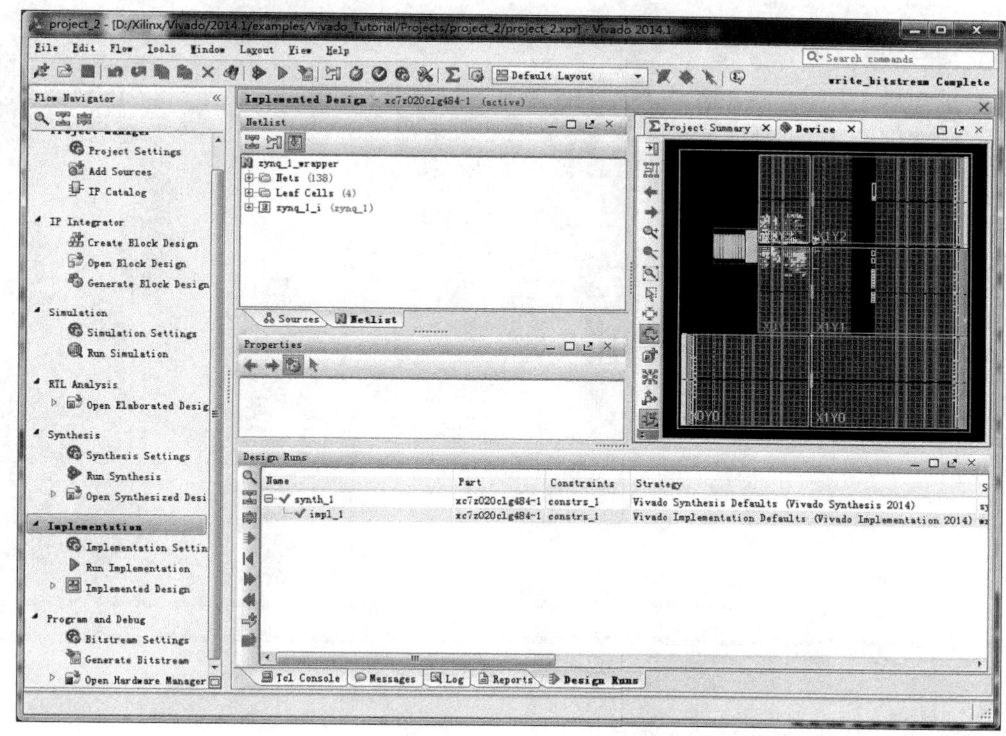

图 1-8 Vivado 设计套件界面

Vivado 设计套件目前提供一款新型 Vivado IP 集成器（Vivado IPI），用于实现 IP 智能集成。IPI 提供图形化、脚本编写（Tcl）、生成即保证正确（correct-by-construction）、以 IP 和系统为中心的设计开发流程。这种集成环境具有平台意识，可简化硬件平台外设的集成，而其器件意识则能确保实现最大化的系统带宽。设计团队在接口层工作可快速组装复杂系统，充分利用 Vivado HLS 和 System Generator 创建的 IP、SmartCORE 与 LogiCORE IP 核，联盟成员提供的 IP 和客户自己的专有 IP。Vivado IPI 内置自动化接口、器件驱动程序和地址映射生成功能，可加速设计组装，使得系统实现比以往更加快速。

当今无线、医疗、国防和消费类应用领域使用的高级算法比以前更加先进。要对这些算法建模，许多设计团队转而采用 C/C++或 System C，因为其相对于 RTL 仿真而言有着绝对的性能优势。在某些情况下，C代码运行速度比相应的RTL代码快1000倍。但挑战在于，需要对RTL编写的算法进行重新编码，才能用于硬件实现，而这一过程非常耗时，且容易出错。利用Vivado高层次综合(Vivado HLS)技术生成基于C语言的IP，无须手动创建RTL，便可将C规范直接应用于赛灵思All Programmable器件，从而显著加速这一进程。Vivado HLS是Vivado设计套件系统版本的组成部分。Vivado高层次综合(HLS)可将C、C++和System C规范直接引入Xilinx All Programmable器件，无须手动创建RTL，从而加速了IP创建。Vivado高层次综合使系统和设计架构师支持ISE和Vivado设计环境，能够以更快速的方式创建IP。其界面如图1-9所示。

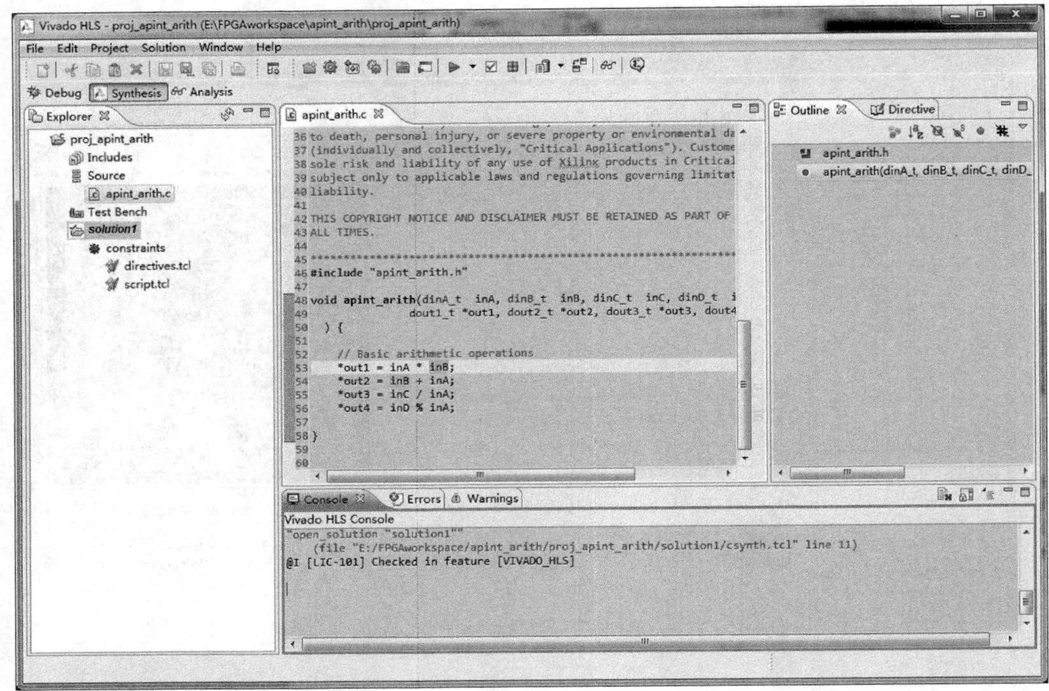

图1-9 Vivado HLS界面

Vivado高层次综合的特点如下：

- 算法描述摘要、数据类型规格(整数、定点或浮点)以及接口(FIFO，AXI4，AXI4-Lite，AXI4-Stream)。
- 指令驱动型架构感知综合可提供最优的结果质量(QoR)。
- 在竞争对手还在手动开发RTL的时候快速实现QoR。
- 使用C/C++测试平台仿真、自动VHDL或Verilog仿真和测试平台生成加速验证。
- 多语言支持和业界最广泛的语种覆盖率。
- 自动使用Xilinx片上存储器、DSP元素和浮点库。

ISE能够支持目前所有在产的Xilinx FPGA器件，但是Vivado/Vivado HLS只支持7系列及后续产品。

1.5.2 System Generator 简介

System Generator for DSP 是行业领先的高层次工具，与传统 RTL 相比，可显著减少创建生产质量级 DSP 算法的时间。System Generator 通过使用 Matlab 和 Simulink 助力开发人员实现无缝集成算法功能、SmartCore IP、custom RTL、基于 C 的 Vivado HLS 模块以及自动化代码生成，以加速高度并行的系统开发。因为采用了基于模型的设计(model based design)方法，其开发界面较为直观，如图 1-10 所示。

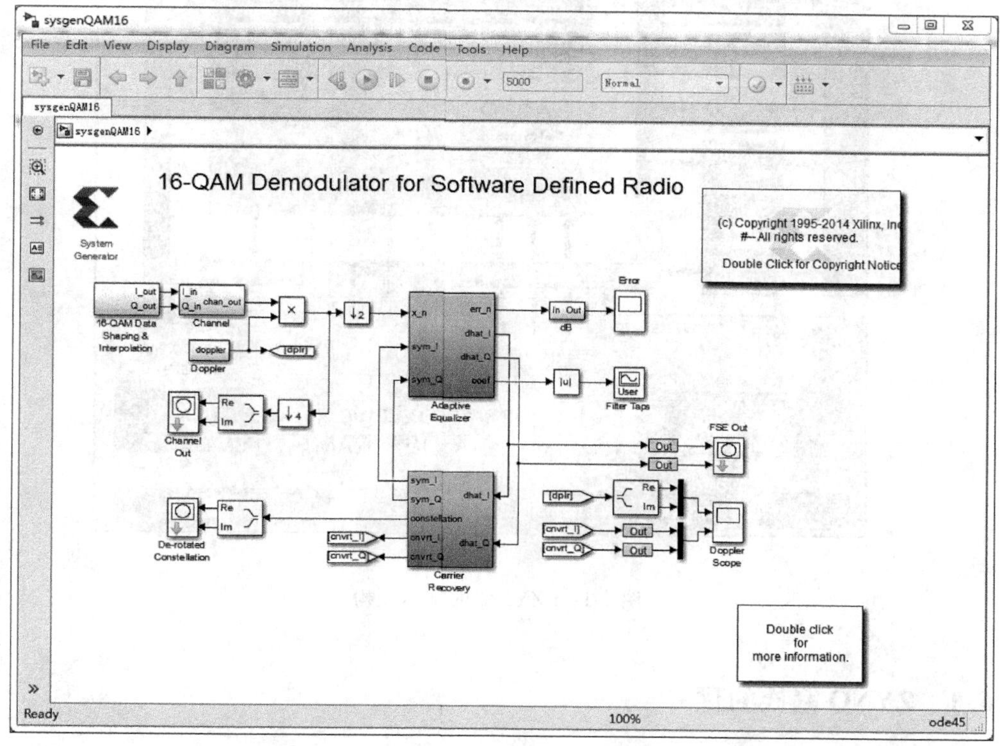

图 1-10　System Generator 开发界面

需要注意的是，ISE 开发套件和 Vivado 开发套件中都包含 System Generator 组件，但是这两者并不是完全等价的，它们分别面向基于 ISE 的开发流程和基于 Vivado 的开发流程。

1.6 为什么使用 ZYNQ

ZYNQ-7000 系列器件将处理器的软件可编程能力与 FPGA 的硬件可编程能力实现完美结合，以低功耗和低成本等系统优势实现无与伦比的系统性能、灵活性、可扩展性，同时可以加速产品上市进程。与传统的 SoC 处理解决方案不同，ZYNQ-7000 器件的灵活可编程逻辑能实现优化与差异化功能，使设计人员可以根据大部分应用的要求添加外设和加速器。其基本架构框图如图 1-11 所示。

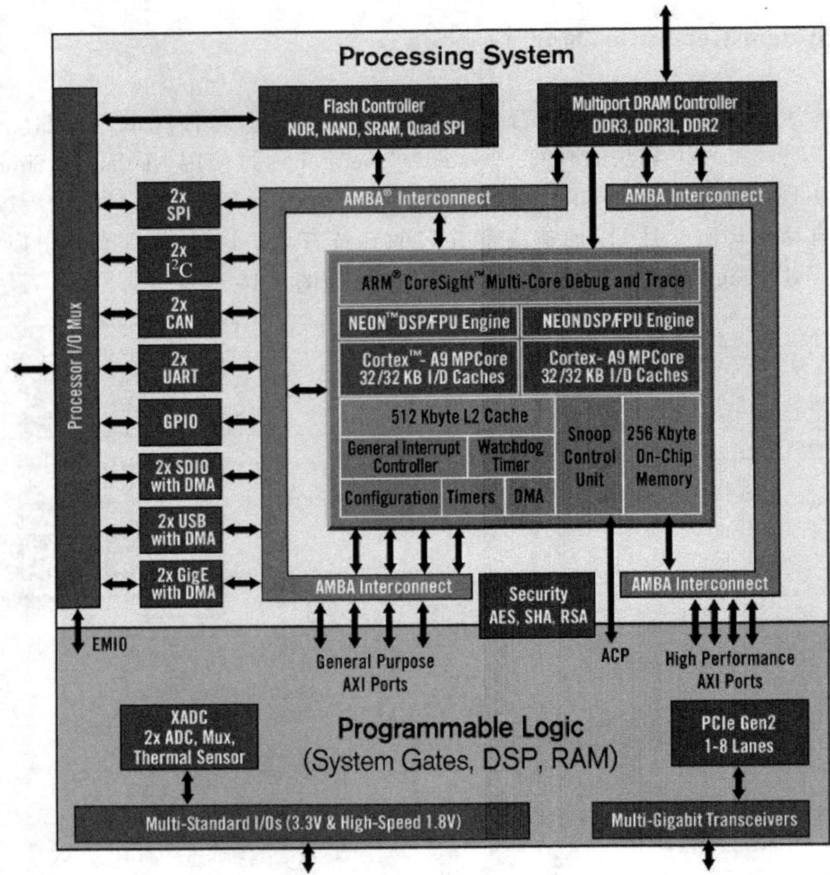

图 1-11 ZYNQ 的基本架构

1.6.1 ZYNQ 家族的优势

相较于传统的 SoC 开发技术，ZYNQ 家族主要有 4 大方面的优势。

1) 以处理器为核心的高价值应用架构

- ARM 双核 Cortex-A9 MPCore 处理器；
- 固定的处理系统，可独立于可编程逻辑运行；
- 处理器在复位时进行启动，就像任何基于处理器的器件或 ASSP 一样；
- 处理器作为“系统主控单元”，可用于控制可编程逻辑的配置，以实现在操作期间对可编程逻辑实现完整或部分重配置功能；
- 标准开发流程，为软件开发者提供了一个熟悉的编程环境。

2) 灵活且不会过时的技术

- 处理系统与可编程逻辑的紧密集成，使设计团队能够创建定制化 ASSP。
  - √ 可使用广泛采用的业界标准 AMBA 互联技术轻松添加外设和加速器，满足特定的应用功能、性能和延时要求。

√ 能够与可编程逻辑共享处理器存储器(内部和外部)，实现高带宽低延时的需求。

• 所实现的性能超越了离散处理器、FPGA 或 FPGA 软核的性能。

√ 无须深奥的 FPGA 知识技能，便可使用更高级别的综合来实现协处理引擎。

• 提供软件和硬件的可编程性。

√ 软件更新和硬件定制，无论是对可编程逻辑进行静态还是动态的部分或完整重配置，都可以在 ARM 处理系统的控制下完成。

• 可编程逻辑的重配置特性，允许用户在开发阶段的后期执行修改操作，从而满足不断变化的市场需求，同时，现场升级功能还可延长产品的在市时间。

3) 可扩展平台

• 通用处理系统可实现横向与纵向扩展：

√ 横向：通过可编程逻辑技术，设计人员可采用 ZYNQ-7000 All Programmable SoC 设计来满足公司内部的多个产品线和各种应用的需求。

√ 纵向：对于特定产品线，使用 ZYNQ-7000 器件进行产品开发的设计人员不仅能够设计出低成本、低功耗的经济型系统，而且在使用相同平台的前提下，还可以设计出多功能、高性能的高端系统。

• ZYNQ-7000 器件的可扩展性使公司能够对投资和开发工作进行合理配置，加速产品上市进程，将更多资源用于实现产品差异化。

√ 利用业界标准的互联技术可实现设计重用，加快系统开发。

√ 在可支持开源和业界领先商用操作系统和工具套件的开发工具环境下，可最大限度地减少开发投资。

√ 一个代码库可在多个产品线和多种应用中进行扩展。

4) 物料清单(BOM)成本削减

• 单芯片解决方案：提供综合的处理系统和可编程逻辑。

√ 在单一的架构中进行软硬件开发。

√ 有助于开发板的设计开发。

• 通过简化设计的复杂性来减少系统组件的数量并降低风险。

√ 减少组件的数量。

√ 降低电源数量和电源要求。

√ 为平台设计重用提供了简化的 PCB 设计。

1.6.2 ZYNQ 家族的主要应用

表 1-2 是 ZYNQ 家族的主要应用。

表 1-2 ZYNQ 家族的主要应用

应　　用	处 理 系 统	可编程逻辑
智能视频	操作系统；系统接口和控制；分析和操控；功能实现；图形叠加；存储接口；连接功能	视频/影像捕捉；视频/影像处理；自定义算法/加速器；连接功能；编码/解码
通信	操作系统；实时处理；参数更新；存储接口；连接功能	比特流转换；峰值因数抑制；数字预失真；连接功能

续表

应　用	处理系统	可编程逻辑
控制系统	操作系统；系统接口 & 控制；实时处理；诊断；分析；浮点；存储接口；连接功能	实时状态，响应；数据获取；定位计算；系统通信；人机接口 & 图形；连接功能
桥接	操作系统；系统接口 & 控制；实时处理；图像分析；汽车矢量；存储接口；连接功能	图像捕捉；图像处理；图像用户接口；编码/解码；连接功能

1.6.3　现有的 ZYNQ 家族器件

ZYNQ 家族的现有成员列表如表 1-3 所示(截至 2014 年 6 月,下同)。

表 1-3　ZYNQ 家族器件列表

器件型号 / 资源	Z-7010	Z-7015	Z-7020	Z-7030	Z-7045	Z-7100
处理器核	利用 CoreSight 双核 Dual ARM Cortex-A9 MPCore					
处理器扩展	用于每个处理器的 NEON 和单/双高精度浮点					
L1 高速缓存/KB	512					
L2 高速缓存/KB	256					
存储接口	DDR3、DDR3L、DDR2、LPDDR2、2x Quad-SPI、NAND、NOR					
外设	2x USB 2.0 (OTG)、2x 三倍速率 Gb Ethernet、2x SD/SDIO					
逻辑单元	28K 逻辑单元	74K 逻辑单元	85K 逻辑单元	125K 逻辑单元	350K 逻辑单元	444K 逻辑单元
BlockRAM/KB	240	380	560	1060	2180	3020
DSP Slice	80	160	220	400	900	2020
收发器数量		4(6.25Gb/s)		8(12.5Gb/s)	16(12.5Gb/s)	16(10.3～125Gb/s)

以 XC7Z020-2CLG484C 为例,完整的 ZYNQ 家族器件的命名规则如图 1-12 所示。

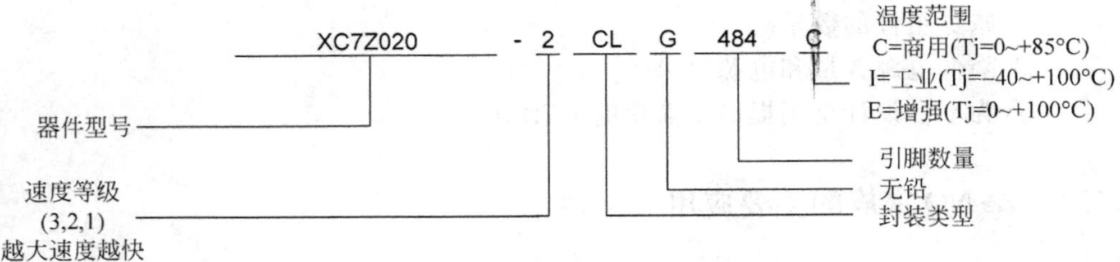

图 1-12　ZYNQ 家族的命名规则

其中,速度等级对应的频率如表 1-4 所示,速度等级与温度范围的关系如表 1-5 所示。

表 1-4　ZYNQ 速度等级与 CPU 运行频率

器　件	速度等级 1	速度等级 2	速度等级 3
Z-7010/7015/7020(焊线)	667MHz	766MHz	866MHz
Z-7030/7035/7045(触发器)	667MHz	800MHz	1GHz
Z-7010(触发器)	667MHz	800MHz	N/A

表 1-5 ZYNQ 速度等级与温度范围

温度范围	商用级：0～85℃	增强级：0～100℃	工业级：－40～100℃
速度等级	1	2、3	1、2、1L、2L

注：L 指低功耗系列，1L 指速度等级为 1 的低功耗系列。

1.6.4 ZYNQ 家族的特性

ZYNQ SoC 家族都由处理器系统与可编程逻辑组成。

1. 处理器系统(PS)

1) 基于双核 ARMCortex-A9 的应用处理单元(APU)

- 每个 CPU 2.5 DMIPS/MHz；
- CPU 频率：最大高达 1GHz；
- 一致性的多处理器支持；
- ARMv7-A 架构；
- TrustZone 安全；
- Thumb-2 指令集；
- Jazelle RCT 执行环境；
- NEON 多媒体处理引擎；
- 支持单精度和双精度的向量浮点运算单元(VFPU)；
- CoreSight 和程序跟踪宏单元技术(PTM)；
- 定时器和中断；
- 3 个看门狗定时器；
- 一个全局定时器；
- 两个三重计数器(TTC)。

2) 缓存

- 每个 CPU 含有 32KB 1 级指令和数据缓存；
- 两个 CPU 共享 512KB 8 路关联处理 2 级缓存；
- 支持字节校验。

3) 片上存储器

- 片上 boot ROM；
- 256KB 片上 RAM(OCM)；
- 支持字节校验。

4) 外部存储器接口

- 支持多种协议的动态内存控制器；
- 可适用 DDR3、DDR3L、DDR2 或 LPDDR2 的 16 位或者 32 位接口；
- 支持 16 模式的 ECC；
- 1GB 的可寻址空间，包括 8 位、16 位或者 32 位宽的单个内存区块；

- 静态的存储器接口；
- 8位的SRAM数据总线，最高支持64MB；
- 支持并行NOR Flash；
- 支持ONFI1.0 NAND Flash(1位ECC)；
- 1位SPI、2位SPI、4位SPI(QSPI)或者两个quad-SPI(8位)串行NOR Flash。

5) 8通道DMA控制器

- 支持存储器到存储器、存储器到外设、外设到存储器，以及分散/聚集模式的传输。

6) I/O外设和接口

- 两个支持IEEE Std 1588 Rev2的10/100/1000以太网MAC外设；
- 分散/聚集模式的DMA；
- 可识别1588 Rev.2的PTP帧；
- GMII、RGMII和SGMII接口；
- 两个USB 2.0 OTG(on-the-go)外设，每个都支持多达12个端点；
- 符合USB 2.0的设备IP核；
- 支持OTG/高速/全速/低速模式；
- 符合Intel EHCI的USB主机；
- 8位ULPI外部PHY接口；
- 两个符合CAN 2.0-B的CAN总线接口；
- 符合CAN 2.0-A、CAN 2.0-B和ISO 118981-1标准；
- 外部PHY接口；
- 两个符合SD/SDIO 2.0/MMC 3.31的控制器；
- 两个包含3个外设片选信号的全双工SPI接口；
- 两个UART(高达1Mb/s)；
- 两个主、从I^2C接口；
- 包含4个32位的GPIO组，其中有多达54位可用于PS的I/O(一组是32位，另一组是22位)，多达64位(每组32位)可以连接到PL；
- 多达54个可变的多路选择I/O (MIO)可用于外设引脚分配。

7) 互联

- 在PS内部，以及在PS与PL之间，都有高带宽的互联；
- 基于ARM、AMBA、AXI；
- 支持对关键主机的QoS，用于延时和带宽控制。

2. 可编程逻辑(PL)

1) 可配置的逻辑单元(CLB)

- 查找表(LUT)；
- 触发器；
- 级联加法器。

2) 36Kb块RAM

- 全双端口；

- 最高支持 72 位宽；
- 可配置为双 18Kb。

3）数字信号处理单元(DSP)

- 18 位×25 位有符号乘法；
- 48 位加法器/累加器；
- 25 位预加器。

4）可编程的 I/O 模块

- 支持 LVCMOS、LVDS 以及 SSTL；
- 1.2～3.3V 的 I/O；
- 可编程的 I/O 延时与串行器/解串器(SerDes)。

5）JTAG 边界扫描

- IEEE Std 1149.1 兼容的测试接口。

6）PCI Express 模块

- 支持根控制器与终结点配置；
- 支持高达 Gen2 的接口(5.0GT/s)；
- 支持高达 8 个数据通路。

7）串行收发器

- 支持多达 16 个接收器/传输器；
- 支持高达 12.5Gb/s 的数据速率。

8）两个 12 位 ADC 转换器

- 片上的电压与温度测量；
- 高达 17 个外部的差分输入通道；
- 最大支持 1MSPS 的转换速率。

1.7 UltraFast 设计方法

当今日益复杂的电子产品中使用的高级算法正在挑战密度、性能和功耗的极限，同时也使设计团队面临诸多挑战，要求他们必须在限定的预算内按时完成设计目标，获得机会窗口。为了最大限度地提高系统性能，降低风险，实现更快速和可预测的设计周期，Xilinx 推出了可编程领域的首套综合设计方法。Xilinx 收集了专家用户的最佳实践，并将它们提炼成一套权威的方法指南，即 UltraFast 设计方法，具体包含如下几个方面。

1. UltraFast 嵌入式设计方法指南

Xilinx ZYNQ-7000 All Programmable SoC 为设计团队提供功能强大的 SoC 平台，用以快速、高效、可靠地构建更加智能的系统。然而为了高效地创建上述复杂系统，设计团队必须制定合理的设计决策，在设计过程的早期阶段时尤为如此。系统软件、应用和硬件之间存在相互作用，这就需要设计团队开发新的方法来审视和解决系统级挑战并进行协调，以便快速创建系统。

为帮助设计团队做出明智的决策，并协调设计工作以开发出更加智能的系统，Xilinx

推出了 UltraFast 嵌入式设计方法指南。该指南涵盖了一些重要原理、特定的注意事项、最佳实践以及指导如何避免设计误区。对于有些主题，Xilinx 还通过实例对概念加以解释。这些方法反映了用户在进行 Xilinx 或非 Xilinx 系统的开发过程中所积累的经验和学习心得。

2. 面向 Vivado Design Suite 的 UltraFast 设计方法

针对 Vivado 设计套件的 UltraFast 设计方法使项目经理和工程师能够提高生产力，快速对源、约束和设置进行调节以准确预测项目进度。该指南的第二版涵盖了以下几个方面：

- 开发板与器件规划；
- 设计创建 & IP 集成；
- 实现、设计收敛；
- 配置和硬件调试。

Vivado Design Suite 可提供面向最佳 HDL 编码风格、XDC 时序和物理约束的 Linting 规则与模板，从而将部分 UltraFast 设计方法实现自动化。

3. 面向 UltraFast 设计方法的生态系统支持

Xilinx 还与联盟成员产业伙伴合作，以便将 UltraFast 设计方法集成到他们的工具和 IP 中。很多 Xilinx 的高级和认证联盟成员已成功完成了 UltraFast 设计方法认证，进一步提高了设计生产力。

UltraFast 设计方法的内容涵盖面广泛，用户可通过 Xilinx 文档导航器进行文档的查找与浏览，如图 1-13 所示。

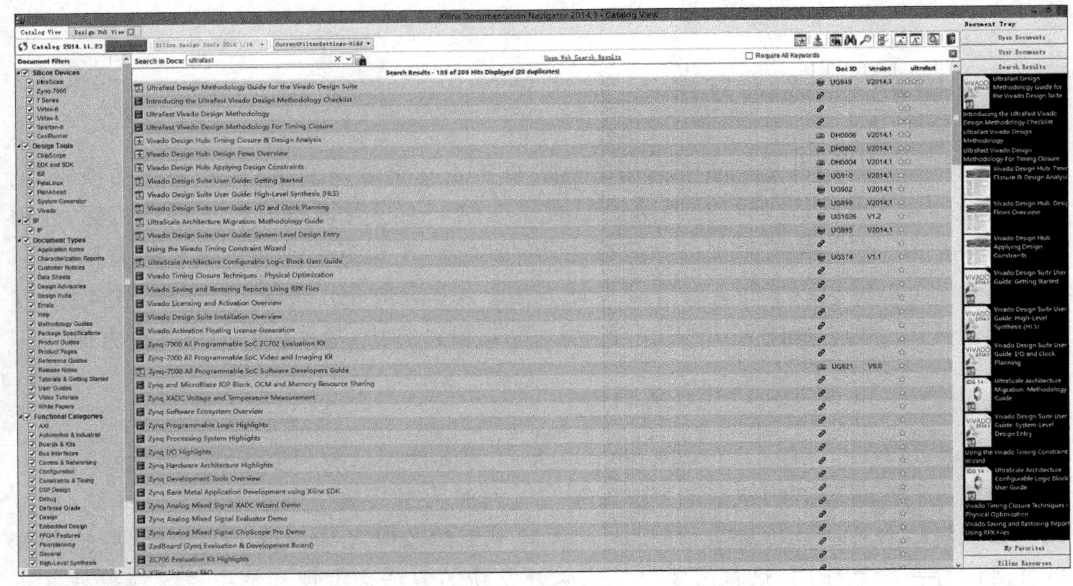

图 1-13　Xilinx 文档导航器

第2章 ZYNQ的体系、结构与开发思想

传统的 FPGA 以可编程逻辑(Programmable Logic,PL)为基础,结合片上的硬件乘法器、DSP 处理单元等,构成一个可编程系统。与之相对的是,ZYNQ-7000 AP SoC 系列芯片的架构则较为复杂,它是以处理器系统(Processor System,PS)为核心的高价值应用架构,此时 PL 部分为 PS 的可扩展单元,它既可以配合 PS 完成一些外部逻辑的处理,甚至构成一些可配置的外设,也可以利用 PL 部分并行、硬件处理的特点,构成 PS 中算法的一个外部协处理单元,形成一个强大的算法加速器。图 2-1 给出了一个 ZYNQ-7000 AP SoC 的基本示意图。

因为 ZYNQ-7000 采用了革命性的双核 ARM＋PL 可编程 SoC 架构,相较于传统的 FPGA 或者 SoC 芯片都要复杂得多,本书无法对各个组件的特性一一详细讲述,众多寄存器信息无法全部列出,请参考 Xilinx 官方文档 UG585：ZYNQ-7000 All Programmable SoC Technical Reference Manual。下面从 ZYNQ-7000 架构中的几个关键点入手,简要介绍它们的体系与结构,从而对 ZYNQ-7000 的开发思想建立基本的概念,它们的使用方法则通过本书的应用实例部分进行讲解说明。

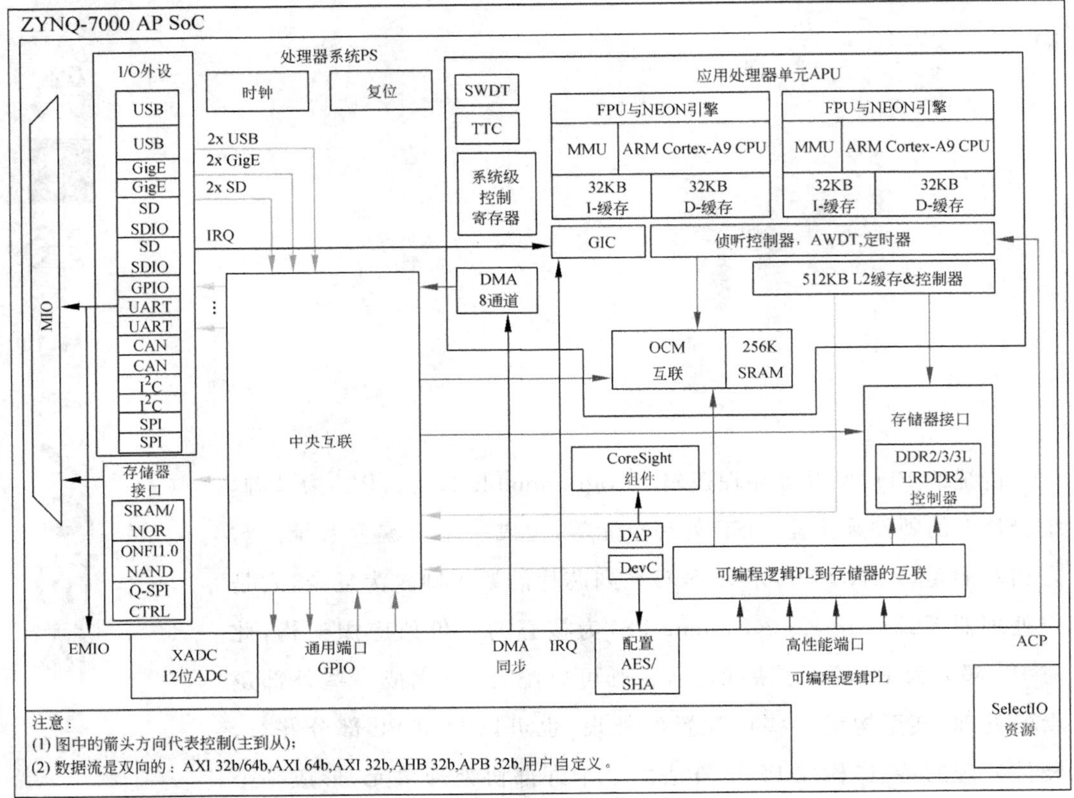

图 2-1　ZYNQ-7000 可扩展 SoC 的基本架构示意图

2.1　应用处理器单元

2.1.1　APU的基本功能

应用处理器单元(APU)位于 PS 中，包含带有 NEON 协处理器的两个 ARM Cortex-A9 处理器。在多重架构中，两个 CPU 共享一个 512KB L2 缓存。每个处理器都含有一个高性能、低功耗的内核，各有两个独立的 32KB L1 指令和数据高速缓存。Cortex-A9 处理器采用 ARM v7-A 架构，支持虚拟内存，并且可以执行 32 位 ARM 指令、16/32 位 Thumb 指令，以及在 Jazelle 状态下的 8 位 Java 字节码。NEON 协处理器的媒体和信号处理结构增加了针对音频、视频、图像和语音处理和 3D 图形的指令，这些高级的单指令多数据流(SIMD)指令可用于 ARM 和 Thumb 状态。APU 的模块框图如图 2-2 所示。

多核配置的两个 Cortex-A9 处理器带有一个侦测控制单元 SCU，用于保证两个处理器之间以及与来自 PL 的 ACP 接口的一致性。为了提高性能，APU 提供了一个用于指令和数据的共享的、统一的 512KB 二级(L2)缓存。与 L2 缓存相并列，还提供了一个 256KB 的片上存储器 OCM，用作低延时的存储。

加速器一致性端口 ACP 用于方便 PL 和 APU 之间的通信。这个 64 位的 AXI 接口

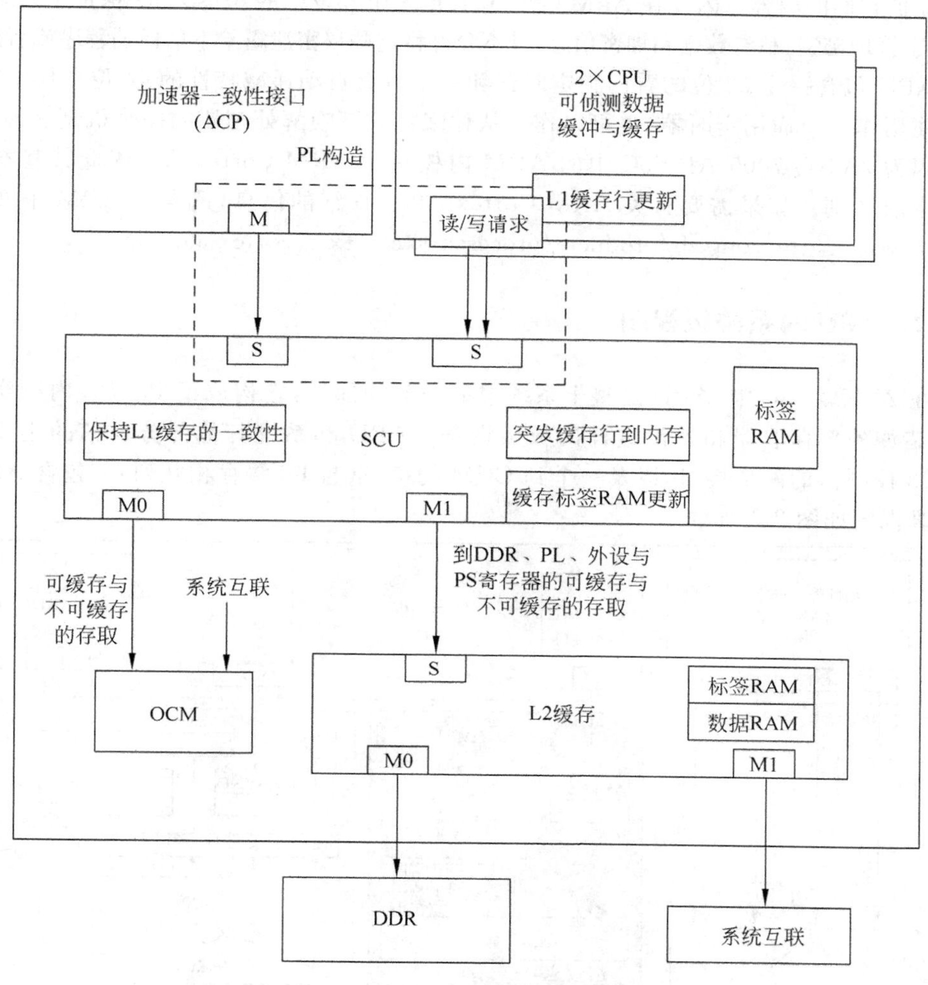

图 2-2　APU 的模块框图

允许 PL 作为 AXI 主设备，该设备能访问 L2 和 OCM，同时保证存储器和 CPU L1 缓存的一致性。

统一的 512KB L2 缓存是 8 路组关联的，它允许用户基于行、路或者主设备锁定缓存行的内容。所有通过 L2 缓存控制器的访问都能连接到 DDR 控制器，或被发送到 PL 或 PS 内其他相关地址的从设备。为了降低到 DDR 存储器的延时，还提供了一个从 L2 控制器到 DDR 控制器的专用端口。

两个处理器核内建了调试和跟踪能力，经过互联成为 CoreSight 调试和跟踪系统的一部分。用户可通过调试器访问端口(DAP)控制和查询所有的处理器和存储器。此外，还可通过片上嵌入跟踪缓冲区(ETB)或者跟踪端口接口单元(TPIU)，将来自两个处理器的 32 位 AMBA 跟踪总线(ATB)主设备和其他 ATB 主设备(例如设备跟踪宏单元 ITM 和结构跟踪监视器 FTM)汇集在一起，产生统一的 PS 跟踪。

ARM 架构支持多种操作模式，包括超级、系统和用户模式，用于在应用程序级别提供不同级别的保护。这种架构支持 TrustZone 技术，用于帮助创建安全的环境来运行应用程序和保护它们的内容。内建在 ARM CPU 和其他多个外设中的 TrustZone 保证了系统的安全，用于管理密钥、私有数据和加密信息，且不允许将这些秘密泄露给不信任的程序或者用户。

APU 包含一个 32 位的看门狗定时器和一个带有自动递减特性的 64 位全局定时器，它们能用作一个通用定时器，也可以作为从休眠模式下唤醒处理器的一个机制。

因为 ZYNQ-7000 AP SoC 中的 ARM 内核基于 ARM Cortex-A9，因此其基本特性并无本质区别。如果需要有关 ARM Cortex-A9 更详细的信息，请参考 ARM 中文网页 http://www.arm.com/zh/products/processors/cortex-a/cortex-a9.php。

2.1.2 APU 的系统级视图

在 ZYNQ SoC 中，APU 是整个系统中最关键的部件，它构成了 PS、PL 内所实现的 IP 和诸如外部存取器和外设这样的板级设备。APU 和系统其他部分通信的主要接口为：L2 控制器的两个接口，以及一个到 OCM 的接口(与 L2 缓存相并列)。包含 APU 的系统级视图如图 2-3 所示。

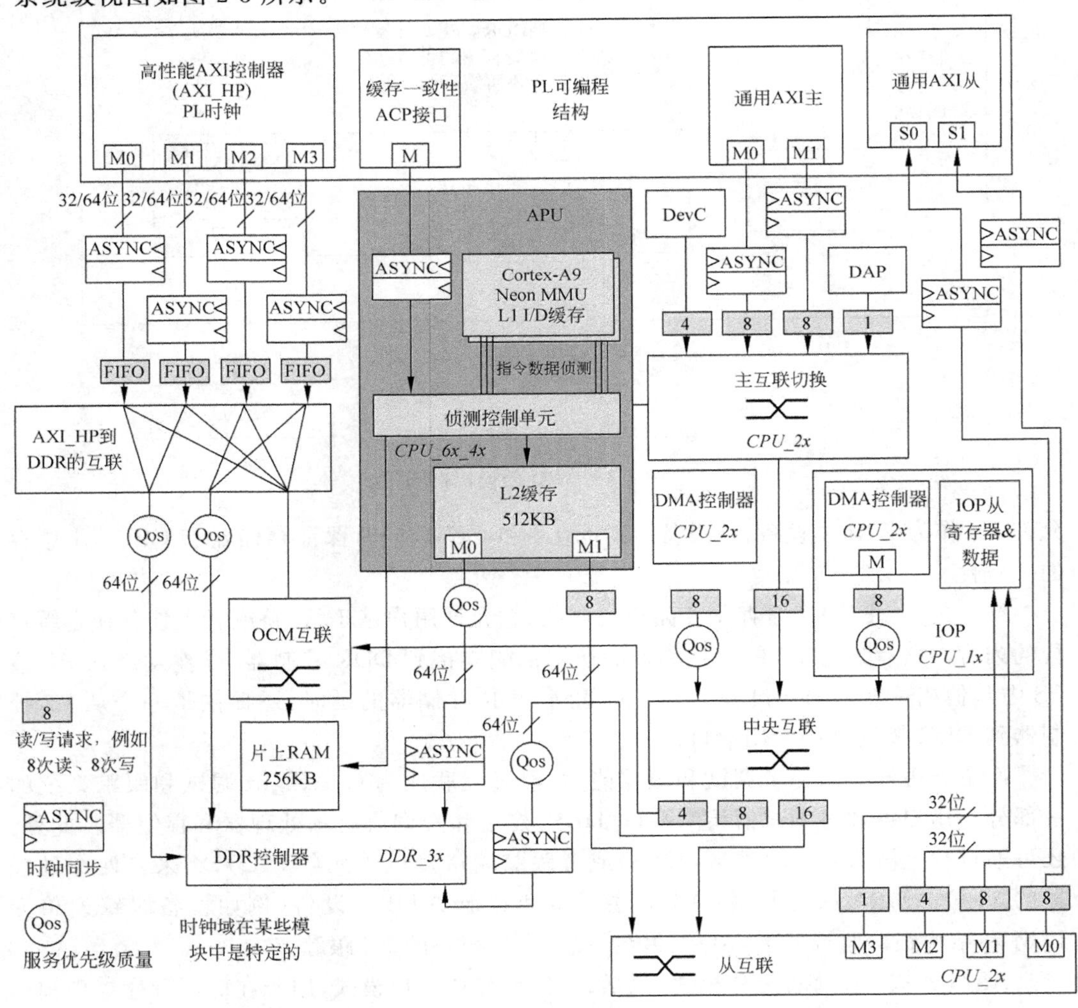

图 2-3 包含 APU 的系统级视图

2.2 信号、接口与引脚

ZYNQ-7000 SoC 的接口与信号可按照它们在 PL 或 PS 中的位置分为两组，如图 2-4 所示。从图 2-4 中可以看出，MIO 属于 PS 的普通 I/O 引脚，EMIO 则是增强的 I/O 引脚，可以扩展成为供 PL 中外设使用的引脚。

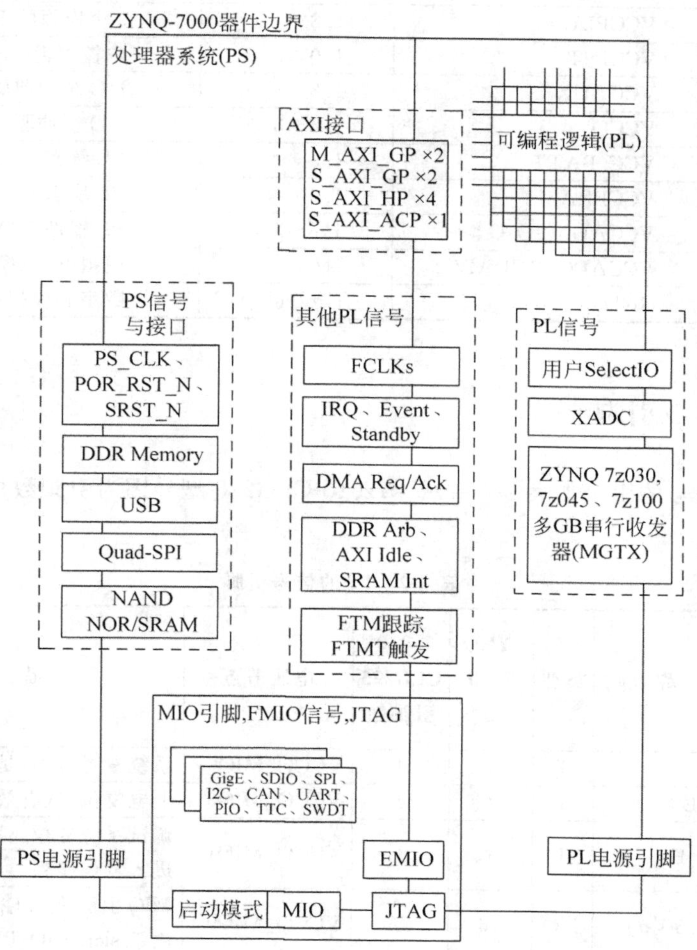

图 2-4　ZYNQ-7000 SoC 的接口与信号分组

2.2.1 电源引脚

PS 与 PL 的电源是互相独立的，但是在 PL 电源有效的情况下，PS 的电源必须有效。PS 中包含了针对 DDR I/O 和 MIO 的两个独立的电压组。ZYNQ-7000 SoC 的电源引脚如表 2-1 所示。

表 2-1　电源引脚

类　型	引脚名称	额定电压/V	引脚描述
PS 电源	VCCPINT	1.0	内部逻辑
	VCCPAUX	1.8	I/O 缓冲前驱动
	VCCO_DDR	1.2～1.8	DDR 内存接口
	VCCO_MIO0	1.8～3.3	MIO 组 0,引脚 0:15
	VCCO_MIO1	1.8～3.3	MIO 组 1,引脚 16:53
	VCCPLL	1.8	3 个模拟的 PLL 时钟
PL 电源	VCCINT	1.0	内核逻辑
	VCCAUX	1.8	I/O 缓冲前驱动
	VCCO_#	1.8～3.3	I/O 缓冲驱动(每个组)
	VCC_BATT	1.5	PL 解密密钥存储备份
	VCCBRAM	1.0	PL 块 RAM
	VCCAUX_IO_G#	1.8～2.0	PL 辅助 I/O 电路
XADC	VCCADC,GNDADC	N/A	模拟电源/模拟地
地	GND	Ground	数字和模拟地

2.2.2　PS I/O 引脚

PS 专用信号的引脚如表 2-2 所示。7z010-CLG225 型号因为引脚数量较少,在表 2-2 中单独标出。

表 2-2　PS 的信号引脚

组	名　称	类型	ZYNQ-7000 引脚数	7z010-CLG225 引脚数	电压节点	描　述
时钟	PS_CLK	I	1	1	VCCO_MIO0	系统参考时钟,是 PS 的主时钟
复位	PS_POR_B	I	1	1	VCCO_MIO0	上电复位,低有效
	PS_SRST_B	I	1	1	VCCO_MIO1	调试系统复位,低有效。强制系统进入复位序列
MIO	PS_MIO[15:0]	I/O	16	16	VCCO_MIO0	MIO 引脚允许输入的最高电压取决于 slcr. MIO_PIN_xx[IO_type]和[DisableRcvr]这两个位的配置,超出限制则会损坏相应的输入缓冲
	PS_MIO[53:16]	I/O	38	16	VCCO_MIO1	
	PS_MIO_VREF	参考	1	0	VCCO_MIO1	RGMII 输入接收器的电压参考
DDR	PS_DDR_xxx	I/O	73	51	VCCO_DDR	xxx 代表 DDR 的多种信号,例如差分时钟输出、片选、地址线、数据线等
	PS_DDR_VR[N,P]	N/A	2	1	—	DDR DCI 电压参考引脚
	PS_DDR_VREF	参考	4	4	—	DDR DQ 和 DQS 差分输入接收器的电压参考

2.2.3 PS-PL电平移位使能

因为PS与PL的接口电压不同，在它们的接口进行信号传输时，例如XADC、PL和EMIO JTAG等，都需要使用电平移位功能，通常由slcr.LVL_SHFTR_EN寄存器来使能。因为通常PL具有多种电平，而PS的接口电压要更低一些，所以在PL上电和断电的过程中，必须严格控制电平移位功能，以避免损坏PS。

典型的上电顺序是：

(1) PL上电．slcr.LVL_SHFTR_EN=0x0。

(2) 使能PS到PL的电平移位功能，令slcr.LVL_SHFTR_EN=0x0A。

(3) 编程PL。

(4) 等待PL烧写完毕，即devcfg.INT_STS[PCFG_DONE_INT]位被置1。

(5) 使能PL到PS的电平移位功能，令slcr.LVL_SHFTR_EN=0x0F。

(6) 可以在PS和PL之间进行信号交互了。

典型的断电顺序是：

(1) 停止PS和PL的信号交互。

(2) 禁用电平移位，令slcr.LVL_SHFTR_EN register=0x0。

(3) 断开PL的供电。

(4) 在PL断电完成之后，保持slcr.LVL_SHFTR_EN register = 0x0。

2.2.4 PS-PL MIO-EMIO信号与接口

PS到PL的MIO和EMIO引脚示意如图2-5所示。

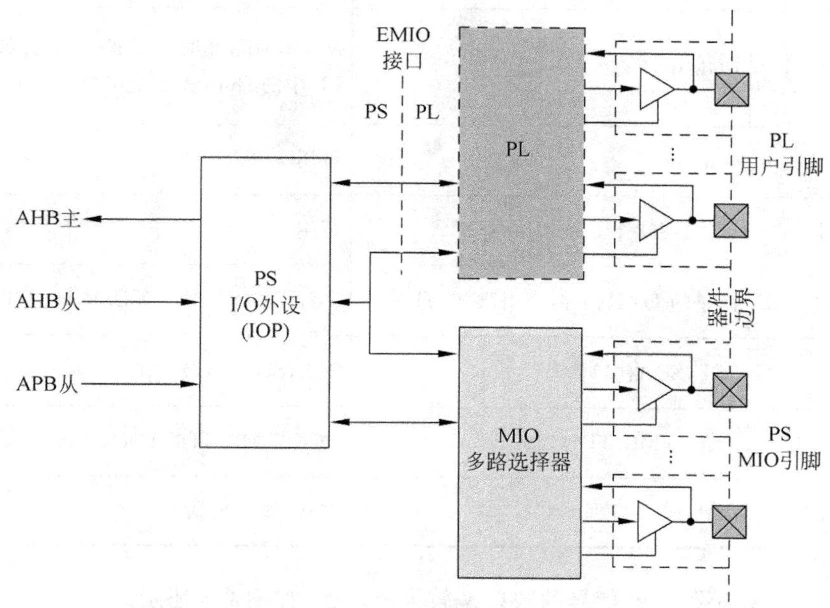

图2-5 PS的MIO和EMIO图示

其中有的引脚只能作为 MIO，有的则既可作为 MIO 也可用作 EMIO，它们的连线关系如表 2-3 所示。需要注意的是，一个组中的信号必须同时用于 MIO 或者 EMIO，而不能分开使用；在 SPI 0 CLK 连接到 MIO 40 的情况下，SPI 组 0 中的其他引脚也只能连接到 MIO 的 41～45 引脚，而无法被分配到 EMIO 中；未使用到的 MIO 引脚则不作为专用外设引脚，可以用作通用 I/O。

表 2-3　I/O 外设 MIO-EMIO 接口连线

外　　设	MIO	EMIO
TTC[0,1]	从每个计数器输出的一对信号：时钟输入，波形输出	从每个计数器输出的三对信号：时钟输入，波形输出
SWDT	时钟输入，复位输出	时钟输入，复位输出
SMC	并行 NOR/SRAM 和 NAND Flash	不可用
Quad-SPI[0,1]	串行，双 SPI 和四 SPI 模式	不可用
SDIO[0,1]	50MHz	25MHz
GPIOs	多达 54 个 I/O 通道(GPIO 组 0 和 1)	64 个 GPIO 通道，带有输入、输出和三态控制(GPIO 组 2 和 3)
USB[0,1]	主机，设备 OTG	不可用
Ethernet[0,1]	RGMII v2.0	MII/GMII，此时其他的 MII 引脚可以通过 PL 中的 shim 逻辑使用 PL 引脚衍生得到
SPI[0,1]	50MHz	可用
CAN[0,1]	ISO 11898-1，CAN 2.0A/B	可用
UART[0,1]	简单的 UART：两个引脚 TX/RX	TX，RX，DTR，DCD，DSR，RI，RTS 和 CTS
I2C[0,1]	SCL，SDA{0,1}	SCL，SDA{0,1}
PJTAG	TCK，TMS，TDI，TDO	TCK，TMS，TDI，TDO，三态 TDO
Trace Port IU	多达 16 位数据	多达 32 位数据

对于大多数外设，I/O 信号的映射是较为灵活的，如图 2-6 所示。

为了方便参考，图 2-7 给出了 MIO 引脚与外设引脚的对应关系。

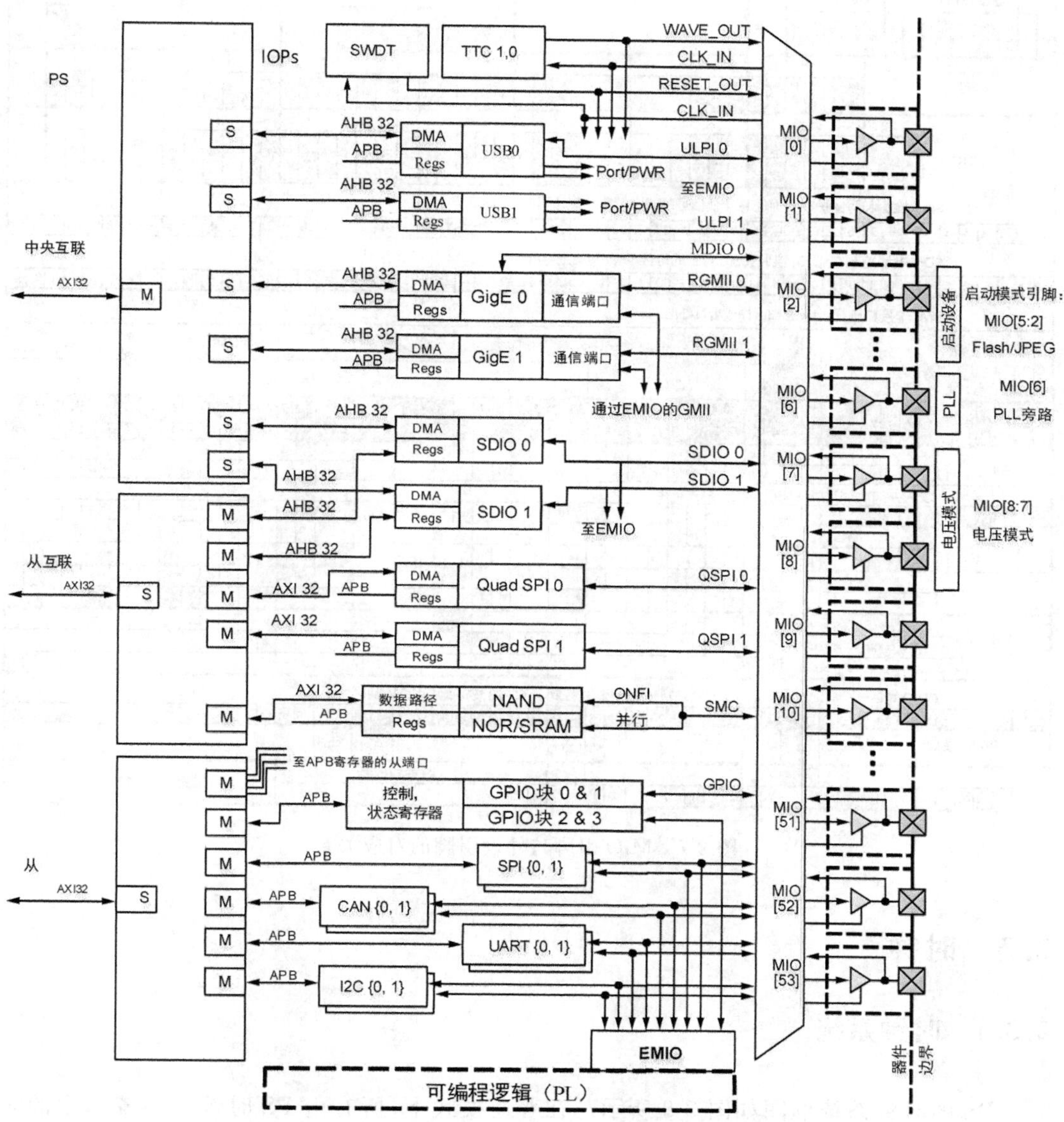

图 2-6 I/O外设系统框图

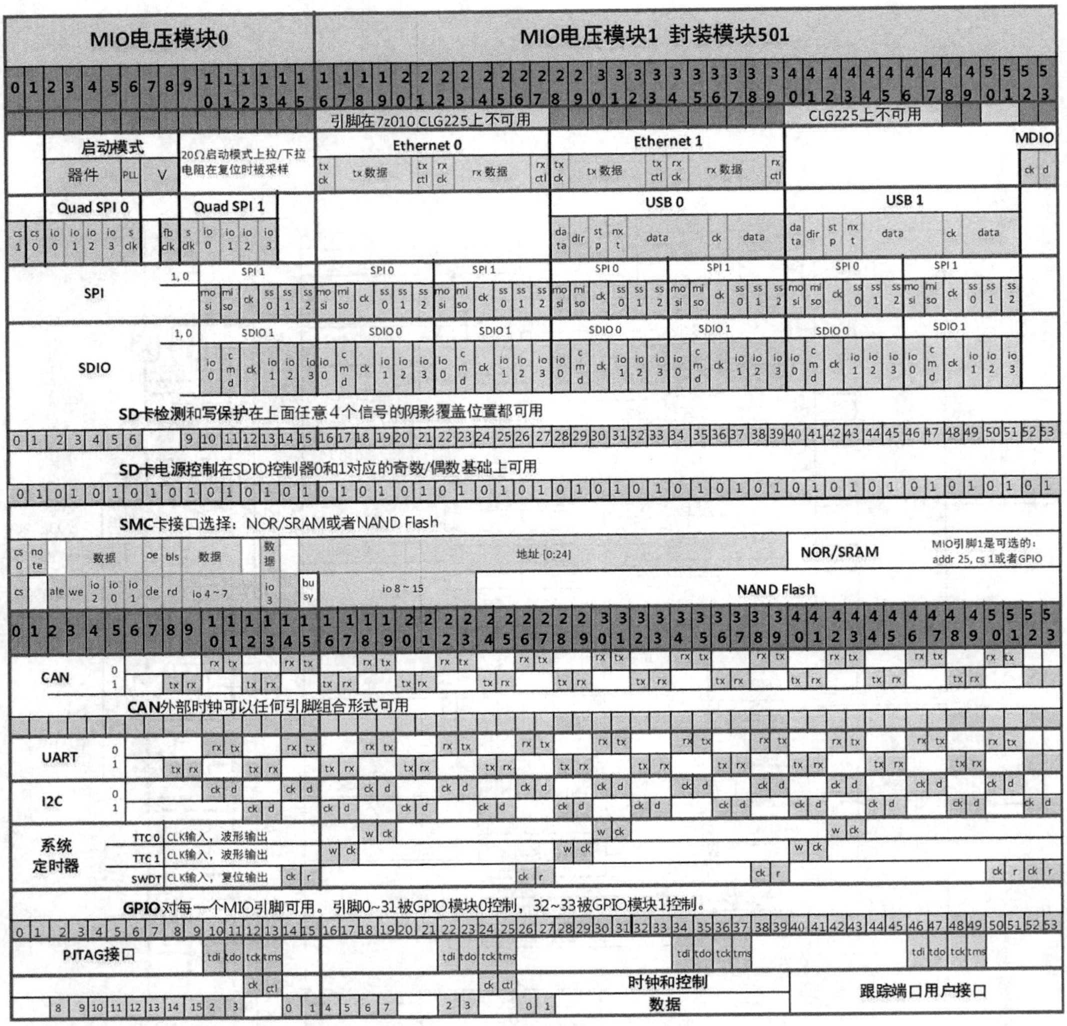

MIO电压模块0
MIO电压模块1 封装模块501
0 1 2 3 4 5 6 7 8 9 10 11 12 13 14 15 16 17 18 19 20 21 22 23 24 25 26 27 28 29 30 31 32 33 34 35 36 37 38 39 40 41 42 43 44 45 46 47 48 49 50 51 52 53
引脚在7z010 CLG225上不可用
CLG225上不可用
启动模式
器件 PLL V
20Ω启动模式上拉/下拉电阻在复位时被采样
Ethernet 0: tx ck, tx 数据, tx ctl, rx ck, rx 数据, rx ctl
Ethernet 1: tx ck, tx 数据, tx ctl, rx ck, rx 数据, rx ctl
MDIO: ck d
Quad SPI 0: cs 1, cs 0, io 0, io 1, io 2, io 3, s clk
Quad SPI 1: fb clk, s clk, io 0, io 1, io 2, io 3
USB 0: data, dir, stp, nxt, data, ck, data
USB 1: data, dir, stp, nxt, data, ck, data
SPI: 1, 0; SPI 1, SPI 0, SPI 1, SPI 0, SPI 1, SPI 0, SPI 1 (mosi, miso, ck, ss 0, ss 1, ss 2)
SDIO: 1, 0; SDIO 1, SDIO 0, SDIO 1, SDIO 0, SDIO 1, SDIO 0, SDIO 1 (io 0, cmd, ck, io 1, io 2, io 3)
SD卡检测和写保护在上面任意4个信号的阴影覆盖位置都可用
0 1 2 3 4 5 6 9 10 11 12 13 14 15 16 17 18 19 20 21 22 23 24 25 26 27 28 29 30 31 32 33 34 35 36 37 38 39 40 41 42 43 44 45 46 47 48 49 50 51 52 53
SD卡电源控制在SDIO控制器0和1对应的奇数/偶数基础上可用
0 1 0 1 0 1 0 1 0 1 0 1 0 1 0 1 0 1 0 1 0 1 0 1 0 1 0 1 0 1 0 1 0 1 0 1 0 1 0 1 0 1 0 1 0 1 0 1 0 1 0 1
SMC卡接口选择：NOR/SRAM或者NAND Flash
cs 0, no te, 数据, oe, bls, 数据, 数据, 地址 [0:24], NOR/SRAM, MIO引脚1是可选的：addr 25, cs 1或者GPIO
cs, ale, we, io 2, io 0, io 1, cle, rd, io 4~7, io 3, busy, io 8~15, NAND Flash
0 1 2 3 4 5 6 7 8 9 10 11 12 13 14 15 16 17 18 19 20 21 22 23 24 25 26 27 28 29 30 31 32 33 34 35 36 37 38 39 40 41 42 43 44 45 46 47 48 49 50 51 52 53
CAN 0: rx tx; CAN 1: tx rx
CAN外部时钟可以任何引脚组合形式可用
UART 0: rx tx; UART 1: tx rx
I2C 0: ck d; I2C 1: ck d
系统定时器: TTC 0 CLK输入，波形输出 (w ck); TTC 1 CLK输入，波形输出 (w ck); SWDT CLK输入，复位输出 (ck r)
GPIO对每一个MIO引脚可用。引脚0~31被GPIO模块0控制，32~33被GPIO模块1控制。
0 1 2 3 4 5 6 7 8 9 10 11 12 13 14 15 16 17 18 19 20 21 22 23 24 25 26 27 28 29 30 31 32 33 34 35 36 37 38 39 40 41 42 43 44 45 46 47 48 49 50 51 52 53
PJTAG接口: tdi tdo tck tms
ck ctl; 时钟和控制; 数据; 跟踪端口用户接口
8 9 10 11 12 13 14 15 2 3 0 1 4 5 6 7 2 3 0 1

图 2-7　MIO 引脚与外设引脚的对应关系

2.3　时钟

2.3.1　时钟系统

PS 的时钟系统框图如图 2-8 所示。在普通模式下，所有由 PS 时钟子系统产生的时钟都会被 CPU、DDR 和 I/O 3 个可编程 PLL 中的一个进行处理，其输入为 PS_CLK 引脚上的时钟信号。在旁路模式下，PS_CLK 引脚上的时钟信号将不经过 PLL 的处理，其运行频率比普通模式低，但是在低功耗应用和调试时非常有用。在上电复位信号 PS_POR 产生时，PLL 旁路启动模式引脚被采样，从而控制是否使能 PLL；在启动完成，用户代码开始执行时，旁路模式和 PLL 的输出频率可由软件控制。

3 个可编程的 PLL 具有同一个输入 PS_CLK，共享同一个压控振荡器(VCO)的边带

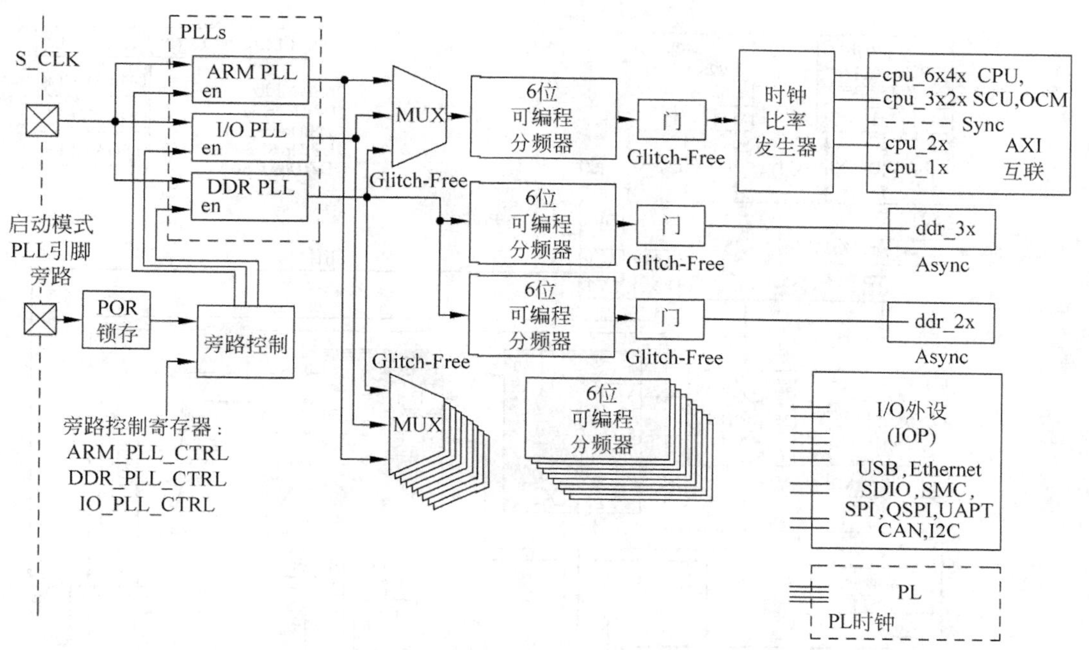

图 2-8　PS 时钟系统框图

参考电压电路，但具有独立的 PLL 旁路控制和频率编程，其推荐面向的对象分别为：ARM PLL 可用于 CPU 和互联的时钟，DDR PLL 用作 DDR DRAM 控制器以及 AXI_HP 接口的时钟，I/O PLL 则用作 I/O 外设的时钟。所有的 CPU 时钟都是同步的，而所有的 DDR 时钟是互相独立的，与 CPU 时钟也是互相独立的，所有外设的时钟与其他外设的时钟是完全异步的。

在普通模式下，大部分的系统时钟都由 PS_CLK 经 3 个 PLL 倍频后产生，如图 2-6 所示。与系统其他部分交互最多、非常重要的 3 个时钟域如下：

- DDR_3x：用于 DDR 内存控制器。
- DDR_2x：用于 PL 的高性能 AXI 接口(AXI_HP{0:3})和互联。
- DDR_1x：用于 ARM 处理器和其他 CPU 外设。

时钟产生路径包括无毛刺(Glitch-free)的多路复用器和无毛刺的门电路，支持动态时钟控制。时钟分支包含 6 位的可编程频率分频器、动态开关和 4 个用于 PL 复位的时钟发生器。

时钟子系统是 PS 的一部分，只有在整个系统复位时，时钟子系统才被复位，此时，所有控制时钟的寄存器都被复原为初始值。

从整个系统的角度看，时钟网络和相关联的时钟域如图 2-9 所示。

其中，中央互联有两个主要的时钟域：DDR_2x 和 CPU_2x。对于图 2-9 中的 5 个子开关(图中交叉的类似 X 的形状)来说，其中的 4 个位于 CPU_2x 域，而内存互联时钟位于 DDR_2x 时钟域中。通过 L2 缓存直连 CPU 的路径以及 DDR 控制器，都位于 DDR_2x 时钟域中，从而保证最大的吞吐量。CPU 和 OCM 间的直通路径、SCU ACP 和 PL 间的直通路径都位于 CPU_6x4 时钟域中。PL 时钟域和 CPU 时钟域的交叉是通过 PS 中的异步 AXI 桥接完成的。

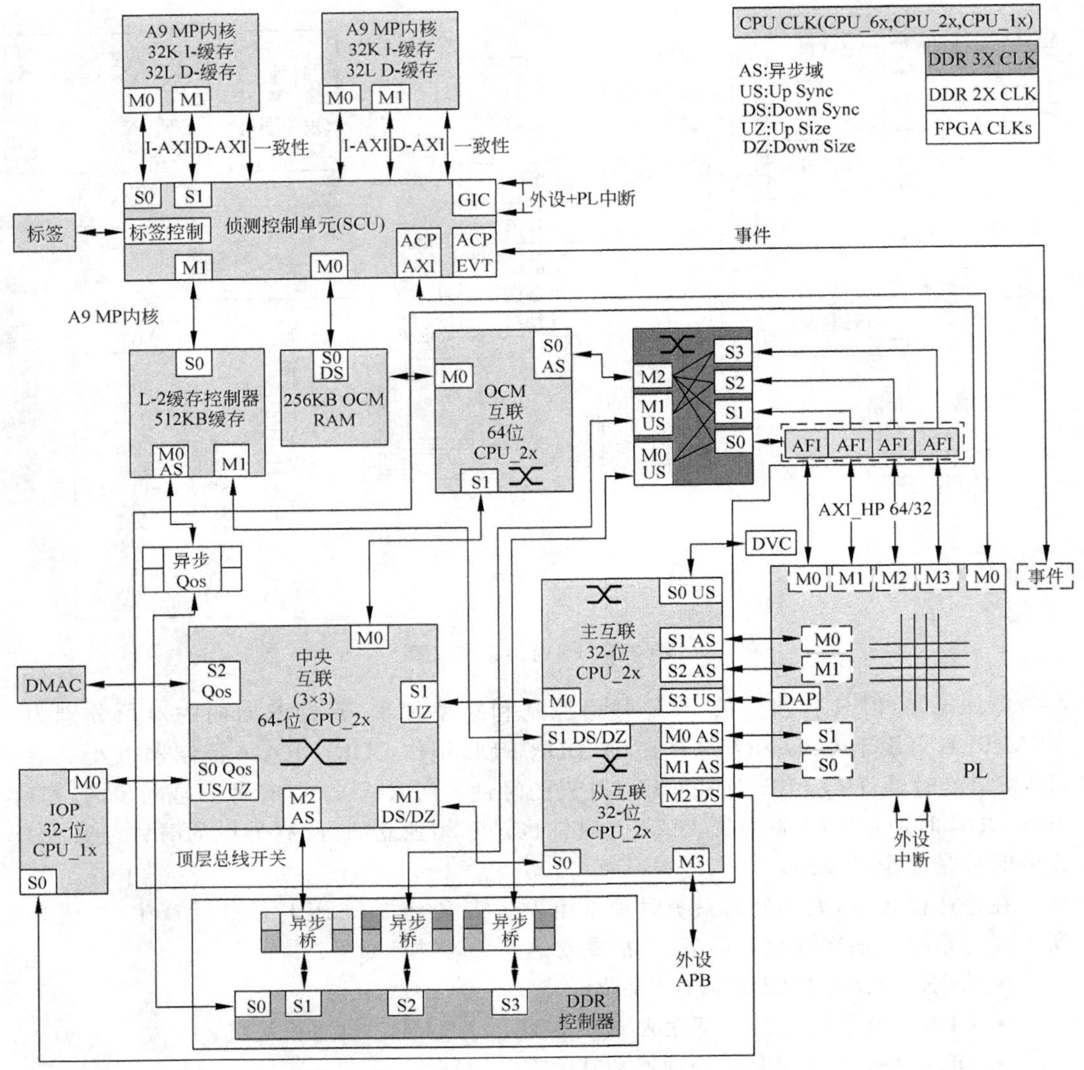

图 2-9 时钟网络和时钟域的系统视图

在 CMOS 电路中，因为功耗通常与时钟频率是成正比的，所以为了降低功耗，可以降低 PLL 的频率，或者关闭不需要的 PLL。例如，在仅使用 DDR PLL 驱动所有时钟发生器的情况下，可以关闭 ARM PLL 和 I/O PLL 以减少功耗。此外，不使用的时钟信号也可关闭以减小功耗。例如，中央互联的 CPU 时钟 CPU_2x 和 CPU_1x，可以通过将 TOPSW_CLK_CTRL [0]位置 1 关闭，所有的 CPU 时钟信号都可以通过 slcr. A9_CPU_RST_CTRL. A9_CLKSTOP{0,1}来控制开通和关断。

2.3.2 CPU 时钟

CPU 的时钟域与时钟产生网络如图 2-10 所示。

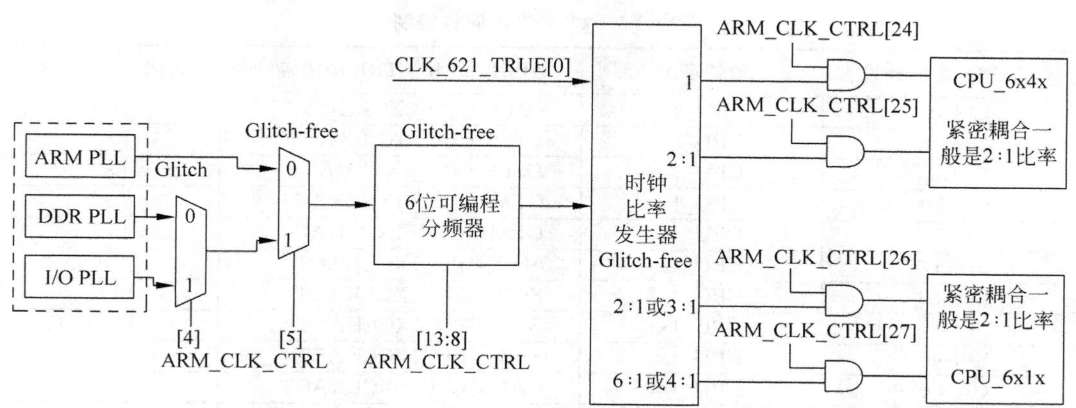

图 2-10　CPU 的时钟产生与时钟域

CPU 时钟域由 4 个独立的时钟组成，即 CPU_6x4x、CPU_3x2x、CPU_2x 和 CPU_1x。从它们的名字中便可看出它们之间时钟频率的关系。由 CLK_621_TRUE [0]这一位决定 CPU 这 4 个独立时钟的频率关系比是 6∶3∶2∶1 还是 4∶2∶2∶1（简写为 6∶2∶1 和 4∶2∶1）。以 CPU 的时钟域运行在 6∶2∶1 和 4∶2∶1 两组模式下为例，表 2-4 给出了不同模式下每个时钟域中模块运行的频率。

表 2-4　CPU 时钟频率比例示意

CPU 时钟	6∶2∶1	4∶2∶1	时钟域模块
CPU_6x4x	800MHz（CPU_1x 的 6 倍）	600MHz（CPU_1x 的 4 倍）	CPU 时钟频率，SCU，OCM 仲裁，NEON，L2 缓存
CPU_3x2x	400MHz（CPU_1x 的 3 倍）	300MHz（CPU_1x 的 2 倍）	APU 定时器
CPU_2x	266MHz（CPU_1x 的 2 倍）	300MHz（CPU_1x 的 2 倍）	I/O 外设，中央互联，主互联，从互联，OCM RAM
CPU_1x	133MHz	150MHz	I/O 外设的 AHB 和 APB 接口总线

不同时钟域中的时钟频率不同，一般情况下，最高的 CPU 时钟频率代表了最高的系统性能。但是在一些场合下，互联带宽的限制导致提高 CPU 的时钟频率也无法再继续提高系统的性能。在这种情况下，把时钟比率从 6∶2∶1 切换为 4∶2∶1。根据器件的速度等级，CPU 的时钟频率在 6∶2∶1 的比率下可能受限于 cpu_6x，而在 4∶2∶1 的比率下可能受限于 cpu_2x，因此要根据需要来调整 CPU 频率以最优化互联和系统的性能。

PS 中的每个外设都由 CPU 时钟经过无毛刺的门控电路独立产生，它们的时钟控制如表 2-5 所示。

PL 既可以像传统的 FPGA 一样使用独立的、外部直接提供的时钟信号，也可以使用从 PS 时钟发生器产生的 4 个时钟信号。这 4 路时钟信号之间是互相异步的，并且与其他的 PL 时钟信号也没有关系，它们的配置方法和产生路径如图 2-11 所示。

表 2-5　PS 外设的时钟控制

AMBA 总线外设	时钟基准	APER_CLK_CTRL 中的控制位(0:关闭;1:使能)	
DMAC	CPU_2x	DMA_CPU_2XCLKACT	[0]
USB 0	CPU_1x	USB0_CPU_1XCLKACT	[2]
USB 1	CPU_1x	USB1_CPU_1XCLKACT	[3]
GigE 0	CPU_1x	GEM0_CPU_1XCLKACT	[6]
GigE 1	CPU_1x	GEM1_CPU_1XCLKACT	[7]
SDIO 0	CPU_1x	SDI0_CPU_1XCLKACT	[10]
SDIO 1	CPU_1x	SDI1_CPU_1XCLKACT	[11]
SPI 0	CPU_1x	SPI0_CPU_1XCLKACT	[14]
SPI 1	CPU_1x	SPI1_CPU_1XCLKACT	[15]
CAN 0	CPU_1x	CAN0_CPU_1XCLKACT	[16]
CAN 1	CPU_1x	CAN1_CPU_1XCLKACT	[17]
I2C 0	CPU_1x	I2C0_CPU_1XCLKACT	[18]
I2C 1	CPU_1x	I2C1_CPU_1XCLKACT	[19]
UART 0	CPU_1x	UART0_CPU_1XCLKACT	[20]
UART 1	CPU_1x	UART1_CPU_1XCLKACT	[21]
GPIO	CPU_1x	GPIO_CPU_1XCLKACT	[22]
Quad-SPI	CPU_1x	LQSPI_CPU_1XCLKACT	[23]
SMC	CPU_1x	SMC_CPU_1XCLKACT	[24]

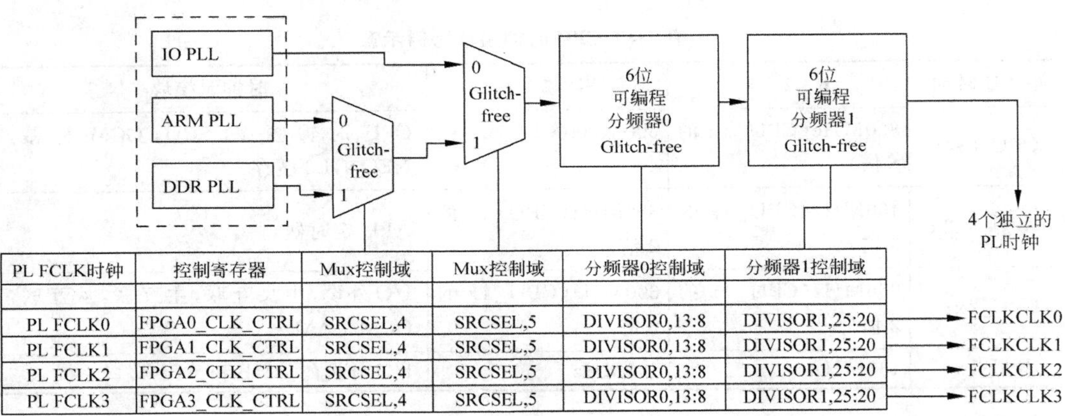

图 2-11　PS 到 PL 的时钟产生路径

2.4　复位

ZYNQ-7000 SoC 系统中的复位可以由硬件、看门狗定时器、JTAG 控制器或软件产生,可用于驱动系统中每个模块的复位信号。其中,硬件复位由上电复位信号 PS_POR_B 和系统复位信号 PS_SRST_B 驱动。在 PS 中,有 3 个看门狗定时器可用来产生复位信号;JTAG 控制器产生的复位信号可产生系统级复位信号,或者只用于复位 PS 的调试部分;软件复位信号可用于单独子模块的复位,或者产生系统级复位信号。

复位系统是器件安全系统的一部分,它执行三段式的复位序列:上电—清除内存—系统使能,其模块功能框图如图 2-12 所示。注意,图 2-12 并不代表真正的复位序列和硬件原理实现,只是一个功能示意图。

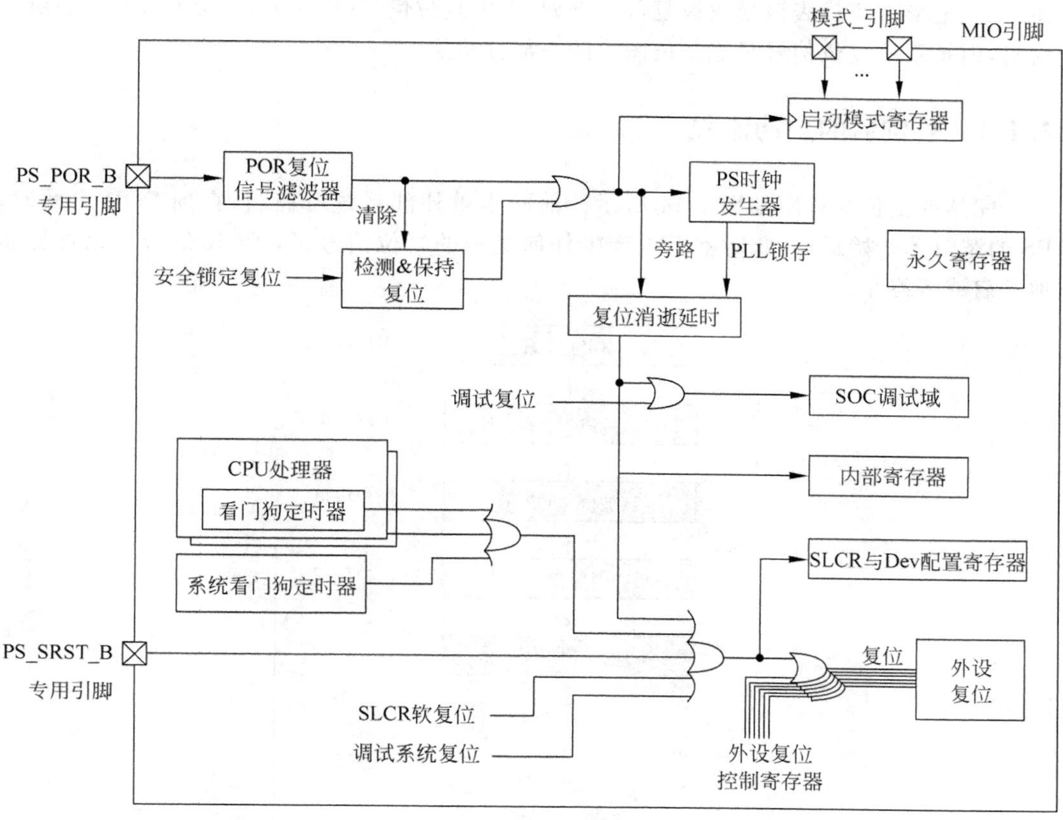

图 2-12　复位系统的模块框图

因为 PS 中有多种不同类型的复位信号，所以它们之间存在一定的层次关系。PS 中主要的复位信号之间的层次关系如图 2-13 所示。在图 2-13 中，复位信号的方向是自顶

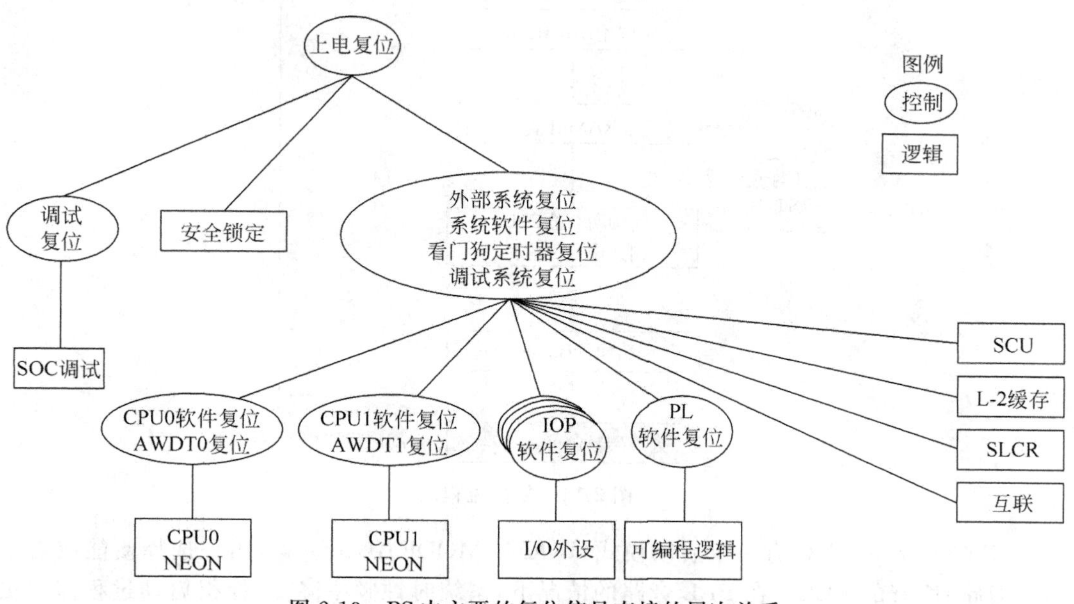

图 2-13　PS 中主要的复位信号直接的层次关系

向下的,矩形方块代表该模块被复位。例如,上电复位信号(POR)可以复位PS中的所有逻辑,但是系统复位信号只能复位图中的一部分功能。

2.4.1 复位后的启动流程

完整的复位流程图如图2-14所示。前两步被外部系统所控制,直到POR有效时,PS的逻辑才开始运行,此时就可以产生任何类型的复位信号了;POR信号可以被异步地开启或者终止。

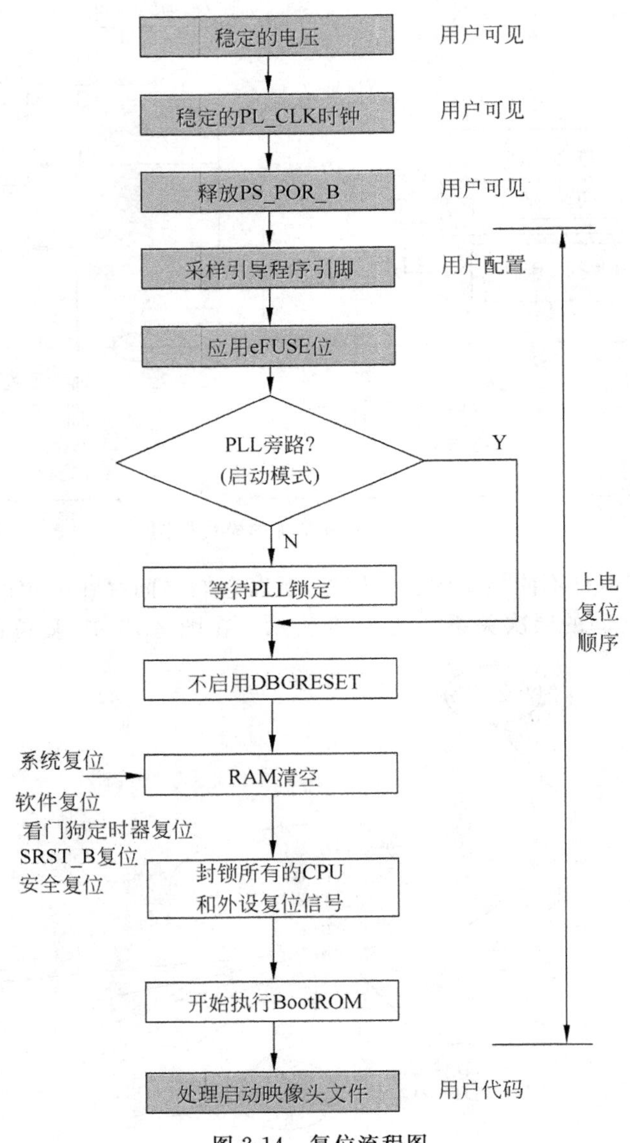

图2-14 复位流程图

ZYNQ-7000 SoC有一个启动模式(BOOT_MODE)绑定引脚,用来选择使能或者禁止(旁路)所有的PLL。在PLL旁路的情况下,系统时钟频率降低,使得启动过程需要更长的时间。

在 POR_N 释放之后，eFUSE（用来存储比特流的加密信息）控制器跳出复位状态，它自动把一些数据应用到 PLL 中，并为 PS 中的某些 RAM 提供冗余信息。这一过程需要 50～100μs 的时间来完成，对用户是不可见的，也不受用户的控制。

如果 PLL 被使能，则 POR 信号将被延时，PLL 时钟已经被锁定，这一锁定过程一般需要 60μs。如果 PLL 被旁路，则 POR 信号不会被延时。

在 BootROM 开始执行之前，硬件会向所有内部 RAM 的地址写 0 以清除它们的数据。

2.4.2 复位资源

ZYNQ-7000 SoC 中的复位信号包括以下 6 种。

1. 上电复位（PS_POR_B）

PS 支持外部上电复位信号。POR 是整个芯片的主复位信号，芯片中所有具有复位能力的寄存器都可被其复位。PS_POR_B 复位引脚会保持低电平，直到所有的 PS 电源都达到期望的电压且 PS_CLK 有效。POR 信号可以被异步地开启或者终止，然而它是内部同步并且被滤波的；滤波的作用是在 POR 保持高电平期间消除可能产生的高电平毛刺。在 PS_POR_B 信号为低电平期间，PS 的所有 I/O 引脚都被保持在三态。

2. 外部系统复位（PS_SRST_B）

POR 会清除所有的调试配置，而使用外部系统复位则可以在复位所有功能逻辑的同时，保持调试环境，例如用户插入的断点可以在外部系统复位前后得以保持。在 PS_SRST_B 信号为低电平期间，PS 的所有 I/O 引脚都被保持在三态。为了系统安全，外部系统复位会擦除 PS 中所有内存的内容，包括 OCM。系统复位还可以复位 PL。它并不重新采样启动模式引脚，所以如果启动模式引脚没有使用的话，应该保持高电平。

3. 系统软件复位

用户可以使用软件写 PSS_RST_CTRL[SOFT_RST]以触发对整个系统的复位，其复位效果与 PS_SRST_B 相同。

4. 看门狗复位

PS 中有 3 个看门狗定时器：系统级定时器 SWDT 以及每个 ARM 内核的私有定时器 AWDT0 和 AWDT1。看门狗定时器在定时超时时会触发内部的复位信号，其中 SWDT 会复位整个系统，而 AWDT0 和 AWDT1 既可以只复位对应的 ARM 内核，也可以复位整个系统。

5. 安全违规锁定

在安全违规事件发生时，为了保护代码安全，整个 PS 会复位并且锁定，只有在重新执行上电复位之后 PS 才会解除锁定。

6. 调试复位

调试复位有两种：来自调试访问端口(DAP)控制器的调试系统复位与调试复位信号。前者由JTAG控制，经ARM DAP发出，其作用与外部系统相同，将复位整个系统。后者只复位SoC中的调试模块，包括一些JTAG逻辑。虽然PS支持使用JTAG TMS产生的复位序列，但是它并不支持外部的JTAG TRST。JTAG逻辑只有在上电复位，或者ARM DAP产生CDBGRSTREQ断言的时候才会被复位，所有的JTAG TCK时钟域中的逻辑也会被此信号复位。

这些复位信号产生的复位效果如表2-6所示。

表2-6 复位效果

复位信号名称	来源	复位的模块	RAM是否清除	影响的位
上电复位 (PS_POR_B)	器件引脚	整个芯片，包括调试的配置信息。PL需重新编程	全部	REBOOT_STATUS[22]=1
安全锁定(需要POR以清除锁定)	DevC		全部	无
外部系统复位(PS_SRST_B)	器件引脚	除调试的配置信息外的整个芯片，PL需重新编程	全部	REBOOT_STATUS[21]=1
软件复位	SLCR		全部	REBOOT_STATUS[19]=1
系统调试复位	JTAG		全部	REBOOT_STATUS[20]=1
系统的看门狗定时器复位	SWDT		全部	REBOOT_STATUS[16]=1
CPU看门狗定时器(当slcr. RS_AWDT_CTRL{1,0}=0时)	AWDT		全部	REBOOT_STATUS[17]=1
CPU看门狗定时器(当slcr. RS_AWDT_CTRL{1,0}=1时)	AWDT	仅CPU	无	REBOOT_STATUS[18]=1
调试复位	JTAG	调试逻辑	无	无
外设复位	SLCR	特定的外设，或者CPU	无	无

此外，PS还会输出4个独立的复位信号FCLKRESETN[3:0]到PL，可以作为PL的通用复位信号，在PS启动完成且用户代码开始执行之前，这些复位信号一直有效。此外，这4个复位信号与FCLK是异步的，所以如果用户希望使用FCLK与这4个复位信号之一对PL进行同步复位的话，则需要对它们进行手动同步。

2.5 JTAG调试与测试

ZYNQ-7000 SoC家族支持符合IEEE 1149.1标准的JTAG调试接口。在SoC内部，它使用PS内的调试访问端口(DAP)和JTAG测试访问端口(TAP)分别对PS和PL进行调试。ARM DAP是ARM CoreSight调试架构的一部分，允许用户使用第三方的调试工具(例如常用的DS-5套件)对ARM内核进行调试。Xilinx TAG则在标准JTAG功能寄存器的基础上，增加了 PL 调试、eFuse/BBRAM 编程、片上 XADC 访问等增强功能。此外，ZYNQ-7000 SoC 还可让用户通过跟踪缓存和交叉触发接口，同时使用 TAP 对 PL 和使用 DAP 对 ARM 进行调试，这在 SoC 的软件开发中是非常有用的功能。用户可以把 PS 和 PL 的跟踪信息同时保存到共用的调试跟踪缓存中，使得这些数据既能从 JTAG 读出，也可以发送到跟踪端口接口单元(TPIU)。为了代码安全，ZYNQ-7000 SoC 还可使用 eFuse 的一个位来永久禁用 JTAG，但是使用时务必小心，因为 eFuse JTAG 禁用的结果是不可恢复的。DAP/TAP 架构的示意图如图 2-15 所示。

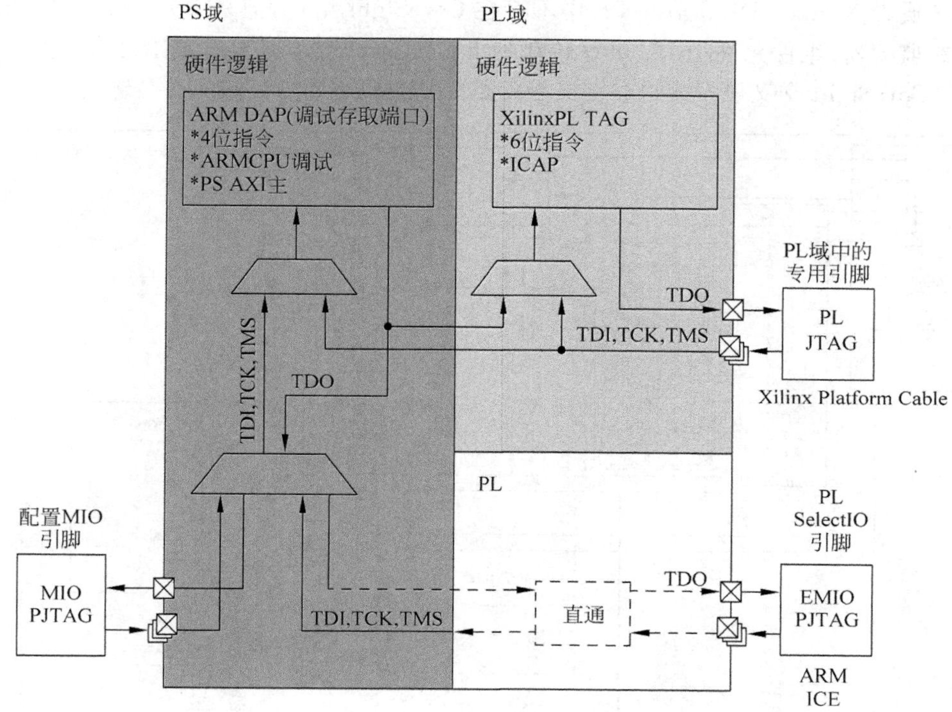

图 2-15　JTAG 系统架构示意

ARM DAP 除了用于调试控制外，还可作为系统互联内的一个主设备，可在不暂停 CPU 执行的情况下，在系统的地址空间插入探针(之前的调试系统则必须暂停 CPU 执行)。PL Xilinx TAP 控制器则用于完成四大任务：边界扫描、eFuse 编程、BBRAM 编程和 PL 调试的 ChipScope。

在使用 JTAG 调试功能之前，必须保证 PS 和 PL 都已上电。在 BootROM 把控制器交给用户软件之后，在假设非安全启动的流程下，JTAG 链将被自动使能，使用户可以从软件的入口点开始调试。JTAG 支持级联和独立两种模式，在系统复位结束后，由 JTAG 模式输入位决定。它们的特点分别如下：

JTAG 级联模式：也叫单链模式。TAP 和 DAP 都将对外部 JTAG 调试工具可见，此时仅使用一根 JTAG 电缆连接到 PL 的 TDO/TMS/TCK/TDI 引脚，即可同时访问 PS 和 PL 的调试信息。

JTAG 独立模式：也叫分链模式。在此模式下，需要使用单独的 JTAG 电缆分别对

ARM 中的程序和 PL 进行调试。此时通过 JTAG 电缆只能从 PL 的 TDO/TMS/TCK/TDI 引脚看到 TAP 控制器的信息，而为了调试 ARM 中的软件，需要通过 JTAG 引脚之外额外的 I/O 引脚(例如 MIO，或者通过 EMIO 与 PL 的 SelectIO 引脚)来连接 ARM DAP 的信号 PJTAG。

图 2-16 给出了 ARM DAP 与 JTAG TAP 菊花链连接的示意图，其中 ARM DAP 位于链头。二者分别位于 PS 的电源域和 PL 的电源域。PS 中的所有调试组件都是按照 ARM CoreSight 架构进行设计和集成的，它们都在调试工具的直接控制下，例如 ARM RVDS 或者 Xilinx XDK。虽然 PL 中不存在 CoreSight 组件，但是 PS 中的 FTM(PL 结构跟踪监视器)组件允许把 PL 跟踪转存到 ETB(CoreSight 嵌入式跟踪缓存)中。CTI/CTM(CoreSight 交叉触发接口和交叉触发矩阵)支持 PS 和 PL 间的交叉触发。

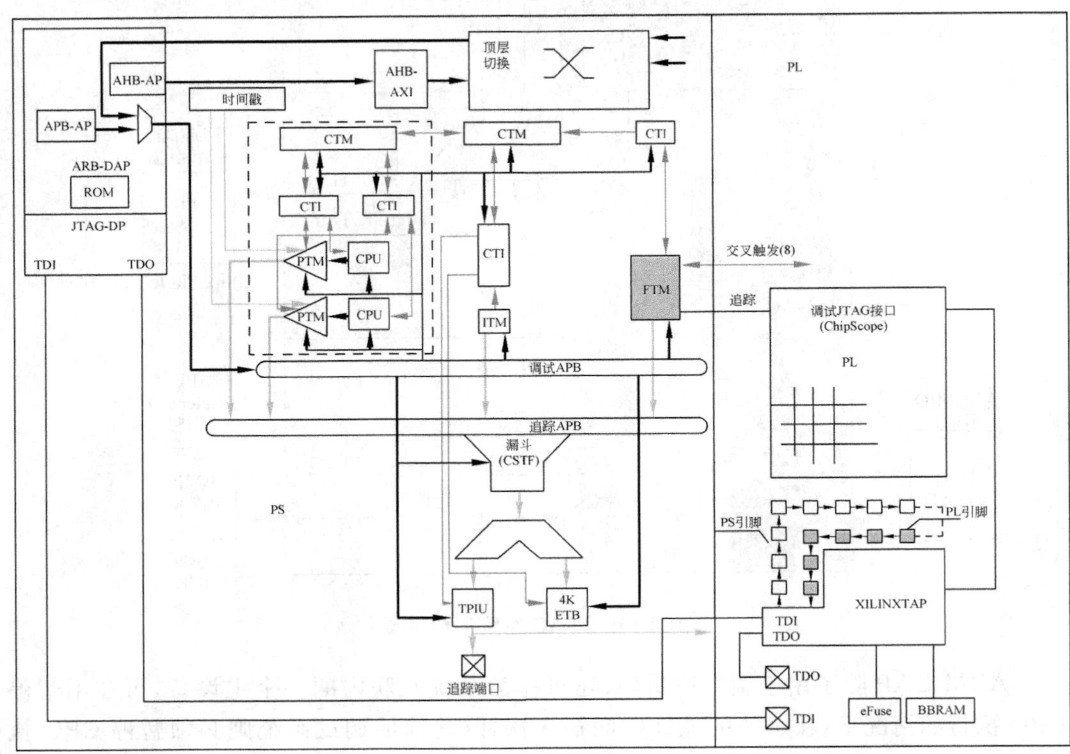

图 2-16　ARM DAP 与 JTAG TAP 的菊花链连接示意图

2.6　启动与配置

2.6.1　PS 的启动过程

ZYNQ-7000 SoC 的启动模式分为两种：使用静态存储器(包括 NAND、并行 NOR、串行 NOR(QSPI)和 SD 卡)的安全启动模式，需禁用 JTAG；使用 JTAG 或静态存储器的非安全模式。其中 JTAG 模式主要在功能开发和调试阶段使用。

PS 的启动分为两个必选阶段和一个可选的阶段。

(1) 阶段 0：BootROM。从内部的 BootROM 中读取存储的启动代码，用于配置 ARM 处理器和必需的外设，然后从启动设备读取第一阶段 Bootloader(FSBL)代码。BootROM 并不会配置和初始化 PL，也不会使能 DDR 和 SCU。

(2) 阶段 1：FSBL。FSBL 启动代码包含了 PS 外设的初始化信息，它通常存储在 Flash 中，也可通过 JTAG 下载到芯片中。BootROM 代码把 FSBL 代码复制到 OCM 中，其中从 FSBL 加载 OCM 中的代码在 192KB 以内。在 FSBL 开始执行之后，其全部的 256KB 代码才全部可用。在 QSPI 较小的情况下，可以只把 FSBL 保存到 QSP 中，而把其他启动分区存放在更大空间的 Flash(例如 eMMC 中)然后使用 eMMC 模式进行启动。

- 在使用 SDK 进行开发的情况下，可以使用 SDK 的向导生成 FSBL。也可以从 git 服务器下载相关的源代码，进行 FSBL 的自定义开发。
- 可以在 FSBL 中包含以太网、USB、STSIO 的代码来启动和配置 PL。
- 在此阶段是否启动 PL 可根据需要确定，因为 PS 可以独立于 PL 而独立运行。如果提供了比特流文件，则 FSBL 可完成 PL 的配置。
- 如果存在阶段 2 的启动代码，则 FSBL 执行完毕之后会加载它。
- 如果不存在操作系统，则 FSBL 执行完毕之后会把相应裸机环境中的代码加载到 DDR 内存中。

(3) 阶段 2：可选阶段。用户可自定义一些启动代码，例如 U-Boot 等。

在非安全启动的情况下，BootROM 加载 FSBL 到 OCM 中的流程图如图 2-17 所示。具体阶段 0 和阶段 1 的启动流程分别如图 2-18 和 2-19 所示。

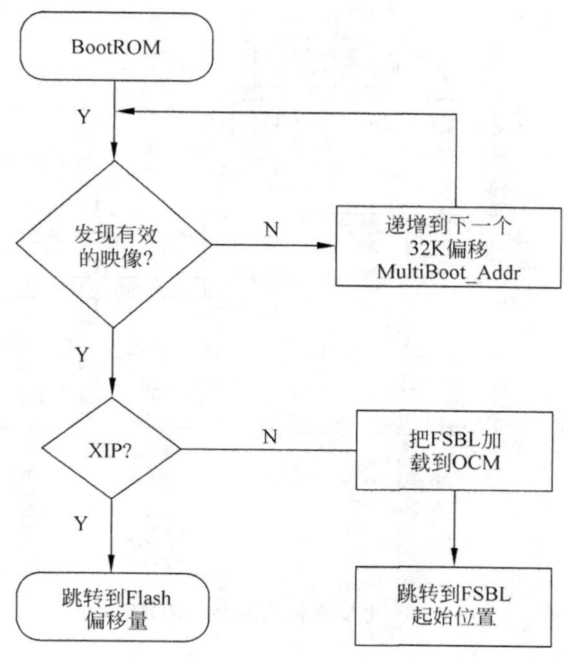

图 2-17 非安全模式的启动

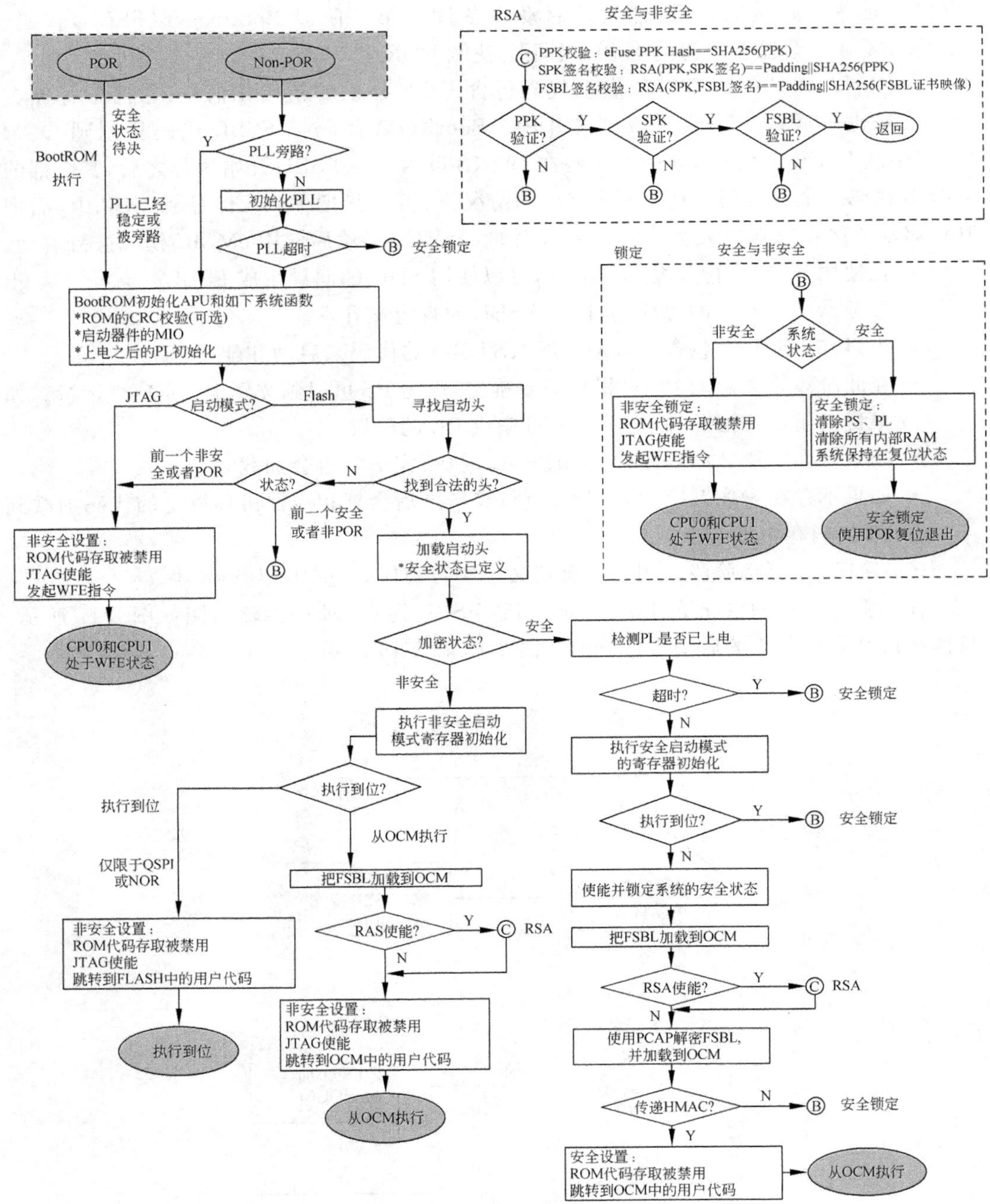

图 2-18　非安全模式的 BootROM 启动

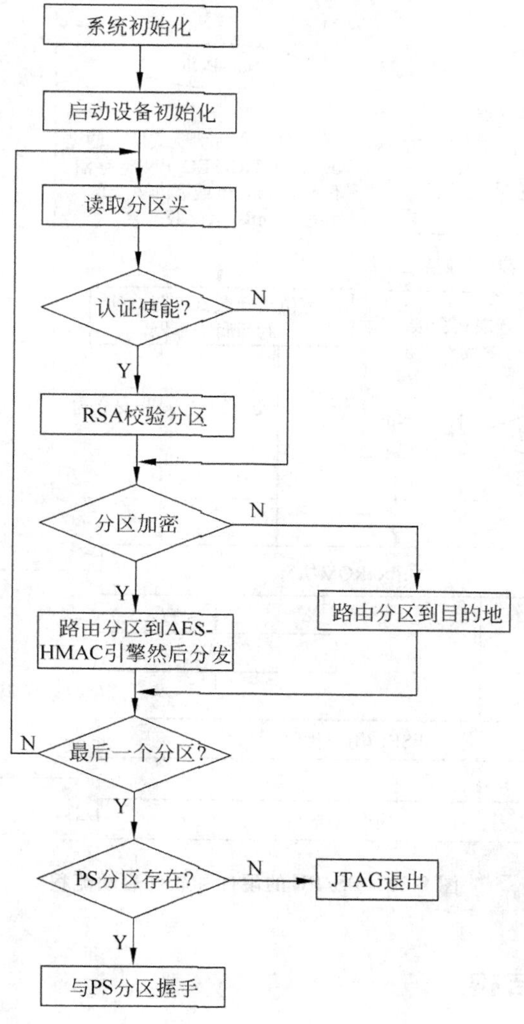

图 2-19　FSBL 示例

2.6.2　PL 的启动过程

PL 的启动过程如下：

(1) 启动：给 PL 上电。

(2) 初始化：通过 PS 或者 INIT/PROG 引脚。

(3) 配置：通过 PS AXI-PCAP、JTAG 或者 PL ICAP。

(4) 使能 PS 到 PL 的接口：通过 PS。

PL 启动过程与 PS 启动的对应关系如图 2-20 所示。

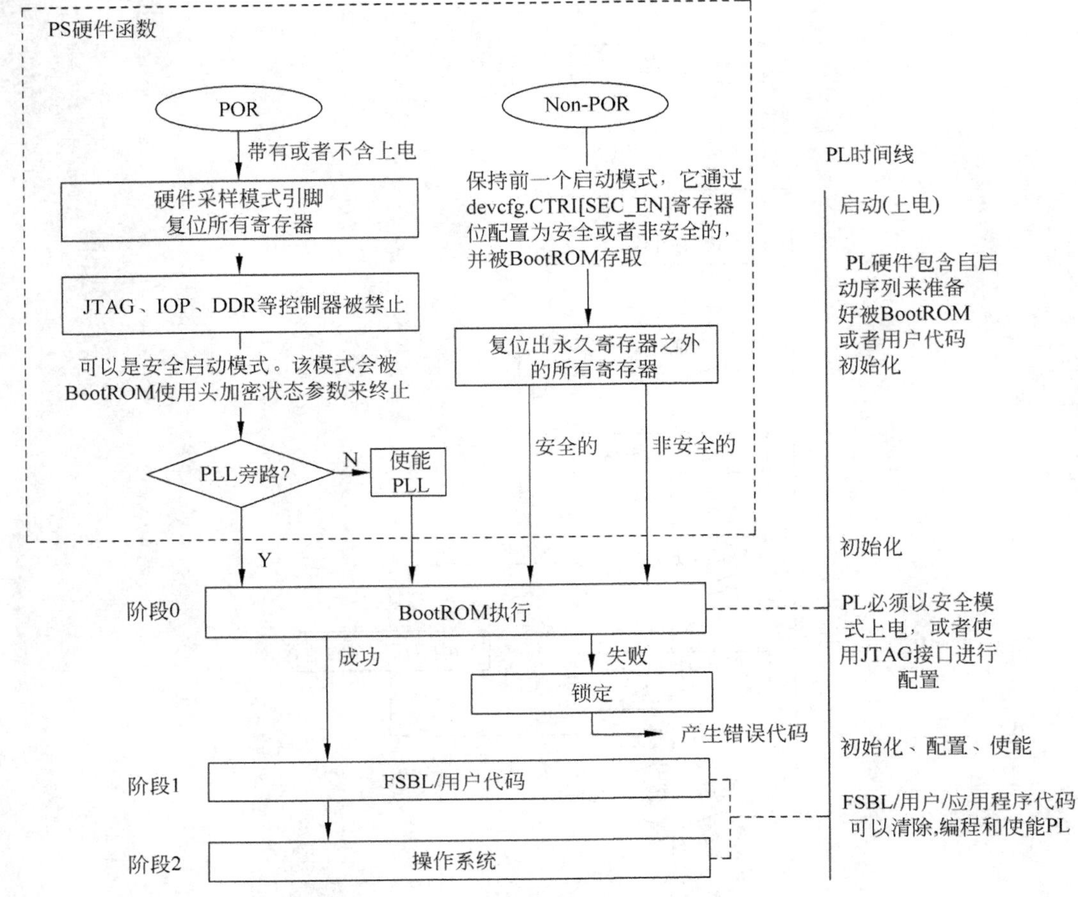

图 2-20　PS/PL 的硬件和软件启动流程

2.7　系统互联结构

PS 中的互联结构是由多个多端口开关组成的，它们基于 ARM AMBA 3.0 互联架构，使用 AXI 点对点通道把系统资源连接起来，在主设备和从设备之间传送地址、数据和事务响应。这种架构具有完整的互联通信能力，并可叠加服务质量(QoS)、调试和测试监视功能，其主要特征如下。

(1) 基于 AXI 的高性能数据通路开关：连接 SCU 和 L2 缓存控制器。

(2) 基于 ARM NIC-301 的中央互联，包括到从外设的主互联，到主外设的从互联、内存互联、OCM 互联，以及 AHB 和 APB 总线桥。

(3) PS 到 PL 的接口，包括：

① AXI_ACP：一个到 PL 的缓存一致性主端口。

② AXI_HP：4 个到 PL 的高性能/高带宽主端口。

③ AXI_GP：4 个通用端口，其中两个为主，两个为从。

所有互联结构的示意框图如图 2-21 所示。

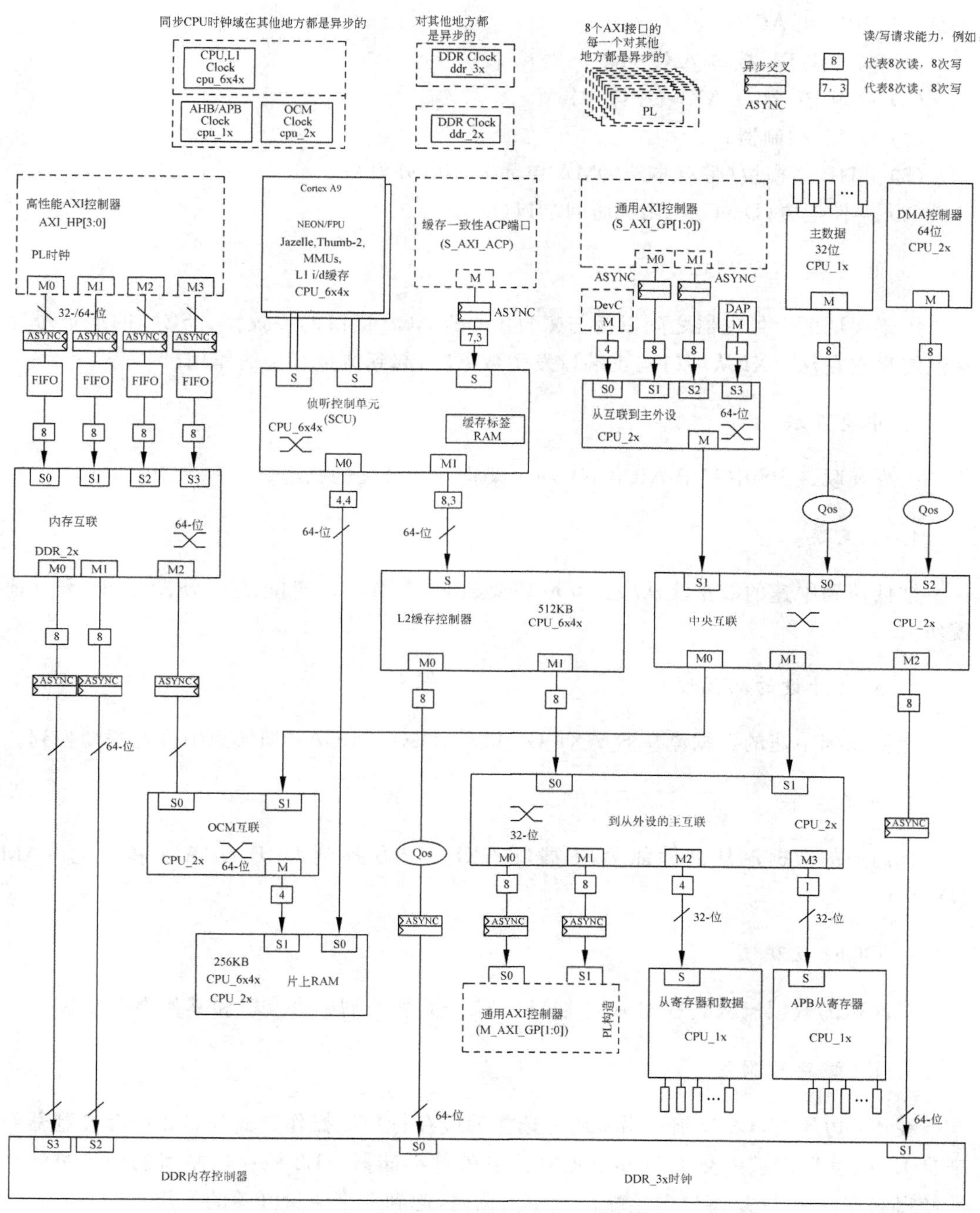

图 2-21　互联结构的示意框图

其主要组成部分如下。

1. 互联管理器

互联管理器位于图 2-21 的顶端，其构成主要有：

(1) CPU 和 ACP；

(2) 高性能 PL 接口 AXI_HP{3:0}；

(3) 通用 PL 接口 AXI_GP{1:0}；

(4) DMA 控制器；

(5) AHB 主模块(带有本地 DMA 单元的 I/O 外设)；

(6) 器件配置(DevC)和调试访问端口(DAP)。

2. 侦测单元(SCU)

用于保证两个处理器之间以及与来自 PL 的 ACP 接口的一致性。SCU 的地址过滤特性使得它在从 AXI 从端口向主端口发生数据时，起到流量开关的作用。

3. 中央互联

中央互联是 PS 中基于 ARM NIC301 架构互联开关的核心。

4. 主互联

把低速到中速的数据流从中央互联切换到 M_AXI_GP 端口、I/O 外设(IOP)和其他模块。

5. 到主外设的从互联

把低速到中速的数据流从 S_AXI_GP 端口、DevC 和 DAP 切换到中央互联切换到。

6. 内存互联

把高速的数据流从高性能 AXI 端口 AXI_HP 切换到 DDR DRAM 和片上 RAM (OCM)。

7. OCM 互联

把高速的数据流从高性能 AXI 端口 AXI_HP 切换到中央互联和其他内存互联上。

8. L2 缓存控制器

在 4K 边界内，L2 控制器用实现可选择的缓存行预取操作。此外，L2 缓存控制器将来自 L1 的互斥请求提交给 DDR、OCM 或者外部存储器。L2 缓存控制器的地址过滤特性使得它在从 AXI 从端口向主端口发生数据时，起到一个流量开关的作用。

9. 到从外设的主互联

位于图 2-20 的底端，其功能包括：OCM；DDR DRAM；通用 PL 接口 M_AXI_GP{1:0}；AHB 从总线(带有本地 DMA 单元的 I/O 外设)；APB 从总线(多种模块内的可编程寄存器)；GPV(互联结构的寄存器，在图 2-21 中未画出)。

在 PS 的互联中，主要的数据通路如表 2-7 所示。

表 2-7　PS 互联中的数据通路

源	终端	类型	源端时钟	终端时钟	同步或异步	数据宽度	读/写请求能力	高级 QoS
CPU	SCU	AXI	CPU_6x4x	CPU_6x4x	同步	64	7,12	—
AXI_ACP	SCU	AXI	SAXIACPACLK	CPU_6x4x	异步	64	7,3	—
AXI_HP	FIFO	AXI	SAXIHPnACLK	DDR_2x	异步	32/64	14～70，8～32[(2)]	—
S_AXI_GP	主互联	AXI	SAXIGPnACLK	CPU_2x	异步	32	8,8	—
DevC	主互联	AXI	CPU_1x	CPU_2x	同步	32	8,4	—
DAP	主互联	AHB	CPU_1x	CPU_2x	同步	32	1,1	—
AHB 主	中央互联	AXI	CPU_1x	CPU_2x	同步	32	8,8	X
DMA 控制器	中央互联	AXI	CPU_2x	CPU_2x	同步	64	8,8	X
主互联	中央互联	AXI	CPU_2x	CPU_2x	同步	64	—	—
FIFO	内存互联	AXI	DDR_2x	DDR_2x	同步	64	8,8	—
SCU	L2 缓存	AXI	CPU_6X4x	CPU_6x4x	同步	64	8,3	—
内存互联	OCM 互联	AXI	DDR_2x	CPU_2x	异步	64	—	—
中央互联	OCM 互联	AXI	CPU_2x	CPU_2x	同步	64	—	—
L2 缓存	从互联	AXI	CPU_6x4x	CPU_2x	同步	64	8,8	—
中央互联	从互联	AXI	CPU_2x	CPU_2x	同步	64	—	—
SCU	OCM	AXI	CPU_6x4x	CPU_2x	同步	64	4,4	—
OCM 互联	OCM	AXI	CPU_2x	CPU_2x	同步	64	4,4	—
从互联	APB 从	APB	CPU_2x	CPU_1x	同步	32	1,1	—
从互联	AHB 从	AXI	CPU_2x	CPU_1x	同步	32	4,4	—
从互联	AXI_GP	AXI	CPU_2x	MAXIGPnACLK	异步	32	8,8	—
L2 缓存	DDR 控制器	AXI	CPU_6x4x	DDR_3x	异步	64	8,8	X
中央互联	DDR 控制器	AXI	CPU_2x	DDR_3x	异步	64	8,8	—
内存互联	DDR 控制器	AXI	DDR_2x	DDR_3x	异步	64	8,8	—
从互联	GPV	(3)	CPU_2x	根据终端类型确定	—	—	—	—

注：

(1) 每个异步路径都包含时钟域交叉的异步桥接。

(2) 依赖于突发数据的长度（参考 AXI_HP 接口）。

(3) 从互联到 GPV 的数据通路使用的是整个互联结构的内部通路，在访问 GPV 时，必须保证所有的时钟信号有效。

互联、主设备和从设备的时钟域如表 2-8 所示。

表 2-8　互联、主设备和从设备的时钟域

CPU_6x4x	CPU，SCU，L2 Cache 控制器，片上 RAM
CPU_2x	中央互联，主互联，从互联，OCM 互联
CPU_1x	AHB 主 s，AHB 从 s，APB 从 s，DevC，DAP
DDR_3x	DDR Memory 控制器
DDR_2x	Memory 互联，FIFO
SAXIACPACLK	AXI_ACP 从端口
SAXIHP0ACLK	AXI_HP0 从端口

续表

CPU_6x4x	CPU,SCU,L2 Cache 控制器,片上 RAM
SAXIHP1ACLK	AXI_HP1 从端口
SAXIHP2ACLK	AXI_HP2 从端口
SAXIHP3ACLK	AXI_HP3 从端口
SAXIGP0ACLK	AXI_GP0 从端口
SAXIGP1ACLK	AXI_GP1 从端口
MAXIGP0ACLK	AXI_GP0 主端口
MAXIGP1ACLK	AXI_GP1 主端口

除了 CPU_6X4x、CPU_2x 和 CPU_1x 以 6∶2∶1 或者 4∶2∶1 的速率同步以外，表 2-9 中的其他时钟之间都是互相异步的，如图 2-22 所示。

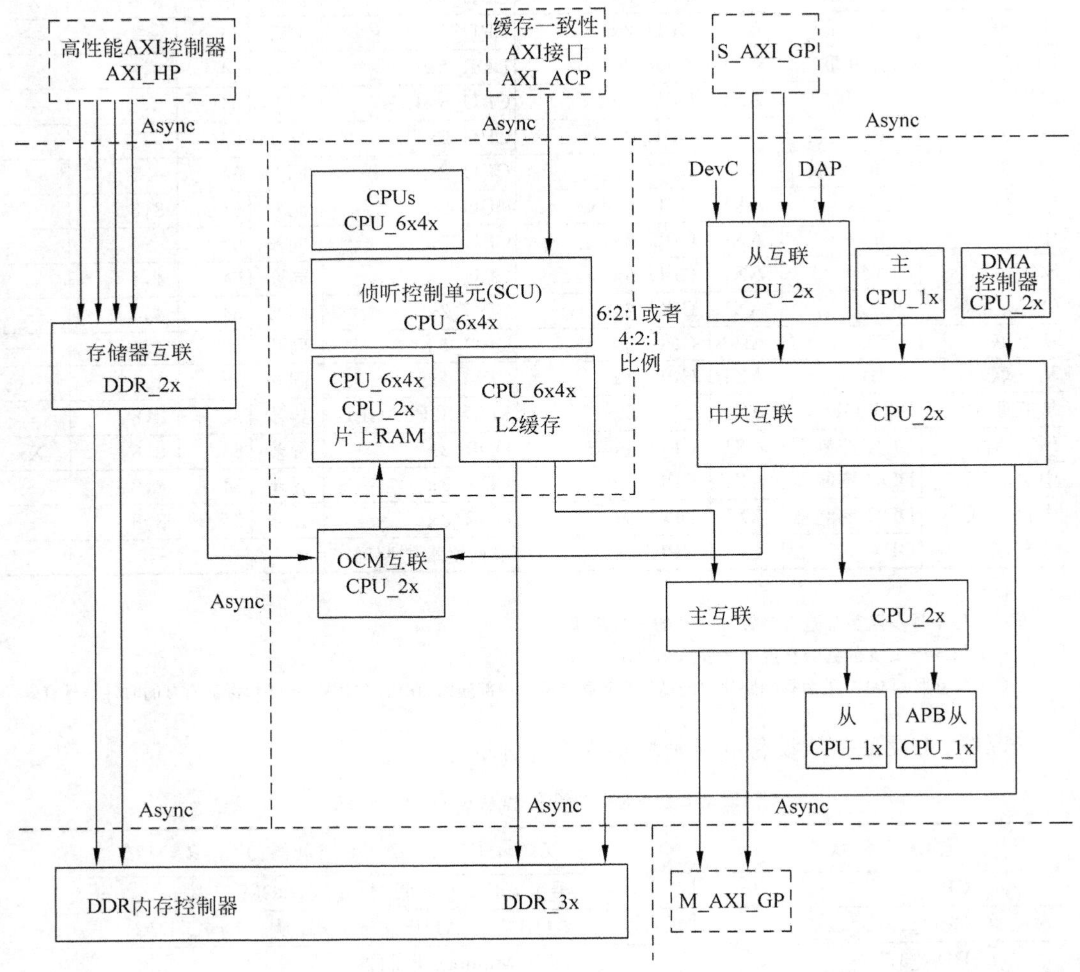

图 2-22　互联结构的时钟域

2.8 可编程逻辑 PL

ZYNQ-7000 系列 SoC 在单个器件内集成了功能丰富的基于双核 ARM Cortex-A9 MPCore 的 PS 和 PL。目前所有的 ZYNQ-7000 SoC 都包含相同的 PS,但每个器件内的 PL 和 I/O 资源有所不同。其中,规模最小的 3 个器件 7z010、7x015 和 7z020 的 PL 基于 Artix-7 系列 FPGA,而 3 个最大的器件 7z030、7z045 和 7z100 的 PL 基于 Kintex-7 系列 FPGA。

通过多种接口和超过 3000 个连接的其他信号,PS 和 PL 可以紧密或者松散地耦合在一起,使得用户能高效地将 PL 内用户创建的硬件加速器和 PL 的其他功能进行集成,使得它们既可以被处理器访问,也可以访问 PS 内的存储器资源。这种灵活的配置方式可以使 ZYNQ SoC 的客户自定义他们在 PL 和 PS 中实现的功能,更容易为他们的产品创造差异化。

系统总是先启动 PS 内的处理器,以软件为中心对 PL 进行配置。PL 的配置数据称为比特流(bit-stream)。PL 可在系统启动时被 FSBL 配置,或者在系统运行中根据需要进行配置。此外,PL 可以在使用时对其中的一部分或全部进行动态地重新配置(PR),即对设计进行动态修改,比如更新系数,或者更换换算法来实现时分复用 PL 资源。后者类似于动态地加载和卸载软件模块。PL 的电源域与 PS 是互相独立的,因此可以通过关闭 PL 的电源以降低功耗,但 PL 在恢复供电后,需要被重新配置,其花费的时间与比特流的大小有关。

PL 提供给用户可配置的丰富的结构能力,其关键特性如下:

(1) 可配置的逻辑块(CLB)。

- 6 输入查找表(LUT);
- LUT 可作为一种存储资源;
- 包含寄存器和移位寄存器功能;
- 级联的加法器。

(2) 36KB 块 RAM(BRAM)。

- 双端口;
- 最大 72 位宽度;
- 可配置为双 18KB BRAM;
- 可编程的 FIFO 逻辑;
- 内建的纠错电路;

(3) 数字信号处理单元——DSP48E1 切片(Slice)。

- 25×18 二进制补码乘法器/累加器,48 位高分辨率乘法器/累加器;
- 用于优化对称滤波器应用的、可降低功耗的 25 位预加法器;
- 高级特性:可选的流水线、可选的 ALU 和用于级联的专用总线。

(4) 时钟管理。

- 用于低漂移(screw)时钟分配的高速缓冲区和布线;
- 频率合成和相位移动;

- 低抖动(jitter)时钟产生和抖动过滤。

(5) 可配置的I/O。

- 高性能的SelectIO技术,支持1866Mb/s的DDR3;
- 高频去耦合电容集成在封装内,以提供增强的信号完整性;
- 数字控制阻抗(DCI)能在三态下用于低功耗、高速I/O操作;
- 大范围(HR)I/O支持:1.2～3.3V;
- 高性能(HP)I/O支持:1.2～1.8V。

(6) 低功耗串行收发器。

- 高性能收发器,在7z030/7z045/7z100上可达12.5Gb/s (GTX),在7z015上可达6.25Gb/s (GTP);
- 优化了用于芯片-芯片接口的低功耗模式;
- 高级的预发送、后加重,以及接收器线性(CTLE)和判决反馈均衡(DFE),包含用于额外余量的自适应均衡。

(7) 针对PCI-E设计的集成接口模块。

- 兼容PCI-E 2.1行业标准规范,具有终结点和根端口的能力;
- 支持Gen2(5.0Gb/s);
- 高级配置选项,包括高级错误报告(AER)、端到端CRC(ECRC)。

2.8.1 PL的组件

1. CLB、Slice和LUT

ZYNQ-7000内的查找表(LUT)可以配置为一个6输入/1输出的LUT(64位ROM)或者两个5输入/2输出的LUT(32位ROM),这两个LUT的输出是独立的,但是地址和逻辑输入是共享的。每个LUT的输出可被配置用来驱动触发器。每个LUT由2个触发器、1个多路复用器(MUX)和算术进位逻辑构成。每两个LUT组成一个切片(Slice),每两个Slice组成一个可配置逻辑模块(CLB)。每个LUT中的一个触发器可以配置为锁存器。

所有Slice中的25%～50%可使用它们自身的LUT作为分布式的64位RAM或32位移位寄存器(SRL32)或两个SRL16。综合工具可以充分利用这些高性能逻辑、算术和存储器特性。

2. 时钟管理

每个ZYNQ-7000 SoC都有多达8个时钟管理管理模块(CMT),每个CMT都含有一个混合模式时钟管理器(MMCM)和一个锁相环(PLL)。

1) MMCM和PLL

MMCM和PLL共享很多特性,例如它们都能作为宽频率范围的频率合成器和输入时钟的抖动过滤器。它们的中心是压控振荡器(VCO),VCO根据从相位检测器(PFD)接收到的输入电压升高或者降低输出频率。

MMCM有3组可编程的分频器：D、M和O。预分频器D可在配置PL时编程，或在之后通过动态配置端口DRP编程。它用来降低输入频率，然后将其作为传统PLL相位/频率比较器的一个输入。反馈分频器M可在配置PL时编程，或在之后通过动态配置端口DRP编程，它可用作一个乘法器，因为它在把其他输入送入相位比较器之前，将VCO的输出频率进行了分频。必须合理地选择D和M的值，以确保VCO工作在指定的频率范围内。

VCO有8个等间距的输出相位(0°、45°、90°、135°、180°、225°、270°和315°)。每个都可被选择来驱动一个输出分频器(6个用于PLL，O0～O5；7个用于MMCM，O0～O6)，可对每一个分频器编程实现1～128内的分频。

MMCM和PLL有3个输入抖动过滤选项：低带宽模式有最好的抖动衰减，高带宽模式有最好的相位偏移，优化模式可使用工具找到最合适的设置。

2) MMCM额外的可编程特性

MMCM在反馈路径(作为乘法器)或者输出路径上有一个小数计数器，它允许非整数的1/8递增，因此可用8作为因子增强频率合成的能力。

根据VCO的频率，MMCM也能提供较小增量的固定相移或者动态相移。在1600MHz频率下，相移的时序递增是11.2ps。

3) 时钟分配

每个ZYNQ-7000 SoC都提供了6个不同类型的时钟线(BUFG、BUFR、BUFIO、BUFH、BUFMR和高性能时钟)用来处理不同的时钟要求，包括高扇出、低传播延时和极低的时钟偏移。其中，32个全局时钟线提供了最多的扇出，能到达每个触发器的时钟、时钟使能、置位/复位，以及数量众多的逻辑输入。在每个时钟域内有12个全局时钟线，通过水平时钟缓冲区(BUFH)被驱动。每个BUFH可以独立地被使能/禁止，从而可以关闭一个时钟域内的时钟，为时钟域的功耗提供更好的精细粒度控制。全局时钟线可以通过全局时钟缓冲区驱动，该缓冲区能实现无毛刺的时钟复用和时钟使能功能。全局时钟通常由CMT驱动，它能彻底地消除基本时钟分配延时。

区域时钟能驱动它所在区域内的所有时钟。一个区域的范围包括50个I/O和50个CLB的高度，以及一半的器件宽度。ZYNQ-7000 SoC器件有8～24个区域。在每个区域有4个区域时钟跟踪。每个区域时钟缓冲区可以由4个时钟功能输入引脚中的一个驱动，它的频率可选择1～8的任何整数分频。

I/O时钟的速度特别快速，用于一些I/O逻辑和串行化器/解串行化器(SerDes)电路。ZYNQ-7000可编程平台提供了从MMCM到I/O的低抖动，高性能的直接连接。

3. Block RAM(块RAM，BRAM)

每个ZYNQ-7000有60～465个双端口BRAM，每个容量为36Kb。每个BRAM有两个独立的端口，它们不共享任何信息，但是用于存储数据。

1) 同步操作

每个存储器的读或者写访问都由时钟控制。所有的输入、数据、地址、时钟使能和写使能都被寄存。输入地址由时钟驱动，在下一个操作之前一直保持数据不变。可选的输出数据流水线寄存器通过额外一个时钟周期的延时来实现更高速的时钟。

在写操作期间，数据的输出为前面所保存的数据或新写入的数据，或者保持不变。

2）可编程的数据宽度

每个端口可以配置为 32K×1、16K×2、8K×4、4K×9（或者×8）、2K×18（或者×16）、1K×36（或者×32）、512×72（或者 64）。两个端口可以有不同的宽度，并且没有任何限制。

每个 BRAM 能分割为两个完全独立的 18Kb BRAM，每个的长宽比范围都可从 16K×1～512×36 任意取值。

只有在简单双端口（SDP）模式下才能访问大于 18 比特（18Kb RAM）或者 36 比特（36Kb RAM）的数据宽度。在这种模式下，一个端口专门用于读操作，另一个端口用于写操作。在 SDP 模式下，一侧的读或者写是可以变化的，而另一侧被固定为 32/36 位或者 64/72 位。

双端口 36Kb RAM 的两侧宽度都是可变的。可以将两个相邻的 36Kb BRAM 配置为一个 64Kb×1 双端口 RAM，并且不需要任何额外的逻辑。

3）错误检测和纠错

每个 64 位宽度的 BRAM 都能产生、保存和利用 8 个额外的 Hamming 码比特位，并在读操作过程中执行单个位错误的纠错和双位错误检测（ECC）。在读/写到外部 64～72 位宽度的存储器时，也能使用 ECC 逻辑。

4）FIFO 控制器

内建的 FIFO 控制器可用于单时钟（同步）或者双时钟（异步或者多速率）操作，它递增内部的地址和提供 4 个握手信号，包括满标志、空标志、几乎满标志和几乎空标志。几乎满和几乎空标志可自由编程。类似于 BRAM，FIFO 的宽度和深度编程都是可编程的，但是写端口和读端口的宽度总是相同的。

在首位字直传（First Word Fall Through，FWFT）模式下，第一个写入的数据在第一次读操作之前就已经作为输出数据放到输出数据线中了。在第一个数据被读取之后，FWFT 模式和标准模式不再有任何区别。

4. 数字信号处理单元 DSP Slice

在 DSP 应用中，往往需要使用大量的二进制乘法器和累加器。针对此应用，所有 ZYNQ-7000 器件都含有很多专用的、全定制的、低功耗的 DSP Slice，将高速和小尺寸结合在一起，同时保持了系统设计的灵活性。每个 DSP Slice 由一个专用的 25×18 位的二进制补码乘法器和一个 48 位的累加器组成。乘法器可以被动态旁路，而两个 48 位的输入可以送入单指令多数据流（SIMD）算数单元（两个 24 位或者 4 个 12 位的加法器/减法器/累加器），或者一个逻辑单元，以产生基于两个操作数的十种不同的逻辑功能。

DSP Slice 中包含额外的预加器，在对称滤波器中被广泛使用；它通过密集的打包设计，可以在提供性能的同时，降低一半的 DSP Slice 使用量。DSP Slice 中还包括一个 48 位宽的模式检测器，用于收敛或者对称的四舍五入；此模式检测器在与逻辑单元结合使用时，还可实现 96 位宽的逻辑功能。

此外，DSP Slice 还提供了扩展的流水线和扩展的能力，从而提高了数字信号处理之外其他应用的速度和效率，例如宽度较大的动态总线移位、内存地址发生器、宽总线多路选择器和内存映射的 I/O 寄存器队列。它的累加器也用于同步的增/减计数器。

2.8.2 输入/输出

1. PS 与 PL 的接口

PS 与 PL 的接口包含功能接口和配置接口,使 PL 的设计者能够把基于 PL 实现的功能集成到 PS 的系统中。功能性的接口用于把 PS 和 PL 中的用户自定义 IP 模块进行相连,包括: AXI 互联、EMIO 接口、中断、DMA 流控制、时钟和调试接口。配置接口用于把 PS 中的控制信号通过 PL 配置单元连接到硬件逻辑里,包括处理器配置访问接口(PCAP)、配置状态、单事件翻转(SEU)、编程/完成/初始化。因为 PS 和 PL 的接口电平不同,因此它们之间所有的接口都带有电平移位器。

2. SelectIO

I/O 引脚的数量根据器件和封装的大小而有所不同。每个 I/O 都是可配置的,并且兼容大量的 I/O 标准。除了一些供电引脚和少量的专用配置引脚外,所有其他的 PL 引脚都有相同的 I/O 能力,只受限于某些分组规则。ZYNQ-7000 SoC 的 SelectIO 资源被划分为宽范围(HR)或者高性能(HP)两种,其中 HR I/O 提供了 1.2~3.3V 的宽范围供电支持,而 HP I/O 针对高性能操作而优化,其电压操作范围为 1.2~1.8V。

所有的 I/O 都以组(Bank)的形式进行划分,每个组有 50 个 I/O。每个组有一个公共的 VCCO 输出供电,它也给某些输入缓冲区供电。一些单端输入缓冲区要求一个内部或者外部应用的参考电压(VREF)。每组有两个 VREF 引脚(除了配置组 0)。每组可以只有一个 VREF 电压值。

ZYNQ-7000 SoC 提供不同的封装类型以适应用户的需要。通常,小尺寸焊线封装用于最低成本的应用。在高性能和小尺寸封装之间权衡选择高性能倒装封装和无盖倒装封装。在倒装封装中,使用高性能的倒装处理,硅片附加在基底上,被控的等效串联电阻 ESR 和分散的去耦合电容放置在封装基底上,用于在同时切换输出(SSO)的条件下,对信号完整性进行优化。

1) I/O 电气特性

单端输出使用传统的 CMOS 上拉/下拉输出结构,可驱动高达 VCCO 或低至地的电平,输出也能进入高阻状态。用户可以指定抖动率和输出强度。输入总是有效的,但是当输出有效时,输入会被忽略。每个引脚都有可选的弱上拉或者弱下拉电阻。

可以将大多数信号引脚对配置成差分输入对或者输出对。差分输入对可以选择使用 100Ω 的内部电阻进行端接。除了 LVDS 以外,所有的 ZYNQ-7000 SoC 器件都支持其他的差分标准,如 HT、RSDS、BLVDS、差分 SSTL、差分 HSTL。

每个 I/O 都支持存储器 I/O 标准,例如单端和差分 HSTL,以及单端 SSTL 和差分 SSTL。SSTL I/O 标准支持最高速率达 DDR 31 866Mb/s 的接口应用。

2) 三态控制的阻抗

三态数字控制阻抗能控制输出驱动阻抗(串行端接),或提供到 VCCO 的输入信号的并行端接,或者分割(戴维宁)端接到 VCCO/2。这允许用户在使用 T_DCI 时不必为信号提供片外端接,从而节省了 PCB 的空间。此外,当 I/O 处于输出模式或者三态时可以自动关闭端接,这种方法与片外端接相比也显著降低了功耗。I/O 还有低功耗模式,可用于 IBUF 和 IDELAY,以进一步降低功耗,特别用来实现与存储器的接口。

3) 输入/输出延时

所有的输入和输出都可以配置成组合或者寄存。所有的输入和输出都支持双数据率 DDR。任何输入和部分输出都可以单独配置成最多 78ps 或者 52ps 的 32 个增量。

这些延时由 IDELAY 和 ODELAY 实现。延时的步长可在配置 PL 时设置,或在使用时递增或者递减。ODELAY 只能用于 HP Select I/O,而不能用于 HR Select I/O,这就意味着它只能用于 Z-7030、Z-7045 和 7z100 等更大规模的器件中。

4) ISERDES and OSERDES

很多应用在器件外使用高速、串行位 I/O,而在器件内进行低速的并行操作,这要求在 I/O 内部有并/串和串/并转换器,即 SerDes。每个 I/O 引脚拥有一个 8 位的 IOSERDES(ISERDES 和 OSERDES)能执行串行-并行或者并行-串行转换(可编程 2、3、4、5、6、7 或者 8 比特宽度)。通过级联两个来自相邻引脚(默认为差分引脚)的 IOSERDES,可以支持 10 和 14 位较宽宽度的转换。

ISERDES 有一个特殊的过采样模式,可以实现对异步数据的恢复。比如,它可以用于基于 SGMII 接口的 1.25Gb/s LVDS 的应用。

3. GTX 低功耗串行收发器

GTX 低功耗串行收发器只在 7z030、7z045 和 7z100 中可用。7z030 有 4 个收发器,而 7z045 和 7z100 各有 16 个收发器。7z015 中有 4 个 GTP 低功耗串行收发器。它们的显著区别之一是,GTX 的最高速率可达 GTP 的两倍。

在同一个 PCB 的 IC 之间,背板间或者长距离的光纤模块的超快速串行数据传输变得越来越流行和重要。客户线卡最高可以扩展到 200Gb/s,它要求特殊的专用片上电路和差分 I/O 来应对在如此高数据速率传输时带来的信号完整性问题。

ZYNQ-7000 SoC 器件收发器电路的数量范围是 0～16 个。每个串行收发器是发送器和接收器的组合。不同的 ZYNQ-7000 串行收发器能使用环形振荡器和 LC 谐振相结合的架构,以实现灵活性和性能完美的结合,同时确保贯穿所有器件的 IP 的可移植性。使用基于 PL 逻辑的过采样可实现较低的数据速率。串行发送器和接收器有独立的电路,通过使用高级的 PLL 架构和 4～25 之间的可编程数,可以实现对参考时钟输入的相乘,变成比特串行数据时钟。每个收发器有大量用户可定义的特性和参数,它们都可以在器件配置期间被设置,其中许多还在操作的过程中进行修改。

1) 发送器

发送器是并行到串行的转换器,其转换率为 16、20、32、40、64 或者 80,这允许用户在高性能设计中,为时序余量权衡数据通道的宽度。这些发送器的输出通过单通道的差分输出信号驱动 PC 板。TXOUTCLK 是一个合理的分频串行数据时钟,可直接用于寄存来自内部逻辑的并行数据。传入的并行数据被送到一个可选的 FIFO 中,可提供对 8B/10B、64B/66B 和 64B/67B 编码方案额外的硬件支持,以提供足够数量的过渡。比特串行输出信号驱动带有差分信号的两个封装引脚。这个输出信号对在通过可编程的信号摆动和可编程的预加重和加重后,可用于补偿 PC 板的失真和其他互联特性。对于较短的通道,可以减少信号摆动来降低功耗。

2) 接收器

接收器是串行到并行的转换器,它将接收到的比特串行差分信号转换为并行的字流,每个字为 16、20、32、40、64 或者 80 位。这允许用户在内部数据通道宽度和逻辑时序余量间进行权衡。接收器收到差分数据流后,通过可编程的线型和判决反馈均衡器(补偿 PC 板和其他互联特性),使用参考时钟输入初始化时钟识别,因此不需要一个单独的时钟线。数据模式使用非归零编码(NRZ),可选择地保证充分的数据过渡。接收器使用 RXUSRCLK 时钟将并行数据发送到 PL。对于较短的通道,收发器提供了一个特殊低功耗模式(LPM),用于进一步降低功耗。

3) 带外信号

收发器提供带外信号(OOB),它一般被用于在高速串行数据发送不活动时从发送器发送低速信号到接收器。在 PCI-E 和 SATA/SAS 的应用中,当连接为断电状态或者未初始化时,经常会使用此方法。

4. GTP 串行收发器

7z015 提供了 4 个 GTP 串行收发器,每个收发器的最高运行速率可达 6.25Mb/s。GTX 和 GTP 串行收发器的大部分特点是相似的,或者说 GTP 相当于 GTX 的某种简化版。GTP 含有 2 字节内部数据通路(而不是 GTX 的 4 字节),两个共享的环形振荡 PLL,且不含有判决反馈均衡。关于它们更详细的区别,请参考 Xilinx 官方文档 UG482: 7 Series FPGAs GTP Transceivers User Guide。

5. PCI-E 模块

所有带有收发器的 ZYNQ-7000 SoC 都集成了 PCI-E 模块。它们可以配置成 PCI-E 基本规范 2.1 版本终结点或者根端口。根端口能用于建立根复合体,以允许在两个 ZYNQ-7000 SoC 器件和其他器件之间通过 PCI-E 协议进行自定义的通信,以及添加到 ASSP 的终端设备,例如以太网控制器,或者到 ZYNQ-7000 器件的光纤通道主机总线适配器(HBA)。

PCIe 模块可以在 2.5Gb/s 和 5.0Gb/s 的数据速率下提供 1、2、4 或者 8 个通道。对于高性能应用,模块的高级缓冲技术提供了灵活的最大有效载荷,其最大有效载荷可达 1024B。可与集成高速收发器连接的集成模块接口用于串行连接,与 BRAM 的模块接口连接用于数据缓冲。这些组件结合在一起可实现 PCI-E 协议的物理层、数据链路层和交易层。

Xilinx 提供了一个轻量级、可配置、容易使用的 LogiCORE IP 封装。它可以将各种模块(用于 PCI-E 的集成模块、收发器、BRAM 和时钟资源)捆绑到一起,用于终结点或者根端口的解决方案。用户可配置的参数有通道宽度、最大有效载荷的大小、可编程逻辑接口的速度、参考时钟频率及地址寄存器解码和过滤。

此外,Xilinx 还提供了 AXI4 存储器封装,用于集成的模块。AXI4(存储器映射)还可用于Xilinx的XPS/EDK设计流程和基于MicroBlaze处理器的设计。

2.8.3 PL的配置

Xilinx 7系列的FPGA使用SRAM类型的内部锁存器来保存配置。配置的比特流数量为17～102Mb(取决于器件的大小和用户设计实现选项),如表2-9所示。在SRAM中的配置是易失性的,在FPGA上电的时候必须重新加载。处理器系统能在任何时候重新加载配置。

表2-9 PL的比特流长度

ZYNQ-7000 AP SoC	长度/位	长度,四舍五入/MB
7z010	16 669 920	2
7z015	28 085 344	3.5
7z020	32 364 512	3.9
7z030	47 839 328	5.8
7z045	106 571 232	12.8
7z100	139 330 784	16.7

所有的ZYNQ-7000 SoC器件都包含可定制IP的PL比特流,能通过256比特AES加密和HMAC/SHA-256认证防止对设计进行未经授权的复制。在配置时,使用内部保存的256位密钥,PL可执行解密。这个密钥能驻留在电池供电的RAM或者非易失性Efuse比特中。

大部分配置数据可以回读而不影响系统的操作。ZYNQ-7000器件支持全有、全无和部分重配置。可部分重配置提供了非常强大和灵活的特性,它允许用户改变PL内的一部分逻辑,而其他逻辑保持静态。用户能将这些逻辑分时间片,以将更多的逻辑适配到小的器件中,节省了成本和功耗,大大改善了ZYNQ-7000 SoC器件的多功能性。

2.9 ZYNQ开发思想

在硬件可编程逻辑的基础上,为了更好地把PL中的硬件设计与PS中的软件设计相结合,需要有一套适合ZYNQ-7000 SoC的开发流程。本节以软件开发为中心,介绍ZYNQ-7000 SoC软件开发的特点、流程与架构。

2.9.1 ZYNQ-7000软件开发的特点

在开发基于ZYNQ-7000 SoC的软件之前,用户首先需要决定采用什么样的架构。在PS中含有双核的ARM Cortex-A9处理器,所以在设计中可以采用非对称多处理(AMP)或者对称多处理(SMP)架构。在其中的嵌入式软件的开发中,用户则需要决定是否使用操作系统。以下原则可提供基本的评估方法。

1. 多处理器架构的考虑

1）多处理架构：AMP

在AMP架构下，两个ARM Cortex-A9内核都可以运行不同的操作系统，但是它们共享同一个物理内存。一般情况下，可以为两个ARM内核选择不同的操作系统，推荐的选择之一如下：

- 其中一个运行功能完整的操作系统，并作为主操作系统，例如Linux，它们具备完善的网络接口和用户界面，可以开发功能复杂的应用程序。
- 另一个内核则使用小尺寸的、轻量级别的操作系统，例如FreeRTOS，它们能够更高效地处理有关内存和实时性的应用。在这个内核上，甚至可以使用裸机（bare-metal）程序，即不含有操作系统，用来完成一些实时性很高的微控制器应用。

在AMP下，系统设备（例如UART、定时器/计数器和以太网控制器）被哪一个处理器控制也是很关键的问题。一般而言，大多数设备都要被指定到某一个处理器中，而中断控制器可以在双核之间共享，但是其中的一个处理器要配置为中断的主控，因为需要它来初始化中断控制器。

两个内核之间的通信方式也是系统运行效率的关键因素之一，它可以通过处理器之间的中断、内存共享和消息传递等方式来实现。

2）多处理架构：SMP

在SMP架构下，两个ARM内核运行的是同一个操作系统。此时需要选择多核处理能力更强的操作系统，它的调度器需要自动、高效地在双核之间完成线程的调度。此时用户可以指定处理器来运行某个线程，使用任何可用的处理器处理中断，并指定其中的某一个作为系统初始化时的主处理器，并启动另外的内核。

2. 操作系统的考虑

1）裸机

裸机代表在软件开发时不使用任何操作系统。在某些应用中，不需要类似网络功能这样的高级特性，因此不需要操作系统。此外，操作系统会消耗少量的处理器吞吐量，其确定性也不如裸机中的应用好，而在一些应用设计中，操作系统的开销和低确定性是不能被接受的（当然，随着硬件处理能力的不断提升，操作系统的开销在某些软件系统执行过程中所占的比例也越来越小，甚至可以被忽略了）。此外，一个设计者使用裸机而不是操作系统的原因，使用操作系统之后增加了软件系统设计的复杂度。

2）Linux操作系统

开源的Linux操作系统在许多嵌入式设计中都被广泛应用，它可以从厂商得到，也可以根据用户需要进行自定义。从根本上说，Linux并不是一个实时的操作系统，但是它也使用了许多实时的特性。

在ZYNQ-7000 SoC中，Linux操作系统可以充分利用处理器中的内存管理单元（MMU），因此可被视为一个受保护的操作系统。此外，Linux还提供了SMP能力，能够充分地利用ZYNQ-7000 SoC中的双核ARM。

Xilinx提供了完整的Linux解决方案，已在Xilinx ZYNQ-7000 AP SoC开发板上进

行过测试，其源文件被存储在 Xilinx 的 GIT 资源库中。用户可以使用像 PetaLinux 工具这样的免费工具来构建 Linux 系统组件，以及使用 Xilinx 软件开发套件（SDK）来开发面向 ZYNQ-7000 器件的 Linux 应用。同时，Linux 也是针对多种细分市场的 Xilinx 目标参考设计（TRD）的基础。用户可以使用预置的 Linux 镜像在 ZYNQ-7000 AP SoC 开发板上或者 QEMU 系统模型中进行评估，也可以下载核心代码资源来定制化用户的设计。

3）实时操作系统 RTOS

RTOS 可以提供时间敏感性的程序和系统所需要的确定性和可预见性。在 ZYNQ-7000 SoC 的软件开发中，可以选择使用 Xilinx 的第三方合作伙伴提供的一些 RTOS，例如 FreeRTOS 等。

目前，ZYNQ-7000 可支持的商业操作系统包括：Adeneo Embedded-Windows Embedded Compact 7；eSOL-uITRON/T-Kernel；ExpressLogic-ThreadX；Micrium-μC/OS；Wind River-Linux；ENEA-OSE；SYSGO-PikeOS；ETAS-RTA-OS；iVeia-Android；Xilinx-PetaLinux；Quadros-Quadros；Wind River-VxWorks；Green Hills Software-INTEGRITY。

此外，Xilinx 也提供免费下载的 Android 2.3 和 4.2.2 解决方案。该方案适用于 Xilinx ZYNQ-7000 AP SoC 开发板，其源文件同样存储在 Xilinx Alliance 成员 iVeia GIT 资源库中。Android 解决方案使用基于显示控制器和 OpenGL ES 1.1 的图形加速器，同时它也是 ZYNQ-7000 AP SoC 可编程逻辑的一部分。用户可以使用 Android SDK Eclipse 插件开发面向 ZYNQ-7000 平台的 Android 应用。

2.9.2 ZYNQ-7000 SoC 软件与应用的开发流程

ZYNQ-7000 SoC 软件程序的开发流程中，可以使用通用的 Xilinx 工具集合，也可以针对 ARM Cortex-A9 处理器使用一些第三方的开发工具，例如基于 Eclipse 的集成开发环境（IDE）和 GNU 编译器工具链。

1. ZYNQ-7000 SoC 开发工具概览

ZYNQ-7000 SoC 中基于 ARM 的 PS 和基于传统 FPGA 可编程逻辑的 PL 的结合，为客户自定义外设和协同处理创造了独特的机会。通过在 PL 中自定义逻辑，并把它们作为 PS 的外设，可以来加速时间关键的软件功能，显著缩短应用的延时，降低功耗，还可以提供特定解决方案的硬件特性。

ZYNQ-7000 SoC 有一些独特的硬件特征，使得在 PS 中的程序执行的同时，还可以对 PL 中的逻辑进行协同仿真和协同调试功能。此外，在新的 Vivado 套件中，已经使用 Vivado IP 集成器（IPI）取代传统 ISE 开发套件中的 XPS 用来完成处理器系统的设计，包括 PS 部分、MicroBlaze 等。

Xilinx 提供的开发和调试 ZYNQ-7000 SoC 软件的工具主要包含：

- 软件 IDE；
- 基于 GNU 的编译器工具链；
- JTAG 调试器；
- 其他相关的应用工具。

这些工具在32位/64位Windows和x86 Linux上可用。使用这些工具，既可以开发裸机系统，也可以为开源的Linux开发应用程序。用户自定义的逻辑和软件可以在物理硬件或仿真之间进行不同的组合，并能监视硬件事件的发生。例如：

- 用户逻辑运行在硬件或者仿真工具中。
- 用户软件运行在目标器件，即ZYNQ SoC，或运行在软件模拟器中。
- 基于特定事件的PL和PS的交叉触发。

Xilinx并不提供目标内核的开发和调试，这些工具需要从第三方获得。此外，第三方还可提供ARM Cortex-A9软件开发与调试的工具，包括但不限于：

- 软件IDE；
- 编译器工具链；
- 调试与跟踪工具；
- 嵌入式OS和软件库；
- 仿真器。

2. 硬件配置工具

Xilinx提供的Vivado IPI可使用户使用模块图配置与PL和PS有关的IP，以及各种自定义的IP模块。Vivado IPI把为PL的信息保存在XML文件和初始化文件(包括.h，.c和.tcl)中，然后在软件开发环境中利用这些信息来创建与配置板极支持包(BSP)，推断编译器的选项，定义JTAG的设置，并自动获取其他所需的硬件信息。

3. 软件开发套件SDK

Xilinx SDK针对Xilinx嵌入式处理器的软件程序提供了完整的开发环境。它包含基于GNU的编译器工具链(GCC编译器、GDB调试器、工具和库)JTAG调试器、Flash编程器、Xilinx IP和裸机系统的BSP、应用程序的特定功能所使用的中间件库，以及为C/C++裸机和Linux应用程序开发和调试的IDE。SDK基于开源的Eclipse平台，集成了C/C++开发套件(CDT)，其主要特征包括：

- C/C++代码编辑器和编译器环境；
- 项目管理；
- 程序编译配置和自动的makefile生成；
- 错误导航；
- 调试和分析嵌入式处理器的集成环境；
- 使用第三方插件的额外功能，包括代码版本控制软件。

SDK可以单独安装，也可以随Vivado设计套件一起下载安装。SDK中包含创建FSBL的程序模板，用于生成启动映像的图形化界面，以及描述概念、任务和参考信息的帮助系统。

4. Xilinx微处理器调试器XMD

XMD是基于JTAG的调试器，它通过命令行的方式被调用，可以下载、调试和验证程序。XMD中包含工具命令语言(TCL)的接口，可执行为重复的或者复杂的任务而编写的脚本。XMD 并不是代码级别的调试器，但是在调试裸机程序时，它可以作为 GDB 和 SDK 的 GDB 服务器。

在调试 Linux 程序时，SDK 与目标中的 GDB 服务器相交互，它们可以位于同一台主机上，也可以通过网络分布在不同的主机上。

5. Xilinx Cortex-A9 编译器工具链的 Sourcery CodeBench 精简版

SDK 中包含了用于 Xilinx Cortex-A9 编译器工具链的 Sourcery CodeBench 精简版，用于裸机嵌入式程序二进制接口(EABI)和 Linux 程序的开发。它与标准的 Sourcery CodeBench 精简版 EABI 和 Linux 编译器工具链的 GNT 工具、库和文档相同，但是还提供了更多的特征，包括：

- 默认工具链设置为 Xilinx Cortex-A9 处理器；
- 针对 Xilinx Cortex-A9 的裸机(EABI)启动支持和默认链接器脚本；
- 矢量浮点(VFP)和 NEON 优化的库。

6. 分析工具

1) Vivado Lab Tool

Vivado Lab Tool 提供了集成的调试能力，它包含了器件编程、在系统调试以及硬件逻辑的实时、图形化调试等功能。

2) System Generator for DSP

System Generator for DSP 基于 Matlab/Simulink 开发环境，可用于开发面向数字信号处理(DSP)、以数据流为中心的基于硬件的协同处理功能。它支持对 DSP 算法的快速硬件仿真，从而可以缩短整体开发时间，并可以将模型自动生成 PL 中的硬件裸机。System Generator 与 SDK 之间的协同调试特性，使用户可以在通过 SDK 运行与调试 PS 中程序的同时，通过 System Generator 保持对硬件的可见性与可控性。

3) Vivado 仿真器

VivadoIDE 中集成了仿真工具 Vivado Simulator，用于仿真、验证和调试 PL 中的 HDL 代码和 IP。

2.9.3 设备的驱动架构

裸机设备的驱动分层架构如图 2-23 所示。分层架构可以适配许多用户对设备驱动的案例，同时还提供了跨操作系统、工具集和处理器的可移植性。

图 2-23 的分层架构提供了三层无缝集成。层 2 (RTOS 适配器)是抽象的设备驱动接口；处理器层 1 提供了设备驱动的集成；底层是直接的硬件接口，它使用简单，可供开发自定义设备驱动，一般以明示常量和宏的方式实现，所以并不包括到设备驱动函数调用的额外开销。

1. 层 2 (RTOS 适配器)

层 2 是 RTOS 和设备驱动之间的适配器，它把层 1 的设备驱动转换为适合 RTOS 驱

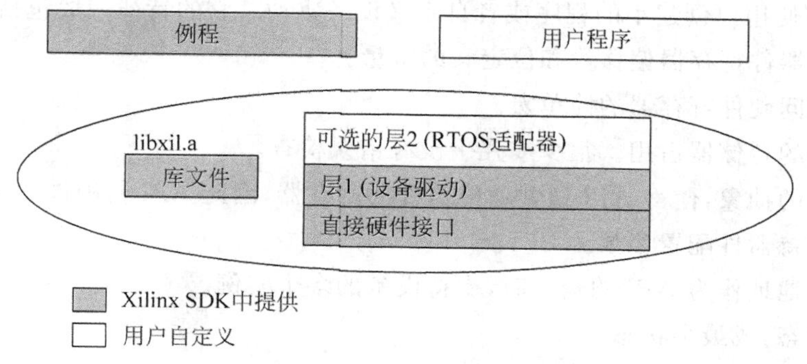

图 2-23　裸机设备的驱动架构

动模型要求的接口。根据此要求的不同，每种 RTOS 可能需要不同的适配器。适配器的典型作用包括：

- 与 RTOS 以及层 1 的设备驱动接口之间通信。
- 引用与 RTOS 有关的函数与标识符，在这种情况下，它是不能在操作系统间移植的。
- 使用内存管理。
- 可以使用 RTOS 的服务，例如线程和任务间的通信。
- 根据 RTOS 的接口和对设备驱动的需求，其复杂度可变。

2. 层 1(设备驱动)

层 1 是抽象的设备驱动，它可以针对用户隔离底层硬件的变化，减少硬件改变对程序的影响。在层 1 中，通过使用宏、函数等，可以更好地利用器件的各种特性。设备驱动与操作系统和处理器是互相独立的，使得它具有高度的可移植性。

层 1 的典型特征有：

- 一致的 API 接口提供了开箱即用的解决方案。抽象的 API 使得软件工程与硬件的变动相隔离。
- 对 RTOS 或者处理器的依赖度很低，使得设备驱动的可移植性高。
- 可实时检查错误，例如可对输入参数进行检查并声明。
- 器件特征的支持。
- 支持器件配置参数，以控制基于 FPGA 的硬件设备的参数化。
- 在支持设备多个实例的同时，管理每个实例的独特特征。
- 轮询和中断驱动的 I/O。
- 用于复杂程序非阻塞式的函数调用。
- 可能占用很大的存储空间。
- 对数据传输使用缓存接口，而不是字节接口，使得 ADI 更容易用于复杂程序。
- 通过对上行通信的异步回调，不与层 2 的适配器或应用软件之间进行通信。

3. 直接硬件接口

包含在层 1 中设备驱动里的接口就是直接硬件接口。它一般以宏或者明示常量的

方式实现,方便用户创建小的程序或者自定义设备驱动。它的特征一般包括:

- 定义器件寄存器偏移量和位定义的常量。
- 能访问硬件寄存器的简单宏。
- 较小的存储器占用。很少或几乎没有错误检查。
- 最少的抽象,使得 API 通常适配器件的寄存器,因此 API 与硬件的关联度较高。
- 不支持器件配置参数。
- 在基地址作为 API 的输入时,支持设备的多个实例。
- 无状态,或最小状态。
- 只支持轮询 I/O。
- 简单用例的阻塞函数。
- 通常提供字节接口。

2.9.4 裸机程序开发流程

Xilinx 的软件开发工具能帮助许多实时运行环境实现嵌入式软件程序的开发。Xilinx 的嵌入式设计工具在开发过程中,会创建一系列的硬件平台数据文件,包括:

- 描述硬件配置的 XML 文件,包含了处理器、外设、存储器映射等信息和额外的系统数据。
- 比特流文件,其中可以包含 PL 的编程数据。
- BRAM 的内存映射文件.BMM。
- 使用 FSBL 的 PS 配置数据。

裸机的 BSP 是库和驱动的集合,它创建了用户程序的最底层。实时运行环境是简单的、半主机和单线程的环境,它提供了基本的特性,包括启动代码、缓存函数、异常处理、基本的文件 I/O、对内存分配和其他调用的 C 程序支持库、处理器硬件访问宏、定时器函数,以及其他支持裸机系统所需要的函数。

使用以上描述的硬件平台数据和 BSP,用户便可使用 SDK 开发、调试和部署裸机程序了。它的基本流程如图 2-24 所示。

使用 SDK 开发裸机程序的流程如图 2-24 的左下部分所示,其中各个步骤的具体解释如下。

1. 导入硬件平台

Xilinx 的硬件配置工具可创建硬件平台数据,并把它们从 Vivado 导入到 SDK 中,以创建硬件平台项目。在 SDK 中,这个项目存储了硬件系统的信息,包括但不限于:

- 用于生成 BSP 的处理器和外设信息。
- 用于生成链接器脚本的存储器映射信息。
- 用于烧写 PL 的比特流数据。
- 用于 FSBL 和调试器的 PS 配置数据。

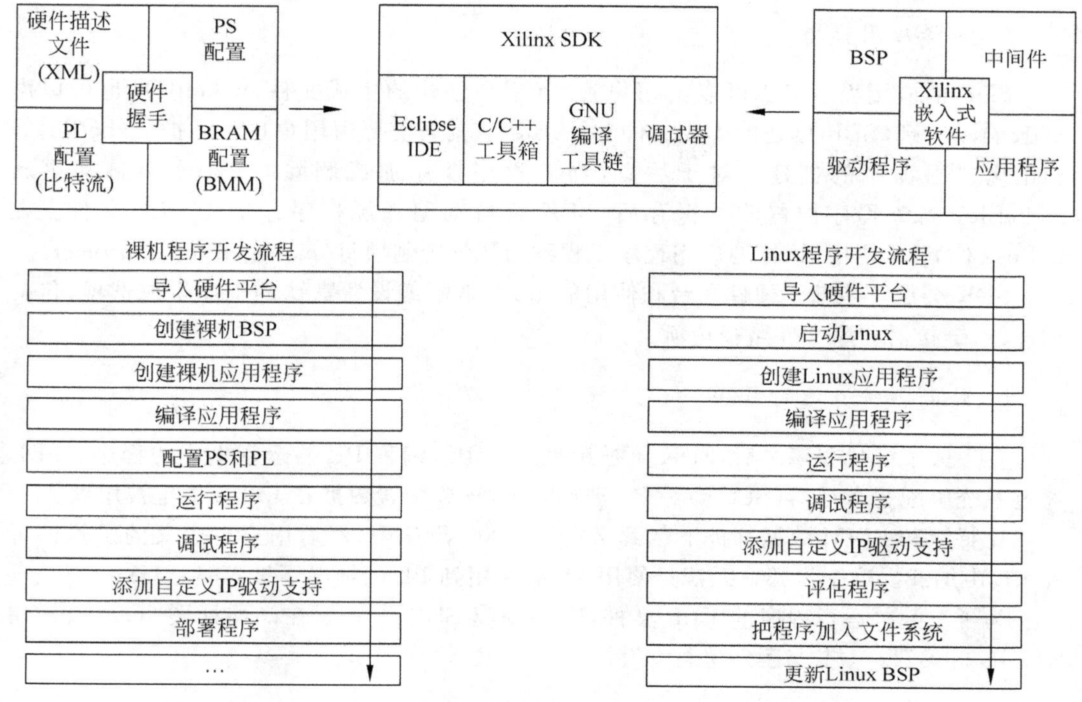

图 2-24　应用程序开发的流程

2. 创建裸机 BSP

在创建了硬件平台项目后，就可以使用 SDK 创建裸机 BSP 了。基于硬件平台（处理器、IP 特征合集、硬件配置设置）、驱动程序和库文件的源程序被暂存和参数化，从而创建头文件里的参数定义，然后执行编译。BSP 反映了 PS 中使能的 IP，包括 MIO 配置和 PL 中的自定义裸机。用户还可根据需要修改并重新生成 BSP 的设置。

此外，SDK 还支持其他嵌入式 OS 环境和工具的 BSP 生成，只要对其指定包含源程序和元数据的路径，SDK 就可以配置和编译相关联的驱动程序与库文件。

SDK 提供了 Bootgen 工具来生成可启动的映像(.bin 和.mcs 文件)。用户需要为它提供所有的映像和加载地址来创建启动映像。在 SDK 中还包含了把 Flash 映像烧写到 Flash 设备中的工具。

3. 创建裸机程序

在内含例子程序的基础上，SDK 提供了基于模板的程序生成器，可以生成基本的 Hello World、整数运算(Dhrystone)基准，或者 TCI/IP 应答服务器等。在使用这些程序时，SDK 会创建默认的链接器脚本。

应用程序生成器通过 Xilinx C/C++应用程序向导来调用，用户可以创建一个空程序，或者导入现有的程序并指向裸机 BSP。每个应用程序工程都与一个 BSP 工程相关联。

代码开发工具包括编辑器、搜索和重构，其特征在基本的 Eclipse 平台和 CDT 插件中都可用。

4. 编译应用程序

SDK 的应用程序工程可以由用户管理(用户创建的生成文件 makefile),也可以由 SDK 自动管理(SDK 创建的生成文件 makefile)。前者需要由用户自己维护 makefile,并初始化应用程序的创建。对于后者,当源程序被添加或删除时,SDK 会自动更新 makefile;当源程序被修改并保存后,SDK 会自动编译源程序并生成 ELF 文件。在 Eclipse CDT 术语中,这样的应用程序工程称为托管定制项目(managed make project)。

SDK 会尽可能基于硬件平台和使用的 BSP,推断或设置默认的程序生成选项,包括编译器、链接器和库文件路径选项。

5. 烧写器件并运行程序

在生成了裸机程序之后,SDK 可被用来配置 PS,编程 PL 并运行生成的程序。SDK 通过系统级配置寄存器(SLCR)对 PS 进行配置,这些配置数据在 FSBL 中也被用到。

比特流和 BMM 数据都被下载到 ZYNQ-7000 SoC 中,然后用户自定义的逻辑即可在 PL 中加载。这个步骤在系统只使用 PS 而未用到 PL 的情况下被忽略。

为了下载并运行程序的 ELF 文件,需要创建 SDK 配置。在终端视图中,可以使用 STDIN 和 STDOUT 与程序进行交互。

6. 调试程序

使用 SDK 调试程序的步骤与运行程序的步骤基本相同,唯一的区别是,使用的是调试配置,而不是运行配置。SDK 中使用多个视图(窗口)来提供完整的调试环境,它的用户界面与使用方法与大多数基于包含 CDT 插件的 Eclipse IDE 相类似,因此很容易上手。在调试视图中,可以显示调试阶段,包括堆栈的调用、源程序查看、反汇编、内存、寄存器、其他视图以及控制台。与其他调试环境类似,SDK 中可以方便地设置断点并控制程序的执行。

7. 添加自定义 IP 的驱动支持

Xilinx 硬件配置工具创建的硬件平台数据包含了 PL 中 Xilinx IP 模块的使用情况,SDK 则可自动把这些模块的驱动支持添加进裸机 BSP。包含硬件模式元信息文件的客户自定义 IP 模块也可以被添加到硬件平台数据中,并被 SDK 使用。通过指定自定义驱动和元数据的路径,SDK 还可以把它们包含到裸机 BSP 中。

用户还可创建库工程来管理和生成自定义的驱动源程序,并使用库工程与裸机 BSP 一起生成用户程序。

如果硬件平台发生了改变,有可能需要重新配置自定义 IP 驱动。为了自定义软件驱动,需要使用包含 TCL 文件的微处理器驱动定义(MDD)文件。MDD 文件中包含了需要配置的驱动参数,而 tcl 文件中包含了生成.c 和.h 文件的步骤。

8. 部署程序

在使用 SDK 完成开发和调试裸机程序后,就可以为程序创建一个启动影响,以把它部署到开发板中。SDK 包含了 FSBL 应用程序模板,用于创建、编辑和生成最终的

FSBL。FSBL、裸机程序和可选的比特流文件结合在一起，创建最终的启动映像文件，它可以被 SDK 中的 Flash 烧写器烧写到 Flash 存储器中。

2.9.5 Linux 程序开发

在裸机程序之外，Xilinx 也提供了 Linux 用户程序的开发工具。Xilinx 提供了 PS 中外设的驱动程序，用户也可为 PL 中的自定义裸机添加驱动程序。开发 Linux 程序所使用的硬件平台数据文件与开发裸机程序使用的数据文件包含相同的信息，例如处理器和外设信息、存储器映射信息、比特流、PS 配置数据等；但 Linux 系统的 BSP 则与裸机程序的不同。Xilinx ZYNQ-7000 AP SoC 的 Linux 是基于开源软件的，其内核来自于 kernel. org，但是 Xilinx 为各器件提供了额外的 Linux 内核支持，包括驱动程序和 BSP。

在 ZYNQ-7000 AP SoC 上开发 Linux 程序的几个特征如下所述。

1. Git 服务器和 Gitk 命令

Xilinx 提供了公开的 Git 服务器，位于 https://github. com/xilinx，其中包含了 Linux 内核、Xilinx 开发板的 BSP、部分 IP 的驱动，使得开发者使用第三方工具也可以为 Xilinx 的硬件编译 Linux 分发。此 Git 服务器还使得拥有 Linux 专家的公司可以开发它们自己的 Linux，而不需要去购买发行版。

Xilinx 使用 Git 来使用户更容易与 Linux 开源社区相互动。例如，获得补丁的推送或者上报相关的补丁，还可以部分管理对内核的修改。

Gitk 工具提供了对 Git 树的图形化显示方式，可帮助浏览 Git 树的分支。Gitk 随 Git 一起安装，可以在命令行通过 gitk 命令进行调用。

2. Linux BSP 的内容

1）内核

Linux 的内核包含内核自身、BSP 和驱动程序。它需要用户提供文件系统以启动内核，其组成示意图如图 2-25 所示。

2）驱动程序

请参考 Xilinx SDK 的在线驱动程序文档。

3）U-Boot

微处理器可以执行内存中的代码，但是操作系统和它的程序需要存储在断电后可保留的设备里，例如它们一般被保存在硬盘、光盘、U 盘、网络服务器和其他大容量的存储设备中。在处理器上电时，内存并不需要包含操作系统，因此可以使用一小段特殊的代码在上电之后再把操作系统复制到内存中，这段代码即 Bootloader。U-Boot 是 Linux 社区中广泛使用的一种开源 Bootloader，在 Xilinx 的 MicroBlaze 处理器和 ZYNQ-7000 AP SoC 处理器运行 Linux 时也被采用。

Bootloader 会初始化 Linux 内核不必初始化的硬件，例如串口、DDR 等。系统提供者经常会把 U-Boot 保存在 Flash 存储器中。与 FSBL 相对应，U-Boot 是第二阶段 Bootloader（SSBL）的一个例子。

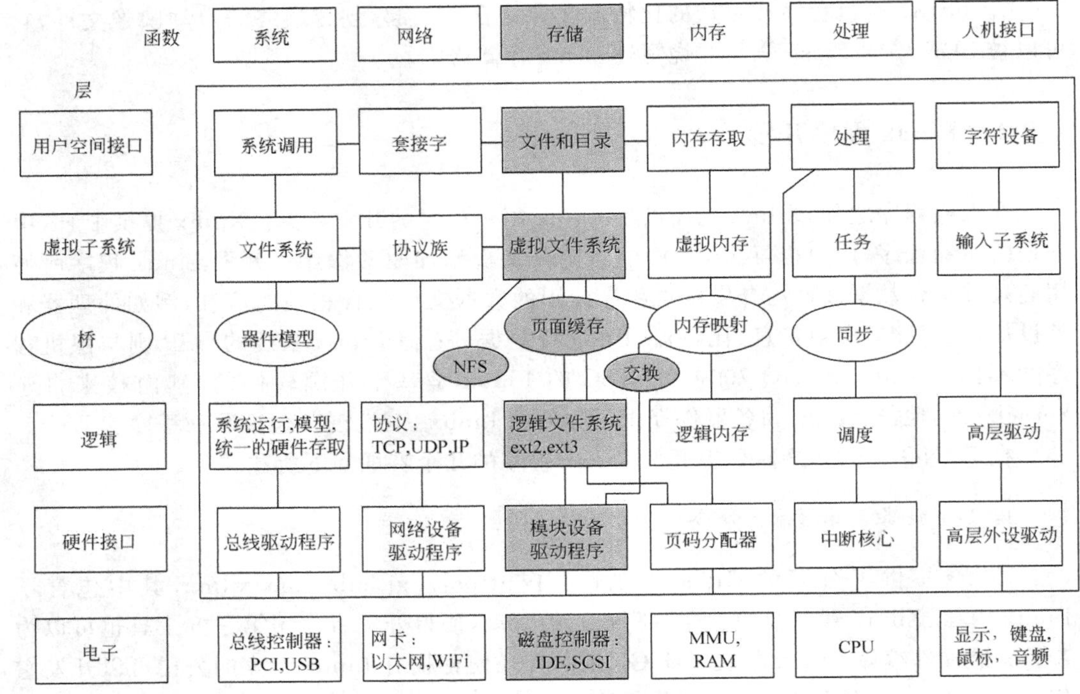

图 2-25　Linux 的内核组成

使用 U-Boot 可以提供许多有用的特性,例如:

- 从以太网、Flash 存储器和 USB 加载并执行映像。
- 从内存启动内核映像。
- 命令解释器:读/写内存、网络操作,如 ping 命令。

使用硬件平台和 Linux 内核,用户可以通过 SDK 开发、调试与部署 Linux 用户应用程序,但是 SDK 并不支持 Linux 的内核调试。

3. Linux 用户开发的典型流程

使用 SDK 开发 Linux 用户程序的典型步骤如图 2-24 的右下部分所示。

1) 启动 Linux

根据系统的工作流程,可以通过以下多个途径启动 Linux,包括:

- 把启动映像编程到 Flash 中并上电,或复位开发板。
- 下载并运行 FSBL,然后运行 U-Boot,最后启动 Linux 内核。
- 使用 U-Boot 加载和运行映像。

当 Linux 运行在 ZYNQ-7000 AP SoC 上时,SDK 可以把 PS 当作远程的 Linux 主机,其功能根据文件系统中组件的变化而有所不同。

Flash 存储器包括 NAND、NOR 和 QSPI。分区可以包含 FSBL、U-Boot、Linux 内核、设备树、RAMdisk 和用户程序。

在启动过程中,在 FSBL 被运行并设置 PS 后,U-Boot 被执行以加载 Linux 内核映像并启动 Linux。实际的启动序列和 Flash 映像的创建过程根据 Flash 的类型和其他要求而变化。例如,FSBL 可以用来配置包含自定义逻辑的 PL。

2) 创建应用工程

SDK 中创建 C/C++应用程序的模板也可用于 Linux 的应用程序,在此不再赘述,请参考 2.9.4 小节中裸机应用程序的创建。

3) 编译应用程序

编译 Linux 程序的方法和编译裸机程序的相同,在此不再赘述,请参考 2.9.4 小节中裸机应用程序的创建。

4) 运行应用程序

通过创建 SDK 的运行配置,可以把编译后的程序复制到文件系统中并运行。当 Linux 运行在 ZYNQ-7000 AP SoC 上时,如果 Linux 环境包含 SSH,则运行配置将使用 sftp 把可执行文件复制到文件系统中。在终端视图下,可通过 STDIN 和 STDOUT 与程序进行交互。也可以通过命令行来运行程序,即通过 sftp 来复制可执行程序,通过 ssh 来运行执行程序。

5) 调试应用程序

SDK 可创建调试配置来定义调试环境的选项。此外,用户可以使用 gdb 服务器在 Linux 上运行程序,并使用 SDK 调试器通过 TCP 连接来进行通信。调试的界面则与通常包含 CDT 插件的 Eclipse IDE 无异。

6) 为 PL 中的自定义 IP 添加驱动支持

SDK 支持为 PS 中的外设和 PL 中的自定义 IP 产生 Linux BSP。在生成 Linux BSP 的过程中,SDK 产生设备树,它是描述硬件系统功能和特性的数据结构,在内核启动时被传递给内核。设备驱动程序既可以是内核的一部分,也可以是单独的模块。

根据需要,用户也可添加动态的、可加载的驱动程序,它们可被 Linux 驱动所支持。PL 中的自定义 IP 是高度可配置的,在设备树参数中同时定义了系统中可用的 IP 和每个 IP 中使能的硬件特征。

7) 评估程序

为了评估 Linux 用户程序,在生成程序时需要使用-pg 评估选项。用户程序的评估基于 gprof 工具,并使用相关联的查看器来显示访问图和其他数据。

SDK 提供了 OProfile 插件,用于评估所有在用户程序、内核、中断处理程序和其他模块中运行的代码。OProfile 支持分析功能的可视化,它是 Linux 中开源的系统级评估器,需要内核驱动和 daemon 以收集采样数据。

8) 把应用程序添加到 Linux 文件系统中

编译之后的用户程序和必需的共享库可以被添加到 Linux 文件系统中,复制的方法有三种:

- 当 Linux 运行在 ZYNQ-7000 AP SoC 中时,如果 Linux 环境包含 SSH,则可以使用 sftp 来完成复制。
- 在 SDK 中,远程系统浏览器(RSE)插件可使用户通过拖放操作完成复制。
- 在 SDK 的工作流程之外,在创建文件系统映像并烧写到 Flash 之前,把应用程序和库复制到文件系统中。

9) 修改 Linux BSP(内核或文件系统)

2.10 设计基于 PL 的算法加速器

相比于传统的控制器或者 FPGA,ZYNQ-7000 SoC 在软件开发上的一个巨大优势在于,可以把一些时间关键的任务放在 PL 中执行,用 PL 的并行特性获得几倍、几十倍的执行效率,这就是基于 PL 的算法加速器。本节主要讨论三个问题:

- 用 PL 为 PS 卸载:介绍使用 PL 来执行某些 CPU 功能时涉及的高级概念。
- PL 与存储系统的性能概览:讨论通过 PS 的内存路径与性能相关的行为。
- 选择 PL 接口:对比可用的不同的 PL 接口,以及它们的典型使用场合。

2.10.1 用 PL 为 PS 卸载

ZYNQ-7000 SoC 具有把软件算法直接映射到 PL 的独特能力。它的优势包括:缩短算法的执行时间,降低系统的功耗,减少执行每个函数消耗的能力,减小内存通信量以及可预测的低延时。本小节从总体上讨论这些优势。

1. 使用 PL 实现软件算法的优势

1) 性能

在 PL 中实现算法时,可以让它们最大程度地并行化执行以提供最大的吞吐量,或者在保持一定逻辑资源占用率的目标下提供中等程度的吞吐量。在并行执行的情况下,算法的性能要远远超过使用 A9 内核或者 NEON 引擎的实现方式。

例如,假设某算法需要 100 个基本操作,大致对应 A9 内核中的 100 条指令或者 100 行 C 代码。如果使用 PL 中的 CLB,DSP Slice 和 BRAM 全并行地执行,而 PL 的时钟只有 ARM 时钟速率的四分之一的话,在不考虑 I/O 速率和资源占用率的情况下,那么这个函数在 PL 中的执行时间只有在 PS 中实现时的 1/25,即提速到原来 25 倍。

2) 功耗

相对于在 PS 中执行算法,在 PL 中执行算法时因为 PL 的时钟频率往往比 PS 低很多,也没有操作系统等开销,降低了整个系统的功耗。根据操作的不同,算法在 PL 中执行时,可以把功耗降低到在 PS 中执行时的百分之一到十分之一。因此,使用 PL 来实现算法对降低系统的功耗很有帮助。

需要注意的一个问题是,如果算法需要访问外部存储器,因为涉及大量的读/写操作,此时访问外部存储器所消耗的能量将在算法的整体功耗中占主导作用,所以此时使用 PL 来实现算法对降低功耗的效果要好很多。

3) 延时

PL 中的并行逻辑有较低的可预测延时,且不可被中断。基于此原因,负责响应 PL 发起实时事件的算法非常适合在 PL 中实现。这种方式可以把算法的响应时间从几千个时钟周期降低到只有几十个时钟周期。

2. 设计 PL 加速器

PL 加速器一般使用 Verilog HDL 或者 VHDL 等 RTL 语言来创建。有经验的 RTL

工程师也可以使用C代码作为黄金模型在PL中对算法进行高效的硬件实现。

对于纯软件工程师来说，C代码到门电路的编译器可以使他们快速地把C/C++算法转换为可综合的HDL。例如，使用Vivado HLS高层次综合工具，即使不熟悉FPGA编程，也可以在较短的时间内把C/C++代码转换为可综合的RTL，其内部转换过程不需要用户具有RTL的知识和进行任何干预。软件工程师需要牢记的是C代码和RTL的本质区别，即C代码是串行执行的，而RTL本质上是并行+串行，甚至全并行的。

例如，在C代码中的一个for循环：

```
for(i = 0; i < 10; i++){
x[i] = a[i] + b[i];
}
```

在使用RTL执行时，可以创建10个甚至更多个单独的加法器来并行执行。

对于视频、DSP等算法，用户可通过System Generator for DSP工具，使用Matlab/Simulink对算法进行流图化的建模，然后生成可综合的RTL。使用System Generator for DSP和Matlab/Simulink的主要优势在于它们提供了丰富的函数和库资源，方便了建模、仿真和对硬件实现的验证。

不管算法加速器或卸载引擎是如何设计的，一旦需要在PL中实现相应的算法，就要在PS与PL加速器之间保证高效的数据流。在许多情况下，为了更好地在PL加速器与DRAM之间对数据流进行调度，其设计的挑战性甚至会超过在PL中实现算法这件事情。"数据流"这个术语用来表示使用AXI互联和本地互联的数据，在系统内存和PL功能单元之间的运行。

3. PL加速器的限制

PL加速器对算法的加速并不是无限扩大的，它受到I/O、资源和延时要求的限制。

1) I/O速率限制

在PL算法加速器的设计中，一个非常关键的限制因素就是，由于信号完整性的原因，I/O的速率是有限制的，并因此限制了进出PL算法加速器的数据速率，此时不管PL中逻辑执行得有多快，也无法突破这个瓶颈。特别是在使用低速率的I/O时，此问题可能会较为突出，会限制PL加速器的最大性能。

例如，假设有12字节的输入数据正在从DDR读出，同时4字节的结果正在写回DDR。DDR3运行在32位、1066Mb/s，则在75%利用率的情况下，数据传输速率为接近3200Mb/s(精确值为3198Mb/s)。如果每次操作都需要读/写这16字节，则数据流的最大速率约为3200Mb/s/16=200Mb/s，即每秒200M次操作，且这一结果是在不考虑操作复杂性的基础上得出的。此时，即使是一个简单的3输入减法器的性能也被DDR的带宽限制到200M次操作/s，这种情况下无论ARM A9处理器的运算速度再提高多少，也无法提升算法的性能了。但是，如果算法可以分解为PL中几百、上千次的并行操作，或者以流水线的方式来实现，则PL一般可以实现10～100倍的算法加速。

2) 资源限制

虽然通过PL中的并行操作可以极大地提高算法的加速性能，但这种方式也会占用大量的PL资源，例如CLB、DSP Slice、BRAM、硬件乘法器等，这使得PL中的逻辑资源有可能会限制算法提速的最大值。例如，在通过 100 个 DSP Slice 可以实现 24 倍算法加速的情况下，假如此时 PL 中只有 50 个可用的 DSP Slice，则加速效果最多只能为 12 倍。

3）延时限制

当 PL 加速器实现预定的程序时，如果已经为数据流预先分配了缓冲区，且数据不使用缓存的话，在此情况下任务 PL 在高效执行算法时可以不被 ARM 处理器所介入。但是在处理器为 PL 加速器动态提供数据输入的情况下，在 PL 可以执行算法加速前，它需要等待处理器完成相关的任务。此外，处理器可能需要分配缓冲区，并把缓冲区的物理地址提供给 PL；数据也有可能从缓存涌入 DDR 或 OCM；或者在某些任务完成后，处理器才能发出让 PL 处理算法的启动信号。这些额外的步骤使得算法的总执行时间增加了一些延时，或者叫等待时间（latency）。如果这些延时较大，则 PL 加速的效果自然也会受到限制。通常情况下，ARM 处理器需要 100～200 个时钟周期把几个字的数据写入到 PL 中，当 PL 加速器需要处理的数据超过 4KB 时，CPU 调用 PL 所带来的延时并没有太大的影响。

4. 功耗卸载

PL 不仅可以加速算法，还可以用来将某些能耗高的程序从 ARM A9 处理器转移到 PL 中实现，以降低系统功耗。PL 中的每个操作需要的能量更少，一方面是 PL 的频率要比 PS 低很多，另一方面是数据在 PL 中传输时，它是以类似本地汇编代码中操作数到操作数的形式实现的，它们使用了更短的、低电容的本地连接。而在处理器中实现时，同样的一个操作，需要从本地缓存或者外部存储器读取指令和数据，在运算完成后，还要把结果写回检测或者存储系统，这些汇总起来导致操作使用了更长的数据路径和更高的电容接口。

当算法需要数据保存在存储器中时，使用 BRAM 可以比使用处理器的缓存获得更低的功耗。表 2-10 对比总结了在 A9 处理器和 7 系列的 PL 中执行相同的多种操作所消耗的能量。

表 2-10　常用操作所消耗的能量估算

操　　作	PL 资源	ARM A9 资源	ARM A9 每个操作的能耗（pico Joules 或 mW/GOP/sec）	PL 每个操作的能耗（pico Joules 或 mW/GOP/sec）
2 变量逻辑操作	LUT/FF	ALU	暂未提供	1.3
32 位加法	LUT/FF	ALU	暂未提供	1.3
16×16 乘法	DSP	ALU	暂未提供	8.0
32 位读/写寄存器	LUTRAM	L1	暂未提供	1.4
32 位读/写 AXI 寄存器	LUT/FF	AXI	暂未提供	30
32 位读/写本地 RAM	BRAM	L2	暂未提供	23.7/17.2
32 位读/写 OCM	AXI/OCM	CPU/OCM	暂未提供	44
32 读/写 DDR3	AXI/DDR	CPU/DDR	暂未提供	541/211

注：A9 处理器的能耗基于 ARM 功耗评级基准，PL 的功耗由 Xilinx XPE 功耗估算器计算得到。

通常情况下，读和写外部DDR内存的能耗是大致相同的，但它们比算法操作本身的能耗要大得多。因此，即使某个算法只用了很少的外部内存读/写，这些读/写的能耗也起到了主导作用，此时PL与处理器所消耗的总能量是类似的。因此，为了使PL中的能耗最小，需要尽可能地把数据的流动本地化；在PL中资源允许的情况下，把数据保存在OCM、BRAM、LUT RAM或者触发器中，而不是保存在片外的存储器中；有可能需要重新组织代码，以避免非必需的缓冲区被使用。

5. 实时卸载

ARM A9的CPU在设计时主要是针对程序处理，而不是针对实时响应进行优化的，且它们最常用于运行Linux这样的操作系统。PL算法加速器可以显著增强A9 CPU的实时响应性能。

1）MicroBlaze协助的实时处理

ZYNQ-7000 AP SoC除了可以使用硬件的ARM A9双核之外，它的PL是基于7系列FPGA的PL，因此用户仍然可以在PL中例化一个甚至多个MicroBlaze和PicoBlaze软核。通过把MicroBlaze作为微控制器使用，它们可以很好地管理实时事件，因为MicroBlaze具备非常优秀的实时响应，可用于某些特别的任务。典型情况下，MicroBlaze控制器使用一小部分BRAM，大约2000个LUT，并且可以运行在100～200MHz的频率下，其中断响应时间在10个时钟周期以内。MicroBlaze可以用来轮询事件，使得它们在几个时钟周期内被服务。MicroBlaze的编程通常可以使用C代码，如果要求极高的实时性能则使用汇编代码。与ARM Cortex-A9 CPU不同的是，MicroBlaze有固定的执行流水线，因此提供了可预测的响应时间。在许多应用中，更为精简的PicoBlaze处理器即可满足要求，它只需要占用PL中的几百个LUT。

2）PL中断服务

PS中的中断可以被路由到PL中，因此可以在PL中使用MicroBlaze处理器或者硬件逻辑中的状态机对其进行响应。

3）硬件状态机

当MicroBlaze或者PicoBlaze处理器的响应时间不能满足要求时，可以使用硬件状态机来响应事件。硬件状态机之间可以使用HDL编程以生成RTL，也可以通过System Generator for DSP在Matlab/Simulink下建模完成，甚至通过LabVIEW的图形化编程完成。

6. 可重配置的计算

PL中的逻辑具有可重配置特性，因此它们中的一部分或者全部可以根据需要被配置为新的硬件加速器。这提供了极大的灵活性，因为用户可以把多种加速器保存在硬盘、Flash或者DRAM中，并在实际应用中根据需要下载到PL中。用户可通过PS中的处理器配置访问接口(PCAP)来管理和重新配置PL中的逻辑。

典型情况下，PL算法加速器会实现特定的数据流图，它们的特点是把输入数据根据算法转换为输出数据，例如从输入缓冲区中读取数据，通过一系列的乘法器和加法器完成矩阵的乘法，然后再把结果保存到结果寄存器中。也可以使用替代的方法，例如构建一个包含乘法器和加法器指令的可编程引擎来实现算法，并使用通用存储器来保存数据。这样的方式也许不如固定的功能流图法高效，但它更为灵活，可以借助可重编程的特性来实现不同的算法。这种可编程引擎的额外优势在于它们可以实现更加复杂的功能，因为操作的个数仅被指令内存或者从DRAM取指令的带宽所限制。此外，可编程引擎有可能比固定功能的数据流图更容易满足所需要的计算速率。可编程引擎的不足之处在于，它通常需要访问本地存储器中的代码和数据，这需要额外的逻辑来完成地址的产生和指令的译码，使得它需要的存储空间比固定功能流程图要多很多。OpenCL可以用来作为这些可编程引擎的编程语言，然而汇编语言也是可行的。这些引擎是当前的研究热点，并且已经有一些可用的商业IP推出了。

2.10.2 PL与存储系统的性能

本小节通过比较PS的内存路径与性能相关的行为，以加深对PL和PS存储系统性能相关的行为的了解。

1. 理论带宽

表2-11～表2-13介绍了不同的可编程接口、DMA、内存控制器和互联的性能。这些性能是通过把接口宽度与典型时钟速率相乘而得到的理论值，其中并未包含任何与协议有关的开销。

表2-11 PS-PL和PS存储器接口的理论带宽

接口	类型	总线宽度/位	接口时钟/MHz	读带宽/(MB/s)	写带宽/(MB/s)	读+写带宽/(MB/s)	接口数量	总带宽/(MB/s)
通用AXI	PS从	32	150	600	600	1200	2	2400
通用AXI	PS主	32	150	600	600	1200	2	2400
高性能(AFI)AXI_HP	PS从	64	150	1200	1200	2400	4	9600
AXI_ACP	PS从	64	150	1200	1200	2400	1	2400
DDR	外部内存	32	1066	4264	4264	4264	1	4264
OCM	片上内存	64	222	1779	1779	3557	1	3557

表2-12 PS DMA控制器的理论带宽

DMA	类型	总线宽度/位	接口时钟/MHz	读带宽/(MB/s)	写带宽/(MB/s)	读+写带宽/(MB/s)	接口数量	总带宽/(MB/s)
DMAC	ARM PL310	64	222	1776	1776	3552	1	3552
千兆以太网	PS主	4	250	125	125	250	2	500
USB	PS主	8	60	60	60	60	2	120
SD	PS主	4	50	25	25	25	2	50

表 2-13　PS 互联的理论带宽

互　联	类　型	总线宽度/位	接口时钟/MHz	读带宽/(MB/s)	写带宽/(MB/s)	读+写带宽/(MB/s)
通用互联	CPU_2x	64	222	1776	1776	3552
主	CPU_1x	32	111	444	444	888
从	CPU_1x	32	111	444	444	888
主互联	CPU_2x	32	222	888	888	1776
从互联	CPU_2x	32	222	888	888	1776
内存互联	DDR_2x	64	355	2840	2840	5680

从表 2-11～表 2-13 不难得出以下与性能有关的结论：

- OCM 和 DDR 内存并不能充分利用单个主设备，除非使用更低的 DDR 时钟速率。例如，在使用内存互联时，DDR 的读取带宽被端口限制为 2840Mb/s。
- 互联通常提供了足够的带宽来访问内存设备。

2. DDR 的效率

在使用 PL 读取外部内存时，需要考虑可用的总 DDR 内存带宽。对 DDR 带宽的利用程度体现了 DDR 控制器的效率，即在一个测试周期中，通过 DDR 控制器的总数据量与理论吞吐量的比值。表 2-14 和表 2-15 列出使用不同方法类型 DDR 控制器的效率，其中系统的配置方式如表 2-16 所示。

表 2-14　DDR 效率(系统 #1，4 HP/AFI 主，AXI 突发长度为 16)

访问类型	地址模式	效率/%
读	顺序的	97
读	随机的	92
写	顺序的	90
写	随机的	87
读+写	顺序的	87
读+写	随机的	79

表 2-15　DDR 效率与 AXI 的突发长度(系统 #1，4 HP/AFI 主，顺序读/写)

突发长度	DDR 效率/%
4	87
8	87
16	87

表 2-16　被测试系统的配置

系统	PL AXI 时钟/MHz	CPU_6x4x/MHz	CPU_2x/MHz	DDR_3x/MHz	DDR_2x/MHz	DRAM	DRAM/(Mb/s)
#1	150	675	225	525	350	DDR3	1050

从设计规划的角度来看，表 2-14 可以被认为是较为接近典型值的。随机读/写模式事实上并不是最差的情况，因为 DDR 控制器在经过优化之后还可以进一步地提高效率。总而言之，DDR 控制器最大效率的设计值在 75%左右。

表 2-15 列出了 DDR 控制器的效率与 AXI 突发长度的关系示意图，它表明了适度大小的突发长度并不会引起显著的 DDR 控制器的效率下降。在延时敏感的环境下，更长的突发长度可以延长系统中高优先级的 AXI 主的延时，所以在使用 AXI 突发长度时仍然需要小心设计。

3. OCM 效率

Xilinx 给出的官方数据表明，通过测试前面 DDR 效率相类似的例子，四个高性能接口到 OCM 传输的最大效率可达 80%。

4. 互联的吞吐量瓶颈

在典型的高性能时钟速率下，PS 中的互联一般并不是高性能系统中的限制因素。唯一的例外是在使用两个高性能端口(HP/AFI)连接到 DDR 时。因为端口 0/1 和 2/3 需要在 DDR 控制器之前进行仲裁，一种优化的方法是在双端口的工作情况下，从两个组合中各选一个端口来使用，例如端口 0 和 2。

2.10.3 选择 PL 接口

本小节讨论从 PL 连接到 PS 时可使用的多种不同选项，主要描述的是数据的传送任务，例如直接存储器访问(DMA)。

1. PL 接口的比较

表 2-17 给出了不同数据传输方法的比较汇总，其中"估计的吞吐量"一栏反映了在单向数据流动(只有读操作或只有写操作)时最大的数据量。

表 2-17 数据传输方法的比较

方法	优势	不足	建议的使用场合	估计的吞吐量/(MB/s)
CPU 可编程的 I/O	软件简单； 使用最少的 PL 资源； 简单的 PL 从	最低的吞吐量	控制功能	<25
PS DMAC	使用最少的 PL 资源； 中等吞吐量； 多个通道； 简单的 PL 从	有些复杂的 DMA 编程	在 PL 资源有限，且使用 DMA	600
PL AXI_HP DMA	最高的吞吐量； 多种接口； 命令/数据 FIFO	只能访问 OCM/DDR； 需设计更复杂的 PL 主	使用高性能的 DMA 来传输大量的数据	1200(每个接口)

续表

方　　法	优　　势	不　　足	建议的使用场合	估计的吞吐量/(MB/s)
PL AXI_ACP DMA	最高的吞吐量； 最低的延时； 可选的缓存一致性	大量的突发数据可能导致缓存抖动； 需要共享 CPU 的互联带宽； 需设计更复杂的 PL 主	用高性能 DMA 来传输小规模、连续的数据集； 中等颗粒性的 CPU 卸载	1200
PL AXI_GP DMA	中等吞吐量	需设计更复杂的 PL 主	PL 到 PS 的控制功能； PS I/O 的外设访问	600

2. 通过通用主(M_AXI_GP)连接 Cortex-A9 CPU

从软件的观点看，最直观的方法是使用 Cortex-A9 来从 PS 和 PL 间传输数据，如图 2-26 所示。数据流直接被 CPU 移动，从而不需要处理单独的 DMA 事件。对 PL 的访问通过两个 M_AXI_GP 端口来实现，每一个都具有内存地址范围，以发起 PL 的 AXI 传输。PL 中的设计也可得到简化，因为只需要实现一个“AXI 从”就可以响应 CPU 的请求。

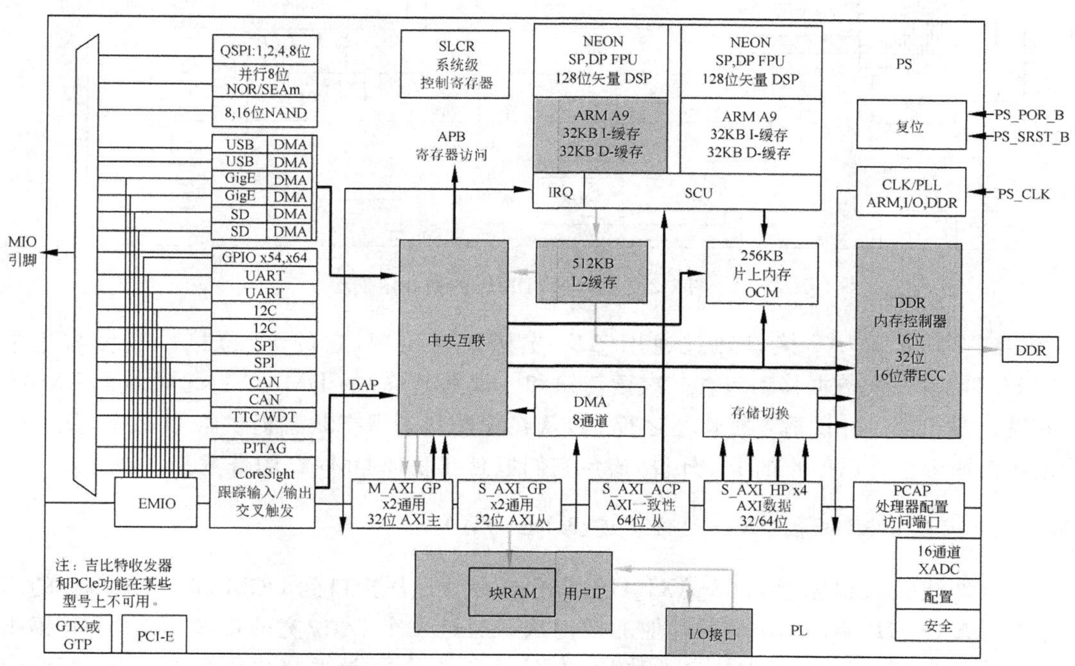

图 2-26　Cortex-A9 PL 数据传输的拓扑

使用 CPU 移动数据的不足之处是：复杂的 CPU 要使用很多个指令周期来执行简单的数据移动，而无法把它的主要能力集中在复杂的控制和计算任务上，因此限制了可用的吞吐量。在传输速率小于 25MB/s 时使用此方法是合理的。

3. 通过通用主连接 PS 的 DMA 控制器(DMAC)

PS 的 DMAC 提供了灵活的 DMA 引擎，它可以提供中等级别的吞吐量，同时只使用很少的 PL 逻辑资源，如图 2-27 所示。DMAC 是 PS 的一部分，因此需要使用内存中的 DMA 指令对其编程。在支持多达 8 个通道的基础上，多个 DMA 结构内核可以潜在地被一个 DMAC 所控制。这种灵活的配置模式的不足之处在于，它可能会增加相关的 CPU 传输和 PL DMA 程序设计的复杂度。

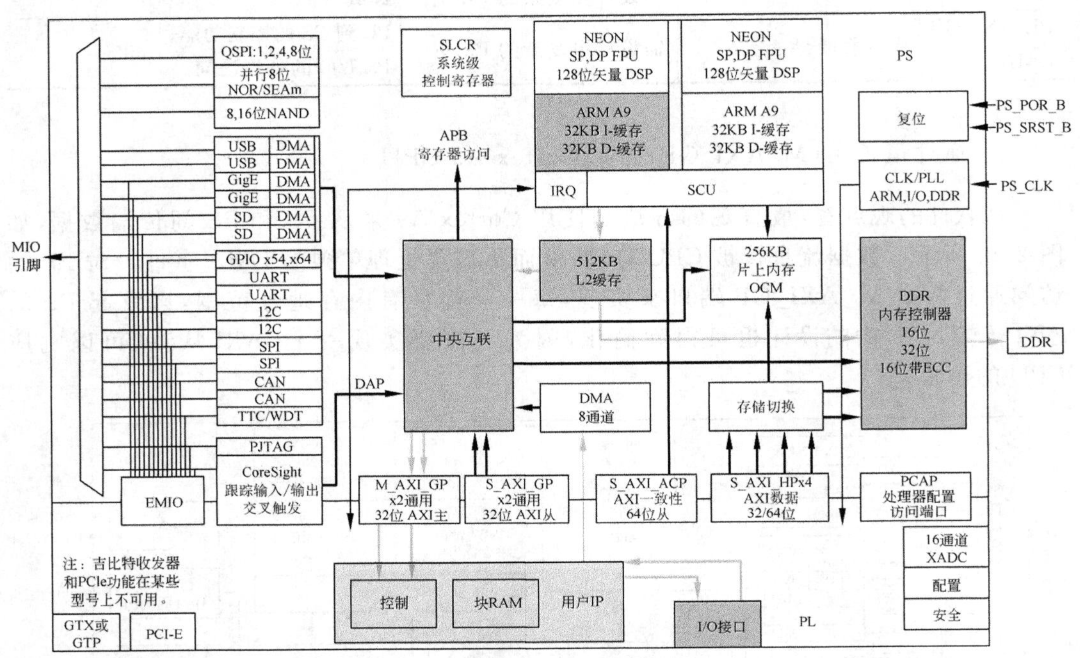

图 2-27　DMAC DMA 的拓扑示例

到 PL 的 DMAC 接口通过通用 AXI 主接口来实现，它的 32 位接口宽度与集中 DMA 特征(每次数据移动包含一次读传输和一次写传输)的 DMAC 一起限制了 DMAC 的最大吞吐量。外设请求接口还运行 PL 从在缓冲状态下把状态提供给 DMAC，从而阻止在传输中包含已停止的 PL 外设，避免它们拖延互联和 DMAC 的带宽。

4. 通过 AXI 高性能(HP)接口连接 PL DMA

高性能的 AXI 从接口(S_AXI_HP)提供了从 PL 从接口到 OCM 和 DDR 内存的高带宽。AXI_HP 端口无法访问其他的任何从。通过 4 个 64 位宽的接口，AXI_HP 提供最大的集合接口带宽，因为减少了对 PL AXI 互联的需求，这些接口还减少了 PL 资源的使用。每个 AXI_HP 都包含控制和数据 FIFO，以缓冲大量突发数据的传输，使得它非常适合于完成从 DDR 缓冲视频帧这样的工作。这种额外的逻辑和仲裁并不会导致比其他类型的接口更高的最低延时值。

PL 中的 IP 逻辑一般由低速的控制接口和高性能的突发接口所构成，如图 2-28 所示。如果控制流由 Cortex-A9 CPU 来组织，则通用的 M_AXI_GP 可用来完成为用户 IP

分配内存地址和传输状态等任务。传输状态还可以通过 PL 到 PS 的中断来传输。连接 AXI_HP 的到更高性能的设备需要能够发出多个传输，以利用 AXI_HP FIFO 的优势。

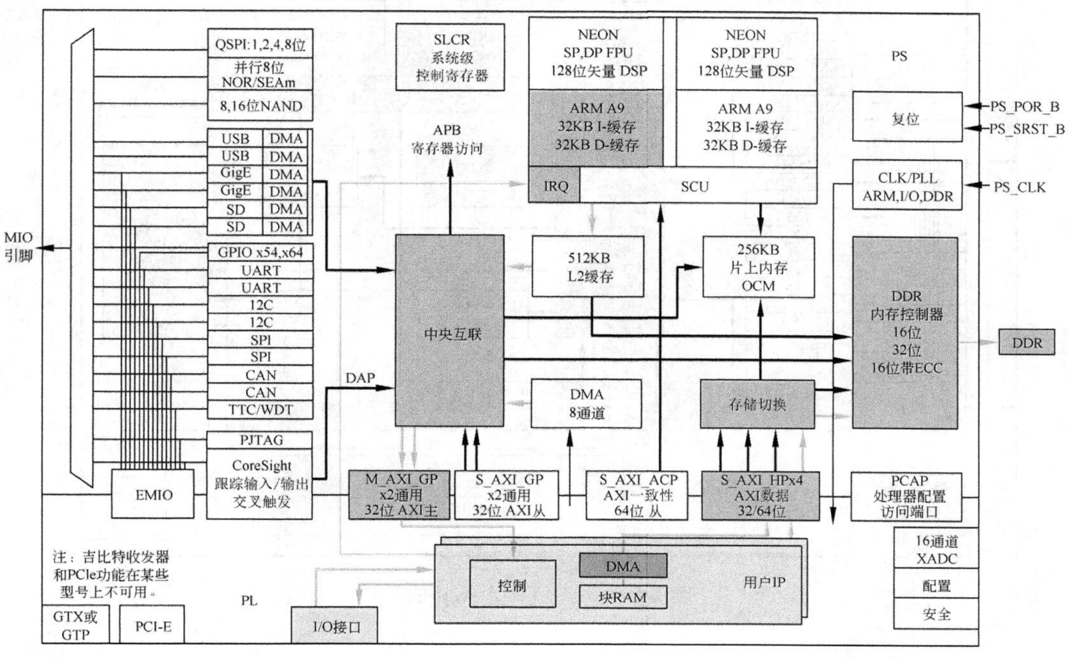

图 2-28 高性能(HP) DMA 拓扑

通过 S_AXI_HP 和 S_AXI_ACP 接口共同在 PL 中实现 DMA 引擎的主要不足之处在于，在使用多个 AXI 接口的情况下，PL 的设计变得更加复杂，且其资源的使用量也上升了。

5. 通过 AXI ACP 连接 PL DMA

AXI ACP 接口(S_AXI_ACP)提供了与高性能 S_AXI_HP 接口类似的用户 IP 拓扑，如图 2-29 所示(可与图 2-28 进行对比)。因为 S_AXI_ACP 的接口宽度也是 64 位，所以它在单个 AXI 接口上也提供了最大的吞吐量。

AS_AXI_ACP 接口与 S_AXI_HP 的不同之处在于，它位于 PS 的内部，同时连接了 SCU 和 CPU 的 L1、L2 缓存。这种连接结构允许 ACP 传输与缓存子系统进行交互，从而可以减小 CPU 使用数据时的总延时。这些可选的缓存一致性操作还可以消除无效的缓存线，以及对缓存线的刷新。ACP 还具有到 PL 接口内存的最低内存延时。ACP 的这些连接特性与 CPU 是非常相近的。

使用 ACP 的不足之处，除了需要共享 S_AXI_HP 接口以外，还在于从现场到缓存和 CPU 的路径。通过 ACP 的内存访问利用了与 APU 相同的互联路径，从而潜在地降低了 CPU 的性能。大规模的、一致性的 ACP 传输还可导致缓存的抖动，因此最好不使用 ACP 一致性来传输非常大的数据集。ACP 的低延时访问对中等粒度的算法加速是非常有帮助的。

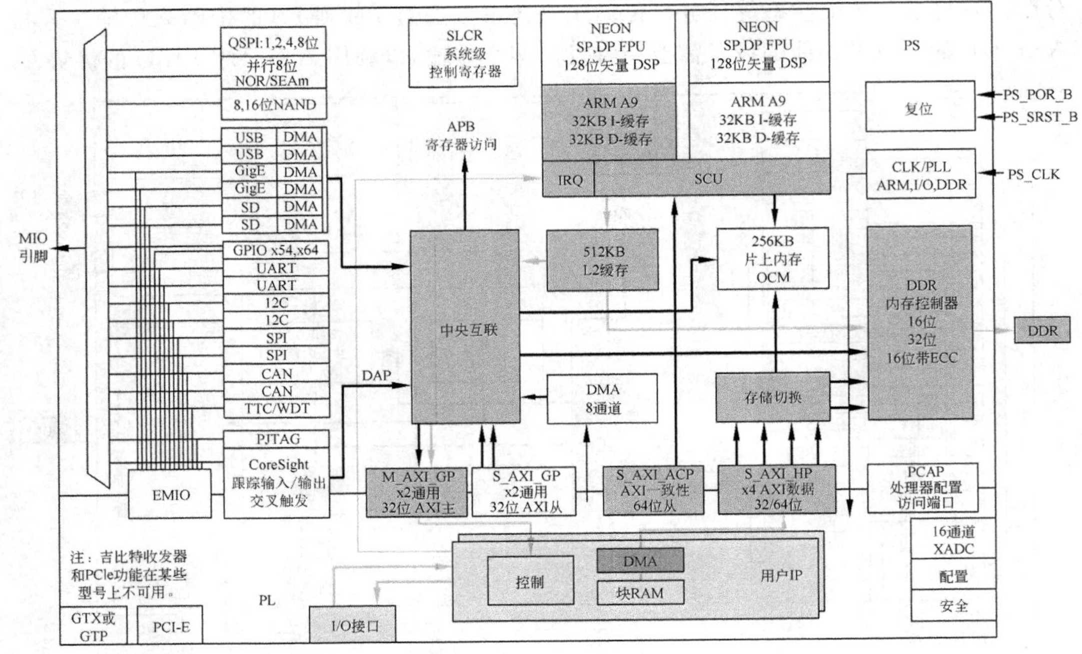

图 2-29　ACP DMA 拓扑的示例

6. 经由通用 AXI 从(S_AXI_GP)的 PL DMA

虽然 S_AXI_GP 具有从 OCM 到 DDR 适度的低延时，它狭窄的 32 位宽度接口限制了它作为 DMA 接口的传输能力。系统中的这两个 S_AXI_GP 接口则更适合用于控制低性能的、到 PS 存储器、寄存器和外设的访问。

第3章 ZYNQ-7000 AP SoC设计与开发流程

前两章主要介绍了ZYNQ-7000 AP SoC的体系结构，使读者对整个系统有了一个全局性的认识，方便读者进一步理解本章内容。本章首先介绍ZYNQ-7000 AP SoC的开发流程，接着通过一个开发实例向读者展示如何使用Xilinx提供的集成化开发环境Vivado和PlanAhead，并配合SDK进行系统的软硬件开发。本章并不单独介绍开发平台本身，如菜单项等内容，Xilinx已提供了这方面详细的文档，读者可登录Xilinx官方网站进行查询。

对于初学者来说，3.1节的内容可能会比较枯燥和抽象，读者只需从中了解一下ZYNQ-7000 AP SoC的开发步骤，然后从3.2节进入实例操作阶段，最后回过头再来理解一下就比较具体了。通过本章的学习，读者应掌握如何使用Xilinx提供的集成开发环境进行简单的硬件与软件开发，并掌握相应的配置与下载步骤。本书着重介绍使用Vivado完成ZYNQ-7000 AP SoC的开发工作，在后续的章节中也以Vivado来完成相关设计工作，基于PlanAhead的设计书中仅在本章进行简单介绍。

3.1 ZYNQ-7000 AP SoC开发流程简介

通过前两章的学习，大家已经认识到ZYNQ-7000 AP SoC是一个以双核ARM Cortex-A9为核心PS部分，具有丰富逻辑资源PL部分的复杂系统，很多初学者在接触到这样一个复杂系统时往往无从下手，下面通过一个简单的例子来帮助大家理解其开发流程。相信大多数读者都具有单片机或DSP的开发经验，回想一下如何使用单片机来完成一个具体任务：首先，需要将设计任务进行细分，假设这个任务中需要用到UART和PWM这两个功能，那么在选择单片机时首先要保证其硬件具有UART和PWM这两个外设，接下来再根据具体要实现的功能进行软件开发。ZYNQ-7000 AP SoC的开发过程与单片机基本相同，但却具有一个明显的区别：单片机的硬件结构是固定的，其具有的外设模块、寄存器等资源在出厂时就已经固化，用户只能选择性地使用其内部资源来实现软件功能；而ZYNQ-7000 AP SoC具有的可编程特性不仅体现在软件功能的可编程上，其底层的硬件构架同样具有可编程特性，用户可以灵活地对底层硬件进行修改。假如实际任务需要用到 UART 和 PWM 这两个功能，而 ZYNQ-7000 AP SoC 的 PS 部分仅有 UART 而没有 PWM，因此用户在开发过程中首先要起用 PS 部分的 UART 模块，还需在 PL 部分定制一个 PWM 外设，并将其通过 AXI 总线与 ARM 内核相连接，这样 ARM 内核就可以访问 UART 和 PWM 这两个外设了。至此用户就完成了硬件部分的开发工作，接下来用户便可以在这个自己定制的专用硬件平台上实现相应的软件任务。

ZYNQ-7000 AP SoC 的完整开发流程主要包括如下几个部分。

1）系统任务的软硬件分工

在进行设计前首先要明确系统的任务需求，如应用系统需要的外设单元、数据读/写周期、总线带宽和吞吐量等。由于 ZYNQ-7000 AP SoC 是一个完整的软硬件复合系统，在开发时可分为硬件和软件两个部分，一个具体的任务有时既可以通过软件实现又可以通过硬件实现。具体采用何种实现方式需要针对性地进行权衡，一般来说用软件实现便于修改，且不占用任何硬件逻辑资源，但执行速度较慢。硬件实现具有执行速度快的优点，但占用额外的硬件逻辑资源。所以，在性能满足要求的情况下推荐使用软件来实现。

2）硬件平台设计

创建硬件平台是对 ZYNQ-7000 AP SoC 进行具体设计的第一步，Xilinx 工具组提供的开发环境 Vivado 和 PlanAhead 可帮助用户快速构建硬件平台。在构建硬件平台的过程中，用户有时需要定制专用的 IP 核，这部分内容将在以后章节中进行介绍。

3）软件设计

完成硬件平台设计后，将硬件配置文件导入 SDK 开发环境中，就可以进行软件的编程、调试等开发过程了。

4）配置文件下载

将硬件平台设计过程中的硬件比特流文件与软件设计产生的可执行文件进行合并，下载到配置存储器中即完成了开发的最后一步。在上电时通过选择相应的加载模式即可将配置存储器中的数据加载到 ZYNQ-7000 AP SoC 芯片中。

以上各步骤之间的联系如图 3-1 所示。

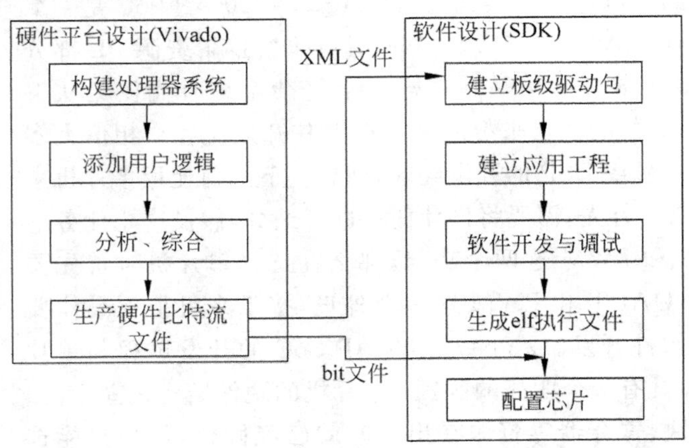

图 3-1　ZYNQ-7000 AP SoC 开发流程

在开发过程中还涉及硬件仿真、ChipScope在线调试等步骤，这里不作具体介绍，有兴趣的读者可以自学了解。

3.2 基于Vivado+SDK的设计与开发

随着逻辑器件内部集成度不断提高，传统开发工具的布局布线算法无法从全局对芯片内部资源进行优化，分析及综合时间较长。针对传统ISE开发套件的不足，Xilinx推出了Vivado开发套件，Vivado针对高密度逻辑芯片采用新型布局布线算法，可加速硬件组装，使系统集成更加快速。现阶段Vivado开发套件仅支持7系列FPGA及ZYNQ-7000 AP SoC的设计与开发，本节将以2014.1版本的Vivado并配合安富利公司MicroZed开发板为例来介绍ZYNQ-7000 AP SoC的开发流程，以下将构建一个简单的SoC系统，并使用PS部分的UART外设实现简单的串口收发功能。

3.2.1 使用Vivado构建硬件平台

1. 建立一个Vivado基本工程

首先打开桌面Vivado 2014.1，进入图3-2所示界面。

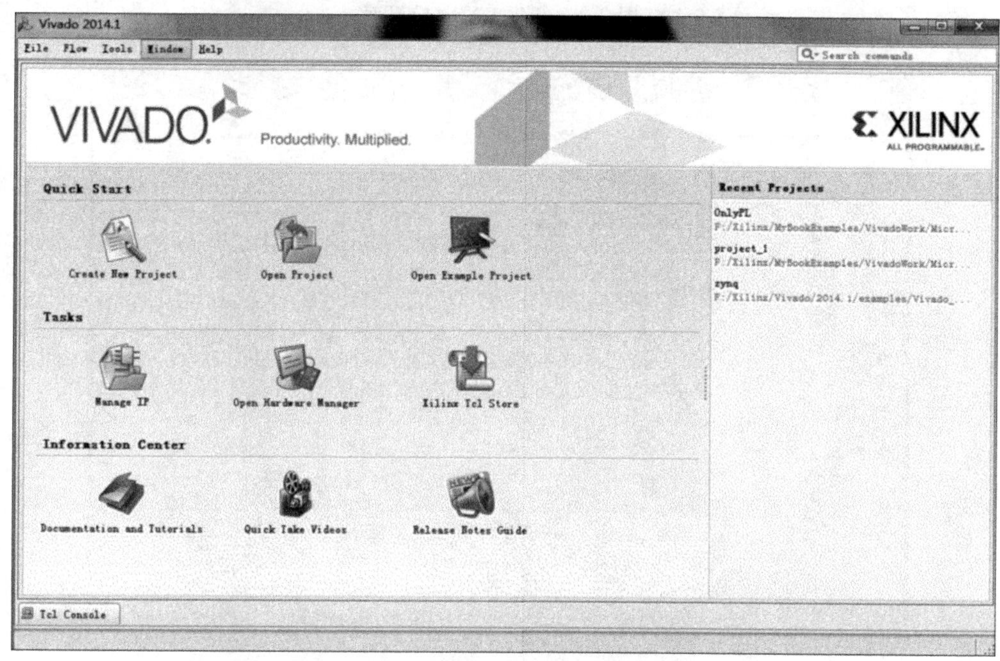

图3-2 Vivado开发界面

选择Create New Project选项，将弹出新建工程界面，如图3-3所示，单击Next按钮进入图3-4所示界面，填写工程名并选择存放路径，进入图3-5所示工程属性选择界面，这里选择 RTL Project。继续单击 Next 按钮，将会进入图 3-6 所示芯片选择界面，这里直接选择 MicroZed Board，最后将进入工程总结界面，如图 3-7 所示，这里可以观察一下工程的基本信息，确认无误后可以进入下一步 Vivado 平台的开发主界面，如图 3-8 所示。

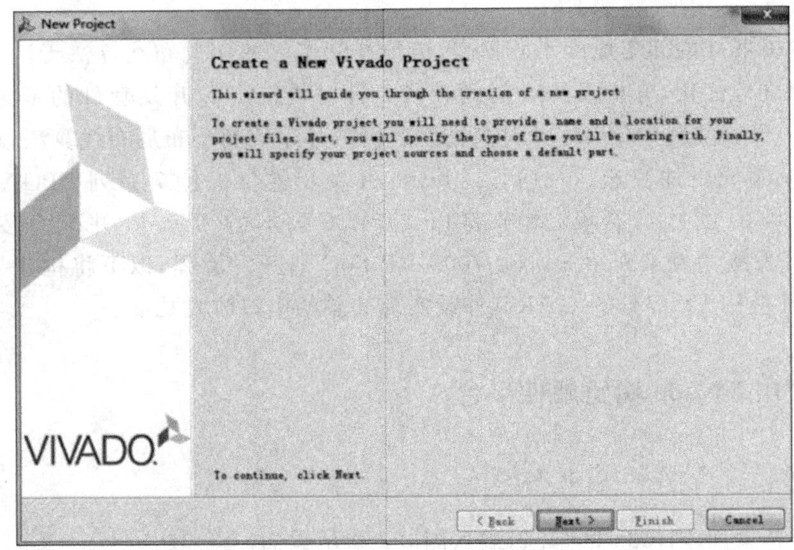

图 3-3　新建工程向导界面

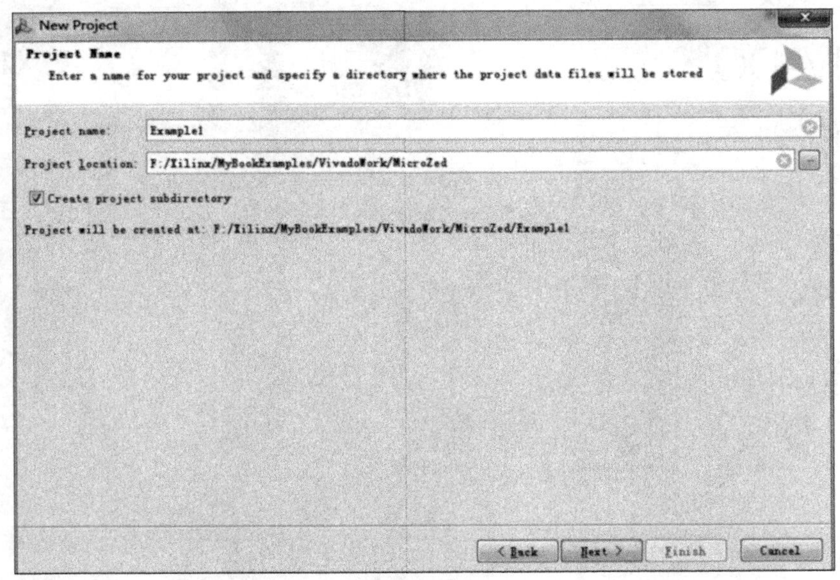

图 3-4　工程信息界面

至此，一个 Vivado 工程的基本构架已经建立起来了，下面将介绍如何嵌入 ZYNQ-7000 内核。

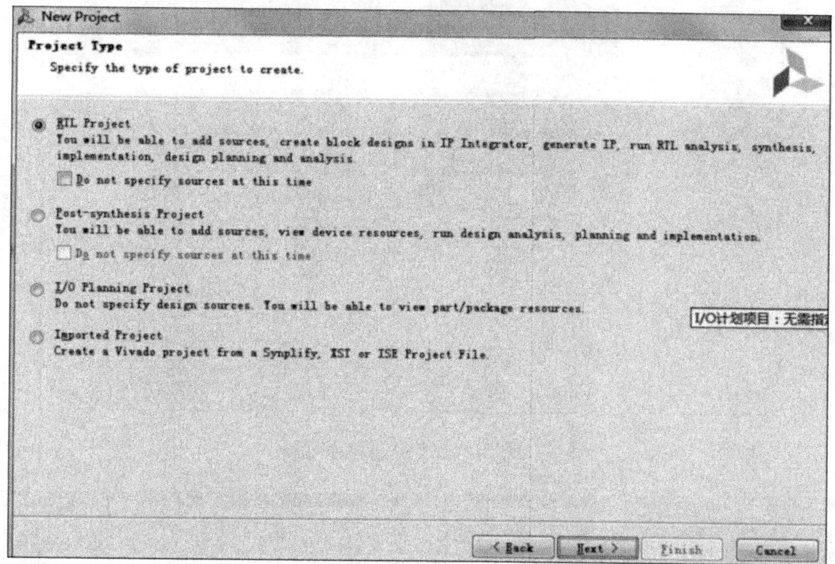

图 3-5　工程属性选择界面

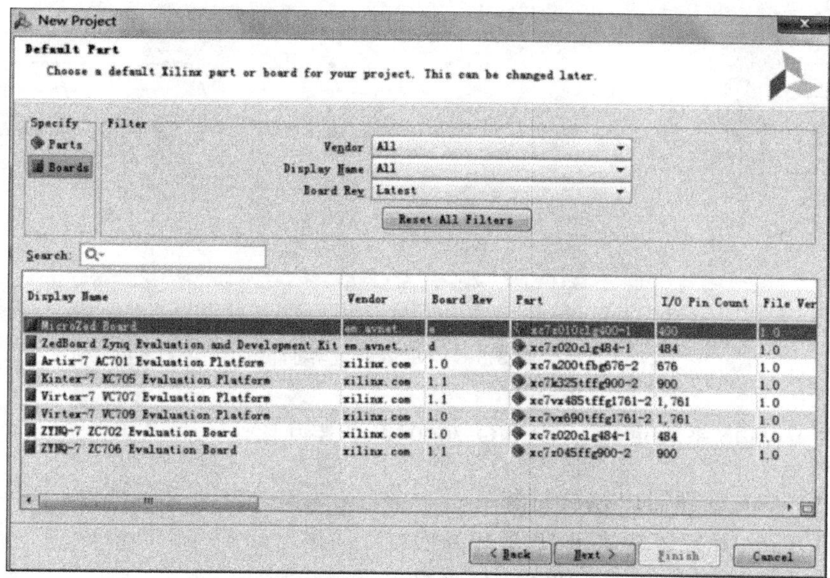

图 3-6　芯片选择选择界面

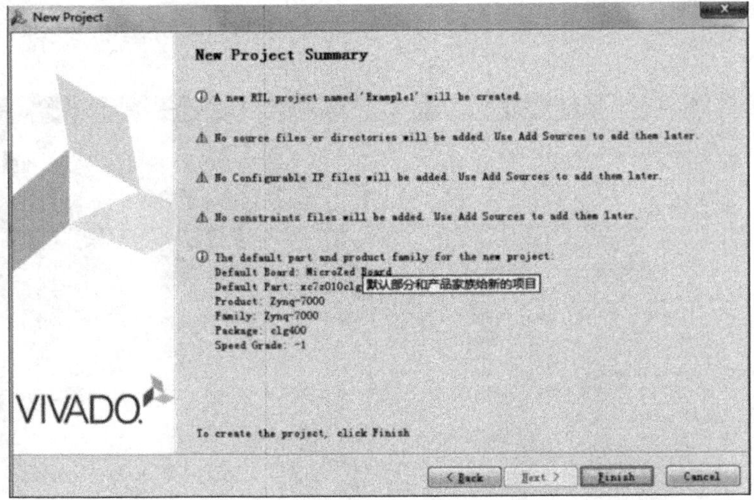

图 3-7 工程总结界面

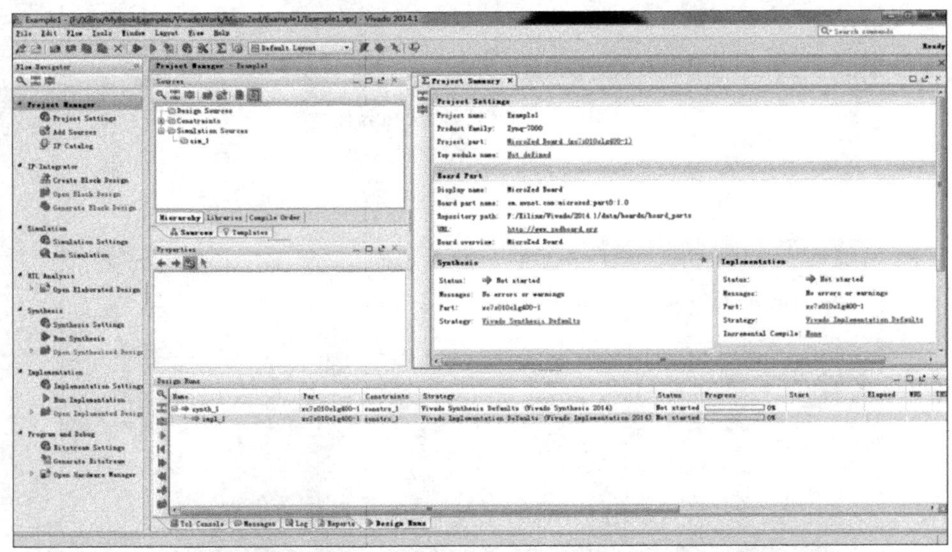

图 3-8 Vivado 开发界面

2. 在 Vivado 平台中嵌入 ZYNQ-7000 处理器内核

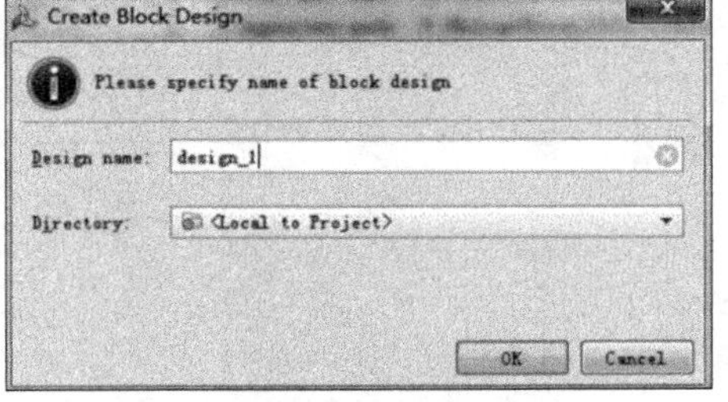

图 3-9 模块命名对话框

ZYNQ-7000 处理器内核被封装成一个通用 IP 核，Vivado 开发环境使用 IP 集成开发工具来完成复杂 IP 核的集成。首先，在左侧工程管理器中单击 Create Block Design ，弹出图 3-9 所示对话框，这里直接使用模块的默认名 design_1。

单击 OK 按钮后将打开 IP 开发界面，如

图 3-10 所示。

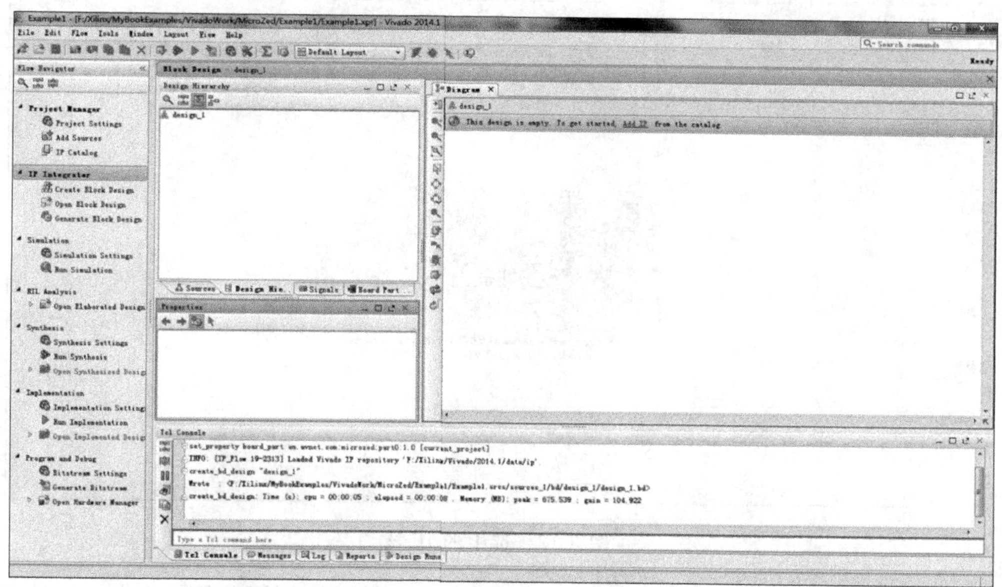

图 3-10 IP 开发界面

单击图 3-10 右侧 IP 开发窗口中的 Add IP,将弹出如图 3-11 所示的 IP 核选项,用户可以将需要的 IP 核加入到自己的设计中,这里选中 ZYNQ7 Processing System,此时窗口中以图形化方式显示出用户加入的 IP 基本结构,如图 3-12 所示。

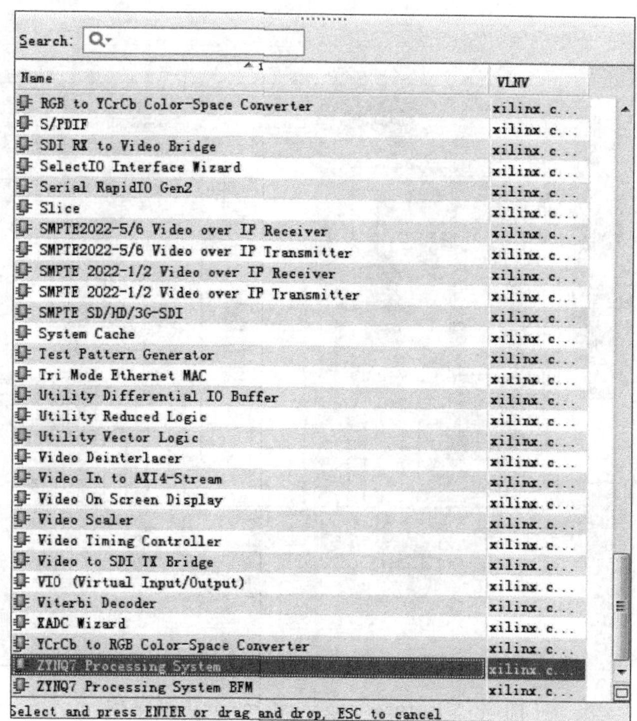

图 3-11 IP 核选择

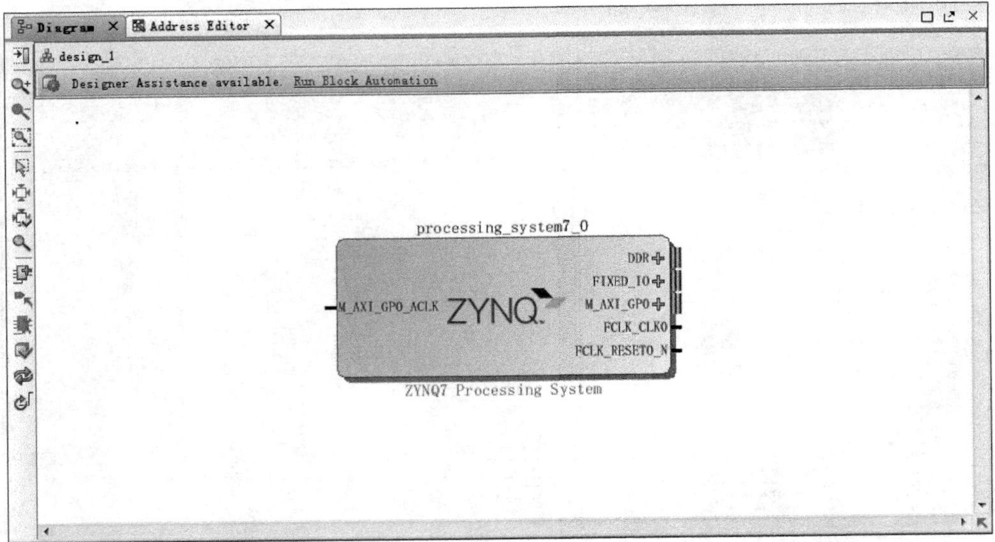

图 3-12　选中的 IP 核

双击图 3-12 中的 processing_system7_0，可打开其内部结构，如图 3-13 所示，这里显示的是未进行任何配置时的状态，用户可观察一下其大体结构，接下来将介绍如何对其进行详细配置。

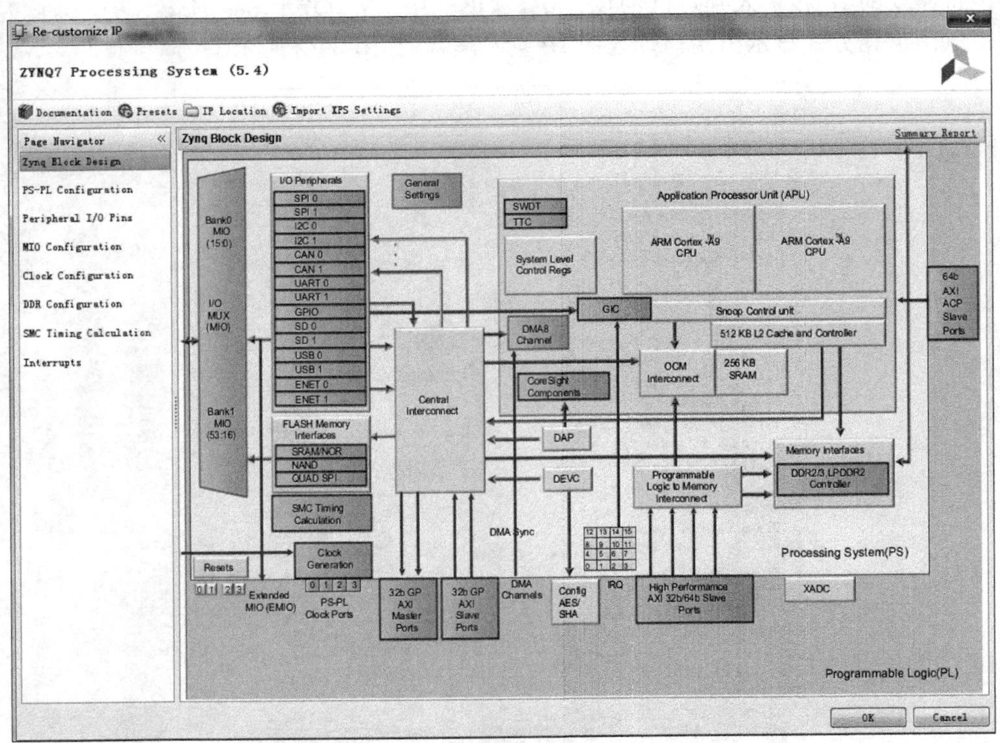

图 3-13　processing_system7_0 内部结构

3. 配置 ZYNQ-7000 处理器内核

选择图 3-14 所示的 Run Block Automation→processing_system7_0，进行模块自动化配置，弹出图 3-15 所示对话框。由于在建立工程时选择了安富利的 MicroZed 作为开发平台，因此可选中 Apply Board Preset，从而将 processing_system7_0 这个 IP 核相关的输入/输出信号映射到芯片具体的引脚上，并添加必要的约束，这样就可以避免用户多余的设计工作。如果在建立工程时没有选择开发平台而仅仅选择了一款芯片，那么将不会出现这个选项，在接下来的工作中就需要用户自己配置相应的引脚并添加约束。

图 3-14　进行 processing_system7_0 模块自动化

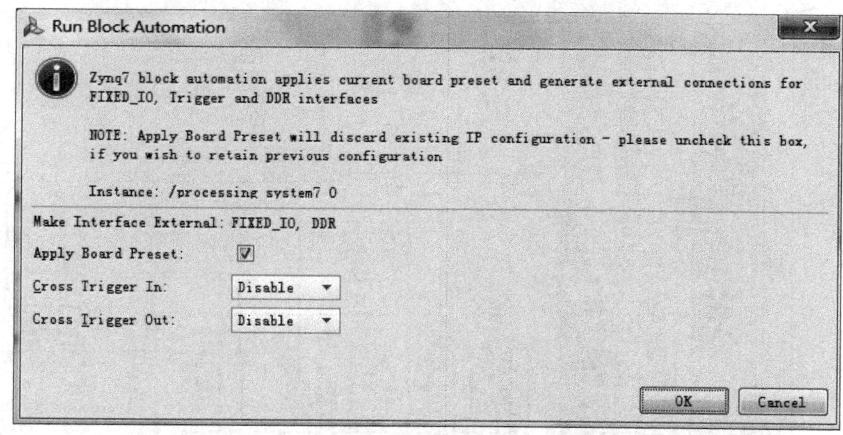

图 3-15　模块自动化选项

单击 OK 按钮后将启动模块自动化过程，自动化过程完成后的模块结构如图 3-16 所示。从图中可见 DDR 及 FIXED_IO 连接到了外部引脚上。

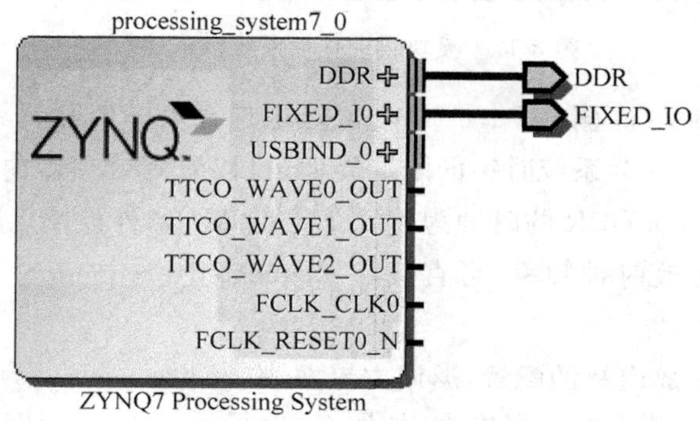

图 3-16　模块自动化选项

再次双击 processing_system7_0 打开并观察其内部结构，如图 3-17 所示。从图中可以看到模块自动化过程中同样对其内部的一些外设进行了配置，图中打钩的外设均已由系统进行了自动配置，当然由于之前选择了 MicroZed 开发平台，外设的自动配置过程仍然映射到具体的硬件结构上。为了便于读者理解，以 UART1 为例来进行说明：安富利的 MicroZed 开发平台将 UART1 的 tx 和 rx 信号分别分配到了 MIO 模块中的 48 号及 49 号引脚，因此在启动模块自动化运行时如果选中 Apply Board Preset，模块自动化过程中将会自动将 UART1 的 tx 与 rx 信号分配到 MIO 的 48 号及 49 号引脚，如图 3-18 所示。如果用户没有选择开发平台而仅仅选择一款芯片，那么需要用户自己对 UART1 的 rx 及 tx 信号进行分配。

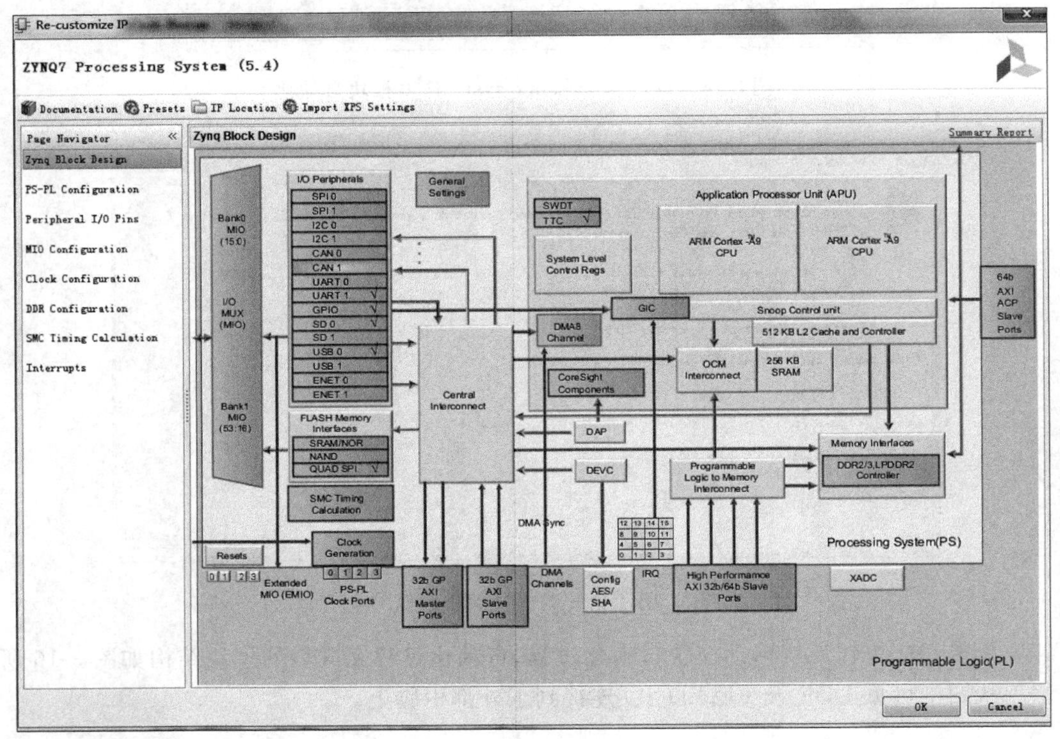

图 3-17　模块自动化后系统内部结构

用户可以从图 3-18 左侧的 Page Navigator 中选择不同的配置界面观察配置结果或进行重新配置。图 3-19 为系统时钟的配置界面，可以看到处理器内核的 CPU 时钟频率为 666.666 687MHz，而 DDR 的时钟为 533.333 374MHz，外设及定时器时钟频率依次可见。如果用户想要更改时钟频率，可直接在 Requested Frequency 一栏的对话框内输入相应的频率值即可。

单击 OK 按钮完成内核的配置，返回主界面，右击 processing_system7_0 选择规则检查 Validate Design 选项进行规则检查，如图 3-20 所示。如果设计中没有出现错误或警告，将弹出图 3-21 所示提示。

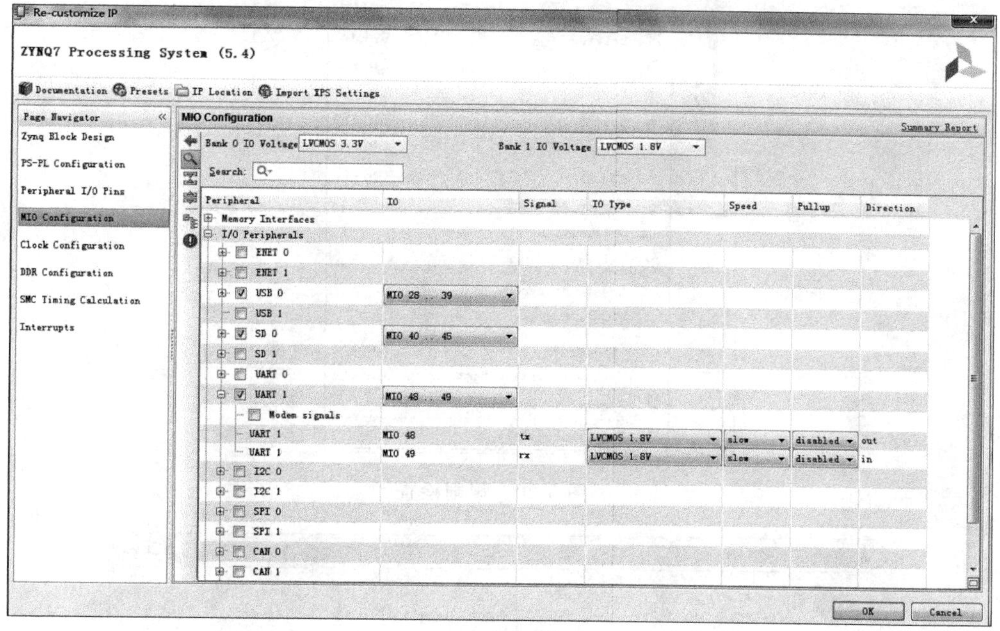

图 3-18 UART1 信号引脚分配

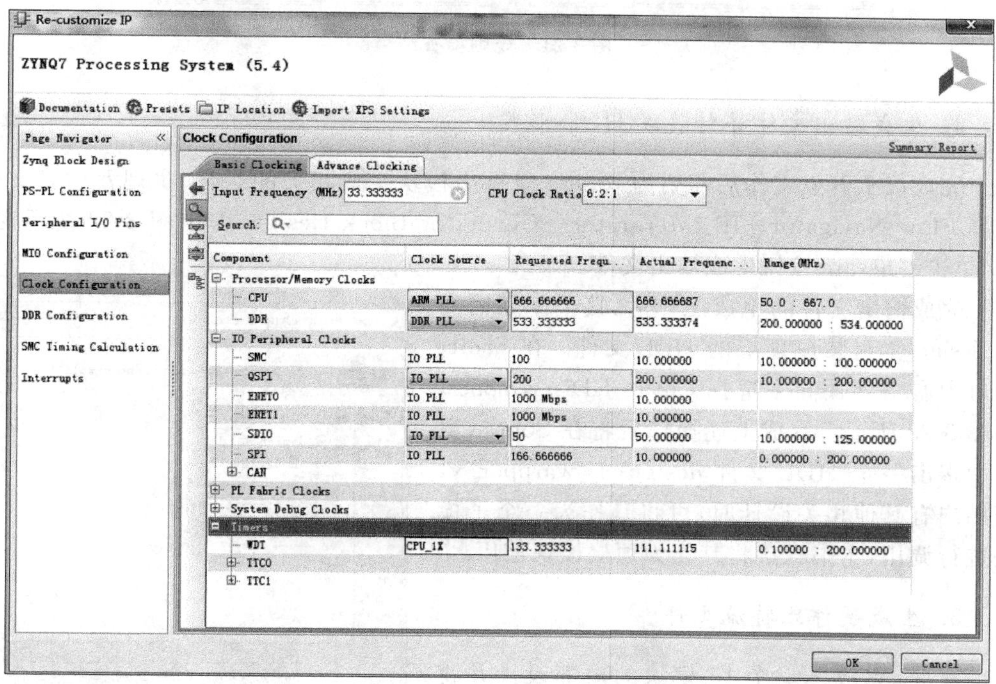

图 3-19 系统时钟配置界面

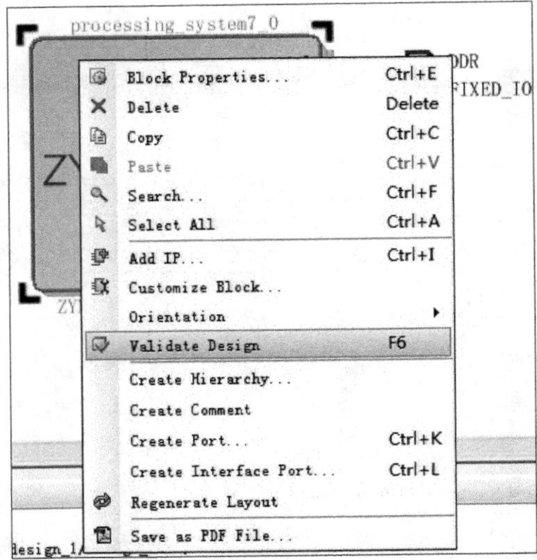

图 3-20 规则检查

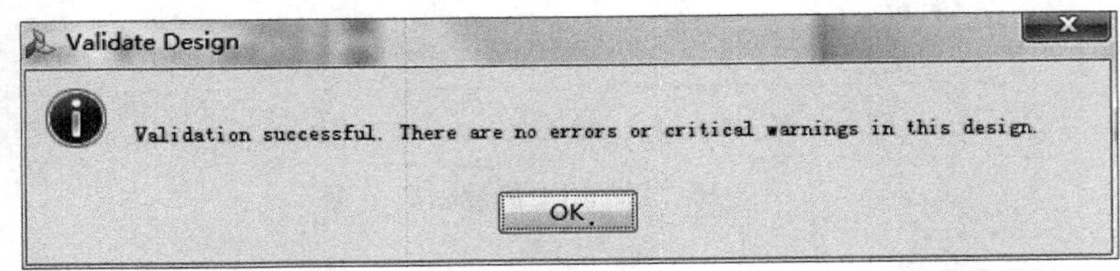

图 3-21 规则检查结果

4. 生成输出文件并封装成 HDL 形式

完成以上开发工作后需要为 design_1 这个模块生成相关的综合、实现及仿真文件，选择 Flow Navigator→IP Intergrator→Generator Block Design，弹出图 3-22 所示对话框，单击 Gnerate 按钮生成输出文件。

完成输出文件的生成工作后，接下来还需要将 design_1 封装成顶层的 HDL 文件。在 Source 窗口中右击 design_1 选择 Create HDL Wrapper，如图 3-23 所示。完成上述操作后将在 Source 窗口中多出一个 HDL 文件 design_1_warpper. v，当用户有其他相关设计时，可将其作为一个子模块进行调用，本书直接将其作为顶层模块使用。

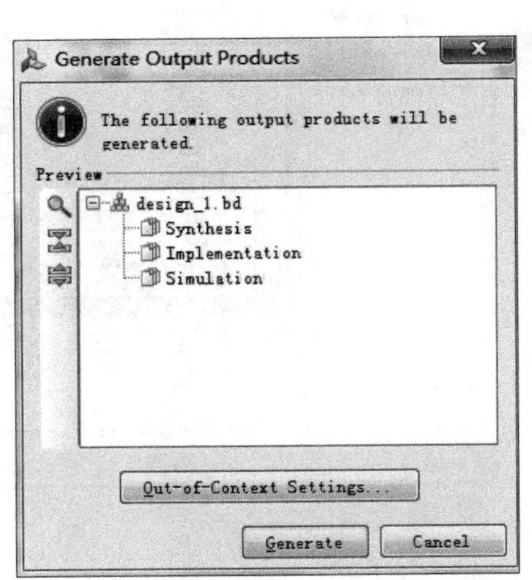

图 3-22 生成输出文件

5. 生成硬件比特流文件

至此，完成了一个 IP 模块的内部设计并将其封装成基本的 HDL 形式，接下来就可以按照通用的开发流程进行 RTL 分析、综合、实现及生成硬件比特流文件等相关操作，具体可参考图 3-8

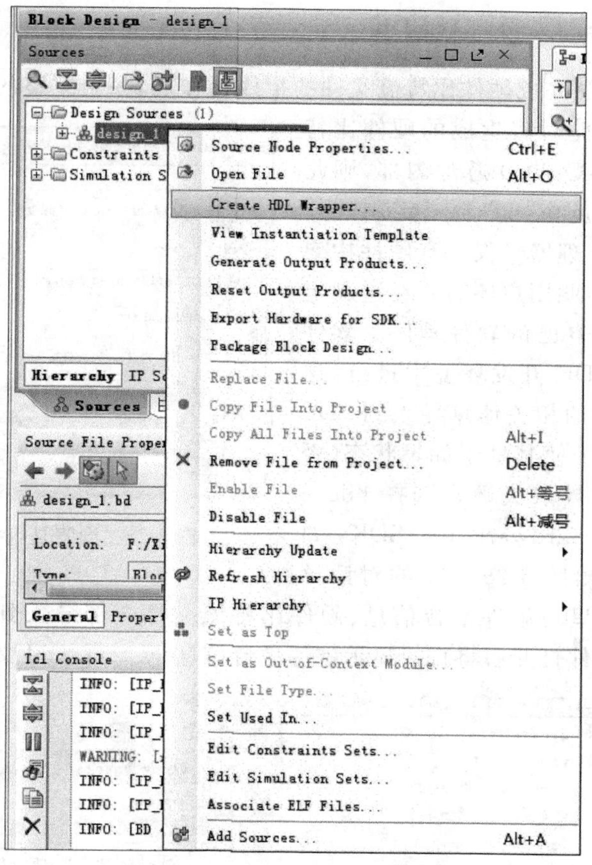

图 3-23　将 IP 模块封装成 HDL 形式

中左侧 Flow Navigator 中的选项进行实现，这里不进行详细介绍。直接选择 Flow Navigator→Program and Debug→Generate Bitstream，如图 3-24 所示，如果在此步之前用户没有对系统进行综合与实现，系统将提示用户是否进行综合与实现操作，如图 3-25 所示。直接单击 Yes 按钮，当完成相关操作后，系统将提示是否打开实现结果，如图 3-26 所示，用户可以单击 OK 按钮进行观察。

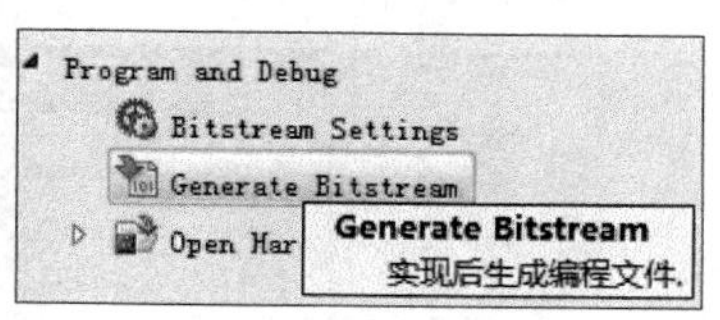

图 3-24　生成可编程文件

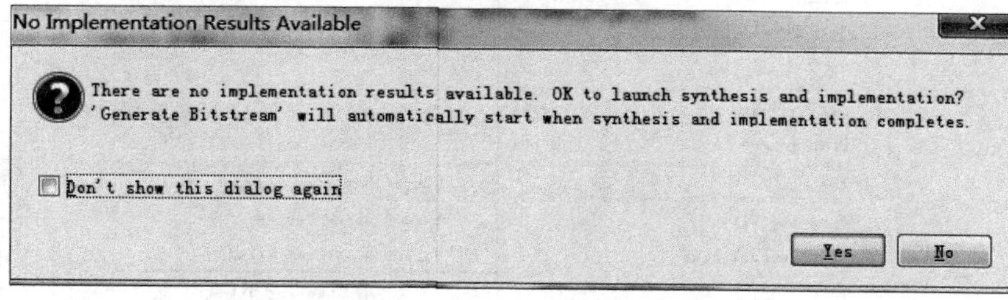

图 3-25　综合、实现提示

6. 将硬件平台信息导入到 SDK

当按照上述步骤完成硬件比特流文件的生成操作后，一个完整的处理器硬件架构就设计出来了。如果此时将生成的硬件比特流文件下载到 ZYNQ-7000 芯片内部，则此时的芯片将成为一款由用户自己定制的处理器，不过此时的处理器仅仅具有硬件构架而没有软件程序，因此用户还需要在这款定制的处理器上编写自己的软件程序。软件程序的编写均在 SDK 开发环境中进行，这里需要将硬件平台的相关信息导入到 SDK 内部。打开 design_1 使其处于编辑状态（否则将导致硬件信息导入失败），选择 File→Export→Export Hardware for SDK，如图 3-27 所示，将弹出图 3-28 所示的对话导入信息对话框。这里将硬件平台信息、硬件比特流文件全部导入到 SDK 平台，并加载 SDK 软件，SDK 软件打开后将直接显示硬件平台信息 system. xml 文件，如图 3-29 所示。

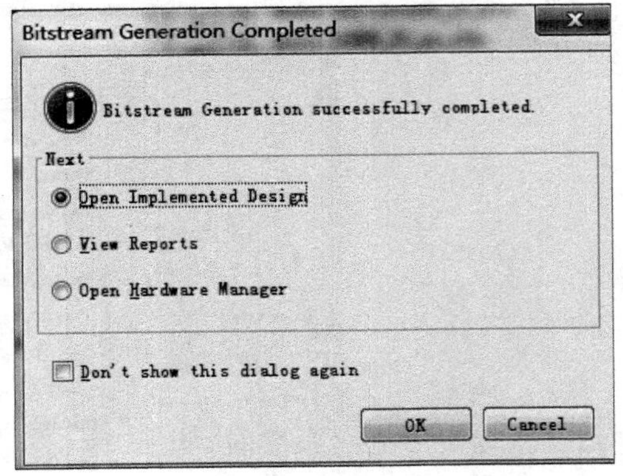

图 3-26　询问是否打开实现结果

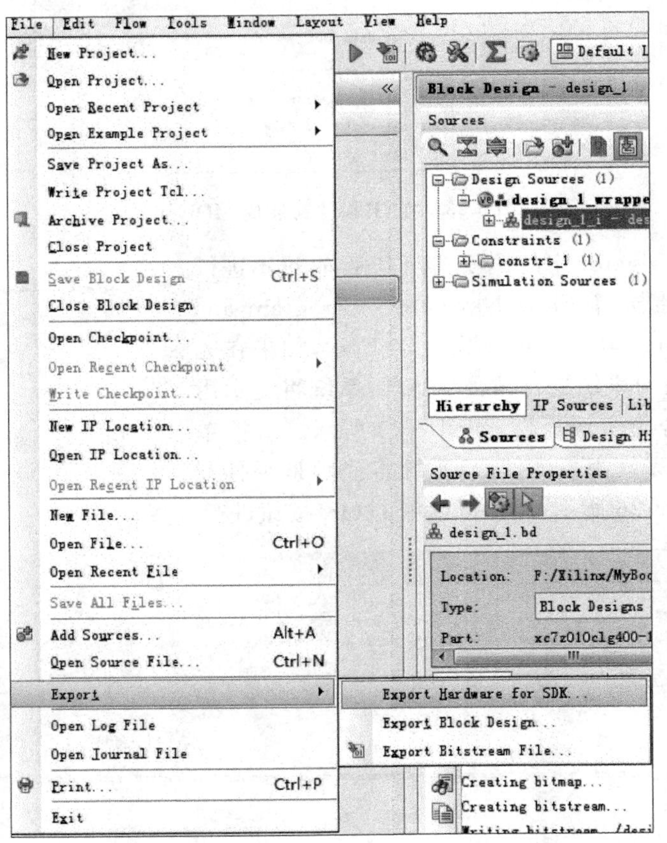

图 3-27　将硬件平台信息导入 SDK

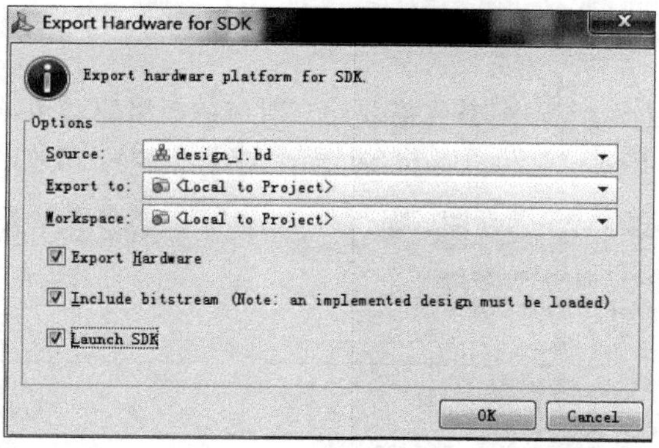

Export Hardware for SDK

Export hardware platform for SDK.

Options

Source: design_1.bd

Export to: <Local to Project>

Workspace: <Local to Project>

☑ Export Hardware

☑ Include bitstream (Note: an implemented design must be loaded)

☑ Launch SDK

OK　Cancel

图 3-28　导入信息选择

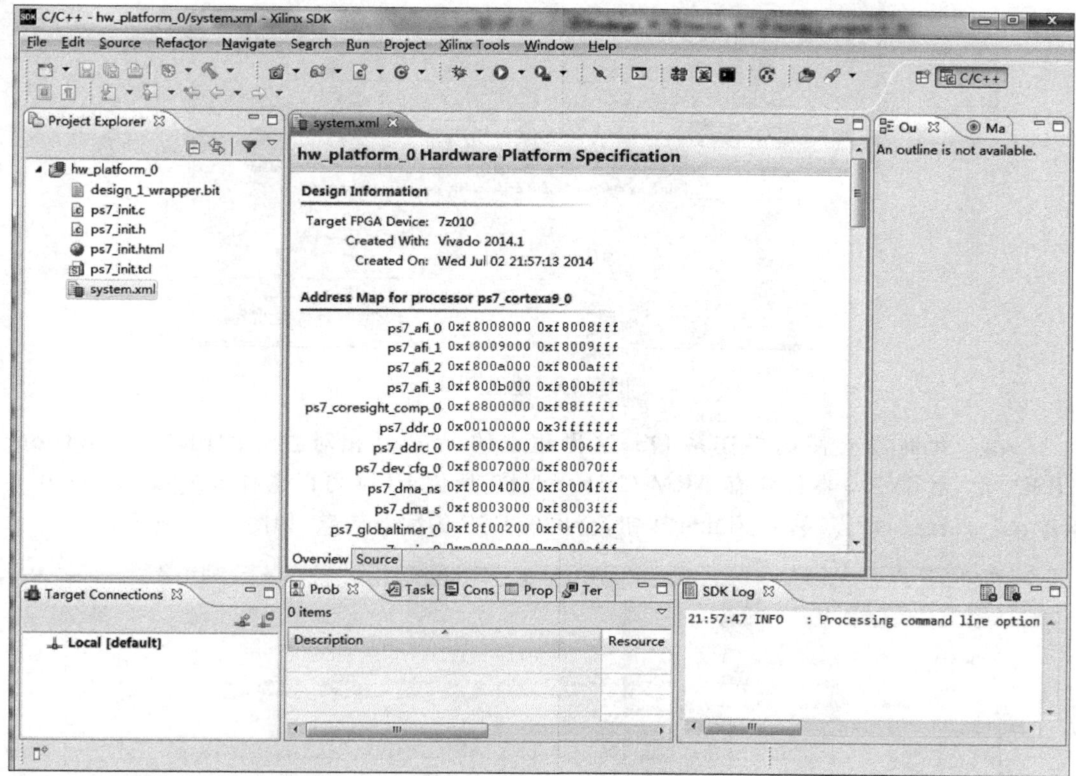

图 3-29　SDK 软件界面

3.2.2　使用 SDK 完成软件开发

SDK 主要用于完成软件部分的设计工作，硬件设计人员只需向软件设计人员提供相应的硬件配置.xml 文件即可。通过 Vivado 环境将硬件平台信息导入到 SDK 后，软件设计人员即可开始软件部分的相关设计工作。

1. 建立板级驱动包(BSP)

为了在硬件平台上运行程序，首先需要建立对应的板级驱动包，即通常所说的BSP。在SDK开发环境中选择File→New→Board Support Package，将出现如图3-30所示对话框。

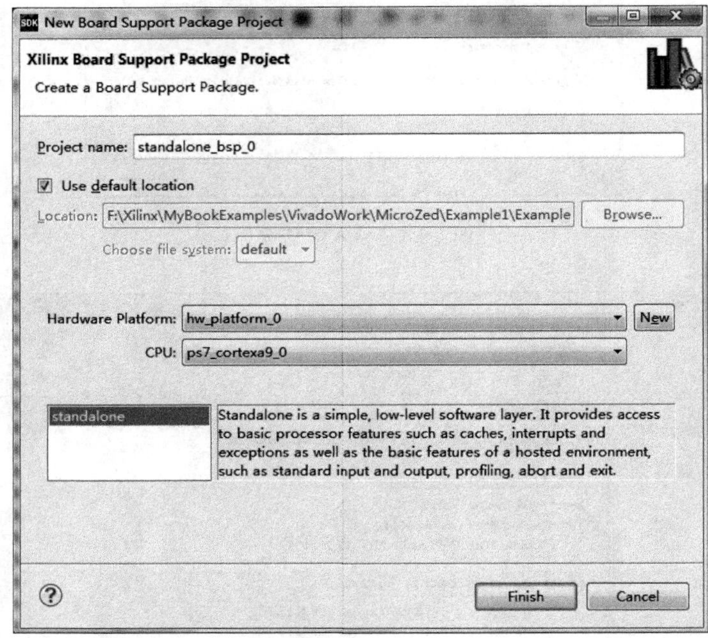

图3-30　建立BSP

由于暂时没有使用操作系OS，这里建立的BSP是相对独立的，也叫standalone BSP。因为ZYNQ器件含有ARM Cortex双核，所以CPU可以选择ps7_cortexa9_0或者ps7_cortexa9_1。单击Finish按钮，会出现BSP的配置信息，如图3-31所示。

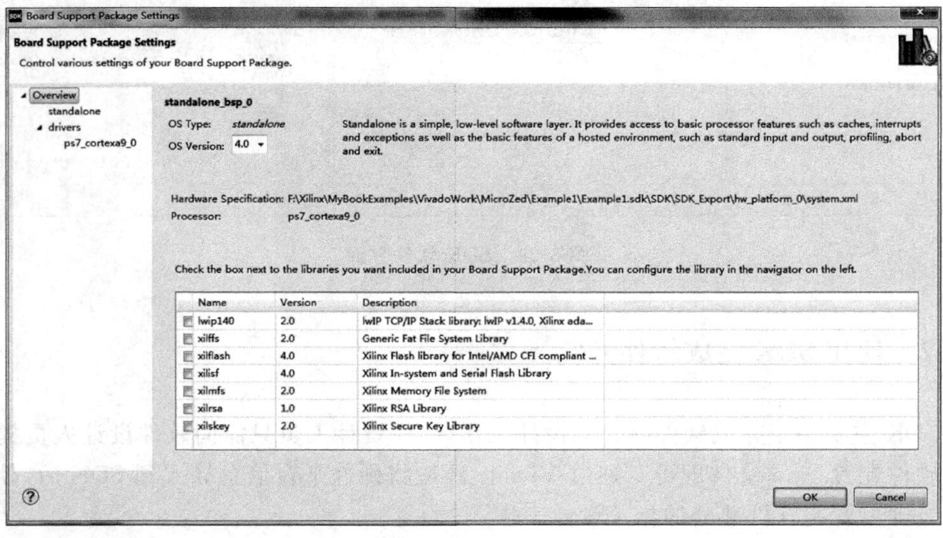

图3-31　BSP信息

这里使用 BSP 的默认配置，单击 OK 按钮，BSP 的建立就完成了，并被自动添加到 SDK 的项目管理器中，如图 3-32 所示。

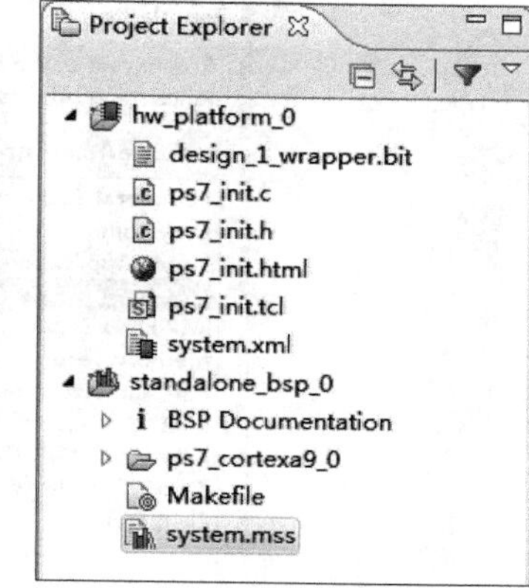

图 3-32 项目管理器

2. 建立应用工程

建立起相应的硬件平台与软件平台后，此时用户就可以建立应用工程了，本节以一个简单的 Hello World 为例介绍应用工程的建立、代码调试、下载等操作流程。选择菜单栏的 File→New→Application Project，弹出图 3-33 所示对话框，将工程取名为 Example_soft1，选择硬件平台为 hw_platform_0，板级驱动包选择之前建立的 standalone_bsp_0，单击 Next 按钮进入图 3-34 所示界面，选择 Hello World 模板，单击 Finish 按钮即完成一个应用工程的建立。此时在项目管理器中可以看到建立的应用工程，如图 3-35 所示。

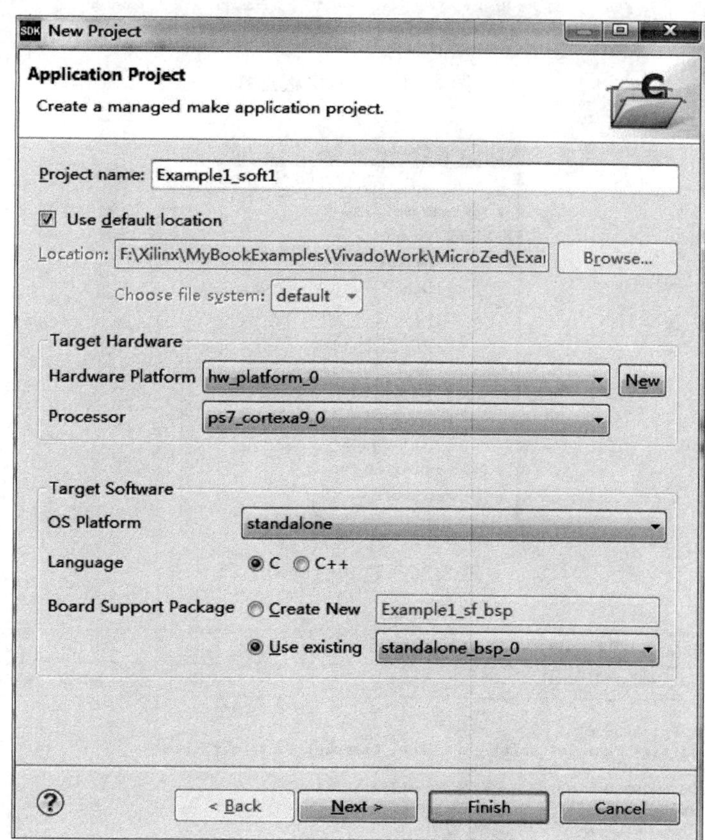

图 3-33 应用工程的建立

单击图标 对工程进行编译，编译结果如图 3-36 所示，可以看出经过编译后系统已经产生可执行文件 Example_soft1.elf。

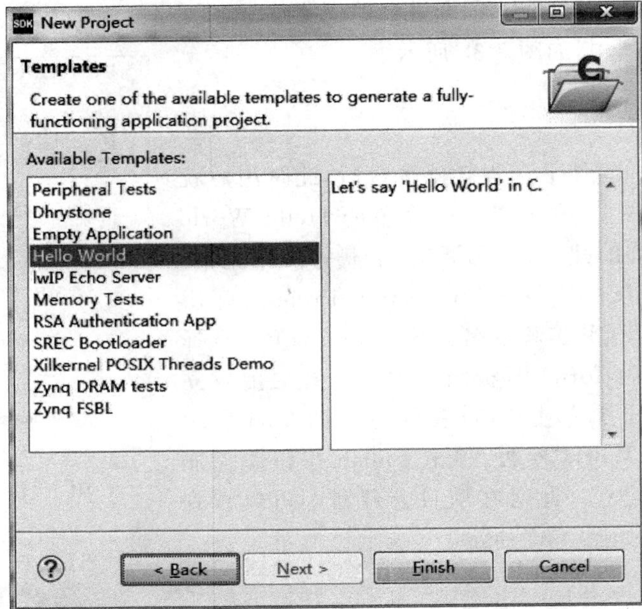

图 3-34　工程模板选择

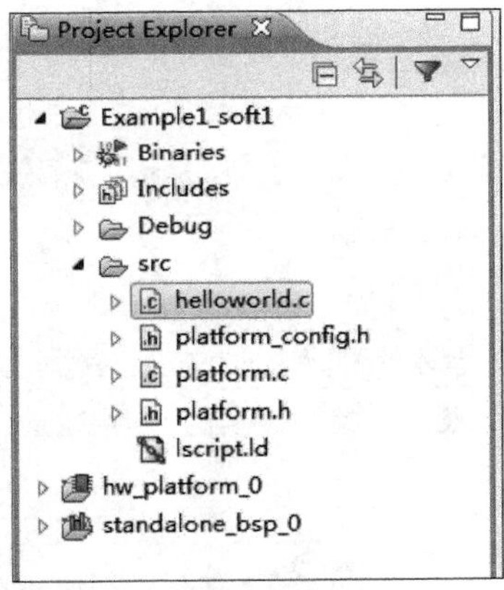

图 3-35　建立的应用工程

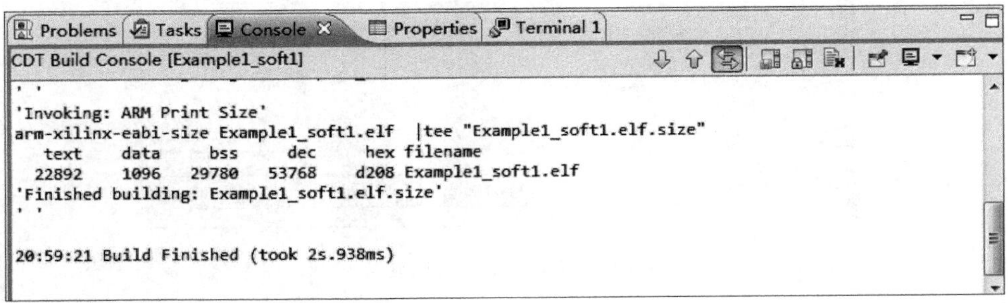

图 3-36　工程编译结果

3. 准备硬件平台

应用工程编译无误后可进行板级调试了，本书使用安富利 Microzed 评估板作为硬件开发平台，其整体结构如图 3-37 所示，详细资料可到 Xilinx 官方网站上下载。

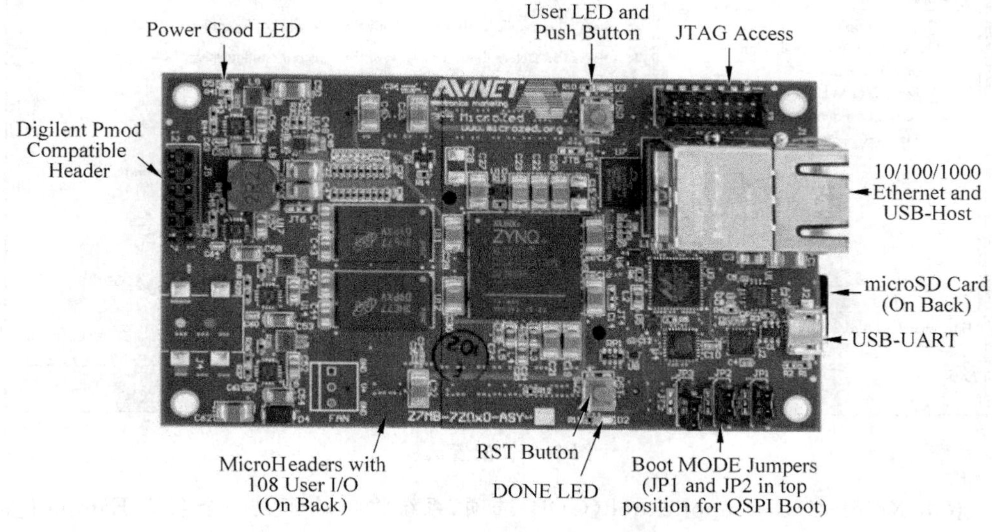

图 3-37 MicroZed 评估板整体结构

在调试前要准备好硬件平台，首先将 MicroZed 的 JTAG 模式配置为级联 JTAG 模式，即 MIO[5:2]引脚都是接地的，如图 3-38 中 JP1～JP3 所示，并使用 JTAG 电缆将开发板与计算机连接起来。以上程序是通过控制 ARM 的 UART1 外设来发送字符的，MicroZed 板上的 UART1 通过 CP2104 芯片转化成 USB 数据格式。在使用该设备前需要安装相应的设备驱动程序，可以到 SiLabs 网站上下载，安装设备驱动后，将 J2 口与计算机连接起来，当计算机设备管理器如图 3-39 所示时，表明 Xilinx 配置电缆与 USB 转 UART 两个设备都可正常使用了，接下来可进行板级调试工作。

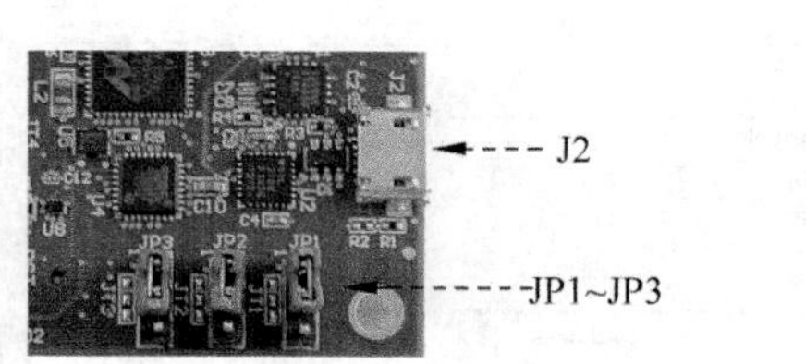

图 3-38 配置方式选择

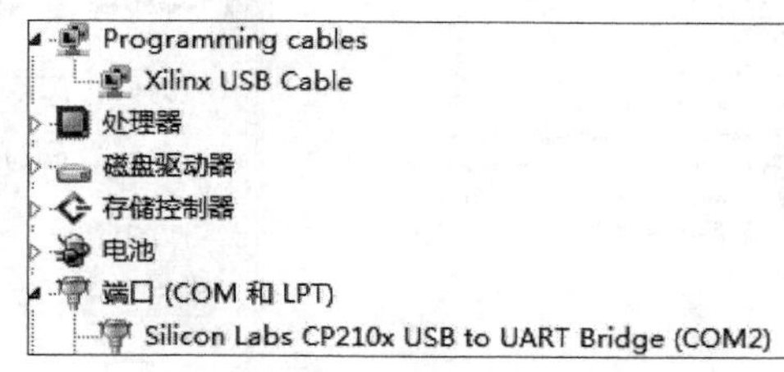

图 3-39 计算机设备管理器

4. 应用工程的调试

在工程调试前还需要建立运行配置文件 GDB，用于在 Debug 或 Run 模式下将程序与开发板上的硬件联系起来。右击项目管理器中的应用工程文件，依次选择 Example_soft1→Run As→Run Configurations，打开图 3-40 配置选项。

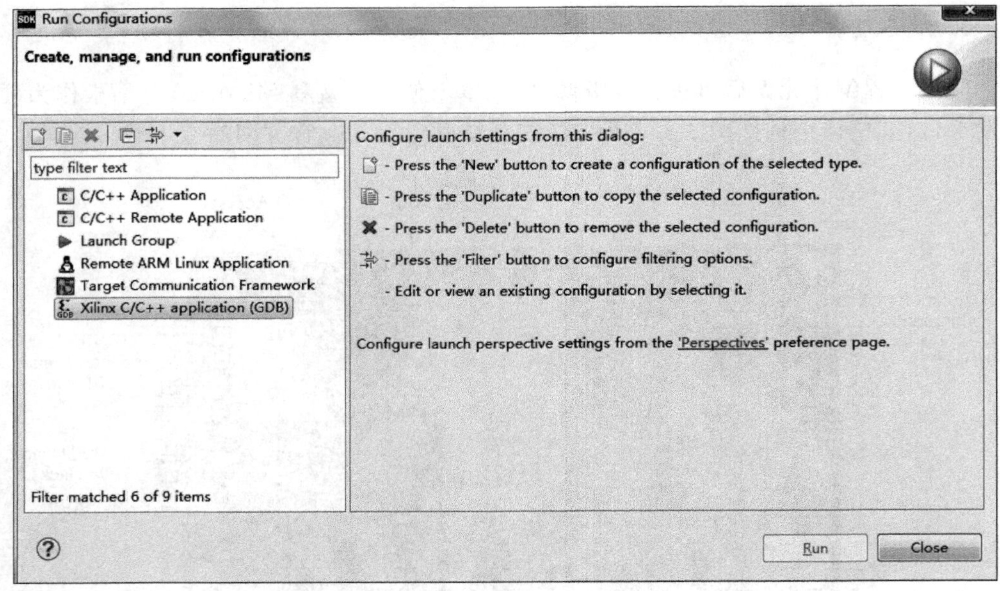

图 3-40　配置选项

双击 Xilinx C/C++ application(GDB)选项，系统将自动建立一个名为 Eample1_soft Debug 的运行配置文件，打开 Application 选项，可对配置文件进行详细配置，这里保留默认的配置，如图 3-41 所示。打开 STDIO Connection 选项，把实际串口与 SDK 软件连接起来，如图 3-42 所示，这样在调试过程中就不需要额外的串口助手了，开发板发送的串口数据将直接在 SDK 软件中的 Console 栏显示出来。单击 Applay 按钮保存配置，单击 Close 按钮退出，这样就完成了运行配置文件的建立。

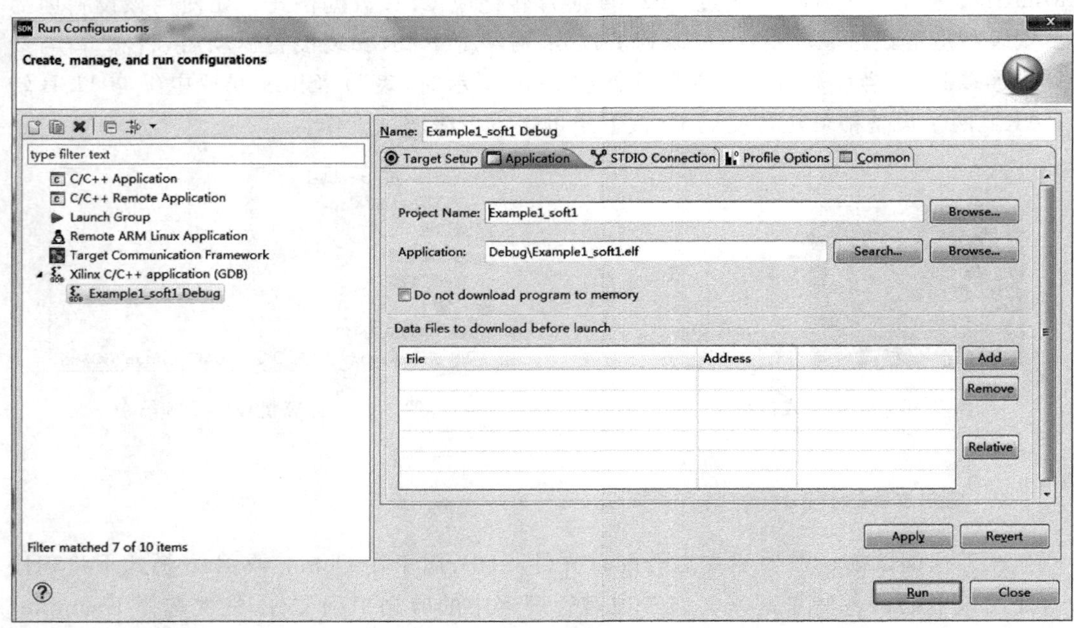

图 3-41　建立运行配置文件

图 3-42 运行配置文件串口配置

运行配置文件建立后，用户可以来调试应用程序。这里有 Run 和 Debug 两种模式，在 Run 模式下，将直接运行程序，无法进行单步调试；而 Debug 模式支持断点、单步调试等功能。右击工程管理器中的应用工程名 Example_soft1，依次选择 Run As→Lanch on Hardware (GDB)，程序将下载到芯片 DDR3 中，然后内核中的 CPU0 将执行相关程序，串口发送的数据通过 SDK 的 Console 显示出来，如图 3-43 所示。用户也可以使用 Debug 功能对程序进行单步调试，右击 Example_soft1，依次选择 Debug As→Lanch on Hardware (GDB)，将打开调试界面，如图 3-44 所示。单步运行，当程序执行完成时，在 Console 窗口可以看到串口输出结果，与 Run 模式时的输出结果一致。

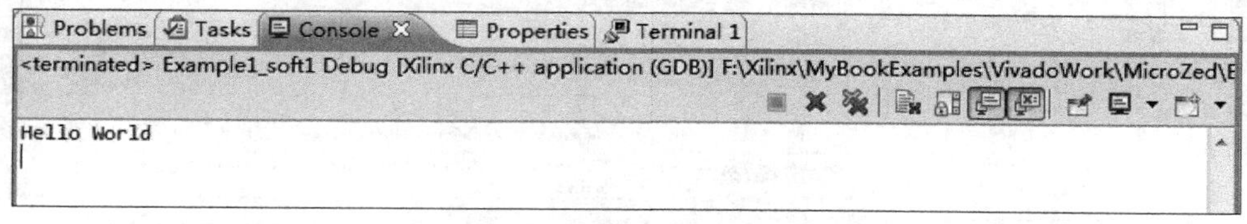

图 3-43 Run 模式运行结果

至此，完成了软件应用工程的建立与调试工作。

3.2.3 启动镜像文件的生成与下载

3.2.2 小节主要介绍了如何根据任务需求建立应用工程并进行调试，在 SDK 环境下使用 Debug 或 Run 模式可对程序功能进行验证，但它是通过 TCL 脚本来初始化 PS 部分，然后用 JTAG 实现 SDK 开发环境与 ARM 内核的数据交换，调试过程中使用的 TCL 脚本文件信息如图 3-45 所示。

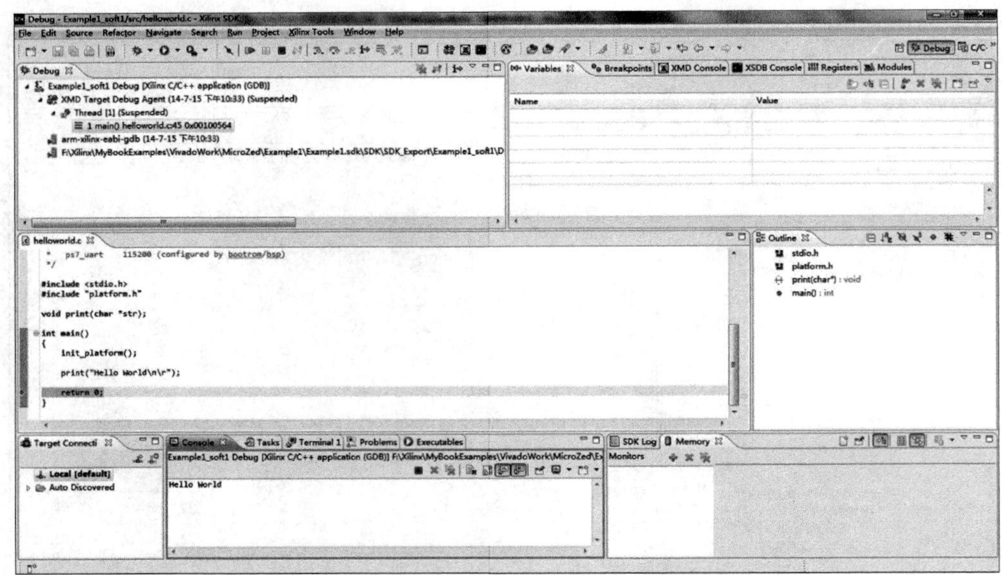

图 3-44 Debug 模式运行结果

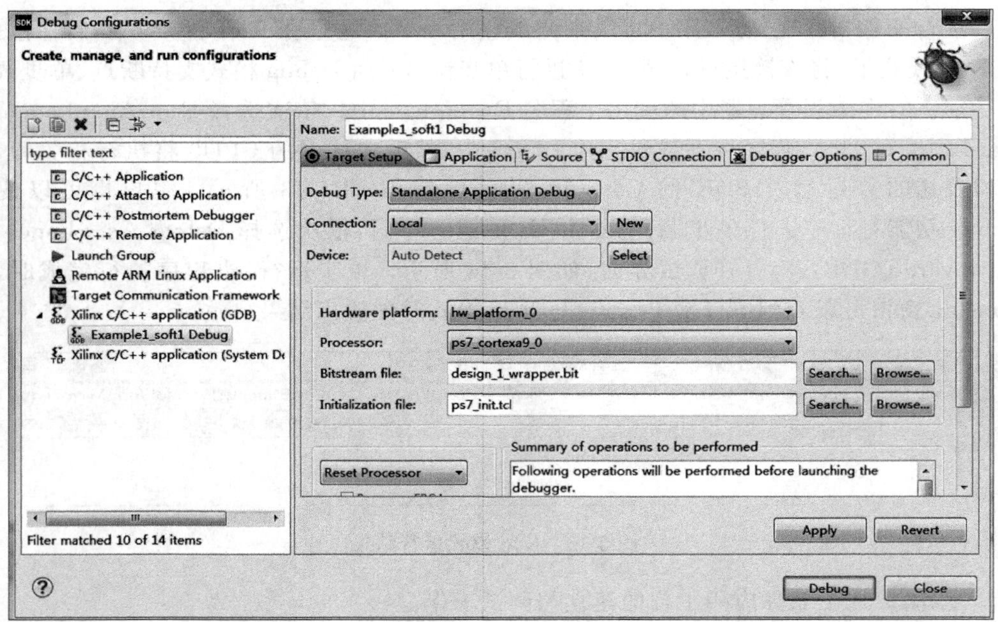

图 3-45 SDK 环境中脚本文件信息

但在实际使用中显然无法使用 TCL 脚本文件来对 PS 部分的 ARM 内核进行初始化，而需要使用芯片内部的启动加载器 boot loader。在 ZYNQ-7000 AP SoC 开发中，用来初始化 ARM 内核的代码称为 FSBL(First Stage Boot Loader)，即第一阶段引导程序。传统 FPGA 都是通过 JTAG 接口、外置非易失性存储器(PROM、Flash)或外部处理器一次性地将程序下载到 FPGA 中配置，而 ZYNQ-7000 AP SoC 则不同，其内部集成了处理器硬核和可编程逻辑，所以它的配置启动是分阶段的。

(1) 阶段 0：即传统的加载过程，ZYNQ-7000 AP SoC 芯片 PS 部分有片上 ROM 和 RAM，芯片上电或复位后，其中一个处理器会执行片上 ROM 的代码，通过读取外部引脚状态判断启动设备（常用的启动设备有 Flash、SD 卡等），将启动设备上的代码复制到片上 RAM 内。阶段 0 的代码固化在 ROM 中，用户无法修改。

(2) 阶段 1：执行 FSBL 代码，内容包括初始化 PS 配置、配置 PL 逻辑、加载和执行 SSBL(second boot loader)或应用程序。

(3) 阶段 2：经过阶段 1 后硬件配置已经完成。本阶段是可选的，主要用于完成 Linux 系统启动过程(U-Boot)。

FSBL 代码是需要由用户自己建立的，最后将 FSBL 与用户应用工程生成的可执行文件合并后下载到外部配置设备中，并配置好加载方式即可，下面将一一介绍。

1. 编写 FSBL 代码

SDK 开发环境中提供了标准 FSBL 工程，用户可以直接添加一个 FSBL 启动工程，大大缩短了开发周期。这个 FSBL 工程与之前用户建立的应用工程一样，都需要建立在相应的硬件及软件平台上，这里仍使用之前的 BSP。在建立 FSBL 工程之前，需要对 BSP 进行配置，在项目管理器中右击 standalone_bsp_0，选择 Board Support Pakage Settings，弹出图 3-46 所示对话框，勾选 xilffs 选项即可。

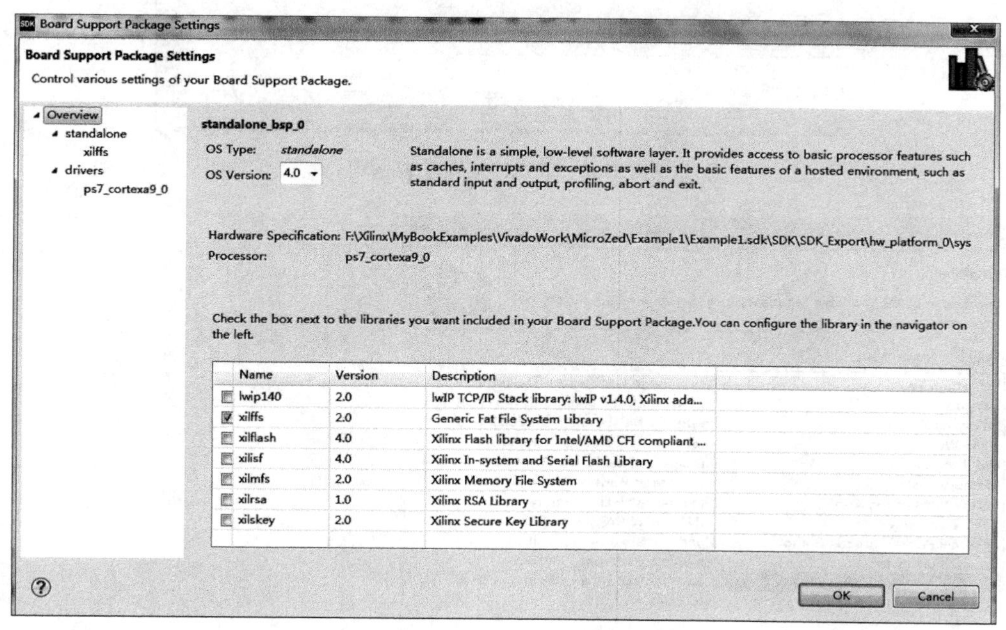

图 3-46　BSP 配置选项

依次选择 File→New→Application Project，弹出图 3-47 所示对话框，这里将工程命名为 User_FSBL，选择硬件平台为 hw_platform_0，板级驱动包选择之前建立的 standalone_bsp_0。单击 Next 按钮进入图 3-48 所示界面，选择 ZYNQ FSBL 模板，单击 Finish 按钮即完成一个工程的建立，此时在项目管理器中可以看到建立的应用工程，如图 3-49 所示。

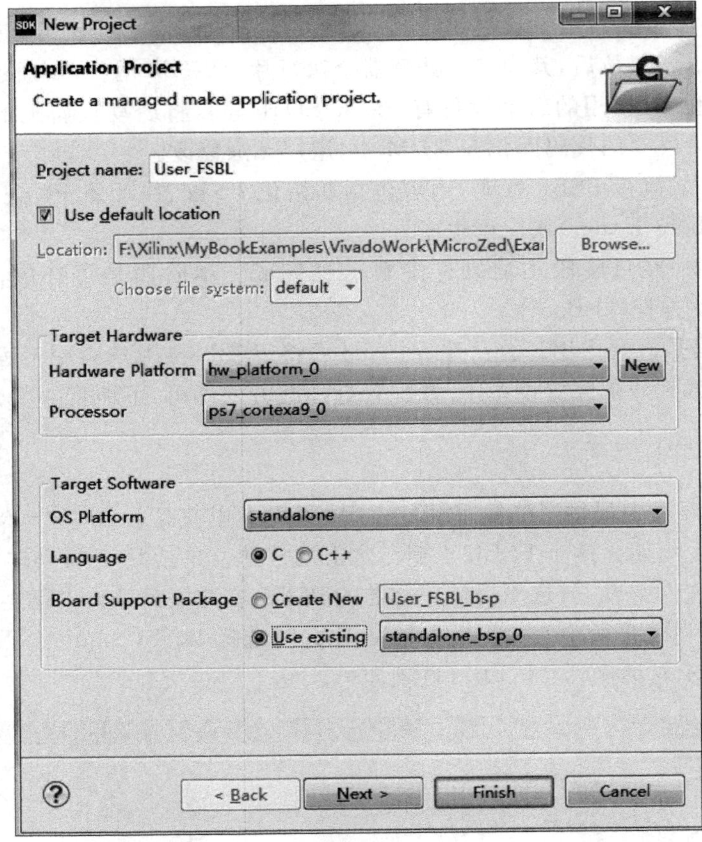

图 3-47　FSBL 工程配置选项

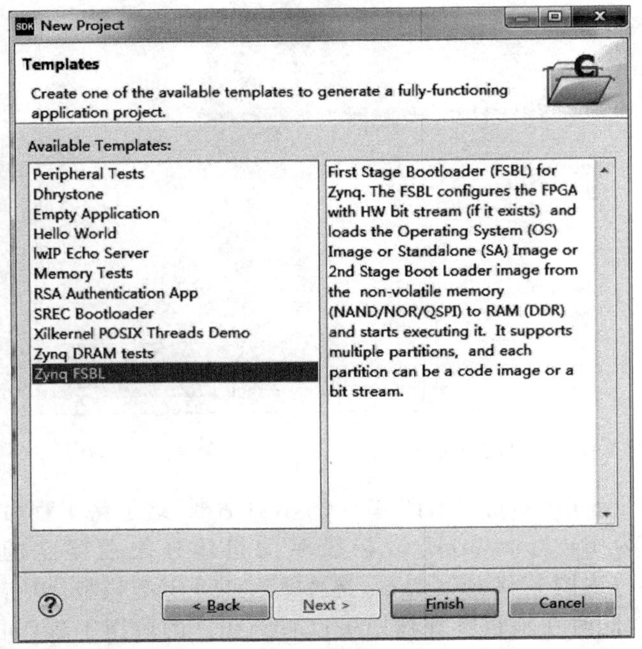

图 3-48　FSBL 工程模板

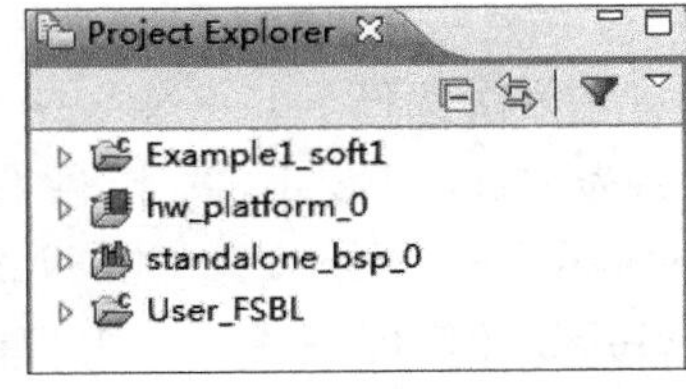

图 3-49　项目管理器

用户可以打开 User_FSBL 工程，修改其中的初始化代码，以满足不同的初始化要求，这里不作任何修改，直接使用。工程 Example_soft1 与 User_FSBL 默认的编译方式为 Debug，为精简代码结构，在调试完成后可将其更改为 Release 模式，具体操作为：左键单击工程，使其处于选中状态，单击工具栏上右侧倒三角，选中 Release 即可。选择 SDK 菜单栏中的 Project→Build All 重新编译各个工程，使其生成各自的可执行文件。下面将介绍如何将这两个工程生成的可执行文件结合起来，生成用户需要的启动镜像文件。

2. 生成启动镜像文件

MicroZed 评估板上的 QSPI Flash 及 SD 卡都可用来装载启动镜像文件，但不同的启动设备需要不同格式的启动镜像文件，QSPI Flash 需要. mcs 格式的镜像文件，而 SD 卡需要. bit 格式的镜像文件，下面将详细介绍如何生成这两种启动镜像文件。

在项目管理器中右击 Example_soft1 工程，选择 Create Boot Image 打开启动镜像文件生成向导，如图 3-50 所示。由图可见，启动镜像文件主要由 3 个文件组合而成，User_FSBL. elf 用于阶段 1 的引导，Example_soft. elf 为用户功能部分，design_1_wrapper. bit

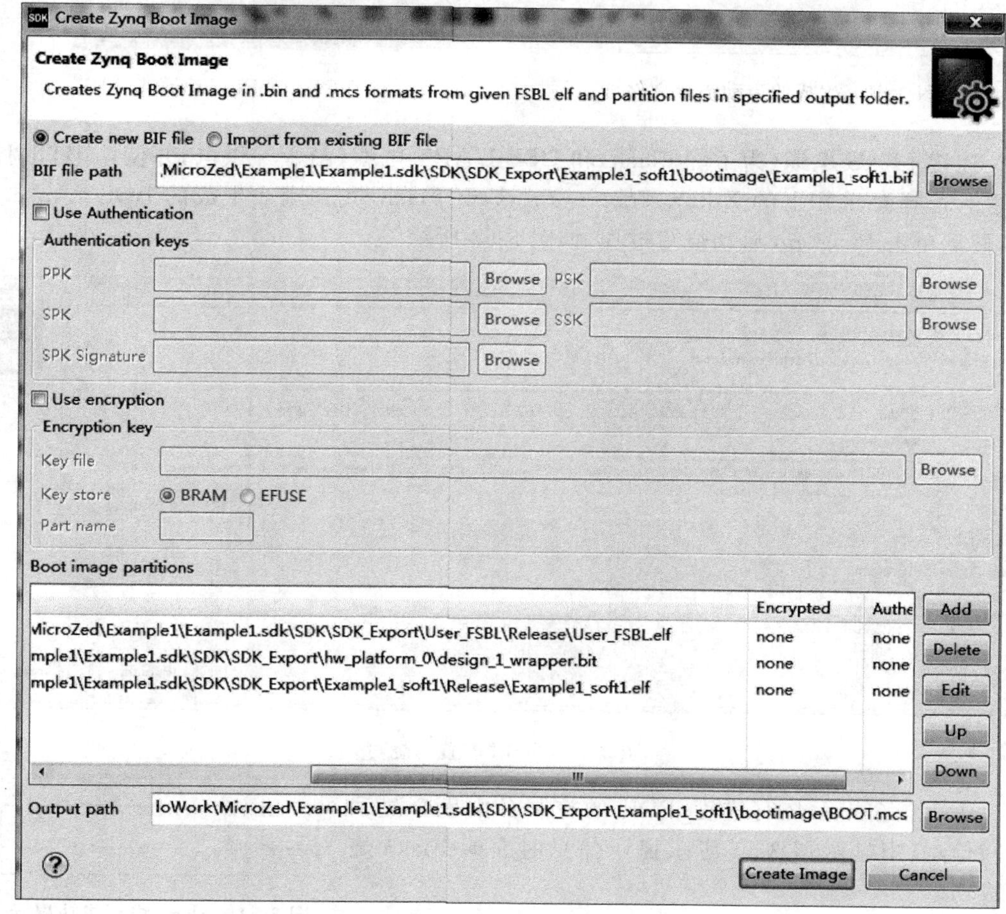

图 3-50 启动镜像文件生成向导

为硬件描述文件，主要决定芯片内部的硬件结构。在 Output path 中可以更改启动镜像文件的路径及名称，这里默认为 BOOT. mcs，单击 Create Image 即完成. mcs 格式启动镜像文件的生成。采用同样的步骤，将输出文件改成 BOOT. bit，单击 Create Image 即可生成. bit 格式的启动镜像文件。

此时 Example_soft1 工程下可显示出生成的镜像文件，如图 3-51 所示。

3. 启动镜像文件的下载

1) 使用 QSPI 启动

在 MicroZed 评估板断电的情况下，通过改变外部引脚将其配置成 QSPI 启动模式，如图 3-52 所示。

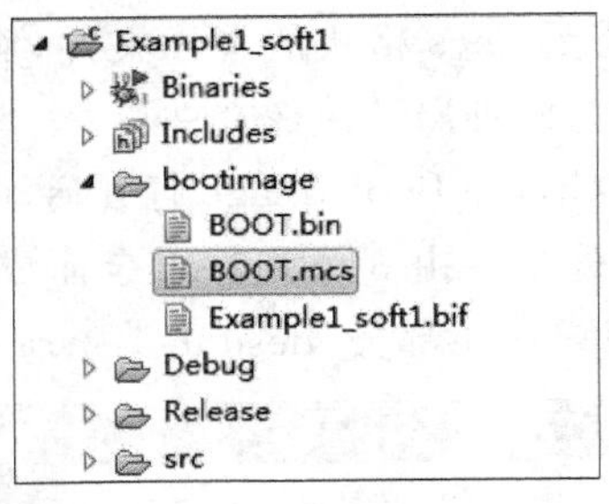

图 3-51　生成的启动镜像文件

图 3-52　QSPI 启动模式

连接 JTAG 电缆（为了烧 Flash）和 USB-UART 电缆（给板子供电，并使用串口调试助手），选择菜单栏上的 Xilinx Tools→Program Flash，找到刚才生成的 BOOT. msc 文件，然后单击 Program 启动烧写过程，如图 3-53 所示。

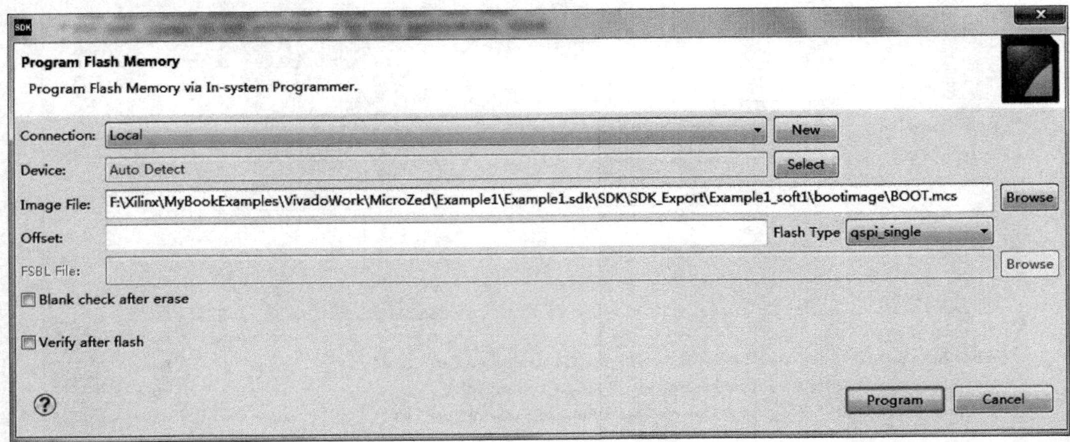

图 3-53　QSPI 配置与烧写

进度条会提示烧写进度，SDK 的控制台中也会显示烧写信息，当显示图 3-54 所示提示信息时表明 Flash 烧写成功。

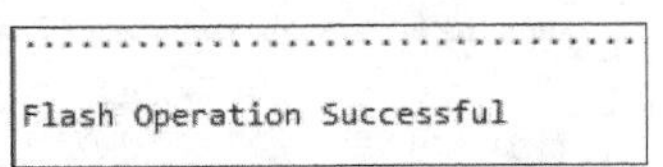

图 3-54　Flash 烧写成功提示

这时需要断开 USB-UART 的电缆并再次连接将板

子重新上电，从而启动整个加载过程。然后打开任意一个串口调试助手，并设置 COM 口为 115200/8/n/1/n，再按一下板子上的复位按钮，就能在串口调试助手里收到相关数据了，如图 3-55 所示。可以看到实际运行结果与调试时的结果一致。

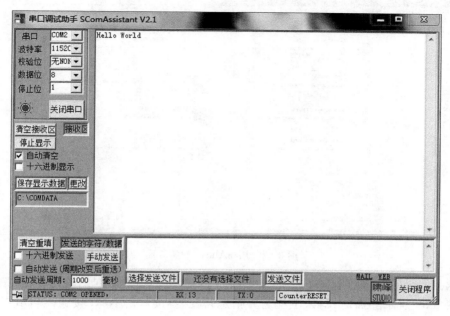

图 3-55　实际运行结果

2）使用 SD 卡启动

使用 SD 卡启动比较简单，直接将生成的 BOOT.bit 文件复制到 SD 卡中(注意文件名必须为 BOOT.bit，否则 PS 启动时将无法搜索到启动映像文件)，将启动模式修改为从 SD 卡启动，如图 3-56 所示。重新上电，使用上述方法监视串口，可以得到相同的结果。

图 3-56　SD 卡启动模式

3.3　基于 PlanAhead+SDK 的设计与开发

PlanAhead 属于 ISE 设计开发套件，其不仅支持 7 系列 FPGA 或 ZYNQ-7000 AP SoC 的开发，而且支持 Xilinx 公司其他所有可用于嵌入式设计 FPGA 的开发，其与 Vivado 使用不同的布局布线算法，用户可以根据习惯选择使用 Vivado 或 PlanAhead 进行相关设计开发工作。本节将以 14.7 版本的 PlanAhead 构建一个简单的 SoC 系统，并使用 PS 部分的 UART 外设实现简单的串口收发功能，以此为例介绍其开发流程。

PlanAhead 通过调用 XPS(Xilinx Platform Studio)来完成硬件平台的设计，通过调用 SDK 完成软件功能的设计，由于 SDK 软件的使用方法与 3.2 节相同，下面将着重介绍如何使用 XPS 构建一个完整的硬件平台。

打开 PlanAhead，出现图 3-57 所示初始界面。

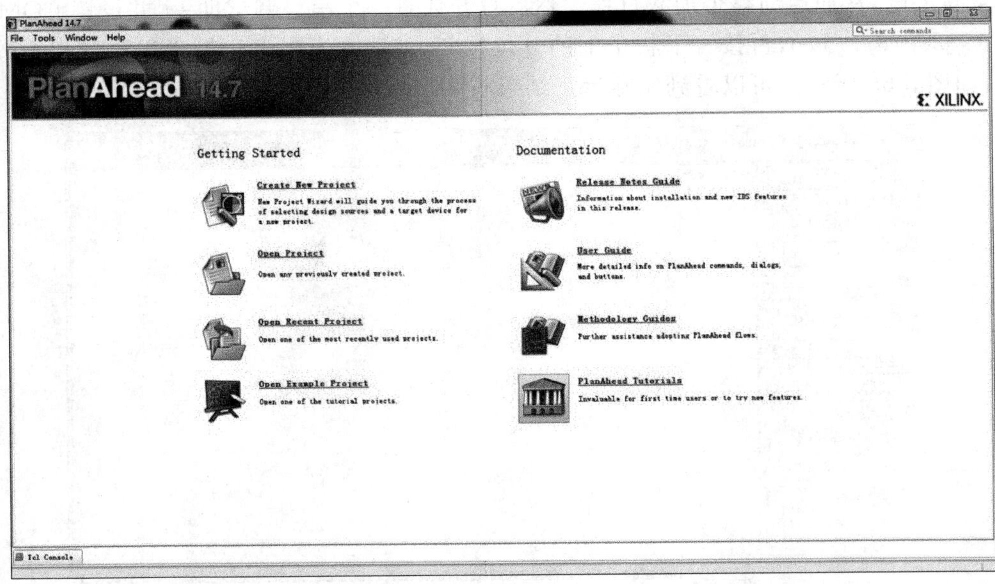

图 3-57　PlanAhead 初始界面

选择 Create New Project 选项，出现图 3-58 所示工程建立向导，单击 Next 按钮。当出现图 3-59 所示界面时，输入工程名并指定路径，继续单击 Next 按钮。当出现图 3-60 所示界面时，提示用户选择芯片类型，由于选项中没有 MicroZed 开发板相关信息，为便于后面在 MicroZed 评估板上进行实验，这里指定芯片型号与 MicroZed 开发板上的相同，即 xc7z010clg400-1，继续单击 Next 按钮，直到出现 Finish 按钮。完成工程设置向导后将出现图 3-61 所示 PlanAhead 主界面。

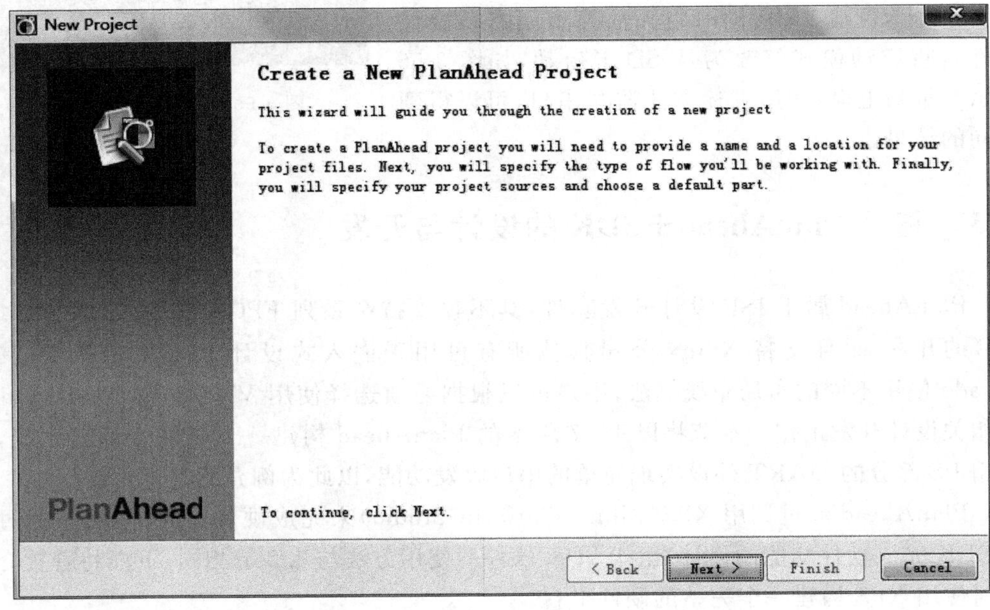

图 3-58　工程建立向导

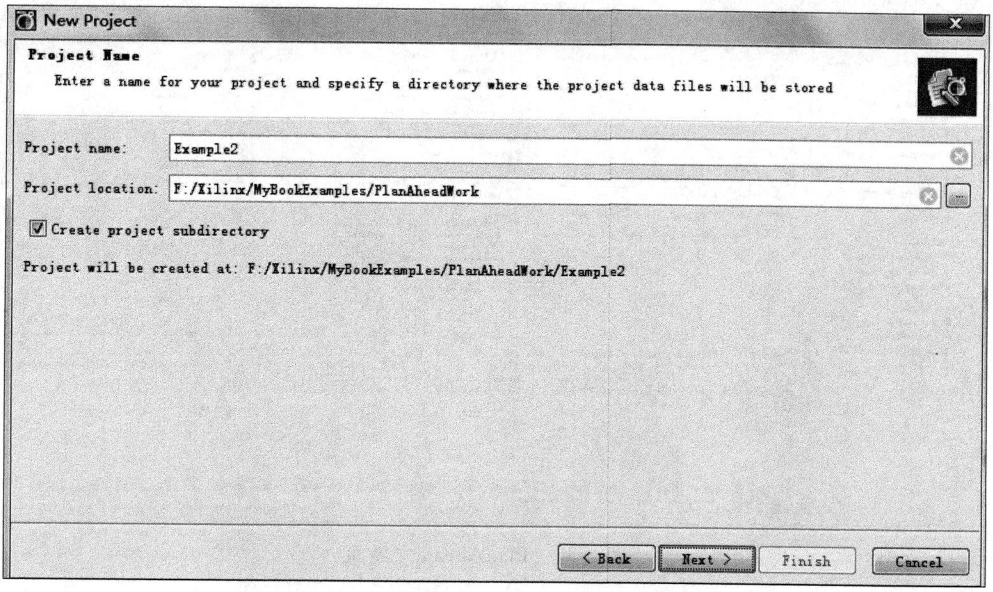

New Project

Project Name

Enter a name for your project and specify a directory where the project data files will be stored

Project name: Example2

Project location: F:/Xilinx/MyBookExamples/PlanAheadWork

☑ Create project subdirectory

Project will be created at: F:/Xilinx/MyBookExamples/PlanAheadWork/Example2

< Back　Next >　Finish　Cancel

图 3-59　工程属性设置

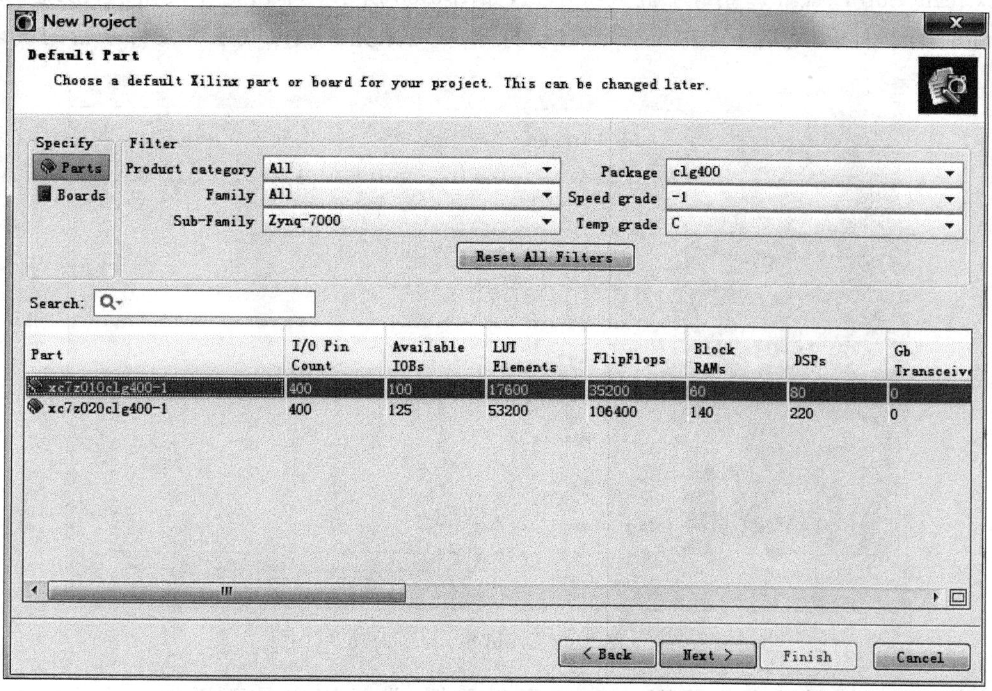

New Project

Default Part

Choose a default Xilinx part or board for your project. This can be changed later.

Specify: Parts / Boards

Filter: Product category: All　Family: All　Sub-Family: Zynq-7000　Package: clg400　Speed grade: -1　Temp grade: C

Reset All Filters

Search:

Part	I/O Pin Count	Available IOBs	LUT Elements	FlipFlops	Block RAMs	DSPs	Gb Transceive
xc7z010clg400-1	400	100	17600	35200	60	80	0
xc7z020clg400-1	400	125	53200	106400	140	220	0

< Back　Next >　Finish　Cancel

图 3-60　芯片选择

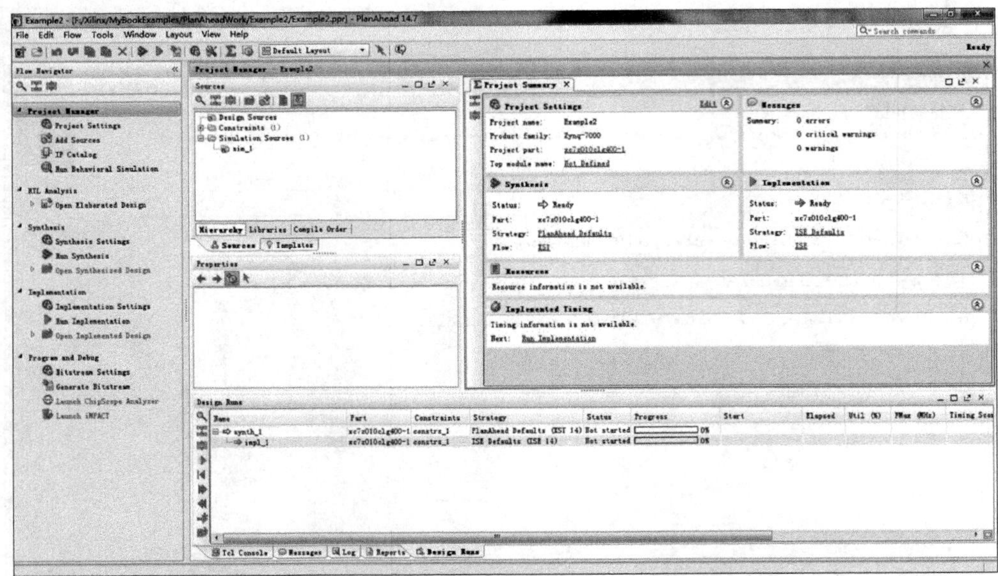

图 3-61　PlanAhead 主界面

单击主界面左侧项目管理器中的 Add Sources，在弹出的向导中选择添加一个嵌入式模块，如图 3-62 所示。一直单击 Next 按钮，当出现 Add or Create Source 界面时，单击 Create Sub-Design 建立一个嵌入式单元，如图 3-63 所示。单击 OK 按钮，当出现 Finish 按钮时结束向导，之后 PlanAhead 会自动打开 XPS 来完成嵌入式系统硬件平台的设计。

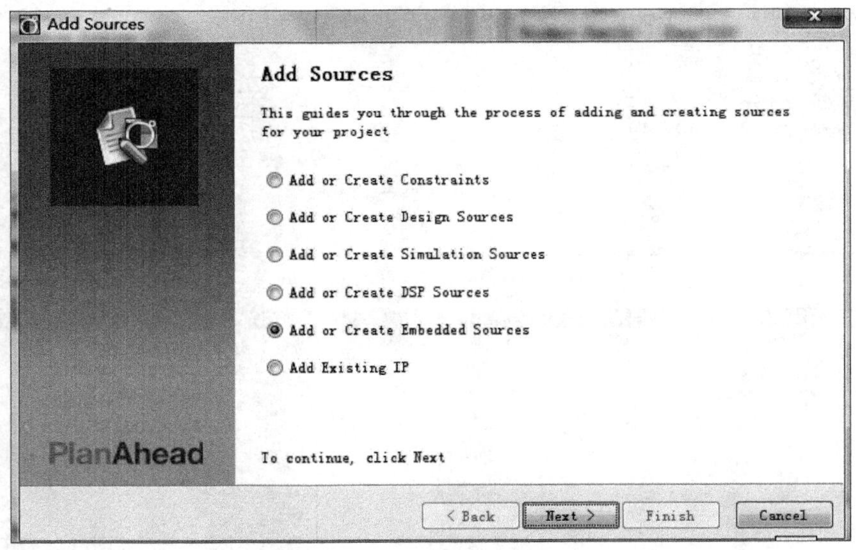

图 3-62　Add Sources 向导

当 XPS 打开后会显示图 3-64 所示提示框，提示用户是否添加一个 Processing System7 到系统中，此时用户可以单击 No，这样建立一个空的 XPS 工程之后，可手动添加 Processing System7，如果这里选择 Yes，系统将自动添加一个 Processing System7，并显示出其内部结构，如图 3-65 所示。

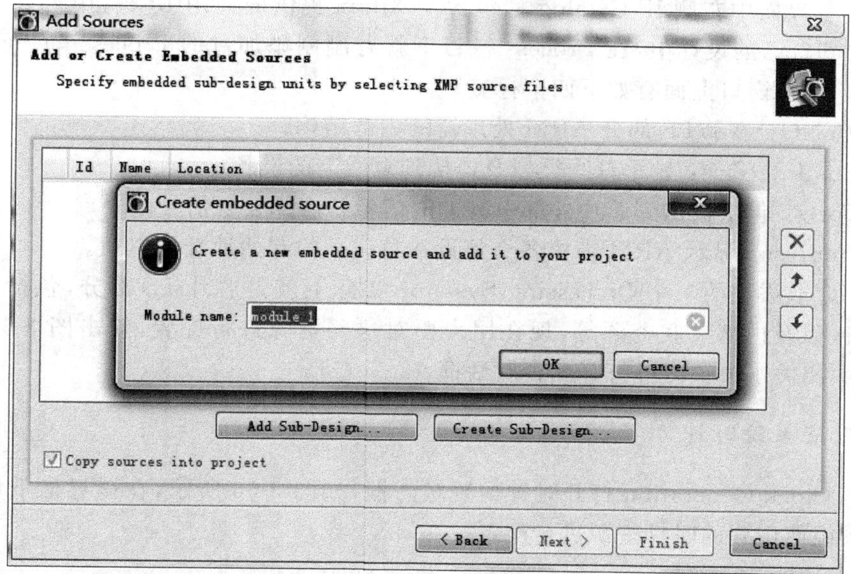

图 3-63 建立一个嵌入式子模块

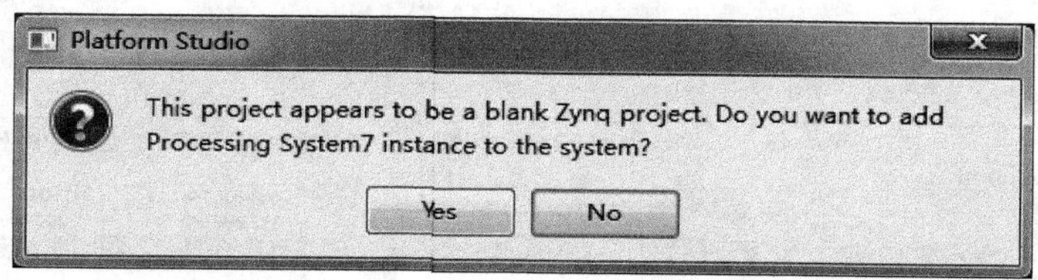

图 3-64 XPS 提示框

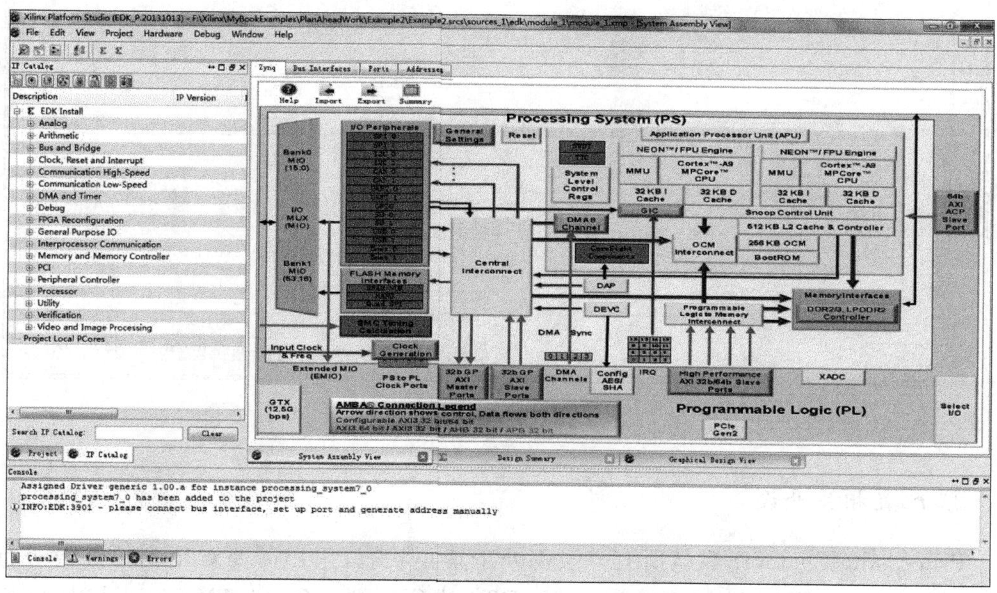

图 3-65 XPS 主界面及 Processing System7 内部结构

XPS 主界面中左侧 IP Catalog 栏包含了 Xilinx 提供的通用 IP 核，用户可选择性地将其添加到自己的设计中，在 Process 栏目下就有刚刚添加过的 Processing System7 通用 IP 核。在主窗口上面有如下四个标签。

- ZYNQ：显示 PS 部分 ARM 处理器的内部结构；
- Bus Interface：显示总线类型及连接到总线上的设备；
- Ports：包括输出到芯片外部引脚上的信号及内部互联信号；
- Address：显示 ARM 内核各个外设在总线上的起始地址及空间。

用户之前添加的一个 Processing System7 实际上就是芯片 PS 部分，包括 ARM 内核、存储区以及内部互联资源等，现在用户要对这些资源进行配置，双击图 3-65 主界面 PS 结构中相关子模块即可打开配置对话框。

1. 配置系统时钟

双击 Clock Generation 打开时钟配置对话框，如图 3-66 所示，在该界面下用户可以对整个系统使用到的时钟资源进行配置。

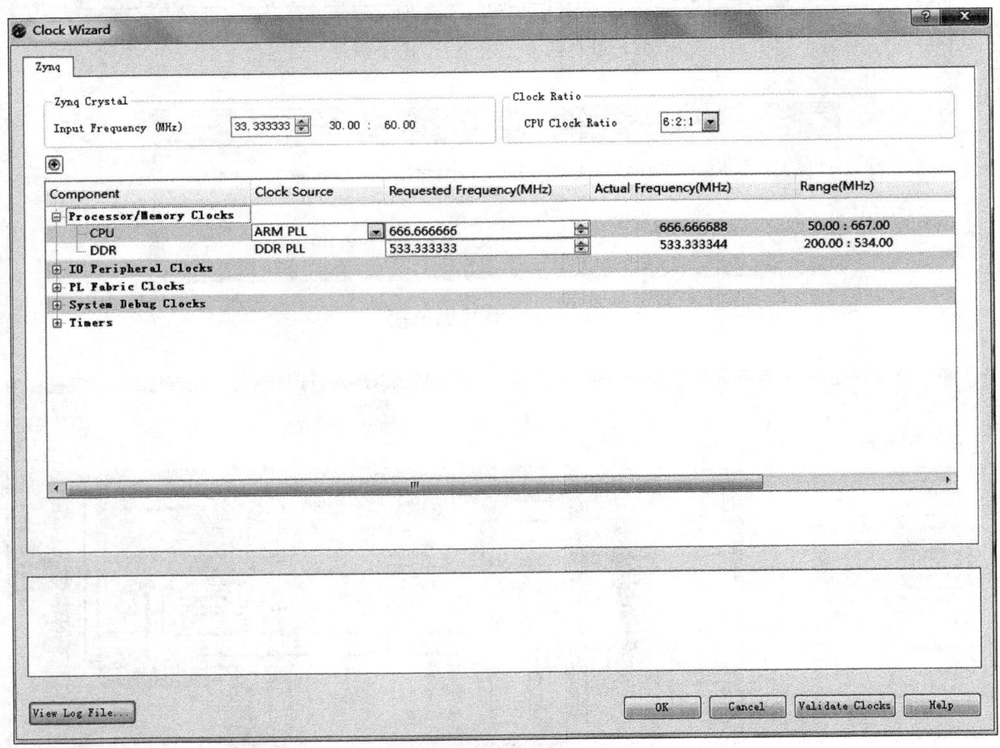

图 3-66　时钟配置对话框

2. 配置相关外设

Processing System7 默认所有外设都处于禁止状态，用户需要对用到的外设进行配置，这里对 Quad SPI Flash、SD0 以及 UART1 进行配置。Quad SPI Flash 与 SD0 用于不同启动模式下加载启动镜像文件，而 UART1 用于实现串口收发。

双击 I/O Peripherals 打开并完成相关外设的配置，如图 3-67 所示。

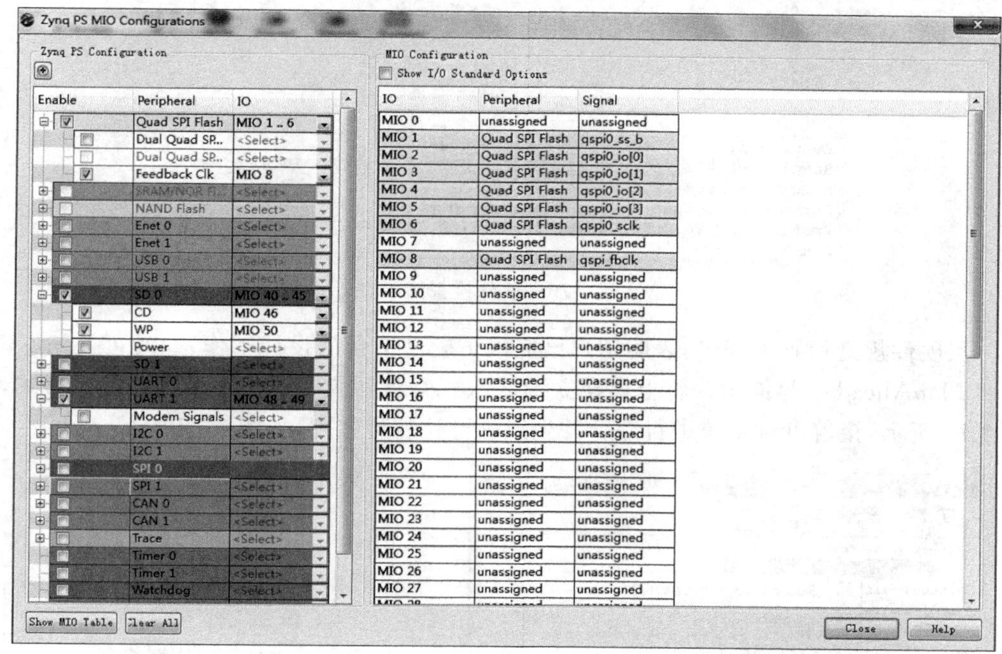

图 3-67 外设配置对话框

完成相关配置后可以在 Port 页面下查看用到的引脚信号，这些信号与芯片的实际引脚一一对应，如图 3-68 所示。在 Address 页面下可以查看总线上的地址分配情况，在编程时需要使用，如图 3-69 所示。

Zynq | Bus Interfaces | Ports | Addresses

Name	Connected Port	Direction	Range
External Ports			
processing_system7_0_DDR_Addr	processing_system7_0::[MEMORY_0]::DDR_Addr	IO	[14:0]
processing_system7_0_DDR_BankAddr	processing_system7_0::[MEMORY_0]::DDR_BankAddr	IO	[2:0]
processing_system7_0_DDR_CAS_n	processing_system7_0::[MEMORY_0]::DDR_CAS_n	IO	
processing_system7_0_DDR_CKE	processing_system7_0::[MEMORY_0]::DDR_CKE	IO	
processing_system7_0_DDR_CS_n	processing_system7_0::[MEMORY_0]::DDR_CS_n	IO	
processing_system7_0_DDR_Clk	processing_system7_0::[MEMORY_0]::DDR_Clk	IO	
processing_system7_0_DDR_Clk_n	processing_system7_0::[MEMORY_0]::DDR_Clk_n	IO	
processing_system7_0_DDR_DM	processing_system7_0::[MEMORY_0]::DDR_DM	IO	[3:0]
processing_system7_0_DDR_DQ	processing_system7_0::[MEMORY_0]::DDR_DQ	IO	[31:0]
processing_system7_0_DDR_DQS	processing_system7_0::[MEMORY_0]::DDR_DQS	IO	[3:0]
processing_system7_0_DDR_DQS_n	processing_system7_0::[MEMORY_0]::DDR_DQS_n	IO	[3:0]
processing_system7_0_DDR_DRSTB	processing_system7_0::[MEMORY_0]::DDR_DRSTB	IO	
processing_system7_0_DDR_ODT	processing_system7_0::[MEMORY_0]::DDR_ODT	IO	
processing_system7_0_DDR_RAS_n	processing_system7_0::[MEMORY_0]::DDR_RAS_n	IO	
processing_system7_0_DDR_VRN	processing_system7_0::[MEMORY_0]::DDR_VRN	IO	
processing_system7_0_DDR_VRP	processing_system7_0::[MEMORY_0]::DDR_VRP	IO	
processing_system7_0_DDR_WEB_pin	processing_system7_0::[MEMORY_0]::DDR_WEB	O	
processing_system7_0_MIO	processing_system7_0::[PS_REQUIRED_EXTERNAL_IO]::MIO	IO	[53:0]
processing_system7_0_PS_CLK_pin	processing_system7_0::[PS_REQUIRED_EXTERNAL_IO]::PS_CLK	I	
processing_system7_0_PS_PORB_pin	processing_system7_0::[PS_REQUIRED_EXTERNAL_IO]::PS_PORB	I	
processing_system7_0_PS_SRSTB_pin	processing_system7_0::[PS_REQUIRED_EXTERNAL_IO]::PS_SRSTB	I	
processing_system7_0			

图 3-68 外部端口

完成基本的硬件配置后，需要对硬件进行设计规则检查，选择 Project→Design Rule Check，当出现图 3-70 所示信息时，表明硬件配置无误。

Zynq | Bus Interfaces | Ports | Addresses

Instance	Base Name	Base Address	High Address	Size	Bus Interface(s)	Lock
processing_system7_0's Addr...						
processing_system7_0	C_DDR_RAM_BASEADDR	0x00000000	0x3FFFFFFF	1G		☑
processing_system7_0	C_UART1_BASEADDR	0xE0001000	0xE0001FFF	4K		☑
processing_system7_0	C_SDIO0_BASEADDR	0xE0100000	0xE0100FFF	4K		☑

图 3-69　总线地址

```
Running system level update procedures...
Running UPDATE Tcl procedures for OPTION SYSLEVEL_UPDATE_PROC...
Running system level DRCs...
Performing System level DRCs on properties...
Running DRC Tcl procedures for OPTION SYSLEVEL_DRC_PROC...
Done!
```

图 3-70　硬件检查结果

当硬件规则检查无误时，表明用户已完成了硬件平台的设计工作，此时可关闭 XPS，返回 PlanAhead 主界面中。将上述建立的嵌入式系统源文件封装成顶层 HDL 形式，如图 3-71 所示，接着可对系统进行综合并生成硬件比特流文件，如图 3-72 所示。

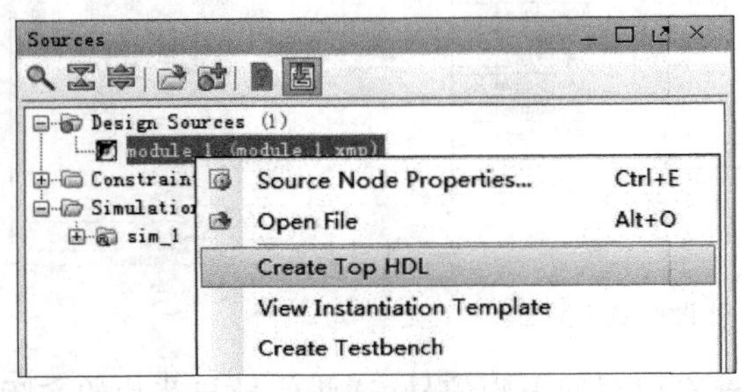

图 3-71　封装成顶层 HDL 文件

图 3-72　生成硬件比特流文件

此时硬件平台已经全部建立完成，且生成了相应的硬件比特流文件，接下来需要进行功能软件的编写，选择 File→Export→Export Hardware for SDK，将硬件平台信息导入到 SDK 环境中，如图 3-73 所示。

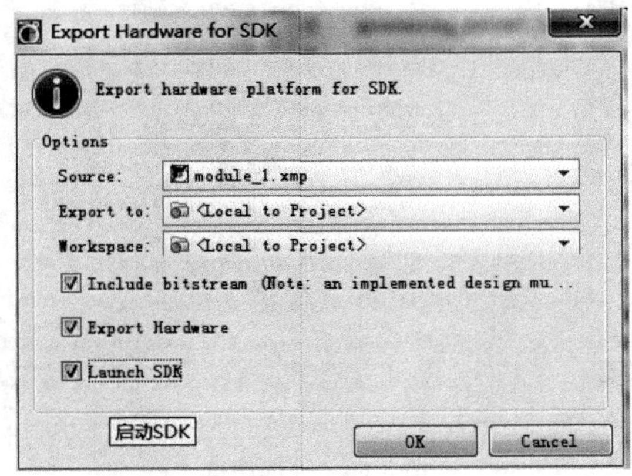

图 3-73　将硬件平台信息导入到 SDK

在 SDK 中如何编写功能软件、调试并完成镜像文件的生成与下载在上节中已经进行了详细介绍，这里不再赘述。

第4章 ARM Cortex-A9外围设备应用实例

本章主要介绍 ARM Cortex-A9 一些常用的外设单元，详细介绍如何在 Vivado 环境下进行硬件属性配置，给出 SDK 环境下的实例代码。通过本章的学习，读者应能举一反三，对处理器系统(PS)部分其他外设进行熟练配置，对 SDK 环境下板级驱动包中的 API 函数进行熟练使用。

4.1 MIO/EMIO 接口

MIO/EMIO 接口在 ZYNQ-7000 SoC 中是一个非常重要的概念，实际系统中用到的频率也较高，通过本节的学习，读者应能理解 MIO/EMIO 的工作原理，并使用 Vivado 开发环境为一个外设模块(如 UART 等)的信号进行分配。

4.1.1 MIO/EMIO 接口功能概述

MIO/EMIO 并不属于 ARM Cortex-A9 的外设，其仅用于对外设信号端口进行分配。MIO 接口仅能对 PS 部分的 54 个芯片引脚进行功能定义，当系统中使用较多外设时，会出现 PS 部分引脚不够用的情况，此时可将一些外设的信号通过 EMIO 接口分配到 PL 部分对应的芯片引脚，以解决 PS 部分引脚资源不足的问题。MIO/EMIO 接口整体结构如图 4-1 所示。

在实际使用中，一些外设的信号仅能分配到 MIO 接口，一些外设的信号仅能分配到 EMIO 接口，具体如表 4-1 所示。

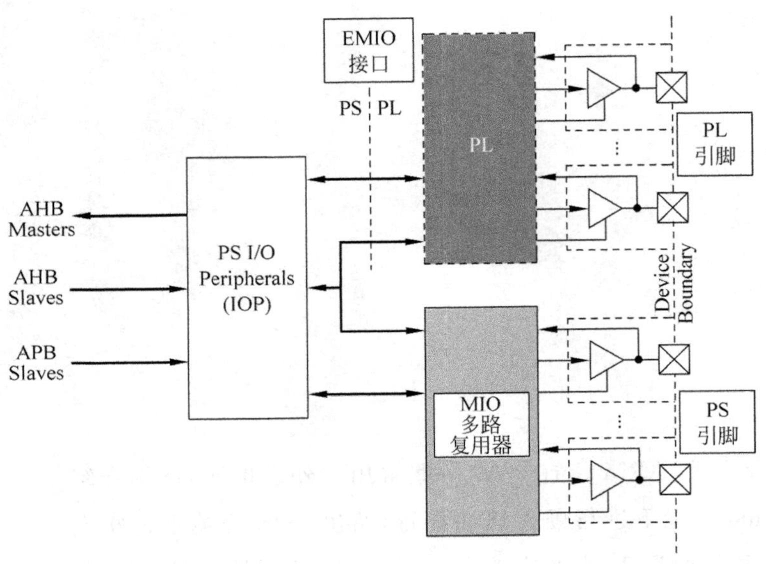

图 4-1　MIO/EMIO 接口框图

表 4-1　MIO/EMIO 布线说明

外　　设	MIO 接口支持的信号	EMIO 接口支持的信号
TTC[0]	Clock In、Wave Out、每个计数器的一对输出信号	Clock In、Wave Out、每个计数器的三对输出信号
SWDT	Clock In、Reset Out	Clock In、Reset Out
SMC	并行 NOR/SRAM 以及 NAND Flash	不支持
Quad-SPI[0,1]	Serial、Dual、Quad 三种模式下相关信号	不支持
SIDO[0,1]	50M	25M
GPIO	Bank0 及 Bank1 区域的 54 路信号	Bank3 及 Bank4 区域的 64 路信号
USB[0,1]	Host、Device 及 OTG	不支持
Ethernet[0,1]	RGMII v2.0	MII/GMII
SPI[0,1]	50M	支持
CAN[0,1]	ISO 11898-1, CAN2.0A/B	支持
UART[0,1]	仅支持 TX RX	支持 TX、RX、DTR、DCD、DSR、RI、RTS 及 CTS 信号
I2C[0,1]	SCL、SDA{0,1}	SCL、SDA{0,1}
PJTAG	TCK、TMS、TDI、TDO	TCK、TMS、TDI、TDO,其中 TDO 支持高阻态功能
Trace Port IU	16 位数据	32 位数据

注：表中各外设相关信号请参照 Xilinx 官方文档 UG585。

4.1.2　应用实例

例：配置 UART0 外设单元，使 TX、RX 信号通过 EMIO 分别连接到外部引脚 P16、T9 上。

外设信号的分配仅在系统硬件配置时进行，因此，下面将介绍如何在Vivado环境下进行相关配置，配置前的系统整体框图如图4-2所示。

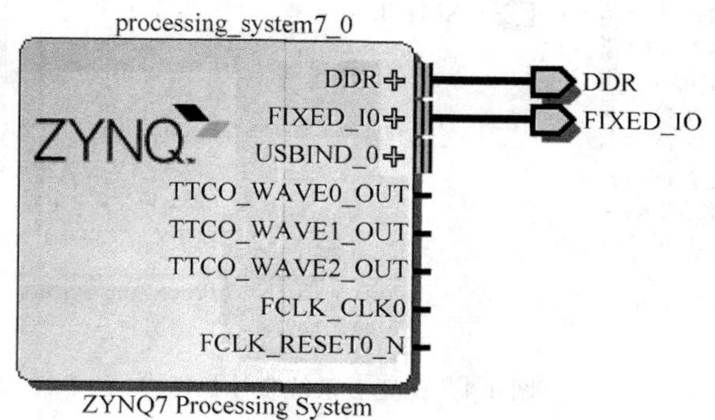

图4-2 配置前系统整体框图

首先使能UART0单元，并将其I/O信号分配到EMIO接口，如图4-3所示。

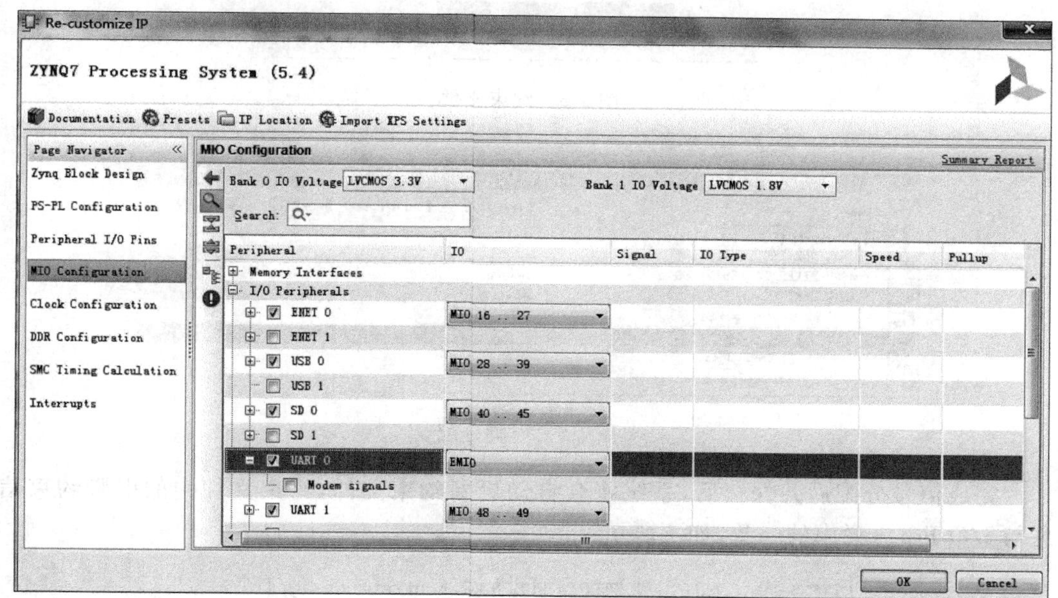

图4-3 UART0配置

返回系统框图界面，如图4-4(a)所示，可以看到出现UART_0端口，此时的UART_0端口尚未连接到外部引脚上，右击UART_0端口，在弹出的菜单中选择Make External选项，可将UART_0端口相关信号连接到外部引脚上，如图4-4(b)所示。

接着对系统进行分析与综合，综合过程完成后，系统将自动添加约束文件，如图4-5所示，并对PL部分的引脚进行随机分配，但在实际使用中，用户需根据系统需要重新约束引脚信息。

将UART_0端口中的信号分配到具体引脚：在工程管理器中双击Implemented Design，在I/O Ports栏对信号进行分配，如图4-6所示。

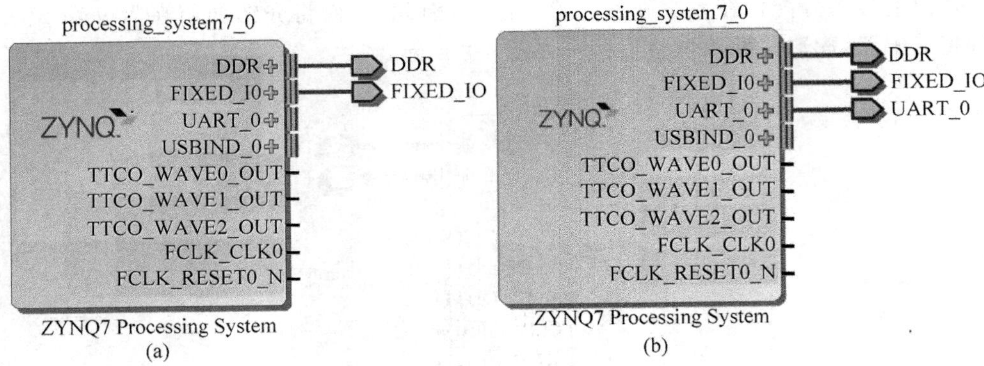

processing_system7_0
DDR
FIXED_IO
UART_0
USBIND_0
TTCO_WAVE0_OUT
TTCO_WAVE1_OUT
TTCO_WAVE2_OUT
FCLK_CLK0
FCLK_RESET0_N
ZYNQ
DDR
FIXED_IO
ZYNQ7 Processing System
(a)
processing_system7_0
DDR
FIXED_IO
UART_0
USBIND_0
TTCO_WAVE0_OUT
TTCO_WAVE1_OUT
TTCO_WAVE2_OUT
FCLK_CLK0
FCLK_RESET0_N
ZYNQ
DDR
FIXED_IO
UART_0
ZYNQ7 Processing System
(b)

图 4-4　配置后系统整体框图

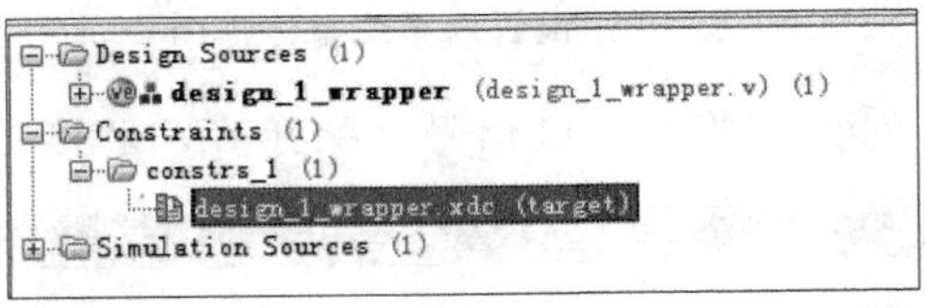

Design Sources (1)
design_1_wrapper (design_1_wrapper.v) (1)
Constraints (1)
constrs_1 (1)
design_1_wrapper.xdc (target)
Simulation Sources (1)

图 4-5　约束文件

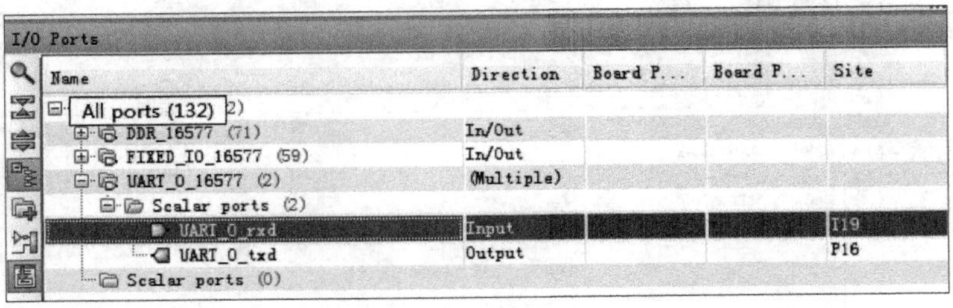

I/O Ports
Name
Direction
Board P...
Board P...
Site
All ports (132)
DDR_16577 (71)
In/Out
FIXED_IO_16577 (59)
In/Out
UART_0_16577 (2)
(Multiple)
Scalar ports (2)
UART_0_rxd
Input
T19
UART_0_txd
Output
P16
Scalar ports (0)

图 4-6　引脚分配

完成信号分配后并保存后，系统将会自动更新约束文件，约束文件中的引脚约束信息与 I/O Ports 栏中的一致，如下所示：

```
set_property BITSTREAM.CONFIG.UNUSEDPIN PULLNONE [current_design]
set_property PACKAGE_PIN T19 [get_ports UART_0_rxd]
set_property PACKAGE_PIN P16 [get_ports UART_0_txd]
set_property IOSTANDARD LVCMOS18 [get_ports UART_0_rxd]
set_property IOSTANDARD LVCMOS18 [get_ports UART_0_txd]
```

注：*用户也可以直接在约束文件中对约束信息进行修改而不使用 I/O Ports 交互界面。*

经过上述操作后，UART0 模块的 RX 信号被分配到 T19 引脚，TX 信号被分配到 P16 引脚。重新综合并生成硬件比特流文件，即完成硬件平台的搭建，此时可将其导入 SDK 中并进行软件开发。

4.2 通用 I/O 模块 GPIO

4.2.1 GPIO 简介

GPIO 模块可用于控制 MIO 区域中的 54 个外部芯片引脚的状态，同时通过 EMIO 接口提供 64 路输入信号以及 128 路输出信号用于与 PL 部分进行数据交互。GPIO 模块内部分为四个区域(Bank0～Bank3)，CPU 读/写一个区域中的所有数据仅需要一个指令周期，每个区域中的任何一个 GPIO 信号都可以动态配置成输入、输出或者中断触发信号。GPIO 模块的控制与状态寄存器的基地址为 0xE000_A000。

1. GPIO 模块特性总结

- 54 路 GPIO 信号用于控制芯片的 I/O 引脚，当配置成输出状态时，芯片引脚具有三态功能；
- 通过 EMIO 提供 192 路信号用于 PS-PL 之间的数据交互，相对 PS 来说，具有输入信号有 64 路，输出信号有 128 路；
- 每一路 GPIO 信号都可以进行动态配置；
- 当 GPIO 通路用于中断触发时，触发信号类型可选为电平触发(高电平或低电平可选)、边沿信号触发(上升沿或下降沿可选)。

2. GPIO 模块系统框图(图 4-7)

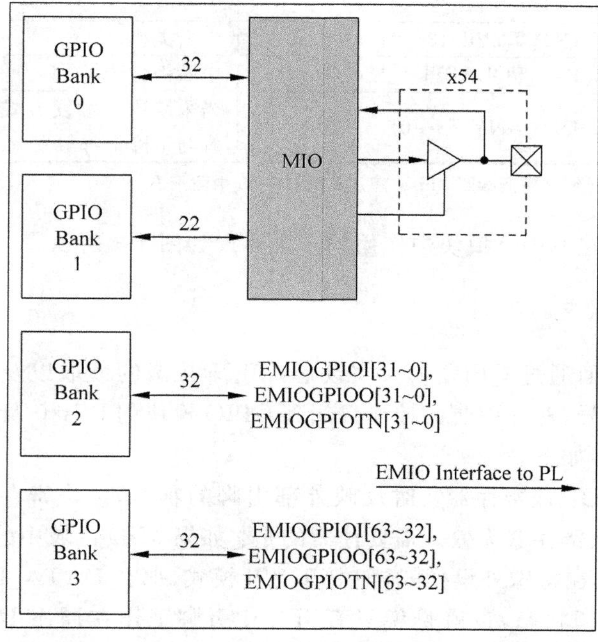

图 4-7 GPIO 模块框图

由图 4.7 可见，GPIO 模块共分为 4 个区域。

- Bank0：共有 32 路 GPIO 信号，用于控制 MIO 接口中的 31～0 号引脚；
- Bank1：共有 22 路 GPIO 信号，用于控制 MIO 接口中的 53～32 号引脚；
- Bank2：共有 32 路 GPIO 信号，用于控制 EMIO 接口中的 31～30 号信号；
- Bank3：共有 32 路 GPIO 信号，用于控制 EMIO 接口中的 63～32 号信号。

4.2.2 功能详述

1. 相关寄存器

GPIO 模块涉及的相关寄存器如表 4-2 所示。

表 4-2 GPIO 相关寄存器

功能模块	寄存器名称	寄存器说明
数据读/写	gpio.MASK_DATA_{3～0}_{MSW，LSW}	位操作寄存器
	gpio.DATA_{3～0}	32 路输入信号写
	gpio.DATA_{3～0}_RO	32 路输入信号读
I/O Buffer 控制	gpio.DIRM_{3～0}	输入/输出方向设定
	gpio.OEN_{3～0}	输出使能控制
中断控制	gpio.INT_MASK_{3～0}	中断标志
	gpio.INT_EN_{3～0}	中断使能
	gpio.INT_DIS_{3～0}	中断禁止
	gpio.INT_STAT_{3～0}	中断状态
	gpio.INT_TYPE_{3～0}	中断类型
	gpio.INT_POLARITY_{3～0}	中断极性选择
	gpio.INT_ANY_{3～0}	当采用边沿触发方式时，用于决定是否上升与下降沿都触发

注：寄存器功能的详细描述请参照 Xilinx 官方文档 UG585 中附录 B。

表中各寄存器在 GPIO 模块中作用的直观体现如图 4-8 所示。

2. 芯片引脚状态的控制

这里将介绍如何通过 GPIO 模块实现芯片引脚状态的读取以及如何在芯片引脚上输出需要的电平信号，芯片引脚的控制仅用到 GPIO 模块的 Bank0 及 Bank1，其通过寄存器的读/写控制总结如下。

(1) DATA_RO：该寄存器实时反映外部引脚的状态，读该寄存器即可获得外部引脚的电平状态，写该寄存器无效。需要注意的是：如果 MIO 区域中的引脚未配置成通用 I/O 模式，而是工作在特殊外设模式，如 SCI、SPI 模式，那么 DATA_RO 寄存器中对应的位不能反映相关引脚状态，也就是说只有当芯片引脚工作在通用 I/O 模式时，DATA_RO 才能反映引脚状态。

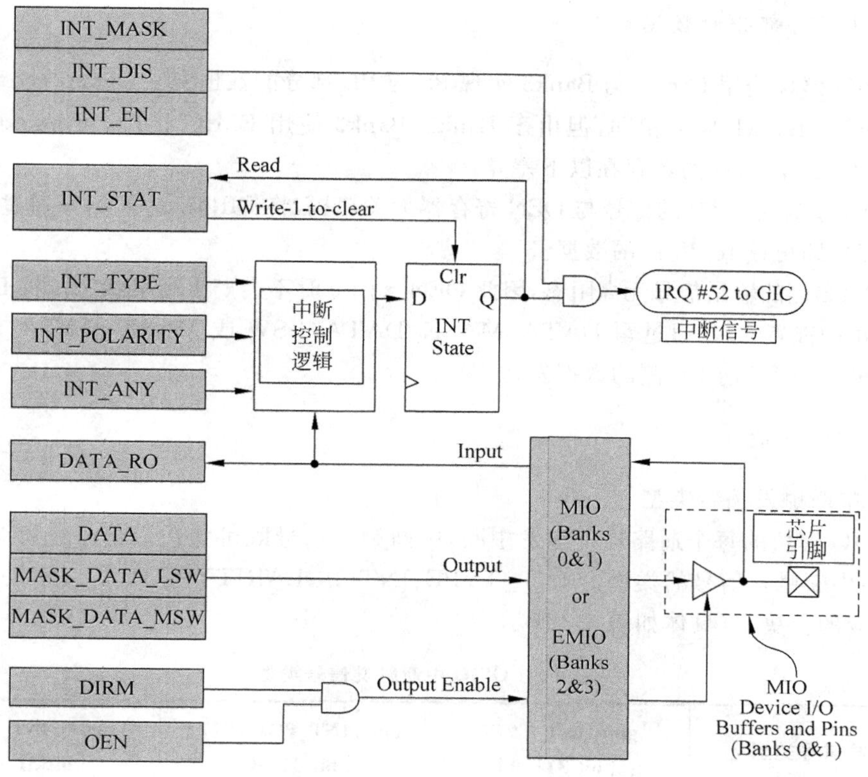

图 4-8　GPIO 寄存器功能描述

(2) DATA：当引脚配置成输出模式时，写该寄存器可同时改变整个区域(Bank0 或 Bank1)的引脚电平状态，DATA 寄存器中的 32 位将同时驱动对应的引脚。读该寄存器不能实时反映外部引脚的状态，仅能获取上次写入 DATA 寄存器或 MAST_DATA_{LSW，MSW}中的值。

(3) MASK_DATA_LSW：当引脚配置成输出模式时，写该寄存器可同时改变整个区域(Bank0 或 Bank1)中低 16 位引脚状态。MASK_DATA_LSW 寄存器与 DATA 寄存器功能类似，其区别在于 DATA 寄存器对 32 位同时操作，而 MASK_DATA_LSW 对低 16 位同时操作，但保持高 16 位不变。

(4) MASK_DATA_MSW：寄存器功能与 MASK_DATA_LSW 相同，但对应高 16 位。

(5) DIRM：用于控制 I/O 引脚的输入/输出方向。当 DIRM[x]=1 时，该引脚为输出方向；当 DIRM[x]=0 时，该引脚未输入方向。

(6) OEN：输出使能。当引脚配置成输出方向时，还需要通过该寄存器控制输出是否使能。当 OEN[x]=1 时，使能输出；当 OEN[x]=0 时，输出引脚保持在高阻状态。

注：Bank0 中 GPIO[8,7]仅能设置成输出状态，因为 GPIO[8,7]对应的引脚在系统加载过程中用于决定 I/O 缓冲器的电压等级，为防止系统逻辑错误，这两个引脚仅能配置成输出状态，当系统 Boot 过程完成后，可将其配置成输出引脚并正常使用。

3. 与PL部分的数据交互

GPIO模块使用Bank2与Bank3实现PS与PL部分的数据交互，Bank2、Bank3的控制与Bank0、Bank1基本相同，但由于Bank2、Bank3使用EMIO接口，而Bank0、Bank1使用MIO接口，因此两者存在以下差异。

(1) PL输入到PS的信号与OEN寄存器无关，只需将DIRM[x]置0，并通过DATA_RO寄存器即可读取PL侧的数据。

(2) PS侧的输出信号无高阻态，因此OEN[x]=0时不会产生高阻状态。将DIRM[x]及OEN[x]都置1，并通过写DATA、MASK_DATA_LSW或MASK_DATA_MSW寄存器即可实现PS向PL侧的数据发送。

4. 中断功能

1) 中断触发信号类型

GPIO模块的每个通路均可触发中断，中断触发信号既可为边沿信号也可为电平信号，每路中断触发信号的类型由INT_TYPE、INT_POLARITY及INT_ANY三个寄存器中对应的位决定，具体如表4-3所示。

表4-3 GPIO中断触发信号类型

触发信号类型	gpio. INT_TYPE [bit 31～0]	gpio. INT_POLARITY [bit 31～0]	gpio. INT_ANY [bit 31～0]
上升沿触发	1	1	0
下降沿触发	1	0	0
上升沿下降沿均触发	1	x	1
高电平触发	0	1	x
低电平触发	0	0	x

2) 中断配置及处理步骤

(1) 通过INT_TYPE、INT_POLARITY及INT_ANY寄存器设置中断触发信号类型。

(2) 通过INT_EN寄存器使能中断：向该寄存器中某位写1可对INT_MASK寄存器中对应位清零，以使能中断，写0无效。

通过INT_EN寄存器禁止中断：向该寄存器中某位写1可对INT_MASK寄存器中对应位置1，以禁止中断，写0无效。INT_MASK为只读寄存器，该寄存器的某位为0，表明该位对应的GPIO通路中断功能被使能，为1表明中断功能被禁止。

(3) 一旦中断触发条件满足，INT_STAT寄存器中的对应位置1，并向中断控制器发出中断请求。由于GPIO模块四个Bank产生的所有中断信号最终合并成一个信号送入中断控制器(中断请求信号在中断控制器中的ID为52)，因此在中断处理函数中需要对中断源进行查找。

(4) 进入中断处理函数，通过INT_MASK与INT_STAT寄存器查找GPIO模块的中断源，并进入相应的处理程序。中断返回之前，通过向 INT_STAT 相应位写 1 清除本次中断标志位。

4.2.3 编程指南

本节将为大家介绍 GPIO 模块的一些常用操作，这些操作均涉及底层寄存器的读/写，读者通过学习可以了解 GPIO 模块的具体工作过程。但需要强调的是，在实际编程过程中，可在 SDK 工具中建立板级驱动包(BSP)，BSP 提供了一系列 API 函数，可使用户脱离繁琐的底层寄存器读/写，实现高效率编程。

1. GPIO 输入/输出方向配置

例：配置引脚 MIO[10]为输出。

- 设置为输出方向：将 0x0000_0400 写入 gpio. DIRM_0 寄存器。
- 使能输出：将 0x0000_0400 写入 gpio. OEN_0 寄存器。

例：配置引脚 MIO[10]为输入。

- 设置为输如方向：将 0x0000_0000 写入 gpio. DIRM_0 寄存器。

2. 向输出引脚写数据

例：将引脚 MIO[10]置 1。

- 读 gpio. DATA_0 寄存器，并将其值保存在一个临时寄存器中，这里假设为 tmp。
- 将 tmp[10]置。
- 重新将 tmp 写入 gpio. DATA_0 寄存器。

3. 从输入引脚读数据

读取 gpio. DATA_RO 寄存器的值即可直接获取引脚电平状态。

4. 将某路 GPIO 信号作为中断源

例：使能引脚 MIO[12]中断功能，触发方式为上升沿触发。

- 设置中断触发类型：向 gpio. INT_TYPE_0[12]写 1，向 gpio. INT_POLARITY_0[12]写 1，向 gpio. INT_ANY_0[12]写 0。
- 使能中断：向 gpio. INT_EN_0[12]写 1。

5. GPIO 触发唤醒事件

GPIO 模块可触发唤醒事件，用于唤醒 CPU。

例：使用引脚 MIO[10]唤醒 CPU。

- 中断控制器(GIC)必须正确配置，禁止关闭与 GPIO 相关的任何时钟。
- 使能 GPIO 模块在 GIC 中的中断请求。
- 使能 MIO[10]中断，根据要求配置触发模式等。

4.2.4 应用实例

例：使用 MicroZed 评估板读取 MIO[51]引脚按键电平状态，并通过 MIO[47]引脚的 LED 显示出来。

1. 硬件配置

由于 GPIO 模块属于 PS 通用外设的一种，因此其硬件配置较为简单，在 Vivado 环境中仅需在构建 ZYNQ-7000 SoC 硬件平台时使能 GPIO 模块即可，如图 4-9 所示。

经过分析综合过程，将建立的硬件平台导入到 SDK 中，即可进行应用程序的开发。

I/O Peripherals	
SPI 0	
SPI 1	
I2C 0	
I2C 1	
CAN 0	
CAN 1	
UART 0	
UART 1	√
GPIO	√
SD 0	√
SD 1	
USB 0	√
USB 1	
ENET 0	√
ENET 1	

图 4-9　使能 GPIO 模块

2. 应用程序

为便于读者理解 GPIO 模块的具体配置及使用过程，以下程序未使用 BSP 提供的 API 函数，而是直接对底层寄存器进行操作。在 4.3 节中涉及有关 GPIO 模块 API 函数的使用，读者可以进行学习。

程序清单如下：

```
#include< stdio.h>
#include"platform.h"
//添加 MIO 控制相关寄存器地址
#define MIO_BASE   0xE000A000
#define DATA1        0x44
#define DATA1_RO     0x64
#define DIRM_1       0x244
#define OEN_1        0x248
//主函数
intmain()
{
long tmp;
  init_platform();
*((volatileint*)(MIO_BASE + DIRM_1)) = 0x008000;  //将 MIO[51]设置为输入,MIO[47]
                                                  //设置为输出
*((volatileint*)(MIO_BASE + OEN_1))  = 0x008000;  //使能 MIO[47]的输出功能
while(1)
{
  tmp =   *((volatileint*)(MIO_BASE + DATA1_RO));  //读取 MIO[51]引脚状态
  if((tmp & 0x80000) == 0x80000)
  {
      *((volatileint*)(MIO_BASE + DATA1)) = 0x008000;  //将 MIO[47]引脚的输出 1
```

```
    }
    else
    {
        *((volatileint*)(MIO_BASE + DATA1)) = 0;          //将 MIO[47]引脚的输出 0
    }
    }
    return 0;
}
```

4.3　中断控制器 GIC

本节主要介绍中断控制器 GIC 的工作原理及使用，对于初学者来说本节涉及的内容较难理解，建议读者结合本节最后的应用实例进行理解，并在 Vivado 及 SDK 开发环境中进行动手练习。

4.3.1　GIC 简介

GIC 用于对系统中上百个中断源进行分类、仲裁等工作，是系统中断处理的核心部件，其在整个系统中的位置如图 4-10 所示。

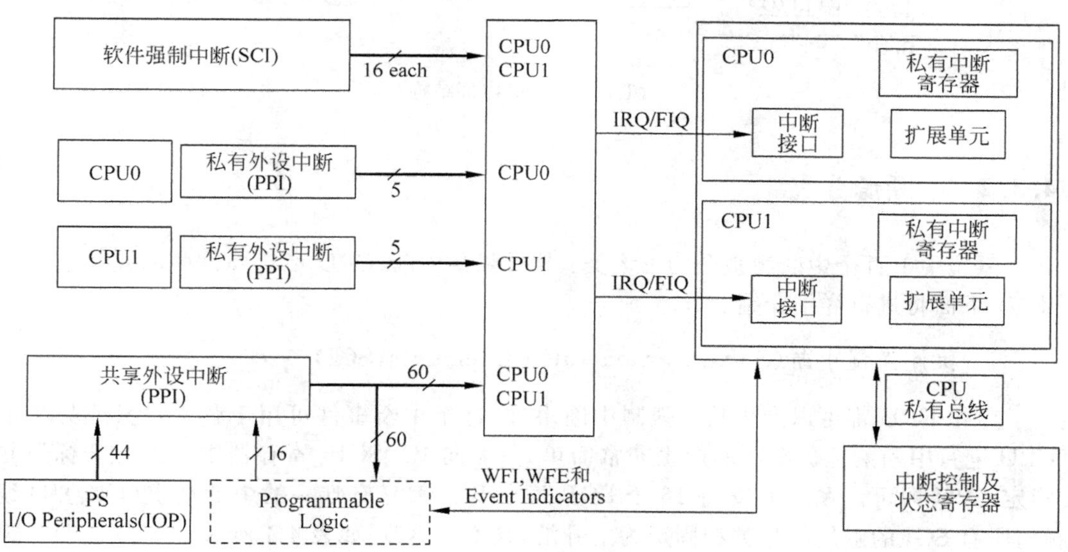

图 4-10　系统中断处理结构

GIC 处于中断源与 CPU 之间，负责对中断触发信号进行使能控制、分类、编码、优先级设置等操作，最后将中断信号送入 CPU。送入 CPU 的每路中断信号都具有唯一的 ID 编码，CPU 通过查询 ID 编码可判断中断源位置。

GIC 内部结构如图 4-11 所示。

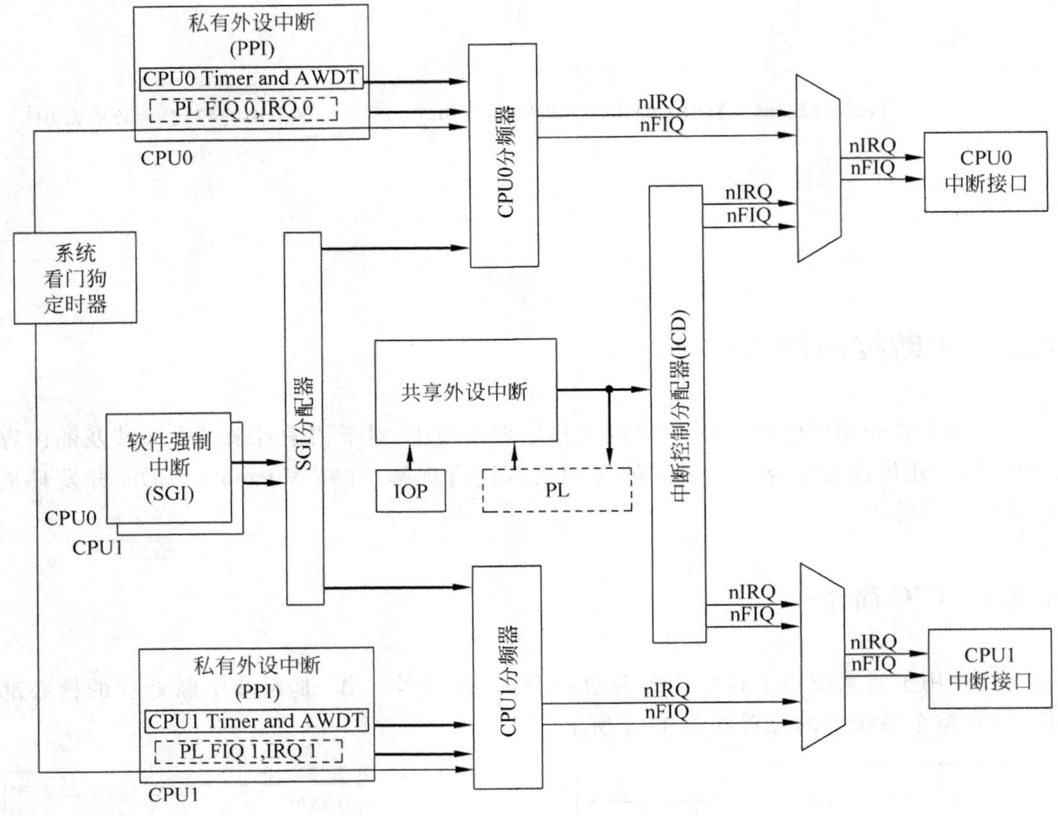

图 4-11　GIC 内部结构

4.3.2　中断源分类

系统中上百个中断源被分为三大类：软件强制中断、CPU 私有外设中断及共享外设中断，下面将进行详细介绍。

1. 软件强制中断(Software Generated Interrupts,SGI)

每个 CPU 都可以产生软件强制中断事件，这个中断事件可用于触发自身或另一个 CPU 进行中断响应。SGI 的产生非常简单，只需向 ICDSGIR 寄存器中写入 SCI 标号并指定 CPU 即可。系统共支持 16 个 SGI，每个 SGI 都具有唯一的中断请求(IRQ)ID 编码，所有 SGI 的触发信号类型固定为上升沿，且不可更改，如表 4-4 所示。

表 4-4　SGI 信号编码及类型

IRQ ID	名　称	SGI 标号	信号类型	描　述
0	软件强制中断 0	0	上升沿	所有 SGI 均可用于触发自身 CPU 或另一个 CPU 进行响应
1	软件强制中断 0	1	上升沿	
⋮	⋮	⋮	⋮	
15	软件强制中断 0	15	上升沿	

2. CPU 私有外设中断(CPU Private Peripheral Interrupts,PPI)

每个 CPU 都有独立的外设单元,如私有定时器、私有看门狗等,称这些外设为私有外设,这些外设可产生中断事件,另外从 PL 部分向 CPU 发出的中断请求 FIQ/RIQ 也认为是私有的。每个 CPU 支持 5 个 PPI,如表 4-5 所示。

表 4-5　PPI 信号编码及类型

IRQ ID	名　　称	PPI 标号	信号类型	描　　述
26～16	保留	—	—	—
27	全局定时器(Global Timer)	0	上升沿	—
28	nFIQ	1	低电平	由 PL 发出的快速中断请求。 CPU0：IRQF2P[18] CPU0：IRQF2P[19]
29	CPU 私有定时器	2	上升沿	私有定时器发出的中断请求
30	AWDT{0,1}	3	上升沿	私有看门狗定时器发出的中断请求
31	nIRQ	4	低电平	由 PL 发出的普通中断请求。 CPU0：IRQF2P[16] CPU0：IRQF2P[17]

每个 PPI 触发信号的类型都被系统设定,不能更改。需要注意的是,由 PL 发出的中断触发信号经过翻转后才送到 PS 部分,因此虽然 nFIQ 与 nIRQ 在 PS 侧是低电平有效,但在 PL 侧是高电平有效。

3. 共享外设中断(Shared Peripheral Interrupts,SPI)

SPI 是指既可触发 CPU0 也可触发 CPU1 的中断信号,同时有些中断信号还能发送到 PL 部分。系统共有将近 60 个 SPI 信号,如表 4-6 所示。

表 4-6　SPI 信号编码及类型

中断源	中断名称	IRQ ID	状态寄存器中对应的位	信号类型	PS-PL 信号名称	I/O 方向
APU	CPU1,0 (L2, TLB, BTAC)	33:32	spi_status_0[1,0]	上升沿	无	无
	L2 缓存	34	spi_status_0[2]	高电平	无	无
	OCM	35	spi_status_0[3]	高电平	无	无
保留	—	36	spi_status_0[4]			
PMU	PMU[1,0]	38,37	spi_status_0[6,5]	高电平	无	无
XADC	XADC	39	spi_status_0[7]	高电平	无	无
DVI	DVI	40	spi_status_0[8]	高电平	无	无
SWDT	SWDT	41	spi_status_0[9]	上升沿	无	无
Timer	TTC 0	44:42	spi_status_0[12～10]	高电平	无	无
DMAC	DMAC Aboart	45	spi_status_0[13]	高电平	IRQP2F[28]	输出
	DMAC[3～0]	49:46	spi_status_0[17～14]	高电平	IRQP2F[23～20]	输出

续表

中断源	中断名称	IRQ ID	状态寄存器中对应的位	信号类型	PS-PL 信号名称	I/O 方向
Memory	SMC	50	spi_status_0[18]	高电平	IRQP2F[19]	输出
	Quad SPI	51	spi_status_0[19]	高电平	IRQP2F[18]	输出
保留	—	—	—	—	IRQP2F[17]	输出
IOP	GPIO	52	spi_status_0[20]	高电平	IRQP2F[16]	输出
	USB 0	53	spi_status_0[21]	高电平	IRQP2F[15]	输出
	Ethernet 0	54	spi_status_0[22]	上升沿	IRQP2F[14]	输出
	Ethernet 0 Wakeup	55	spi_status_0[23]	上升沿	IRQP2F[13]	输出
	SDIO 0	56	spi_status_0[24]	高电平	IRQP2F[12]	输出
	I2C 0	57	spi_status_0[25]	高电平	IRQP2F[11]	输出
	SPI 0	58	spi_status_0[26]	高电平	IRQP2F[10]	输出
	UART 0	59	spi_status_0[27]	高电平	IRQP2F[9]	输出
	CAN 0	60	spi_status_0[28]	高电平	IRQP2F[8]	输出
PL	FPGA[2～0]	63:61	spi_status_0[31～29]	高电平或上升沿	IRQF2P[2～0]	输入
	FPGA[7～3]	68:64	spi_status_1[4～0]	高电平或上升沿	IRQF2P[7～3]	输入
Timer	TTC1	71:69	spi_status_1[7～5]	高电平	无	无
DMAC	DMAC[7～4]	75:72	spi_status_1[11～8]	高电平	IRQP2F[27～24]	
IOP	USB 1	76	spi_status_1[12]	高电平	IRQP2F[7]	输出
	Ethernet 1	77	spi_status_1[13]	上升沿	IRQP2F[6]	输出
	Ethernet 1 Wakeup	78	spi_status_1[14]	上升沿	IRQP2F[5]	输出
	SDIO 1	79	spi_status_1[15]	高电平	IRQP2F[4]	输出
	I2C 1	80	spi_status_1[16]	高电平	IRQP2F[3]	输出
	SPI 1	81	spi_status_1[17]	高电平	IRQP2F[2]	输出
	UART 1	82	spi_status_1[18]	高电平	IRQP2F[1]	输出
	CAN 1	83	spi_status_1[19]	高电平	IRQP2F[0]	输出
PL	FPGA[15～8]	91:84	spi_status_1[27～20]	高电平	IRQF2P[15～8]	输入
SCU	Parity	92	spi_status_1[28]	上升沿	无	无
保留		95:93	spi_status_1[31～29]			

注：ID 编号为 61～68 中断触发信号类型可选，其他编号的中断触发信号类型固定

4.3.3 中断优先级仲裁

GIC 中断源均有一个 8 位的优先级设定单元，通过向该单元写不同的值即可对中断源进行优先级划分，具体请参照 Xilinx 官方文档 UG585 中附录 B 寄存器 ICDIPR0～23 使用说明。对于具有相同优先级的中断源，CPU 通过比较其 ID 号来确定优先级顺序，ID 号小的具有高优先级。

4.3.4 相关寄存器

中断控制相关寄存器如表 4-7 所示，表中寄存器仅便于读者进行理解中断控制器各个模块的功能及工作过程，在使用 SDK 进行编程开发时，用户可以使用 BSP 提供的 API 函数，从而大大简化底层配置，读者可以在下一小节的应用实例中进行学习理解。

表 4-7 GIC 相关寄存器

功 能 模 块	寄存器名称	寄存器说明
GIC 内核控制(ICC)	ICCICR	内核接口控制寄存器
	ICCPMR	中断优先级标示寄存器
	ICCBPR	中断优先级控制位寄存器
	ICCIAR	中断确认寄存器
	ICCEOIR	中断结束寄存器
	ICCRPR	运行优先级寄存器
	ICCHPIR	高优先级中断信号挂起寄存器
	ICCABPR	非安全模式 ICCBPR 寄存器别名
GIC 分配器(ICD)	ICDDCR	安全/非安全模式选择寄存器
	ICDICTR ICDIIDR	控制器实现寄存器
	ICDISR[2～0]	中断安全控制相关寄存器
	ICDISER[2～0]	中断使能寄存器
	ICDICER[2～0]	中断禁止寄存器
	ICDISPR[2～0]	中断挂起寄存器
	ICDICPR[2～0]	中断挂起清除寄存器
	ICDABR[2～0]	中断有效位寄存器
	ICDIPR[23～0]	中断优先级寄存器
	ICDIPTR[23～0]	CPU 选择寄存器
	ICDICFR[5～0]	中断触发信号类型寄存器
PPI 及 SPI 中断状态	PPI_STATUS	PPI 中断状态寄存器
	SPI_STATUS [2,1]	SPI 中断状态寄存器
软件强制中断(SGI)	ICDSGIR	软件强制中断产生寄存器

注：寄存器功能的详细描述请参照 Xilinx 官方文档 UG585 中附录 B。

4.3.5 应用实例

例：使用 MicroZed 评估板 MIO[51]引脚按键上升沿触发中断，在中断处理函数中将 MIO[47]引脚的 LED 状态翻转。

1. 硬件配置

本例中用到了 GPIO 及 GIC 两个模块，因此在构建硬件平台时需要将两个模块使能，GPIO 模块的使能在 4.2 节中进行了详细介绍，这里不再重复。而 GIC 模块始终有效，无须进行额外配置，只有当 GIC 模块需要处理 PL 侧的中断信号时，才需要按照图 4-12 所示使能 PL 到 PS 的中断请求，本例可以不使能。

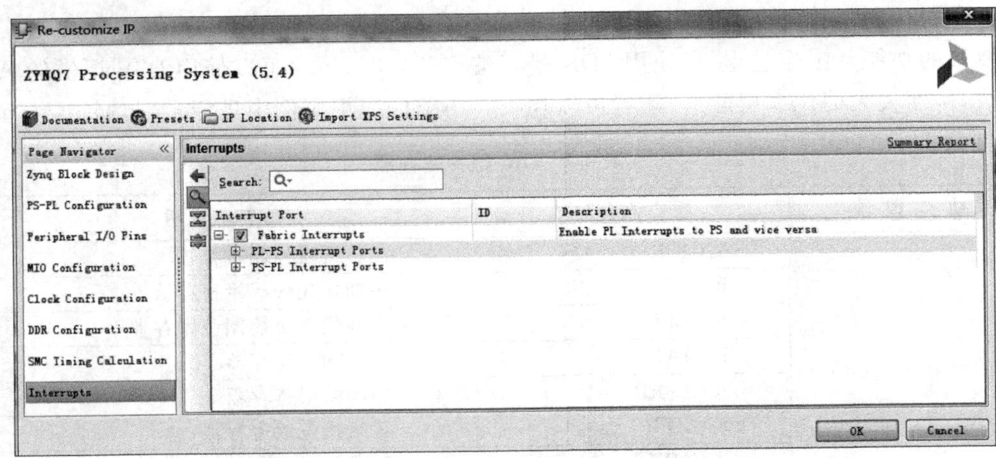

图 4-12　使能 GIC 模块

经过分析综合过程，将建立的硬件平台导入到 SDK 中，即可进行应用程序的开发。

2. 应用程序

本例中的应用程序使用了大量的 API，从而使用户脱离繁琐的底层硬件寄存器配置，API 函数由用户生成的 BSP 提供，以下应用程序中出现的 API 函数均可在 BSP 相关文件夹 include、lib 及 libsrc 中进行查找，如图 4-13 所示。

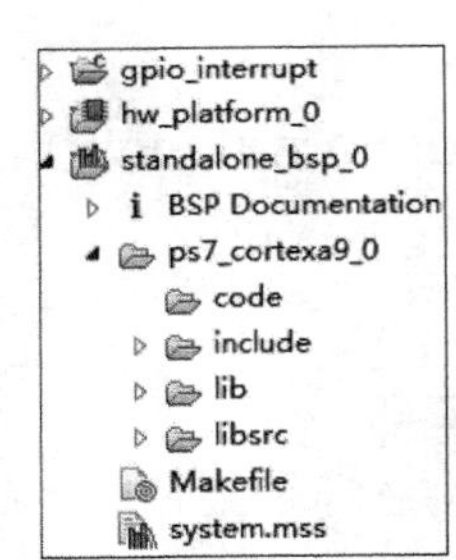

图 4-13　BSP 文件夹结构

程序清单如下：

```
#include<stdio.h>
#include"platform.h"
#include"xparameters.h"
#include"xgpiops.h"
#include"xscugic.h"
#include"xil_types.h"
#include"xil_exception.h"
//宏定义
#define GPIO_DEVICE_ID XPAR_XGPIOPS_0_DEVICE_ID
#define INTC_DEVICE_ID XPAR_SCUGIC_SINGLE_DEVICE_ID
#define GPIO_INTERRUPT_ID XPAR_XGPIOPS_0_INTR
#define INPUT_BANK XGPIOPS_BANK1
#define LED_IO 47
#define KEY_IO 51
//定义初始化需要的变量
static XGpioPs mGpioPs;
static XScuGic mXScuGic;
//定义其他变量
```

```
static int Set = 0;
//函数声明
void GpioPsHandler(void * CallBackRef, int bank ,u32 Status);
void Init_IO(void);
void Init_GIC(void);
//==== 主函数 ==============================================
int main()
{
    init_platform();
    Init_IO();
    Init_GIC();
    printf("ARM Cortex - A9_0 GPIO Interrupt Test!\n\r");
    while(1);
  return 0;
}
//==== 子函数 ==============================================
//I/O 中断处理子函数
void GpioPsHandler(void * CallBackRef, int bank ,u32 Status)
{
    if(bank != INPUT_BANK)
    {
        return;
    }
    else
    {
        Set ^= 1;
        XGpioPs * pXGpioPs = (XGpioPs * )CallBackRef;
        XGpioPs_IntrDisablePin(pXGpioPs,KEY_IO);
        XGpioPs_WritePin(&mGpioPs,LED_IO,Set);          //LED 输出
        XGpioPs_IntrEnablePin(pXGpioPs,KEY_IO);
        printf("Enter GPIO ISR! \n\r");
    }
}
//I/O 初始化子函数
void Init_IO()
{
    XGpioPs_Config * mGpioPsConfig;
    //I/O 初始化
    mGpioPsConfig = XGpioPs_LookupConfig(GPIO_DEVICE_ID);
    XGpioPs_CfgInitialize(&mGpioPs,mGpioPsConfig,mGpioPsConfig -> BaseAddr);
    XGpioPs_SetDirectionPin(&mGpioPs,LED_IO,1);          //设置 MIO[47]为输出方向
    XGpioPs_SetOutputEnablePin(&mGpioPs,LED_IO,1);       //MIO[47]输出使能
    XGpioPs_SetDirectionPin(&mGpioPs,KEY_IO,0);          //设置 MIO[51]为输入方向
    XGpioPs_SetIntrTypePin(&mGpioPs,KEY_IO,XGPIOPS_IRQ_TYPE_EDGE_RISING);
    //指定 KEY 引脚为上升沿触发
    XGpioPs_SetCallbackHandler(&mGpioPs,(void * )&mGpioPs,GpioPsHandler);
    //设置 IO 的中断处理函数
    XGpioPs_IntrEnablePin(&mGpioPs,KEY_IO);              //使能 KEY 按键中断
}
//GIC 初始化子函数
```

```
void Init_GIC()
{
    XScuGic_Config * mXScuGic_Config;
    //连接到硬件
    Xil_ExceptionInit();
    Xil_ExceptionRegisterHandler(XIL_EXCEPTION_ID_IRQ_INT,
    (Xil_ExceptionHandler)XScuGic_InterruptHandler,(void * )&mXScuGic);
    //GIC初始化
    mXScuGic_Config = XScuGic_LookupConfig(INTC_DEVICE_ID);
    XScuGic_CfgInitialize(&mXScuGic,mXScuGic_Config,mXScuGic_Config-> CpuBaseAddress);
    XScuGic_Disable(&mXScuGic,GPIO_INTERRUPT_ID);     //禁止 ID52 中断
    //设置中断优先级和中断触发方式
    XScuGic_SetPriorityTriggerType(&mXScuGic,GPIO_INTERRUPT_ID,0x02,0x01);
    //设置中断服务程序入口地址
     XScuGic _ Connect ( &mXScuGic, GPIO _ INTERRUPT _ ID, ( Xil _ ExceptionHandler ) XGpioPs _
IntrHandler,(void * )&mGpioPs);
    XScuGic_Enable(&mXScuGic,GPIO_INTERRUPT_ID);      //使能 ID52 中断
    //使能 Processor 中断
    Xil_ExceptionEnable();
    Xil_ExceptionEnableMask(XIL_EXCEPTION_IRQ);
}
// ==== End of file ====
```

通过 SDK 软件平台的 Console 窗口观察程序运行结果,如图 4-14 所示。

```
ARM Cortex-A9_0 GPIO Interrupt Test!
Enter GPIO ISR!
```

图 4-14　程序运行结果

4.4　定时器系统

ZYNQ-7000 SoC 的定时器系统(Timer)较为复杂,通过本节的学习,读者应能掌握每种定时器的工作原理及使用场合,并通过 SDK 熟练进行软件开发。

4.4.1　定时器系统简介

ZYNQ-7000 SoC 的定时器系统较为复杂,其主要特点如下:

- 每个 CPU 都具有一个 32 位的通用定时器及一个 32 位的看门狗定时器,称之为私有定时器及私有看门狗定时器,这两个定时器使用 CPU_3x2x 时钟信号,时钟频率为 CPU 时钟频率的一半。
- 两个 CPU 共用一个 64 位的全局定时器,全局定时器同样使用 CPU_3x2x 时钟信号,时钟频率为 CPU 时钟频率的一半。
- 系统具有一个 24 位的看门狗定时器,时钟信号可由 CPU 时钟(CPU_1x)进行 1/4 或 1/6 分频后提供,也可以由 PL 部分或 MIO 引脚提供。
- 系统具有两个 TTC 单元,每个 TTC 单元具有 3 对定时器/计数器,用于产生 PWM 脉冲或测量外部信号宽度,时钟信号可由 CPU 时钟(CPU_1x)进行 1/4 或 1/6 分频后提供。

定时器系统的整体结构如图 4-15 所示。

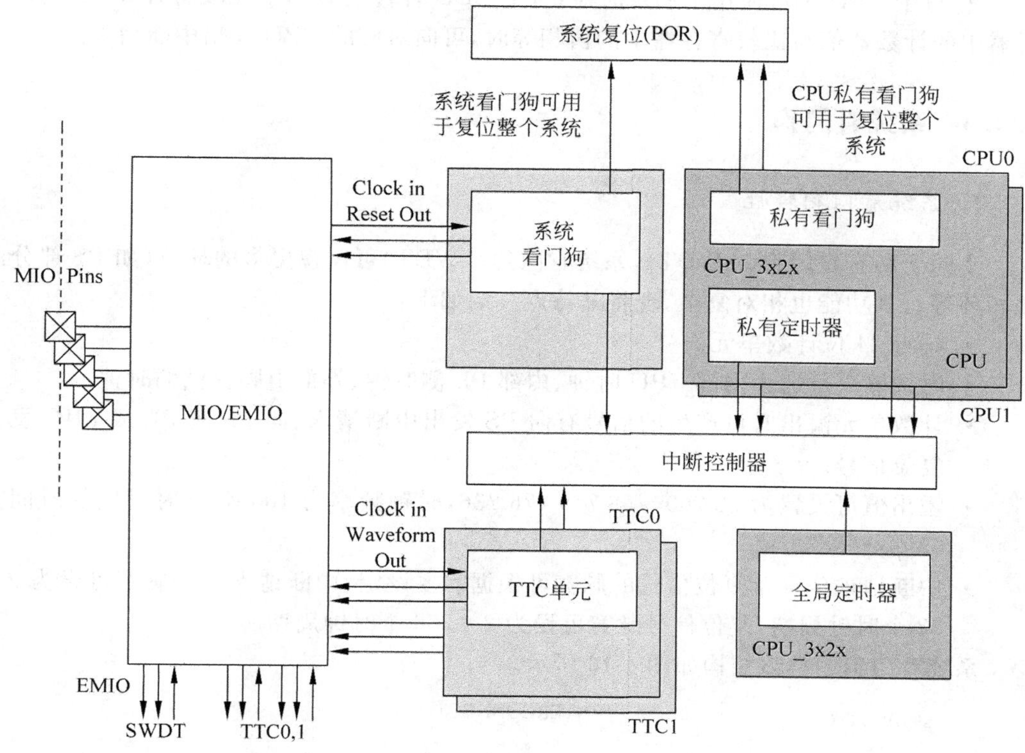

图 4-15　定时器系统整体结构

4.4.2　私有定时器、私有看门狗

每个 CPU 均具有一个私有定时器(PT)及一个私有看门狗(AWDT),且只能由各自的 CPU 进行操作,因此称之为私有的。私有定时器及私有看门狗的主要特点如下:

- 32 位计数单元归零时将产生中断信号;
- 具有一个 8 位的时钟分频器;
- 可配置成单次触发或自动装载模式;
- 计数器的初始值可设。

私有看门狗只能对各自 CPU 本身进行监视,如监视 CPU 程序是否跑飞,但却无法对另一个 CPU 进行监视,也无法对芯片内部锁相环等关键时钟环节进行监视,亦无法向 PL 或芯片外部输出复位信号,这些功能将由系统看门狗实现。

4.4.3　全局定时器

全局定时器(GT)的主要特点如下:

- 为 64 位的增计数器,一旦使能,计数器自动增计数。

- 只能在复位时通过安全模式对计数器进行操作。
- 每个 CPU 都可使用全局定时器，每个 CPU 各自具有一个比较寄存器，当全局定时器中的计数器值与比较寄存器中的值相等时，可向对应的 CPU 发出中断请求。

4.4.4 系统看门狗

1. 系统看门狗特性

不同于私有看门狗（AWDT），系统看门狗（SWDT）可监视更多的环节（如 PS 部分的锁相环等），其功能也相对复杂，现将其特点总结如下：

- 具有 24 位计数单元。
- 时钟输入可选为内部 CPU 时钟、内部 PL 侧时钟、外部引脚提供的时钟。
- 计数单元溢出时可产生的信号有向 PS 发出中断请求、向 PS 或 PL 或 MIO 发出复位信号。
- 溢出值可设置为 32 760～68 719 476 736，时钟频率为 100MHz 时对应的时间为 330μs～687.2s。
- 中断请求信号及复位信号的脉宽可根据需要设定，中断请求信号脉宽可设为 2～32 个时钟周期，复位信号脉宽可设为 2～256 个时钟周期。

系统看门狗的整体结构如图 4-16 所示。

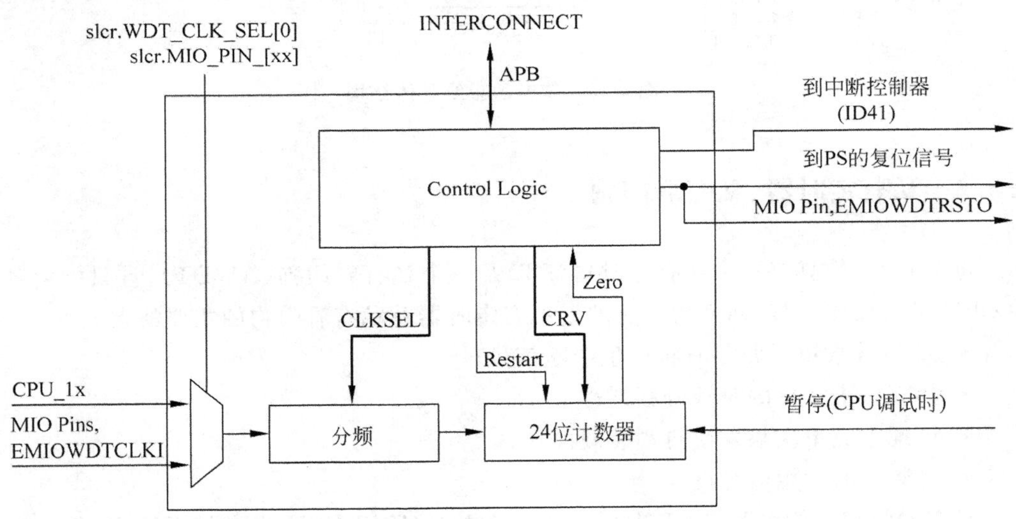

图 4-16　系统看门狗整体结构

2. 工作原理

系统看门狗模块通过 APB 接口与系统内部互联资源连接，当 CPU 通过 APB 结构对其进行读/写操作时必须满足特定的控制字，规则将在下面内容中介绍。看门狗定时器始终为减计数，当计数值达到 0 时，将会产生如下动作：

- 如果 WDEN 及 IRQEN 有效，则产生中断触发信号，中断触发信号的脉冲宽度为

IRQLN 个时钟周期。

- 如果 WDEN 及 RSTLN 有效，则产生复位信号，复位信号的脉冲宽度为 RSTLN 个时钟周期。
- 状态寄存器中的 WDZ 位置 1，直到定时器被重启。
- 定时器在重启信号到来前始终为 0，且图 4-16 中的 Zero 信号保持高电平。

通过设置时钟分频寄存器 swdt. CONTRL[CLKSEL]来确定时钟的分频数，通过设置装载值寄存器 swdt. CONTRL[CRV]来设定定时器的初始值，两者共同决定定时器的溢出时间。通过向复位寄存器中写入特定编码，将产生一次定时器重启信号，重启信号到来时，分频单元将重新加载分频数，定时器单元将重新装载初始值，这也是俗称的“喂狗”。

3. 编程指南

下面介绍如何使能系统看门狗定时器。

(1) 选择时钟模式。

根据以上介绍知道系统看门狗定时器支持不同的时钟输入模式：内部 CPU 时钟、内部 PL 侧时钟、外部引脚时钟，可通过设置寄存器 slcr. WDT_CLK_SEL[SEL]来进行选择。在选择时钟输入信号前，首先要保证系统看门狗定时器处于未使能状态，即 swdt. MODE[WDEN]=0，同时还要保证时钟信号有效，时钟信号有效指的是有正常的时钟脉冲信号发送到系统看门狗定时器模块内部，无效的时钟信号将导致 APB 接口无法对模块进行读/写操作。

(2) 设置溢出周期。

只有当寄存器位段 swdt. CONTROL[CKEY] = 0x248 时，才能对定时器控制寄存器进行写操作，这也是上文中提到控制字要求。

(3) 使能定时器、使能输出脉冲、设置脉动宽度。

只有当寄存器位段 swdt. MODE[ZKEY] = 0xABC 时，才能对此步骤进行操作。首先设置中断信号、复位信号是否使能，信号脉冲宽度要满足要求，最后使能定时器。这些操作都可以使用 BSP 提供的 API 函数实现，这里不再对底层寄存器的操作进行说明。

(4) 如果需要重新配置系统看门狗，则重复上述三个步骤。

4.4.5 TTC 单元

1. TTC 单元简介

Triple Timer Counters 是定时器系统中非常实用的一个子单元，直白的中文翻译不能准确表达本单元的含义，因此本书直接称之为 TTC 单元。系统共有两个独立的 TTC 单元，每个 TTC 单元具有三个 16 位的计数器及三个 16 位的事件定时器，计数器可用来产生 PWM 脉冲，而定时器可用来测量外部脉冲的宽度，类似于其他处理器的捕获单元。

TTC 单元的特点总结如下：

- 具有三个 16 位的计数器，每个计数器具有独立的 16 位分频器，计数器的计数方式可灵活配置成增计数或减计数。

- 具有三个 16 位的事件定时器。
- 每对计数器/定时器可产生一路中断信号。

TTC 单元的整体结构如图 4-17 所示。

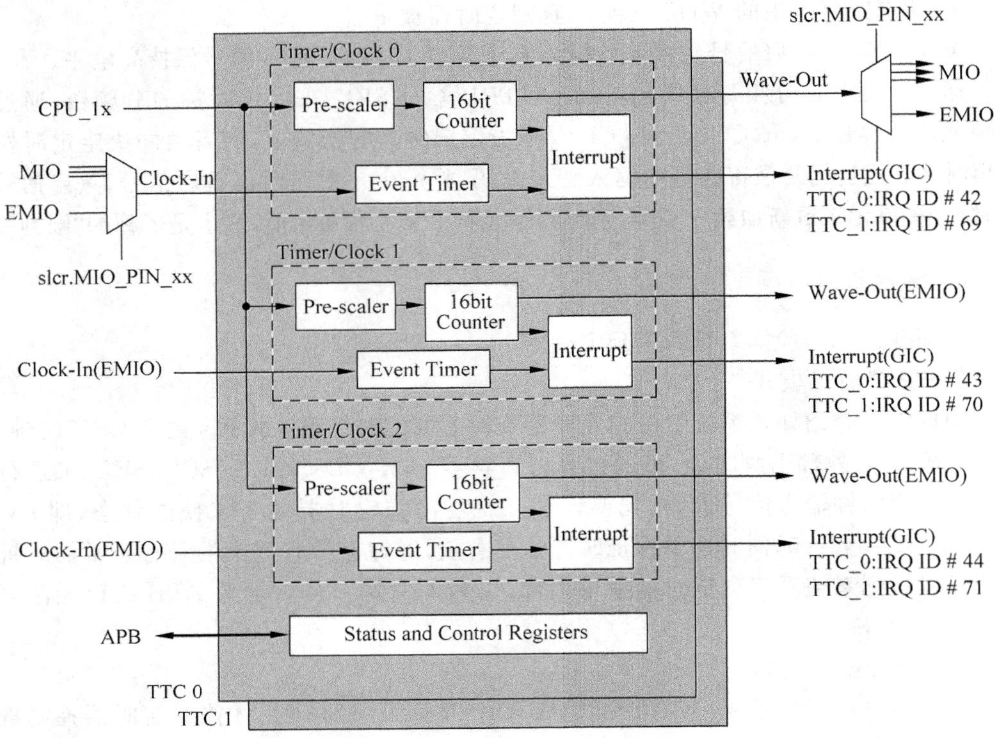

图 4-17　TTC 单元整体结构

如图 4-17 所示，TTC 单元的时钟输入 Clock-In 信号及 Wave-Out 输出信号具有很强的灵活性，为了便于读者进行学习，现将其总结在表 4-8 中。

表 4-8　TTC 单元信号分配

TTC	信　　号	MIO 引脚	EIMO 信号（可分配到 PL 部分的引脚）
TTC0	计数器/定时器 0　Clock-In	19,31,43	EMIOTTC0CLKI0
	计数器/定时器 0　Wave-Out	18,30,42	EMIOTTC0WAVEO0
	计数器/定时器 0　Clock-In	不支持	EMIOTTC0CLKI1
	计数器/定时器 0　Wave-Out	不支持	EMIOTTC0WAVEO1
	计数器/定时器 0　Clock-In	不支持	EMIOTTC0CLKI2
	计数器/定时器 0　Wave-Out	不支持	EMIOTTC0WAVEO2
TTC1	计数器/定时器 0　Clock-In	17,29,41	EMIOTTC1CLKI0
	计数器/定时器 0　Wave-Out	16,28,40	EMIOTTC1WAVEO0
	计数器/定时器 0　Clock-In	不支持	EMIOTTC1CLKI1
	计数器/定时器 0　Wave-Out	不支持	EMIOTTC1WAVEO1
	计数器/定时器 0　Clock-In	不支持	EMIOTTC1CLKI2
	计数器/定时器 0　Wave-Out	不支持	EMIOTTC1WAVEO2

以 TTC0 为例，以下介绍了如何对计数器/定时器 0 的 Clock-In 信号进行选择。

- 如果 slcr. MIO_PIN_19[6～0] = 1100000，则使用 MIO[19]引脚。
- 如果 slcr. MIO_PIN_31[6～0] = 1100000，则使用 MIO[31]引脚。
- 如果 slcr. MIO_PIN_43[6～0] = 1100000，则使用 MIO[43]引脚。
- 其他情况，使用 EMIOTTC0CLKI0 信号。

TTC0 单元的计数器/定时器 1 子单元只能使用 EMIOTTC0CLKI1 作为时钟信号，计数器/定时器 2 子单元只能使用 EMIOTTC0CLKI2 作为时钟信号。

2. 计数器工作模式

TTC 单元中的每个计数器之前都具有一个预分配单元，可将选择的时钟信号进行 1/2～1/65 536 分频，分频后的时钟信号供计数器使用。由于计数器支持 Wave-Out 输出，因此类似于其他处理器的 PWM 产生模块。每个计数器都可选为增计数或减计数模式，并且支持多种中断模式，如计数器溢出、计数器等于间隔寄存器的值、计数器等于比较寄存器的值。每个计数器可独立配置成以下两种工作模式中的一种。

1) 间隔计数模式

该模式下，计数器的计数周期由间隔寄存器决定，计数器在 0 到计数器周期之间进行增计数或减计数，增减计数的方向由控制寄存器中的 DEC 位决定。当计数器的值归零或计数器的值与比较寄存器中的值相等时，产生中断。

2) 自由计数模式

该模式下，计数器的计数周期默认为最大值 0xFFFF，计数器在 0～0xFFFF 之间进行增计数或减计数，增减计数的方向由控制寄存器中的 DEC 位决定。当计数器的值归零或计数器的值与比较寄存器中的值相等时，产生中断。

3. 事件定时器工作模式

事件定时器主要用来对外部脉冲宽度进行测量，类似于其他处理器中的捕获单元。事件定时器为 16 位，其驱动时钟为 CPU 系统时钟 CPU_1x。当外部信号电平无效时，定时器保持在 0，当外部信号电平有效时，定时器进行增计数，当外部信号由有效电平切换到无效电平时，定时器的当前值将会自动保存到事件寄存器中，该寄存器中的值反映了外部脉冲的宽度，单位为 CPU_1x 时钟周期。如果在计数过程中定时器发生溢出，则事件寄存器中的值不会被更新，以防止测量错误。外部信号有效电平的类型及定时器的工作模式都由事件控制寄存器进行控制，现对寄存器中的关键位进行介绍。

- E_En 位：事件定时器使能位，为 0 时将立即停止计数，并将定时器清零。
- E_Lo 位：用于选择外部信号的有效电平。
- E_Ov 位：用于选择定时器溢出时的动作。如果为 0，当定时器溢出时直接将 E_En 位清零，停止定时器工作；如果为 1，定时器溢出后将继续进行循环计数，即处于自由计数模式。无论该控制位为 0 或为 1，定时器溢出都可以触发中断。

4.4.6 编程指南

1. 计数器的使能

- 保证 TTC 模块未使能(ttc. Counter_Control_x[DIS]=1),通过 slcr. MIO_MUX_SEL 寄存器选择时钟输入信号,通过 TTC 控制寄存器设置时钟预分配值。
- 设置计数间隔,这一步仅在间隔计数模式下使用。
- 设置比较值,仅在使用比较功能时需要设置。
- 使能中断,可选。
- 设置 Wave-Out 是否有效、计数器方向、计数器工作模式、使能/禁止比较功能,并使能 TTC 模块。

2. 计数器的停止

读计数器控制寄存器的值并保存在一个变量中,将控制寄存器 DIS 在变量中对应的位写 1,重新将变量写入控制寄存器。

3. 计数器的重启

读计数器控制寄存器的值并保存在一个变量中,将控制寄存器 RST 在变量中对应的位写 1,重新将变量写入控制寄存器。

4. 事件定时器的使能

- 通过 slcr. MIO_MUX_SEL 寄存器选择外部脉冲信号的输入通道。
- 选择外部脉冲信号的有效电平,设置定时器溢出后的处理方式,使能定时器。
- 使能中断,可选。
- 读事件寄存器中的测量值,从而计算外部脉冲有效电平的宽度,需要注意的是,当外部脉冲较宽而导致事件定时器溢出时,寄存器中的值不能有效反应外部脉冲宽度,需要配合溢出中断进行判断。

4.4.7 相关寄存器

定时器系统相关寄存器如表 4-9 所示。

表 4-9　定时器系统相关寄存器

功　　能	寄存器名称	寄存器说明
CPU 私有定时器		
重新装载值	Timer Load	重新装载时将该寄存器中的值装载到计数单元
计数器当前值	Timer Counter	计数器的当前值
功能控制	Timer Control	使能、重装、IRQ、时钟分频等功能控制
中断控制	Timer Interrupt	中断状态

续表

功　能	寄存器名称	寄存器说明
CPU 私有看门狗		
重新装载值	Watchdog Load	重新装载时将该寄存器中的值装载到计数单元
计数器当前值	Watchdog Counter	计数器的当前值
功能控制	Watchdog Control	使能、重装、IRQ、时钟分频等功能控制 注：改寄存器只能使能看门狗，但不能重新禁用看门狗
中断控制	Watchdog Interrupt	中断状态
复位状态	Watchdog Reset Status	用于标示看门狗计数器是否减计数到 0 而触发复位操作。由于该寄存器仅能在上电复位时清零，而看门狗复位时该寄存器不为 0，因此读该寄存器可以判断复位操作是否由看门狗引起
看门狗禁用	Watchdog Disable	通过向该寄存器写入要求的关键字，可禁用看门狗
全局定时器(GT)		
当前计数值	Global Timer Counter	计数器的当前值
功能控制	Global Timer Control	使能定时器、使能比较功能、IRQ、重新装载选择等
中断控制	Global Timer Interrupt	中断状态
比较器当前值	Comparator Value	比较器的当前值
比较器增量	Comparator Increment	比较器的增量
定时器禁用	Global Timer Disable	通过向该寄存器写入要求的关键字，可禁用看门狗
系统看门狗(SWDT)		
模式选择	swdt. MODE	使能 SWDT、使能中断输出及复位信号输出、设置中断输出信号及复位信号的脉冲宽度
重新装载值	swdt. CONTROL	用于设置 24 位计数单元及预分频单元的重新装载值
复位操作	swdt. RESTART	可使 24 位计数器及预分频计数器重新加载并重启
状态	swdt. STATUS	用于标示 24 位计数器是否为 0
TTC 单元		
时钟控制	Clock Control Register	选择时钟输入通道、配置预分频单元
	Counter Control Register	使能计数器、设置工作方式、设置计数方向、使能比较功能、使能 Wave-Out 等
状态	Counter Value Register	读该寄存器返回计数器当前值
计数器功能控制	Interval Register	用于设定间隔工作模式下的时间间隔
	Match Register 1/2/3	比较寄存器，用于 Wave-Out 输出判断
中断功能	Interrupt Register	用于反映当前中断状态
	Interrupt Enable Register	中断使能寄存器
事件定时器	Event Control Timer Register	使能事件定时器、停止定时器等
	Event Register	用于表明外部脉冲有效信号的宽度

4.4.8 应用实例

例：使用 CPU0 的私有定时器产生中断周期为 1s 的中断，在中断处理函数中翻转 MIO[47] LED 的状态，最后在 MicroZed 评估板上进行验证。

1. 硬件配置

由于私有定时器为系统内置模块，因此无须对硬件单元进行特殊配置，但需要使能 GPIO 与 GIC 单元，可分别参照 4.2 节与 4.3 节。

2. 应用程序

程序清单：

```
#include <stdio.h>
#include "platform.h"
#include "xgpiops.h"
#include "Xscugic.h"
#include "xscutimer.h"
#include "xil_types.h"
#include "Xil_exception.h"
//宏定义
#define TIMER_DEVICE_ID   XPAR_PS7_SCUTIMER_0_DEVICE_ID
#define GPIO_DEVICE_ID XPAR_XGPIOPS_0_DEVICE_ID
#define INTC_DEVICE_ID XPAR_SCUGIC_SINGLE_DEVICE_ID
#define GPIO_INTERRUPT_ID XPAR_XGPIOPS_0_INTR
#define TIMER_INTERRUPT_ID   XPAR_SCUTIMER_INTR
#define LED_IO 47                                  //定义 LED 输出端口的 I/O 号
#define TIMER_LOAD_VALUE     0x13DE4355  //定义定时器的初始值,当 PERIPHCLK 周期 = 2 *
                                           //CLK 周期时,约 1s
//定义初始化需要的变量
static XGpioPs       mGpioPs;
static XScuGic       mXScuGic;
static XScuTimer     Timer;
//定义其他变量
static int Set = 0;
//函数声明
void TimerIntrHandler(void * CallBackRef);
void Init_IO(void);
void Init_Timer(void);
void Init_GIC(void);
//==== 主函数 =============================================
int main()
{
    init_platform();
    Init_IO();
    Init_Timer();
    Init_GIC();
```

```
    printf("ARM Cortex-A9_0 Private Timer!\n\r");
    XScuTimer_Start(&Timer);                              //启动定时器
    while(1);
    return 0;
}
//==== 子函数 ===================================================
//Timer 中断处理子函数
void TimerIntrHandler(void * CallBackRef)
{
    XScuTimer * TimerInstancePtr = (XScuTimer * ) CallBackRef;
    XScuTimer_ClearInterruptStatus(TimerInstancePtr);  //清除中断标志

    Set ^ = 1;
    XGpioPs_WritePin(&mGpioPs,LED_IO,Set);                //LED 输出
    printf("Enter Private Timer ISR!\n\r");
  //XScuTimer_LoadTimer(&Timer, TIMER_LOAD_VALUE);
  //如果未使能自动装载,在中断中需要手动重新装载
  //XScuTimer_Start(&Timer);                              //再次启动
}
//Timer 初始化子函数
void Init_Timer()
{
    XScuTimer_Config * TMRConfigPtr;
    //初始化
  TMRConfigPtr = XScuTimer_LookupConfig(TIMER_DEVICE_ID);
  XScuTimer_CfgInitialize(&Timer, TMRConfigPtr,TMRConfigPtr-> BaseAddr);
  XScuTimer_SelfTest(&Timer);                             //Timer 自测试
  XScuTimer_EnableInterrupt(&Timer);                      //使能 Timer 中断
  XScuTimer_LoadTimer(&Timer, TIMER_LOAD_VALUE);          //装载初始值
  XScuTimer_EnableAutoReload(&Timer);                     //使能自动装载功能
  //XScuTimer_Start(&Timer);                              //启动定时器
}
//I/O 初始化子函数
void Init_IO()
{
    XGpioPs_Config * mGpioPsConfig;
    //初始化
    mGpioPsConfig = XGpioPs_LookupConfig(GPIO_DEVICE_ID);
    XGpioPs_CfgInitialize(&mGpioPs,mGpioPsConfig,mGpioPsConfig-> BaseAddr);
    XGpioPs_SetDirectionPin(&mGpioPs,LED_IO,1);           //设置 MIO[47]为输出方向
    XGpioPs_SetOutputEnablePin(&mGpioPs,LED_IO,1);        //MIO[47]输出使能
}
//GIC 初始化子函数
void Init_GIC()
{
    XScuGic_Config * mXScuGic_Config;
    //连接到硬件
    Xil_ExceptionInit();
    Xil_ExceptionRegisterHandler(
                                      XIL_EXCEPTION_ID_IRQ_INT,
                                      (Xil_ExceptionHandler)XScuGic_InterruptHandler,
```

```
                                            (void * )&mXScuGic
                                            );
    //初始化
    mXScuGic_Config = XScuGic_LookupConfig(INTC_DEVICE_ID);
    XScuGic_CfgInitialize(&mXScuGic,mXScuGic_Config,mXScuGic_Config-> CpuBaseAddress);
    //GIC 初始化
    //设置中断服务程序入口地址
    XScuGic_Disable(&mXScuGic,TIMER_INTERRUPT_ID); //首先禁止 ID29 中断,ID29 对应 Timer
    XScuGic_Connect(
                    &mXScuGic,TIMER_INTERRUPT_ID,
                    (Xil_ExceptionHandler)TimerIntrHandler,
                    (void * )&Timer
                    );                              //中断入口地址设置
    XScuGic_Enable(&mXScuGic,TIMER_INTERRUPT_ID);  //使能 ID29 中断
    //使能 Processor 中断
    Xil_ExceptionEnable();
    Xil_ExceptionEnableMask(XIL_EXCEPTION_IRQ);
}
// ==== End of file ====
```

通过 SDK 软件平台的 Console 窗口观察程序运行结果,如图 4-18 所示。

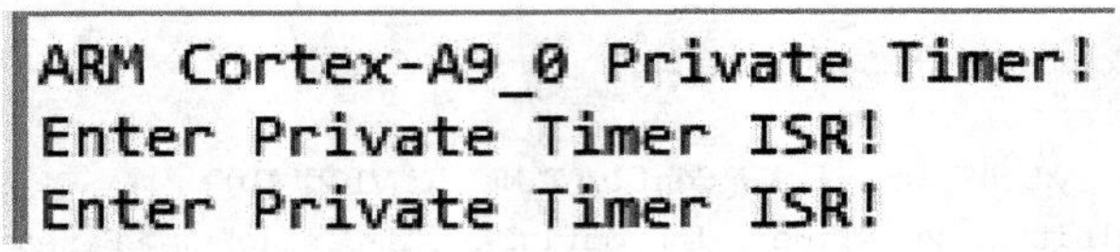

```
ARM Cortex-A9_0 Private Timer!
Enter Private Timer ISR!
Enter Private Timer ISR!
```

图 4-18 程序运行结果

第5章 XADC模块应用实例

XADC 模块处在 PL 侧，与处在 PS 侧的外设模块稍有不同。处在 PS 侧的外设模块与 CPU 之间的交互通路已完全确定，用户无须对交互通路本身进行配置与开发，而处于 PL 侧的 XADC 模块以一个硬件 IP 核的模式供系统调用，PL 本身或 CPU 都可对其进行调用，在调用 XADC 模块时需要对数据交互通路进行选择与配置。XADC 模块内部具有许多控制与状态寄存器，PL 或 CPU 通过数据交互通路对寄存器进行读/写控制即可实现对 XADC 模块的配置。本章首先介绍 XADC 模块本身，如硬件引脚、工作模式等，使读者了解 XADC 模块的工作原理，之后将介绍 PL 或 CPU 与 XADC 模块进行数据交互的方法，使读者在构建系统时能清晰地认识 XADC 模块的调用方法，最后给出基于 Vivado＋SDK 工具组对 XADC 进行开发的应用实例。通过本章的学习，读者应能掌握 XADC 模块的工作原理，并熟练进行软硬件开发。

5.1 简介

Xilinx 所有 7 系列的器件（Artix、Kintex、Virtex 及 ZYNQ-7000 AP SoC）均具有 XADC 模块，外部逻辑资源或 CPU 可通过 PS-XADC 或 AXI＋DPR 接口访问模块内部的状态及控制寄存器，XADC 模块在系统中的位置如图 5-1 所示。

XADC 模块由两个 A/D 转换器、一个多路复用器及片内传感器（温度传感器、电压传感器）共同组成。每个 A/D 转换器具有 12 位精度，其最大采样能力为 1MSPS，且各自具有独立的采样保持电路，采样保持电路支持多种不同的电压输入形式，如单极性、双极性与差分形式，多路复用器最多支持 17 个采样通路，片内温度及电压传感器可用于监控片内温度及供电电压。XADC 模块的具体内部结构如图 5-2 所示。

正如所有 A/D 转换器一样，XADC 模块也需要参考电压，参考电压可由芯片内部提供，也可由外部提供。当 XADC 模块仅用于监视片内温度及电压时，由于需要的精度不高，为减少外部器件，可使用内部

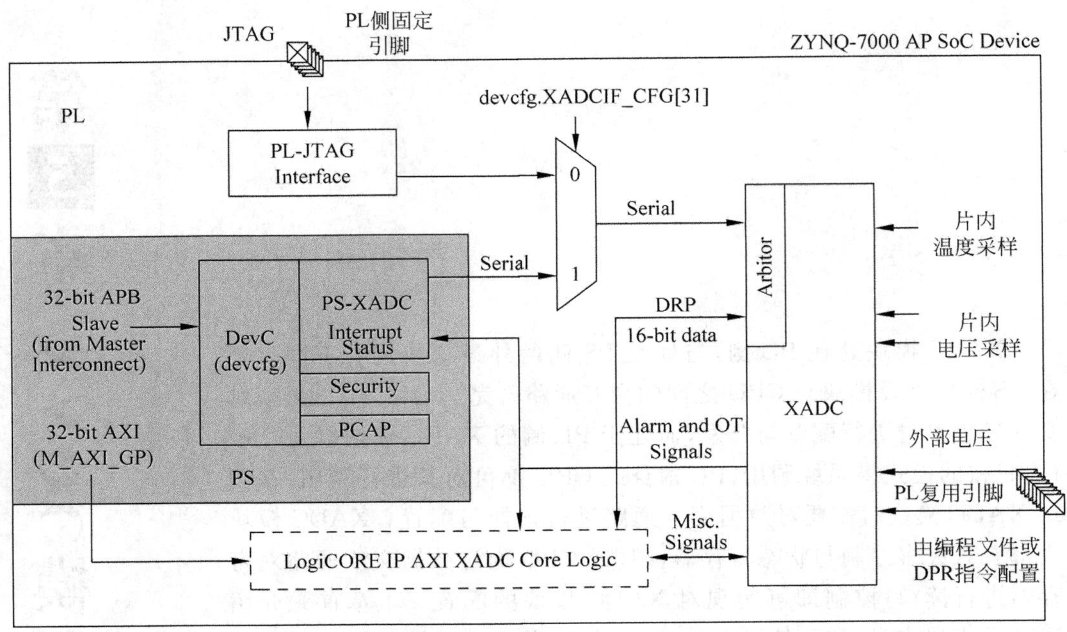

图 5-1　XADC 模块在系统中的位置

注：只有 ZYNQ-7000 AP SoC 才具有 PS 部分。

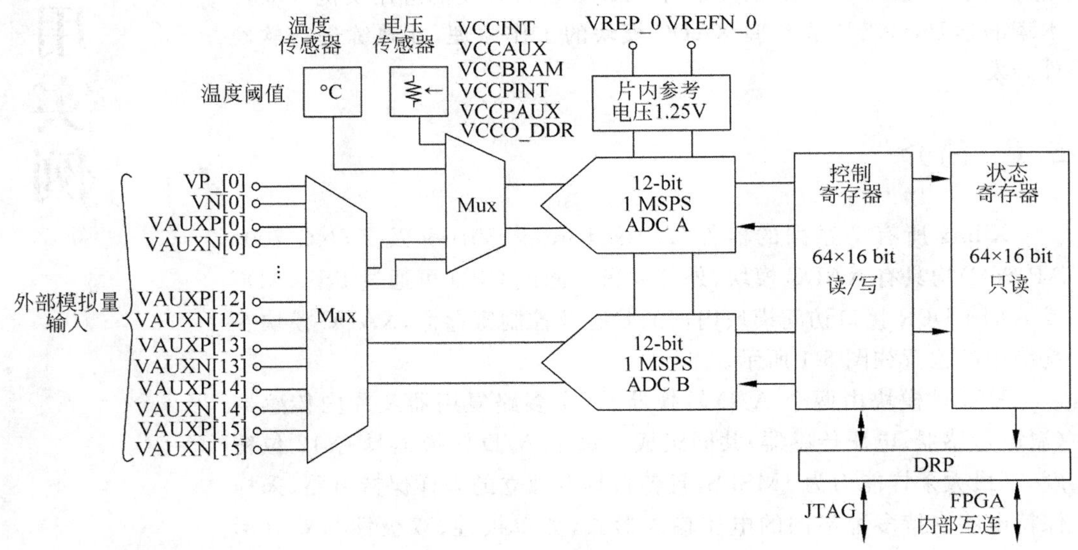

图 5-2　XADC 模块内部结构

参考电压，但如果真正要达到 12 位有效采样精度，建议使用外部稳压芯片提供 1.25V 参考电压。

XADC 模块可对片内温度及供电电压进行监视，当温度超过寄存器中设置的阈值或电压超过允许范围时，可产生报警输出信号用以触发中断。

5.2 功能详述

5.2.1 XADC模块相关引脚

XADC模块的功能引脚均位于器件引脚分区0中，其信号类型有模块供电引脚、参考电压输入引脚、固定模拟量输入引脚及辅助模拟量输入引脚，其中辅助模拟量输入引脚既可以用于模拟量输入通路，也可以当作通用I/O引脚使用，具体如表5-1所示。

表5-1 XADC模块功能引脚

引脚名称	信号类型	描　述
VCCADC_0	供电电源正	XADC模块供电电源的正极，一般可直接与VCCAUX共用1.8V的电压输入，也可分别供电。VCCADC_0引脚无论在何种情况下都不能接GND，当XADC模块未使用时，该引脚仍要接到VCCAUX上
GNDADC_0	供电电源负	XADC模块供电电源的负极，可通过一个磁珠连接到系统GND上，无论XADC模块是否使用，该引脚都要连接
VREFP_0	参考电压输入正	外部参考电压的正极，可用于外接1.25V参考电压正极，当芯片使用内部参考电压时，该引脚必须接GNDADC
VREFN_0	参考电压输入负	外部参考电压的负极，可用于外接1.25V参考电压负极，无论是否使用外部参考电压，该引脚都必须接GNDADC
VP_0	固定模拟量输入通道正	模拟量输入通路的正极，与VN_0一起构成一路差分式模拟输入通路(VP/VN)，该引脚仅能作为模拟量输入通路使用
VN_0	固定模拟量输入通道负	模拟量输入通路的负极，与VP_0一起构成一路差分式模拟输入通路(VP/VN)，该引脚仅能作为模拟量输入通路使用
_AD0P～_AD15P	辅助模拟量输入通道正/通用I/O	这些引脚既可作为模拟量输入引脚也可以作为通用I/O引脚使用，当作为模拟量输入通道使用时，与_AD0N ～_AD15N可共同组成16路差分式模拟输入通路(VAUXP/VAUXN)
_AD0N～_AD15N	辅助模拟量输入通道负/通用I/O	这些引脚既可作为模拟量输入引脚也可以作为通用I/O引脚使用，当作为模拟量输入通道使用时，与_AD0NP ～_AD15P可共同组成16路差分式模拟输入通路(VAUXP/VAUXN)

为便于读者理解XADC模块的引脚功能，图5-3给出了两种最基本的供电配置方案。

图5-3(a)为使用外部参考电压时的供电方案，图中XADC模块的供电电源正极VCCADC通过磁珠连接到VCCAUX上，而GNDADC同样通过磁珠连接到系统GND上，磁珠可用来消除高频干扰，减小电源系统之间的耦合。参考电压输入引脚VREFP及VREFN分别连接到外部1.25V的正极与负极。图5-3(b)为使用内部参考电压时的供电方案，图中XADC模块的供电电源与使用外部参考电压时相同，但参考电压输入引脚VREFP及VREFN需直接连接到GNDADC上。

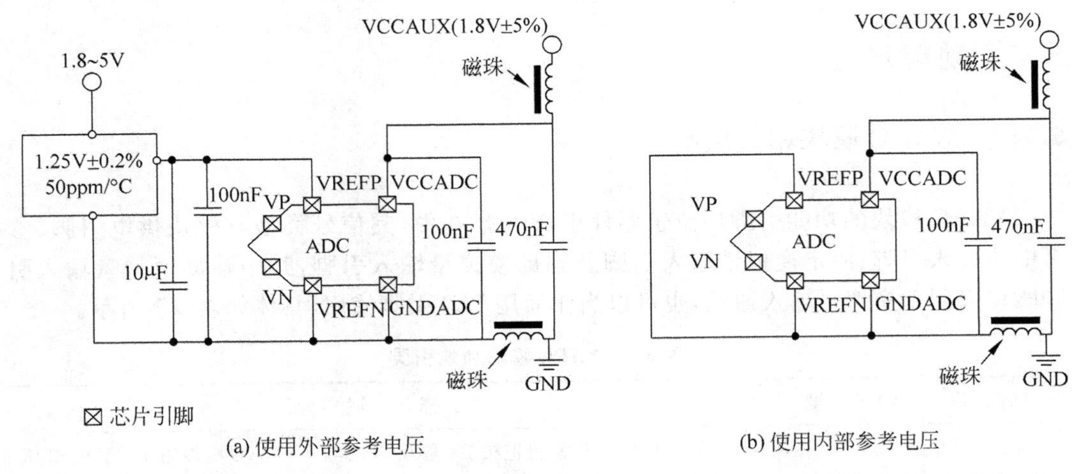

(a) 使用外部参考电压

(b) 使用内部参考电压

图 5-3　XADC 模块供电方案

5.2.2　模拟量输入类型及量化关系

XADC 模块内部的 A/D 转换单元既可以用于外部电压采样，也可以用于片内传感器信号采样，可通过控制寄存器决定采样通路。本小节首先介绍 A/D 转换器采样通路结构，接着对不同输入信号下的量化结果进行说明。

1. 采样通路结构

XADC 模块使用差分式采样通路来提高采样精度，差分采样通路可有效减小共模信号对采样系统的影响，这可以保证对高频及微小电压信号采样时的精度。图 5-4 给出了差分采样通路对共模电压进行抑制的原理，图中 R_G(对公共端阻抗)通常会引入电压噪声信号，在高频电路中电压噪声有时会达到 100mV 甚至更高，如果仅仅采样 VP 对公共端的电压，那么必然会引入干扰信号，如果使用差分采样同时对 VP 及 VN 进行采样，则可消除干扰信号。

2. 单极性电压输入

1）输入通道连接方式

当对单极性电压进行采样时，需通过控制寄存器 0 将内部 A/D 转换单元配置在单极性工作模式下。单极性工作模式下，外部模拟量输入通道（这里以 VP 和 VN 为例）的电压输入范围为 0～1V，且 VP 电压应始终高于 VN 电压。VN 通常连接到系统 GND 或某个信号的公共端，VN 对 GNDADC 的最大电压不能超过 0.5V，由于 VP 相对于 VN 的最大电压为 1V，因此 VP 对 GNDADC 的最大电压为 1.5V。图 5-5 给出了单极性采样模式下模拟输入通道的一种典型连接方式。

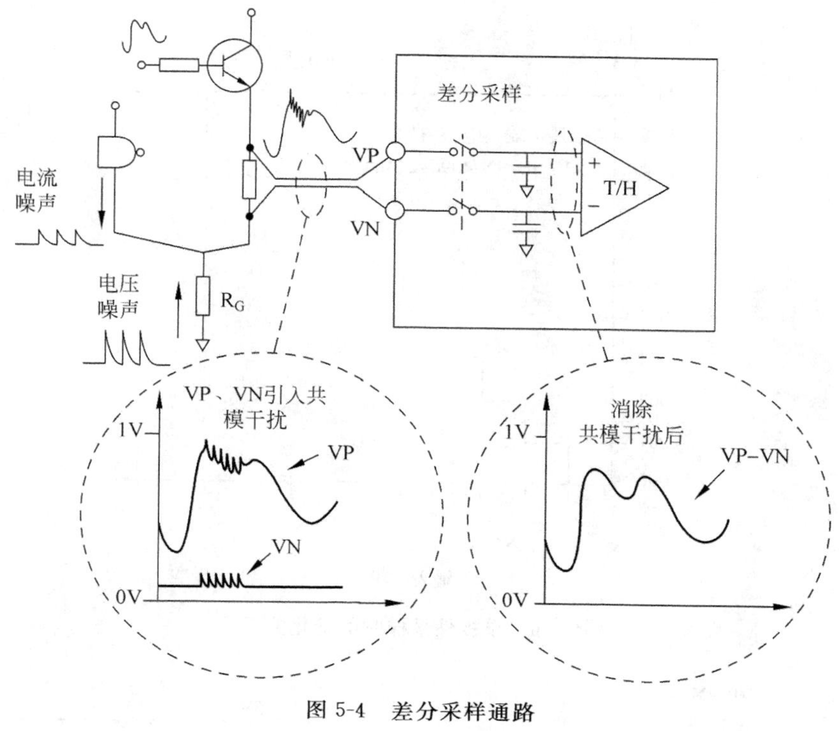

图 5-4　差分采样通路

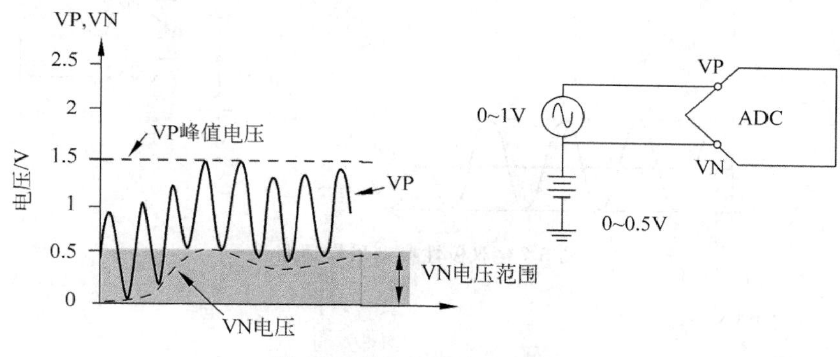

图 5-5　单极性典型采样电路

2）量化关系

图 5-6 给出了输入电压与量化结果之间的对应关系，量化结果直接使用二进制源码形式。当输入信号为 0V 时，量化结果为 0x000，当输入信号为 1V 时，量化结果为 0xFFF，采样精度为 1V/4096 = 244μV。

3. 双极性电压输入

1）输入通道连接方式

当对双极性电压进行采样时，需通过控制寄存器 0 将内部 A/D 转换单元配置在双极性工作模式下。双极性工作模式下，外部模拟量输入通道（VP－VN）的电压输入范围为－0.5～0.5V，但必须保证 VP 与 VN 相对于 GNDADC 电压必须大于 0。图 5-7 与图 5-8 分别给出了双极性采样模式下的两种典型输入电路。

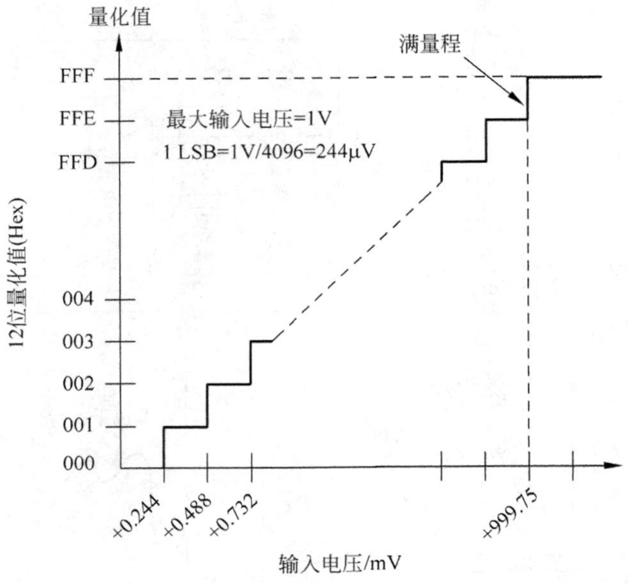

图 5-6 单极性采样时的量化关系

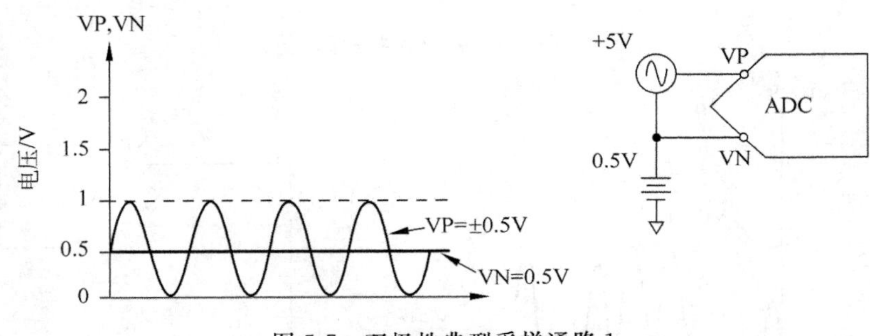

图 5-7 双极性典型采样通路 1

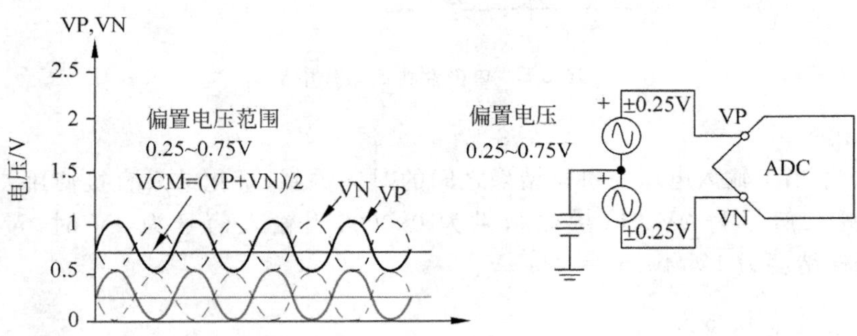

图 5-8 双极性典型采样通路 2

2）量化关系

图 5-9 给出了输入电压与量化结果之间的对应关系，与单极性采样不同，双极性采样时的量化结果使用二进制补码形式。当 VP－VN＝－0.5V 时，量化结果为 0x800；当 VP－VN＝0.5V 时，量化结果为 0x7FF，采样精度为 1V/4096 ＝ 244μV。

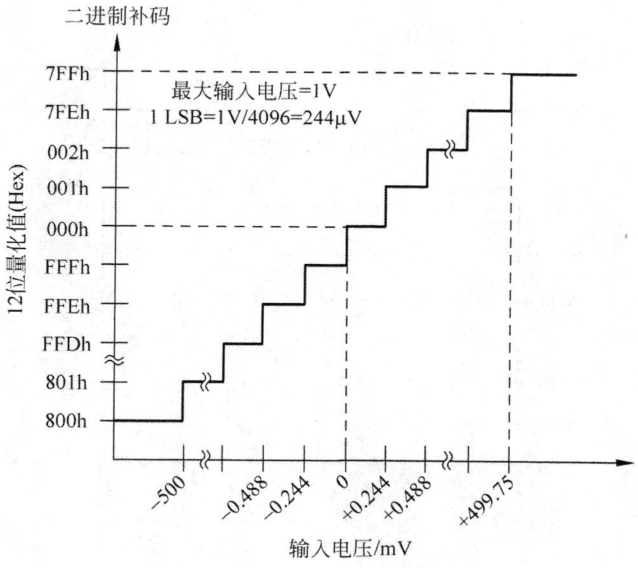

图 5-9 双极性采样时的量化关系

双极性采样模式下的量化结果可直接用于判断 VP 与 VN 之间的大小关系。

4. 温度传感器测量信号输入

7 系列 FPGA 或 ZYNQ-7000 AP SoC 芯片内部具有一个温度传感器,其输出电压与温度成线性关系,XADC 模块可将传感器输出电压转换成 12 位数字量,转换结果与电压之间的对应关系如式(5.1)所示。

$$T(℃)=\frac{\text{ADCCode}\times 503.975}{4096}-273.15 \tag{5.1}$$

转换结果存放在 XADC 寄存器单元的 00h 地址中,图 5-10 给出了典型温度下对应的量化结果。

5. 电压传感器测量信号输入

7 系列 FPGA 或 ZYNQ-7000 AP SoC 芯片内部同样具有一系列的电压传感器,用于监视芯片供电电压质量。在 7 系列 FPGA 中,电压传感器用于监视 VCCINT、VCCAUX 及 VCCBRAM,在 ZYNQ-7000 AP SoC 中,电压传感器还需要监视 VCCPINT、VCCPAUX 及 VCCO_DDR 三个信号。电压传感器可用于监视的电压范围为 0～VCCAUX＋5%,可监视的最小电压为 0.73mV,供电电压与量化结果之间的关系如式(5.2)所示。

$$\text{Voltage(V)}=\frac{\text{ADCCode}}{4096}\times 3 \tag{5.2}$$

VCCINT、VCCAUX 及 VCCBRAM 的量化结果分别存放在 XADC 模块寄存器单元的 01h、02h 及 03h 地址中,VCCPINT、VCCPAUX 及 VCCO_DDR 的量化结果分别存放在寄存器单元的 0Dh、0Eh 及 0Fh 地址中。图 5-11 给出了典型电压下对应的量化结果。

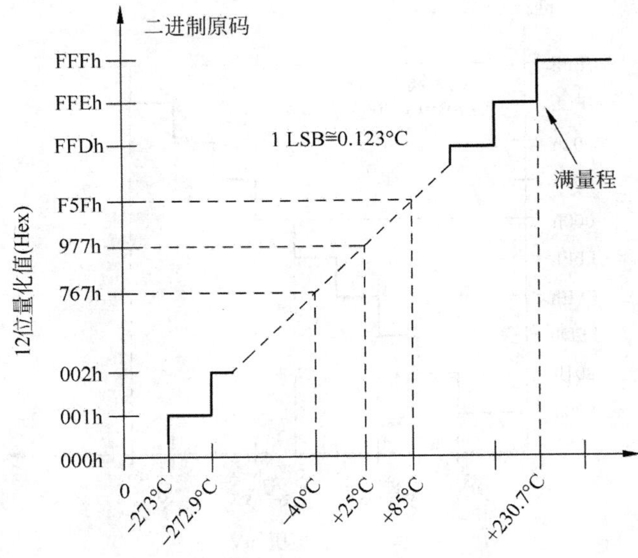

图 5-10　量化结果与实际温度对应关系

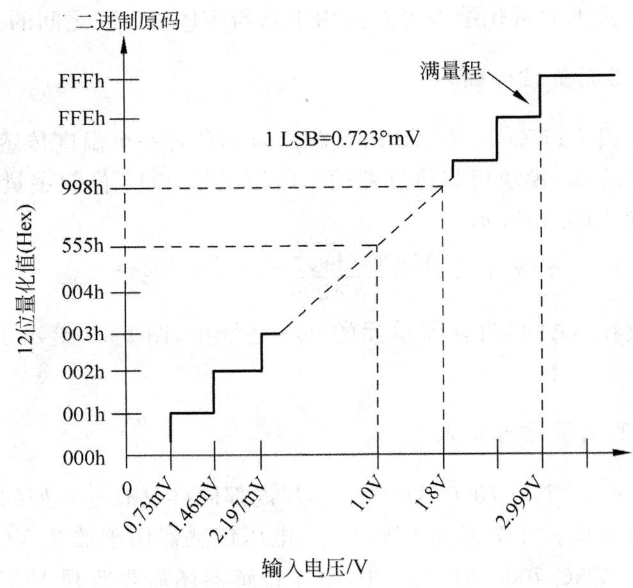

图 5-11　量化结果与实际电压对应关系

5.2.3　电压、温度的记录与报警

1. 电源电压、温度的记录

XADC 模块为每一路电源电压监视通道开辟了两个寄存器，其中一个用来存放芯片上电或 XADC 模块复位后出现过的最大电压量化值，另一个用于存放出现过的最小电压

量化值。以 VCCINT 为例，21h 地址用于存放出现过的电压最大值，25h 用于存放出现过的电压最小值。当系统上电或 XADC 模块复位后，21h 中的值为 0000h，25h 中的值为 FFFFh，VCCINT 的每次转换结果都将与 21h 及 25h 中的值进行比较。一旦转换结果大于 21h 中的值，则将 21h 中的值更新为当前转换结果；转换结果小于 25h 中的值，则将 25h 中的值更新为当前转换结果，因此 21h 始终存放 VCCINT 量化结果的最大值，而 25h 始终存放 VCCINT 量化结果的最小值。

其他电压转换通路及温度转换通路具有与 VCCINT 相同的功能，其相应的最大值及最小值记录寄存器如表 5-2 所示。

表 5-2　最大值、最小值记录寄存器

寄存器地址	描　述
20h	温度转换通路出现过的最大值
21h	VCCINT 转换通路出现过的最大值
22h	VCCAUX 转换通路出现过的最大值
23h	VCCBRAM 转换通路出现过的最大值
24h	温度转换通路出现过的最小值
25h	VCCINT 转换通路出现过的最小值
26h	VCCAUX 转换通路出现过的最小值
27h	VCCBRAM 转换通路出现过的最小值
28h	VCCPINT 转换通路出现过的最大值
29h	VCCPAUX 转换通路出现过的最大值
2Ah	VCCO_DDR 转换通路出现过的最大值
2Bh	保留
2Ch	VCCPINT 转换通路出现过的最小值
2Dh	VCCPAUX 转换通路出现过的最小值
2Eh	VCCO_DDR 转换通路出现过的最小值
2Fh	保留

注：仅 ZYNQ-7000 AP SoC 才支持 VCCPINT、VCCPUX 及 VCCO_DDR。

2. 电源电压、温度超限报警功能

1）电源电压、温度超限报警原理

XADC 模块的每一路电源电压及温度转换通路都具有两个阈值寄存器，一个用于设定最大值，另一个用于设定最小值。当电源电压转换结果大于阈值寄存器设定的最大值或小于阈值寄存器设置的最小值时，报警信号将变为有效状态（前提是 41h 中的报警使能位有效），一旦之后的转换结果介于阈值寄存器设置的最大与最小值之间，报警信号将变为无效状态。

温度转换通路的报警原理与电源电压转换通路的稍有不同，当温度量化值大于阈值寄存器中的最大值时，报警信号有效（前提是 41h 中的报警使能位有效），只有当温度量化值小于阈值寄存器中的最小值时，报警信号才变为无效。

系统提供了两路温度报警信号 ALM[0]及 OT，ALM[0]报警信号使用 50h 地址的存储值作为最大阈值，使用 54h 地址的存储值作为最小阈值，该报警信号无法触发芯片进入 Power-Down 模式，通常仅用于提示用户芯片温度超过设定值。OT 报警信号使用 53h 地址的存储值作为最大阈值，使用 54h 地址的存储值作为最小阈值，如果 53h 地址未配置，则系统默认 OT 信号的最大报警温度为 125℃，用户可通过改变 53h 的值来改变最大报警温度，53h 的低 4 位必须为 0011b，而高 12 位用于设置报警温度。例：如果用户需要设置 OT 的报警温度为 100℃，根据式(5-1)计算的量化值为 BD8h，则 53h 应为 BD83h。当系统 Power-Down 功能被使能后，当 OT 信号有效时(高电平)，约 10ms 后系统将进入 Power-Down 状态，系统进入 Power-Down 状态后由于 XADC 模块将时钟输入切换到内部振荡器，因此 XADC 模块将继续工作，一旦监测到芯片温度小于最小阈值，则 OT 信号无效(低电平)，系统重新进入 Power-Up 状态。

XADC 模块具有的报警信号如表 5-3 所示。

表 5-3　XADC 报警信号

报警信号	描　述	报警信号	描　述
ALM[0]	温度检测警告报警	ALM[4]	VCCPINT
ALM[1]	VCCINT	ALM[5]	VCCPAUX
ALM[2]	VCCAUX	ALM[6]	VCCO_DDR
ALM[3]	VCCBRAM	ALM[7](OT)	温度检测致命报警

报警阈值设置寄存器表 5-4 所示。

表 5-4　报警阈值设置寄存器

寄存器地址	描　述	对应的报警信号
50h	温度检测警告报警的最大阈值	ALM[0]
51h	VCCINT 转换通路最大阈值	ALM[1]
52h	VCCAUX 转换通路最大阈值	ALM[2]
53h	温度检测致命报警最大阈值	OT
54h	温度检测警告报警的最小阈值	ALM[0]
55h	VCCINT 转换通路最小阈值	ALM[1]
56h	VCCAUX 转换通路最小阈值	ALM[2]
57h	温度检测致命报警最小阈值	OT
58h	VCCBRAM 转换通路最大阈值	ALM[3]
59h	VCCPINT 转换通路最大阈值	ALM[4]
5Ah	VCCPAUX 转换通路最大阈值	ALM[5]
5Bh	VCCO_DDR 转换通路最大阈值	ALM[6]
5Ch	VCCBRAM 转换通路最小阈值	ALM[3]
5Dh	VCCPINT 转换通路最小阈值	ALM[4]
5Eh	VCCPAUX 转换通路最小阈值	ALM[5]
5Fh	VCCO_DDR 转换通路最小阈值	ALM[6]

注：写入上述寄存器中的 12 位阈值采用左对齐方式。

2）报警信号传送

XADC 模块常用的接口为 PS-XADC 和 AXI＋DPR，不同接口下的报警信号传送有所不同。本小节内容建议与 5.4 节结合起来进行理解。

(1) 使用 PS-XADC 接口时。

ALM[6～0]及 OT 信号直接传送到 PS-XADC 接口单元中,因此可直接使用这些信号触发 CPU 进行中断响应。一旦报警信号有效,有效状态将锁存到 devcfg. XADCIF_INT_STS 寄存器中,如果 devcfg. XADCIF_INT_MASK 寄存器中对应的中断使能位有效,将产生中断请求,所有报警信号的中断请求经过"或"操作后合并成一路中断请求信号,此路中断请求信号的 ID 编号为 39。在中断处理函数中,通过读取 devcfg. XADCIF_INT_STS 的值可判断到底由哪路报警信号触发的中断,向 devcfg. XADCIF_INT_STS 对应的位写 1 可清除中断请求。

(2) 使用 AXI+DPR 接口时。

DPR 接口支持 ALM[6～0]及 OT 信号,使用 DPR 接口时需要配合 AXI_XADC 连接单元,报警信号可通过这个单元进行控制,具体可参考 Xilinx 官方文档 PG019: LogiCORE IP AXI XADC Product Guide。

5.2.4 自动校正功能

XADC 模块可对片内的两个 A/D 转换单元及电压传感器进行偏移量及增益校正,通过向 A/D 转换单元及电压传感器接入一个已知的电压(如 VREFP/VREFN),启动通道 8 采样过程,偏移量及增益校正系数将自动产生并存放在相关状态寄存器中。ADC A 转换单元的校正系数存放在 08h～0Ah 地址中,ADC B 转换单元的校正系数存放在 30h～32h 地址中。通过配置控制寄存器 41h 中的 CAL0～3 控制位,可将产生的偏移量及增益校正系数用于每次采样过程。校正系数在地址单元中的存放方式如表 5-5 所示。

表 5-5 XADC 模块校正系数

DATA[11～0]			—	ADC A 供电偏移量校正系数	08h
DATA[11～0]			—	ADC A 极性偏移量校正系数	09h
—	符号	MAG[5～0]		ADC A 增益校正系数	0Ah
DATA[11～0]			—	ADC B 供电偏移量校正系数	30h
DATA[11～0]			—	ADC B 极性偏移量校正系数	31h
—	符号	MAG[5～0]		ADC B 增益校正系数	32h

1. 偏移校正系数的应用

偏移校正系数使用二进制补码格式,如果 ADC A 转换单元具有+10LSBs 的采样偏移量,那么 08h 将产生-10LSB 的校正系数,即 1111_1111_1100_11xxb。之后 ADC A 转换单元的所有转换结果都将加上 08h 中的校正系数。

2. 增益校正系数的应用

增益校正系数存放在 0Ah 和 32h 地址中,增益校正系数具有一个符号位及一个用于代表校正幅值的位段 MAG[5～0],符号位为 1 时为正向校正,符号位为 0 时为反向校正,MAG[5～0]中的每个二进制位代表的校正量为0.1%,因此增益校正系数的最大校正范围为±6.3%。例如,如果ADC A转换单元具有+1%的增益偏差,那么增益校正系数为−1%,校正系数的符号位为0,由于1% = 0.1%×10,因此MAG[5～0]=001010。

5.3 XADC工作模式

XADC模块具有多种细化的工作模式,可通过41h控制寄存器中的SEQ3～SEQ0位进行设置,如表5-6所示。

表5-6 XADC工作模式

SEQ3	SEQ2	SEQ1	SEQ0	工作模式	描述
0	0	1	1	单通道模式(single channel mode)	未使用序列发生器
0	0	0	0	默认模式(default mode)	使用了序列发生器,统称为自动序列模式
0	0	0	1	单次序列模式(single pass sequence)	
0	0	1	0	连续序列模式(continuous sequence mode)	
0	1	x	x	同步采样模式(simultaneous sampling mode)	
1	0	x	x	独立ADC模式(independent ADC mode)	
1	1	x	x	默认模式(default mode)	

注:x代表无关紧要的数据。

5.3.1 单通道模式

通过将41h控制寄存器中的SEQ3～SEQ0设置成0011b,即将XADC模块配置成单通道模式,该模式下每次转换过程都需要手动选择转换通道,配置电压输入类型,设置信号建立时间等,因此需占用较多的CPU资源。手动触发模式仅适用于采样频率不高的场合,当XADC需要对多通道进行连续转换时,可使用自动序列模式。

5.3.2 自动序列模式

1. 自动序列模式概述

XADC模块内部具有一个自动序列发生器,支持多通道连续采样,序列发生器可自动选择下一个转换通道,并为该通道自动配置采样平均次数、模拟量输入类型、采样建立时间等,将转换结果依次存放状态寄存器中,因此称为“自动序列模式”。使用自动序列模式时,在一个转换序列中无须CPU进行控制。自动序列模式并不是XADC模块的一个具体工作模式,而是一个统称,可以简单地认为只要转换过程使用了序列发生器,都可以称为自动序列模式。如表5-5所示,自动序列模式包含默认模式、单次序列模式、连续序列模式、同步采样模式及独立ADC模式,共5种。

自动序列发生器的工作过程由48h～4Fh共8个寄存器进行控制,将这8个寄存器看成4组,每组用于控制转换过程中的某一个方面,下面将进行详细介绍。

1）ADC 通道选择寄存器（48h、49h）

ADC 通道选择寄存器用于使能或禁用一个序列中的某些转换通道，向 48h 或 49h 对应的位写 1 使能该通道，写 0 禁用该通道，一个转换序列从 48h 的最低位开始进行转换，结束于 49h 最高位，如表 5-7 及表 5-8 所示。

表 5-7　48h 所示的转换通道选择

转换次序		48h 控制位	XADC 模块的通道	描　述
7 系列 FPGA	ZYNQ-7000 AP SoC			
1	1	0	8	XADC 校准
—	—	1～4	9～12	无效的通道选择
—	2	5	13	VCCPINT
—	3	6	14	VCCPAUX
—	4	7	15	VCCO_DDR
2	5	8	0	片内温度采样
3	6	9	1	VCCINT
4	7	10	2	VCCAUX
5	8	11	3	VP/VN
6	9	12	4	VREFP
7	10	13	5	VREFN
8	11	14	6	VCCBRAM
—	—	15	7	无效的通道选择

表 5-8　49h 所示的转换通道选择

转换次序		48h 控制位	XADC 模块的通道	描　述
7 系列 FPGA	ZYNQ-7000 AP SoC			
9	12	0	16	VAUXP/N[0]
10	13	1	17	VAUXP/N[1]
⋮	⋮	⋮	⋮	⋮
24	27	25	31	VAUXP/N[15]

注：表 5-7 及表 5-8 所示的转换通路在同步采样模式及独立 ADC 模式下不再适用，这两种转换模式下的通道选择见本节后续部分。

2）ADC 通道采样平均数控制（4Ah、4Bh）

通过 4Ah 和 4Bh 两个寄存器可使能或禁用每个采样通道的采样平均功能，这两个寄存器对应的采样通道如与表 5-7 及表 5-8 相同，则每个采样通道的采样结果都可通过 40h 控制寄存器中的 AVG1 和 AVG0 控制位配置成 16 次、64 次或 256 次平均。如果在一个采样序列中有些通道使能采样平均功能而另一些通路禁用采样平均功能，则使能采样平均功能的通路只在采样次数达到平均次数要求时才更新一次采样结果，而禁用采样平均功能的采样通路在每次转换结束后都更新采样结果。例如，一个采样序列只使能 VAUX[0]及 VAUX[1]，VAUX[0]通路未使用采样平均功能，VAUX[1]通路使用 16 次采样平均。连续序列工作模式时，采样通道依次切换为 VAUX[0]→VAUX[1]→VAUX[0]→VAUX[1]⋯VAUX[0]→VAUX[1]，每次 VAUX[0]转换完成后都更新结果寄存器，而

VAUX[1]通路只在完成 16 次采样后才更新。

3）ADC 通道电压输入形式（4Ch、4Dh）

通过 4Ch 和 4Dh 两个寄存器可选择输入通道的电压形式（单极性或双极性），这两个寄存器对应的采样通道如与表 5-7 和表 5-8 相同，则向对应位写 1 将该通道配置成双极性模式，写 0 将该通道配置成单极性模式。只有 VP/VN 及 VAUXP/N[0～15]可配置成双极性模式，片内温度及电压采样默认使用单极性模式，其对应的控制位无效。

4）ADC 通道采样建立时间（4Eh、4Fh）

每个通道默认的采样建立时间为 4 个 ADCCLK 周期，通过 4Eh 和 4Fh 两个寄存器可对采样时间进行扩展，这两个寄存器对应的采样通道如与表 5-7 及表 5-8 相同，则向对应位写 1 将把该通道的采样建立时间扩展到 10 个 ADCCLK 周期。

2. 具体工作模式详述

下面将详细介绍默认模式、单次序列模式、连续序列模式、同步采样模式及独立 ADC 模式这 5 种工作模式的使用及注意事项。

1）默认模式

XADC 模块在默认模式下使用固定的采样序列对片内电压及温度进行监视，并将转换结果存放在相应的状态寄存器中。默认模式下片内两个 A/D 转换单元均使用校正功能及采样平均功能，采样平均数为 16，报警信号仅 OT 被使能。表 5-9 给出了默认模式下的转换序列。

表 5-9　49h 所示的转换通道选择

转换次序		转换通道	转换结果存放地址
7 系列 FPGA	ZYNQ-7000 AP SoC		
1	1	校正功能	08h
—	2	VCCPINT	0Dh
—	3	VCCPAUX	0Eh
—	4	VCCO_DDR	0Fh
2	5	温度	00h
3	6	VCCINT	01h
4	7	VCCAUX	02h
5	8	VCCBRAM	06h

2）单次序列模式

单次序列模式下序列发生器的功能仍由 48h～4Fh 寄存器进行控制，通过将 SEQ3～SEQ0 配置成 0001b 即可启动转换过程，当序列发生器完成最后一次采样后将停止，XADC 模块自动进入单通道采样模式，即开始对控制寄存器 40h 中的 CH5～CH0 定义的采样通道进行采样。如果需要再次触发单次序列采样，则首先向 SEQ3～SEQ0 写入 0011b，将其切换到单通道模式，再向 SEQ3～SEQ0 写入 0001b 即可。

3）连续序列模式

连续序列模式与单次序列模式基本相同，但连续序列模式在序列发生器完成一轮采样后将开始新一轮采样，如此往复进行不间断采样。采样过程中如果需要对采样通道进行调整，首先要将其切换到默认模式下，待配置完成后再次将其切换到连续序列模式。

4）同步采样模式

同步采样模式下，16 路模拟量辅助输入通路 VAUXP/N[15～0]通过寄存器 49h 被分为两组，如表 5-10 所示。片内转换单元 ADC A 用于对 VAUXP/N[7～0]进行采样，ADC B 用于对 VAUXP/N[15～8]进行采样，因此可以保证每组中的两个通道被同时采样。该模式适用于对采样通路时间间隔要求严格的场合。

表 5-10　49h 所示的转换通路选择

转换次序		48h 控制位	XADC 模块的通道	描　　述
7 系列 FPGA	ZYNQ-7000 AP SoC			
1	1	0	16,24	VAUXP/N[0],VAUXP/N[8]
2	2	1	17,25	VAUXP/N[1],VAUXP/N[9]
3	3	2	18,26	VAUXP/N[2],VAUXP/N[10]
4	4	3	19,27	VAUXP/N[3],VAUXP/N[11]
5	5	4	20,28	VAUXP/N[4],VAUXP/N[12]
6	6	5	21,29	VAUXP/N[5],VAUXP/N[13]
7	7	6	22,30	VAUXP/N[6],VAUXP/N[14]
8	8	7	23,31	VAUXP/N[7],VAUXP/N[15]
—	—	9～15	—	—

同步采样模式下同样可通过 48h 寄存器选择其他输入通道，如电源电压、温度等。该模式下采样通道平均功能及模拟量输入类型选择同样可通过 4Ah～4Dh 寄存器进行设置，但采样建立时间必须通过 4Eh 寄存器成组配置。同步采样模式下无法使用自动校正功能。

5）独立 ADC 模式

该模式下 ADC A 转换单元仅用于对片内电压及温度进行监视，其功能类似于默认工作模式，但所有报警信号均被使能，用户需要正确配置报警阈值寄存器。ADC B 转换单元仅能对外部模拟量输入通道进行转换，片内电压及温度监视无法通过 ADC B 进行转换。由于 ADC A 的转换通道已经默认配置完成，用户仅能通过 48h 与 49h 对 ADC B 的转换通道进行配置，如表 5-11 和表 5-12 所示。该模式下 ADC A 单元可以使用自动校正功能，ADC B 单元无法使用自动校正功能。

表 5-11　48h 所示的转换通路选择

转换次序		48h 控制位	XADC 模块的通道	描　　述
7 系列 FPGA	ZYNQ-7000 AP SoC			
—	—	0～10	—	无效的转换通道
1	1	11	3	VP/VN
—	—	12～15	—	无效的转换通道

表 5-12　49h 所示的转换通路选择

转换次序		48h 控制位	XADC 模块的通道	描　述
7 系列 FPGA	ZYNQ-7000 AP SoC			
2	2	0	16	VAUXP/N[0]
3	3	1	17	VAUXP/N[1]
⋮	⋮	⋮	⋮	⋮
16	16	14	30	VAUXP/N[14]
17	17	15	31	VAUXP/N[15]

5.3.3　外部多路复用器模式

XADC 模块的模拟量辅助输入通道 VAUXP/N[15～0]可用于通用 I/O 功能，当 FPGA I/O 资源较为紧张时，通常将部分或全部 VAUXP/N[15～0]相关引脚当作通用 I/O 使用。在这种情况下，可通过外部模拟多路复用器来拓展模拟量输入通路，MUXADDR[4～0]可用于控制外部多路复用器进行通道选择。通过向控制寄存器 40h 中的 MUX 位写 1 可使 XADC 模块工作在外部多路复用器模式。

图 5-12 给出了使用外部模拟多路复用器时的一种典型方案。该方案使用 VP/VN 通路配合一个 16∶1 的多路复用器实现外部模拟量输入通路的扩展，从而节省了 VAUXP/N[15～0]通路所占用的 32 路 I/O 信号。由于使用 VP/VN 作为输入通路，因此控制寄存器 40h 中的 CH4～CH0 应选择通道 3(00011b)。

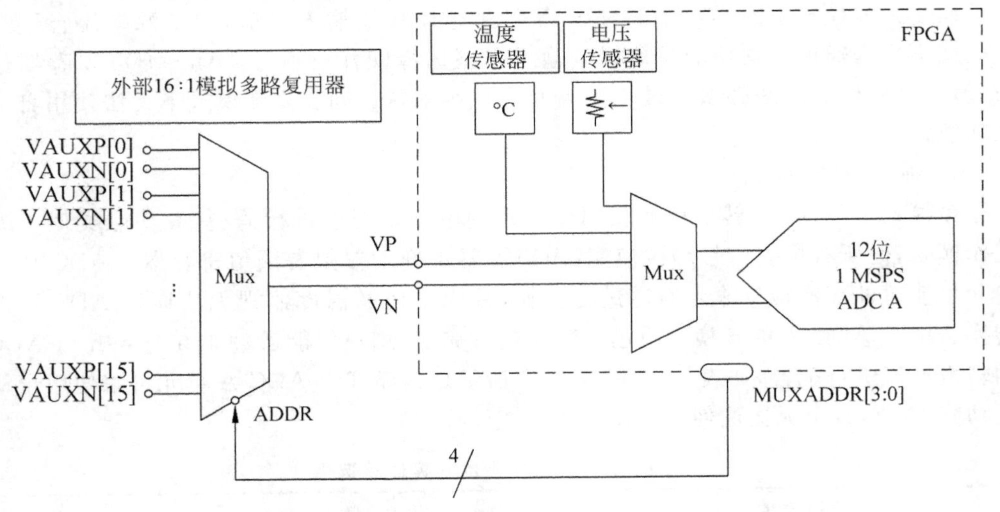

图 5-12　外部模拟多路复用器的使用

使用外部多路复用器时仍可实现同步采样，但需使用两路辅助通路，图 5-13 给出了一种典型应用方案。图中使用 VAUXP/N[0]及 VAUXP/N[8]两个通路，因此在同步采样模式下 CH4～CH0 应设为 10000b。

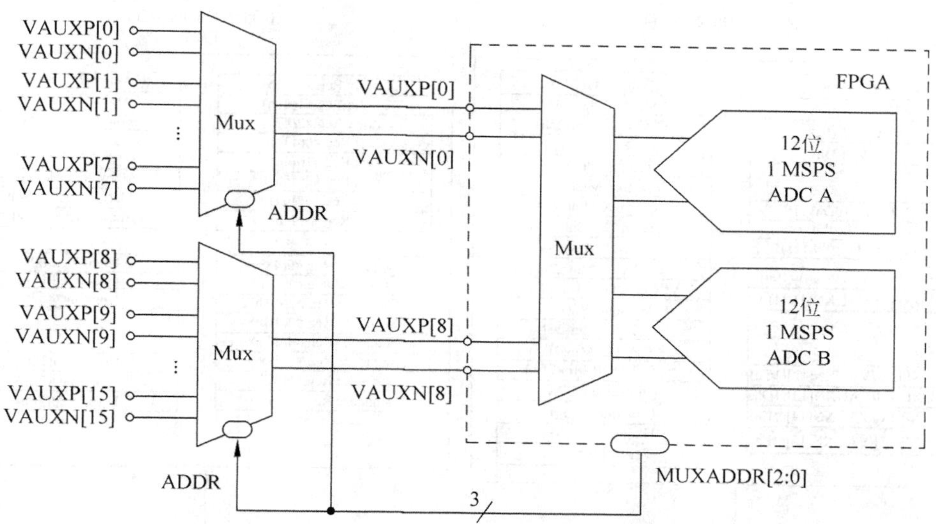

图 5-13 外部模拟多路复用器实现同步采样

5.4 控制接口

5.4.1 DPR/JTAG-TAP 接口

XADC 模块的所有寄存器都可通过动态配置端口(Dynamic Reconfiguration Port，DPR)或 JTAG-TAP 控制器进行读/写操作，如图 5-14 所示。

DPR 端口既可以直接通过 PL 部分进行访问，也可以通过高级接口单元，如 AXI-XADC 单元(一般用在 ZYNQ-7000 AP SoC 中)进行访问。JTAG-TAP 控制器则可用于实现 PL-JTAG 或 PS-XADC 单元。

以下代码给出了使用 Verilog 语言对 DRP 端口进行操作的简单实例，首先通过 DPR 端口对控制寄存器进行初始化，接着对 XADC 模块进行例化。完整的实例代码请参考 Xilinx 官方文档 UG480 中 XADC Software Support 章节。

```
//初始化 XADC 模块
XADC #(
.INT_40(16'h9000),          //初始化控制寄存器 40h
.INT_41(16'h2ef0),          //连续序列模式,禁用一些 ALM,使能自动校正功能
.INT_42(16'h0400),          //设置分频器为 4,ADC = 500KSPS,DCLK = 50MHz
.INT_48(16'h4701),          //设置采样通道:使能温度采样、VCCINT、VCCAUX、VCCBRAM 以及校正通道
.INT_49(16'h000f),          //设置采样通道:AUXP/N[0]～AUXP/N[3]
.INT_4A(16'h4700),          //温度采样、VCCINT、VCCAUX、VCCBRAM 以及校正通道使能采样平均功能
.INT_4B(16'h0000),          //AUXP/N[0]～AUXP/N[3]通道禁用采样平均功能
.INT_4C(16'h0000),          //选择采样通道输入电压形式
.INT_4D(16'h0000),          //选择采样通道输入电压形式
.INT_4E(16'h0000),          //配置采样通道的采样建立时间
.INT_4F(16'h0000),          //配置采样通道的采样建立时间
```

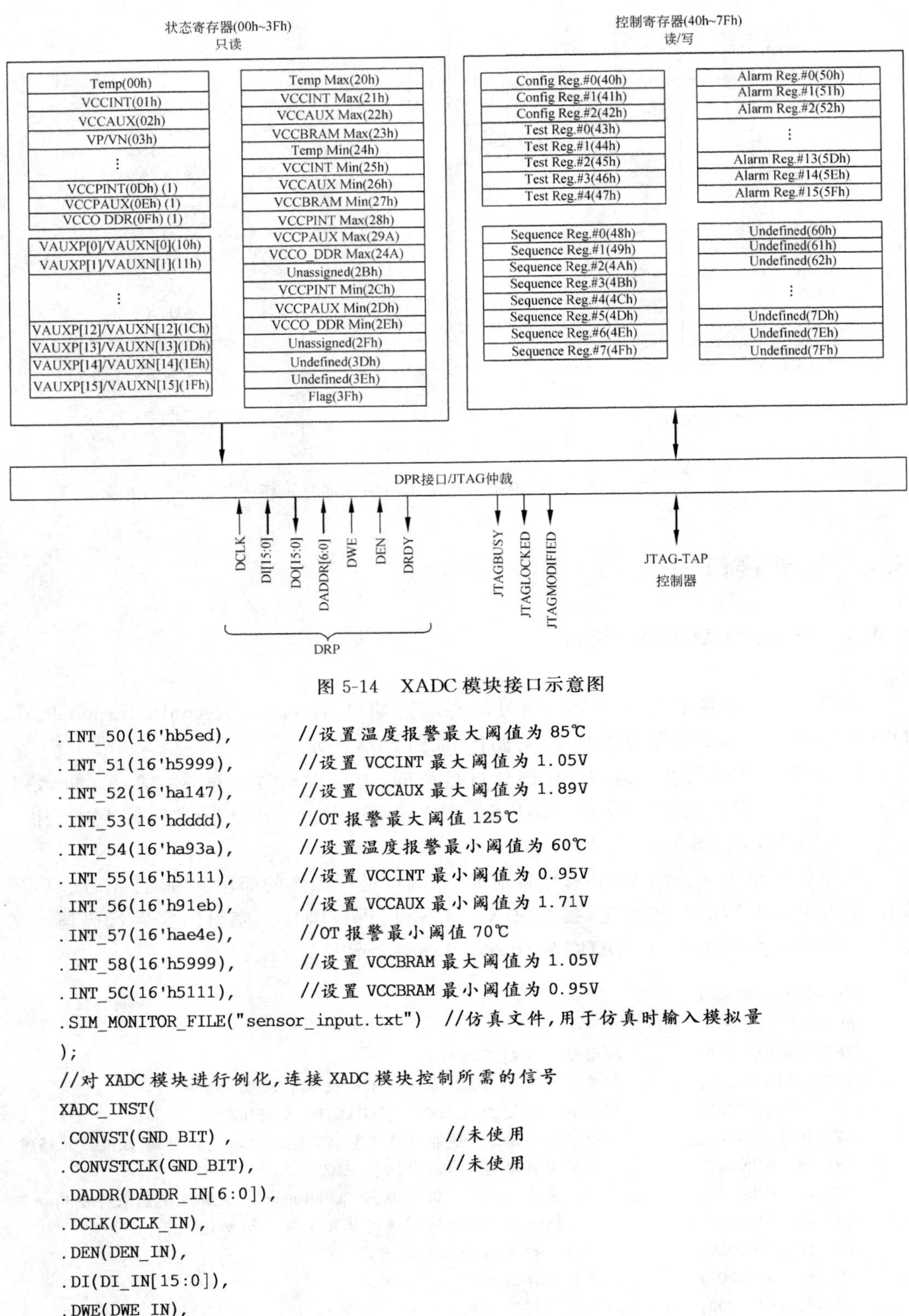

图 5-14　XADC 模块接口示意图

```
.INT_50(16'hb5ed),        //设置温度报警最大阈值为 85℃
.INT_51(16'h5999),        //设置 VCCINT 最大阈值为 1.05V
.INT_52(16'ha147),        //设置 VCCAUX 最大阈值为 1.89V
.INT_53(16'hdddd),        //OT 报警最大阈值 125℃
.INT_54(16'ha93a),        //设置温度报警最小阈值为 60℃
.INT_55(16'h5111),        //设置 VCCINT 最小阈值为 0.95V
.INT_56(16'h91eb),        //设置 VCCAUX 最小阈值为 1.71V
.INT_57(16'hae4e),        //OT 报警最小阈值 70℃
.INT_58(16'h5999),        //设置 VCCBRAM 最大阈值为 1.05V
.INT_5C(16'h5111),        //设置 VCCBRAM 最小阈值为 0.95V
.SIM_MONITOR_FILE("sensor_input.txt")  //仿真文件,用于仿真时输入模拟量
);
//对 XADC 模块进行例化,连接 XADC 模块控制所需的信号
XADC_INST(
.CONVST(GND_BIT) ,                     //未使用
.CONVSTCLK(GND_BIT),                   //未使用
.DADDR(DADDR_IN[6:0]),
.DCLK(DCLK_IN),
.DEN(DEN_IN),
.DI(DI_IN[15:0]),
.DWE(DWE_IN),
.RESET(RESET_IN),
```

```
.VAUXN(aux_channel_n[15:0]),
..VAUXP(aux_channel_p[15:0]),
.ALM(alm_int),
.BUSY(BUSY_OUT),
.CHANNEL(CHANNEL_OUT[4:0]),
.DO(DO_OUT[15:0]),
.DRDY(DRDY_OUT),
.EOC(EOC_OUT),
.EOS(EOS_OUT),
.JTAGBUSY(),
.JTAGLOCKED(),
.JTAGMODIFIED(),
.OT(OT_OUT),
.MUXADDR(),
.VP(VP_IN),
.VN(VN_IN)
);
```

5.4.2 常用接口单元

1. PL-JTAG 单元

PL-JTAG 单元使用 JTAG-TAP 控制器实现对 XADC 寄存器的读/写操作，PL-JTAG 单元主要用于开发工具与 XADC 模块的数据交互，如 Chipscope 等，一般在开发工作完成后不再使用该单元。

注：PS-JTAG 单元的详细描述请参考 Xilinx 官方文档 UG480。

2. PS-XADC 单元

PS-XADC 单元位于 ZYNQ-7000 AP SoC 的 PS 部分，同样通过 JTAG-TAP 控制器实现对 XADC 寄存器的读/写操作。PS-XADC 单元主要用于 PS 部分的 CPU 与 XADC 模块进行数据交互，从而将 XADC 模块当作系统的一个通用外设进行访问。由于 PS-XADC 与 PL-JTAG 都使用 JTAG-TAP 控制器，因此在任一时刻只能有一个接口单元可以使用，可通过 devcfg.XADCIF_CFG[ENABLE]进行控制。

注：PS-XADC 单元的详细描述请参考 Xilinx 官方文档 UG585。

3. AXI-XADC 单元

在 ZYNQ-7000 AP SoC 中，除 PS-XADC 单元外还可使用 AXI+DPR 方式对 XADC 模块进行操作，此时需要使用 AXI-XADC 单元，使其作为 AXI 与 XADC 模块之间的桥梁，用于解决 AXI 总线与 DPR 端口之间的配合问题。使用 AXI-XADC 单元后，系统将为 XADC 模块在 AXI 总线上分配地址，CPU 通过读/写相应的地址单元可直接对 XADC 进行配置。5.6 节给出的应用实例就采用了该种连接方式，请读者结合理解。

5.5 相关寄存器

5.5.1 状态寄存器

XADC模块共有64个状态寄存器，位于00h～3Fh地址单元，这些寄存器具有只读属性，写操作无效。状态寄存器主要用于记录每个通道的转换结果、记录电压及温度的最大最小值、存放自动校正系数等。每个转换通道都具有唯一的地址单元，用于存放本次转换结果，例如ADC多路复用器的通道0(温度传感器)的转换结果存放在00h，通道1(VCCINT)的转换结果存放在01h。无论XADC工作在何种模式，每个通道的转换结果都具有唯一的地址单元。

表5-13给出了每个通道对应的状态寄存器地址。

表5-13 状态寄存器

寄存器地址	描　述	寄存器地址	描　述
00h	片内温度传感器量化结果	06h	VCCBRAM量化结果
01h	VCCINT量化结果	0Dh	VCCPINT量化结果
02h	VCCAUX量化结果	0Eh	VCCPAUX量化结果
03h	VP/VN量化结果	0Fh	VCCO_DDR量化结果
04h	VREFP量化结果	10h～1Fh	VAUXP/N[15：0]量化结果
05h	VREFN量化结果	—	—

注：所有量化结果都采用左对齐方式。

状态寄存器中的3Fh单元用于存放XADC模块中的各种报警及关键信号，其位信息如图5-15所示。功能描述如表5-14所示。

DI15	DI14	DI13	DI12	DI11	DI10	DI9	DI8	DI7	DI6	DI5	DI4	DI3	DI2	DI1	DI0	
×	×	×	×	JTGD	JTGR	REF	×	ALM6	ALM5	ALM4	ALM3	OT	ALM2	ALM1	ALM0	Flag Register DAADDR[6:0]=3Fh

图5-15 3Fh寄存器位信息

表5-14 3Fh寄存器位信息描述

位	字　段	描　述
2～0 7～4	ALM2～ALM0 ALM6～ALM3	电压或温度警告报警。1：有报警；0：无报警
3	OT	温度致命报警。1：有报警；0：无报警
9	REF	1：使用内部参考电压；0：使用外部参考电压
10	JTGR	1：JTAG只能进行读操作
11	JTGD	1：禁用所有的JTAG读/写操作

5.5.2 控制寄存器

XADC模块共有32个控制寄存器，位于40h～5Fh地址单元，这些寄存器用于控制XADC模块的所有操作。表5-15给出了各种不同的控制寄存器的地址。

表5-15 状态寄存器

寄存器名称	地 址	描 述
控制寄存器0	40h	XADC控制寄存器
控制寄存器1	41h	
控制寄存器2	42h	
测试寄存器0～4	43h～47h	厂家测试用，不对用户开放
序列控制寄存器	48h～4Fh	用于控制自动序列模式下XADC的工作，具体请参考5.3.2小节内容
报警控制寄存器	50h～5Fh	用于设置报警阈值，具体请参考5.2.3小节内容

40h～42h地址用于配置XADC模块的工作模式，其位信息如图5-16所示。功能描述如表5-16～表5-18所示。

DI15	DI14	DI13	DI12	DI11	DI10	DI9	DI8	DI7	DI6	DI5	DI4	DI3	DI2	DI1	DI0	
CAVG	0	AVG1	AVG0	MUX	$\overline{BU}$	$\overline{EC}$	ACQ	0	0	0	CH4	CH3	CH2	CH1	CH0	Config Reg #0 DADDR[6:0]=40h

DI15	DI14	DI13	DI12	DI11	DI10	DI9	DI8	DI7	DI6	DI5	DI4	DI3	DI2	DI1	DI0	
SEQ3	SEQ2	SEQ1	SEQ0	ALM6	ALM5	ALM4	ALM3	CAL3	CAL2	CAL1	CAL0	ALM2	ALM1	ALM0	OT	Config Reg #1 DADDR[6:0]=41h

DI15	DI14	DI13	DI12	DI11	DI10	DI9	DI8	DI7	DI6	DI5	DI4	DI3	DI2	DI1	DI0	
CD7	CD6	CD5	CD4	CD3	CD2	CD1	CD0	0	0	PD1	PD0	0	0	0	0	Config Reg #2 DADDR[6:0]=42h

图5-16 40h～42h控制寄存器位信息

表5-16 40h寄存器位信息描述

位	字 段	描 述
4～0	CH4～CH0	单通道模式下采样通道选择
8	ACQ	单通道采样模式下建立时间扩展控制位。1：将建立时间增加6个ADCCLK周期；0：不增加
9	EC	1：将ADC模块配置成事件触发模式；0：ADC模块工作在连续采样模式
10	BU	单通道采样模式下，通道输入信号类型。1：双极性；0：单极性
11	MUX	外部多路复用器使能位。1：使能外部多路复用器；0：禁用外部多路复用器
13，12	AVG1，AVG0	用于控制采样平均次数。00：禁用采样平均功能；01：16次采样平均；01：64次采样平均；01：256次采样平均
15	CAVG	自动校正功能的采样平均功能控制位。1：自动校正采样禁用采样平均功能；0：自动校正采样使用16次采样平均

表 5-17　41h 寄存器位信息描述

位	字　段	描　述
0	OT	OT 报警使能控制位。1：禁止该报警；0：使能该报警
1～3,8～11	ALM[6～0]	ALM[6～0]报警使能控制位。1：禁止该报警；0：使能该报警
7～4	CAL3～CAL0	CAL3～CAL0 自动校正功能使能位。1：使能自动校正功能；0：禁用自动校正功能 CAL0：ADC 偏移量校正控制位；CAL1：ADC 偏移量及增益校正控制位；CAL2：电压传感器偏移量校正控制位；CAL3：电压传感器偏移量及增益校正控制位
15～12	SEQ3～SEQ0	序列发生器工作模式，详见 5.3 节

表 5-18　42h 寄存器位信息描述

位	字　段	描　述
5～4	PD1,PD0	Power-Down 控制位。00：所有 ADC 模块 Power-Up（默认）；01：无效；10：ADC B 进入 Power-Down；11：整个 XADC 模块进入 Power-Down
15～8	CD7～CD0	DPR 控制时钟 DCLK 有 ADC 时钟 ADCCLK 经过 k 倍得到，k 由 CD7～CD0 的值决定。0～2：$k=2$；3～256：$k=$CD[7:0]

5.6　应用实例

例：使用 XADC 模块对 ZYNQ-7000 AP SoC 片内电压及温度进行采样，并将量化结果传送到 PS 侧，CPU 将其转换为实际值。

5.6.1　基于 Vivado 的 XADC 模块硬件配置

在建立系统时首先要考虑 CPU 与 XADC 模块的数据交互方式，用户可选择 PS-XADC 或 AXI+DPR 模式，由于 AXI 模式具有结构清晰等特点，本小节使用 AXI+DPR 方式。以下将详细介绍如何对含有 XADC 模块的系统进行构建。

1. 添加 IP 核

首先将 ZYNQ7 Processing System、AXI Interconnect 及 XADC Wizard 三个 IP 核添加到系统中，如图 5-17 所示。

2. 配置 IP 核

由于使用 AXI 总线实现 PS 与 XADC 模块之间的通信，因此首先要使能 PS 侧的 AXI 接口，双击 processing_system7_0 打开配置界面，如图 5-18 所示，勾选 M AXI GPO interface 即可。

axi_interconnect_0 模块作为 PS 与 XADC 之间的桥梁，负责复杂的总线逻辑的处理，双击 axi_interconnect_0 模块，打开其配置界面，由于系统只有一个主设备及一个从

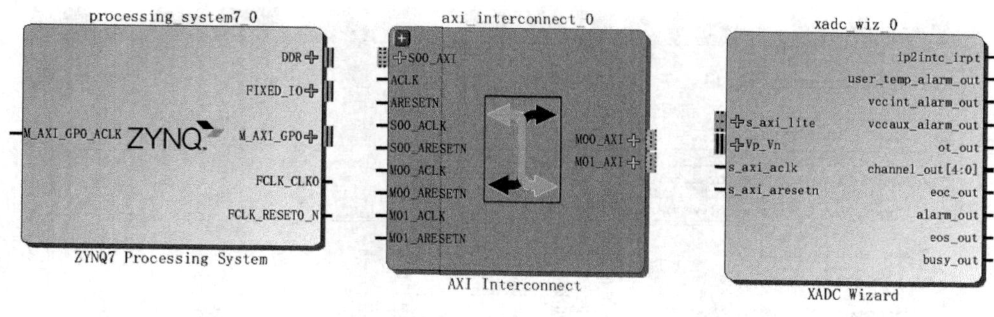

图 5-17　所需的 IP 核

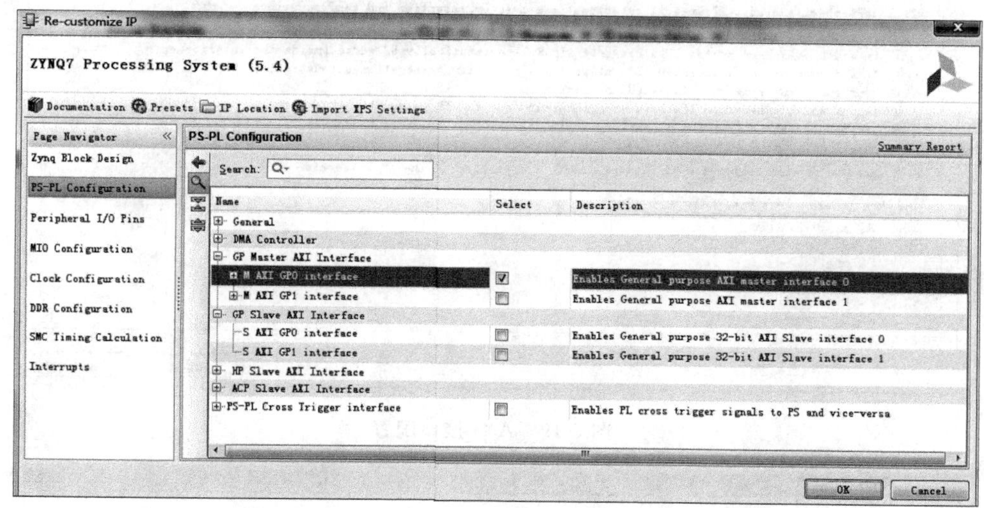

图 5-18　使能 AXI 接口

设备，因此需要将界面中的主从接口数量设为 1，如图 5-19 所示。

最后需要对 XADC 模块本身进行配置，如图 5-20 所示，双击 xadc_wiz_0 打开配置界面。由于使用 AXI 总线对其进行操作，因此在 Basic 界面 Interface Options 下要选中 XAI4Lite 选项，此外还可以对 Timing Mod、DPR Timing Options 选项进行配置。另外 ADC Setup、Alarms 及 Channel Sequencer 界面提供了众多配置选项，这些界面仅仅提供了对内部寄存器进行操作的个性化界面，以方便用户进行操作（在 7 系列 FPGA 中使用较多），用户可以直接在此界面中进行配置，也可以之后使用编程语言对其进行配置。以 Alarms 界面为例进行说明，Alarms 界面可对电压及温度超限阈值直接进行配置，如图 5-21 所示。用户也可以之后使用 C 语言通过 AXI 接口直接对内部寄存器进行读/写，以设置电压及温度超限阈值。

完成上述配置后，将各个模块连接起来，如图 5-22 所示。

完成规则检查，并将其封装成顶层 HDL 文件（具体步骤见第 3 章），在主菜单上选择 Windows→Address Editor 可查看 XADC 模块在 AXI 总线上的地址分配，如图 5-23 所示。如果 XADC 模块未被分配地址，可右击界面并选择 Auto Assign Address。

完成硬件配置并经过分析、综合等过程，最后将硬件结构及比特流文件导入 SDK 中，开始进行软件开发。

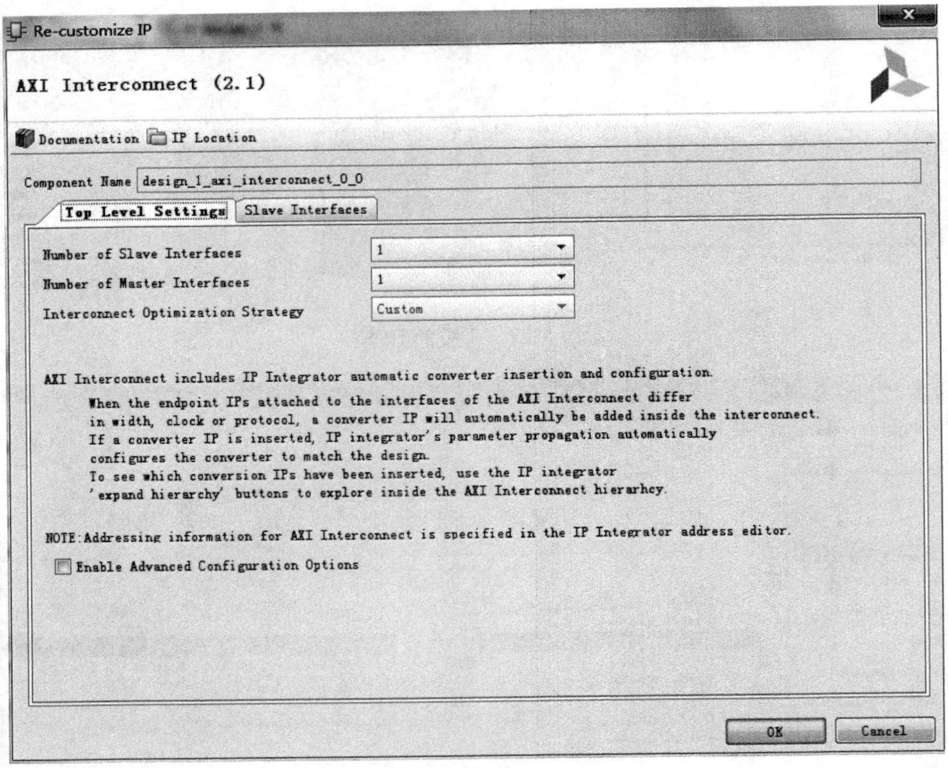

Re-customize IP

AXI Interconnect (2.1)

Documentation　IP Location

Component Name　design_1_axi_interconnect_0_0

Top Level Settings　Slave Interfaces

Number of Slave Interfaces　1

Number of Master Interfaces　1

Interconnect Optimization Strategy　Custom

AXI Interconnect includes IP Integrator automatic converter insertion and configuration.
When the endpoint IPs attached to the interfaces of the AXI Interconnect differ
in width, clock or protocol, a converter IP will automatically be added inside the interconnect.
If a converter IP is inserted, IP integrator's parameter propagation automatically
configures the converter to match the design.
To see which conversion IPs have been inserted, use the IP integrator
'expand hierarchy' buttons to explore inside the AXI Interconnect hierarhcy.

NOTE:Addressing information for AXI Interconnect is specified in the IP Integrator address editor.

Enable Advanced Configuration Options

OK　Cancel

图 5-19　AXI 接口配置

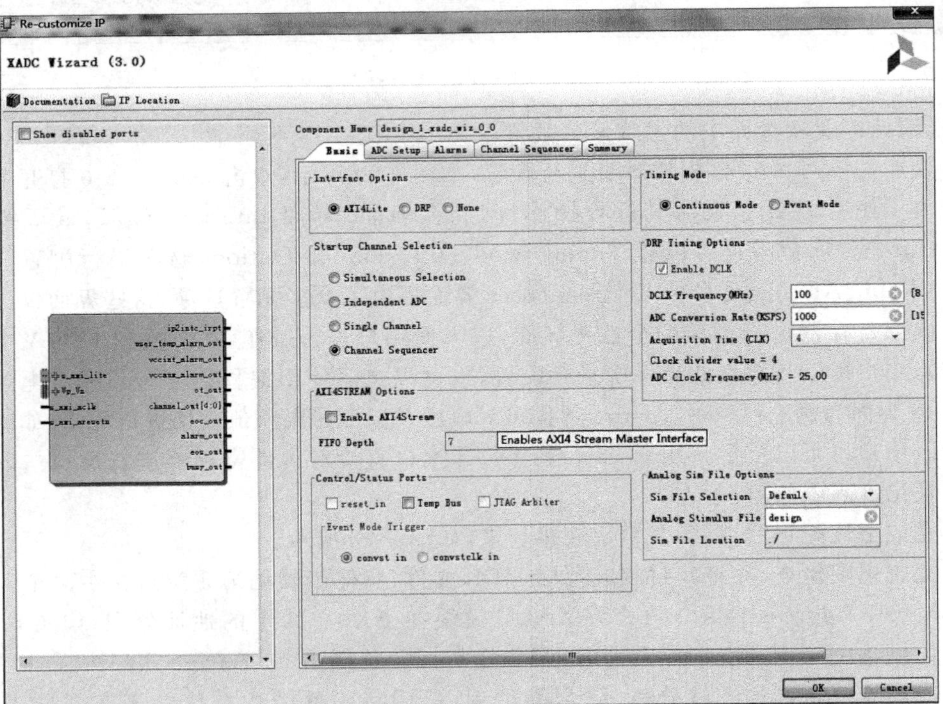

图 5-20　Basic 配置界面

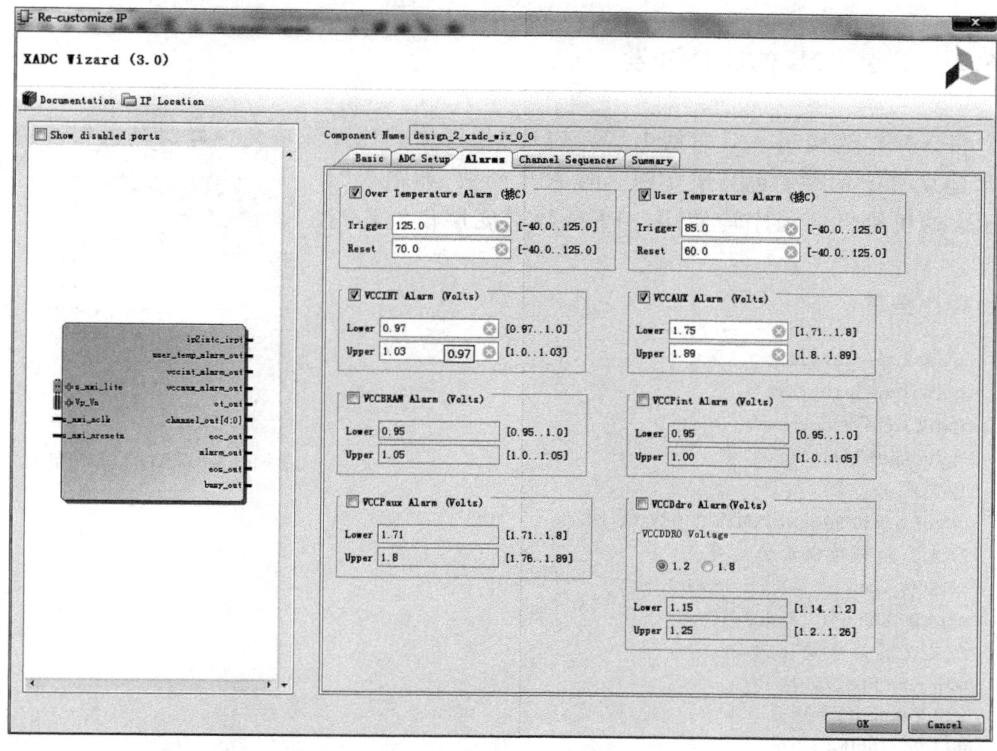

图 5-21　Alarms 配置界面

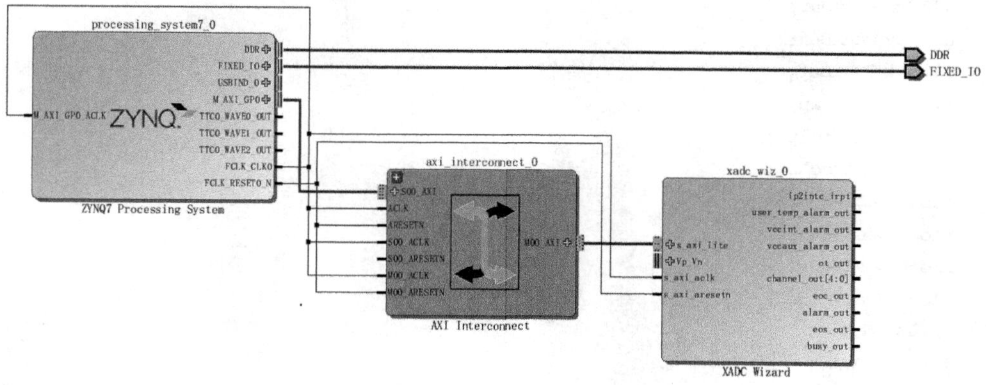

图 5-22　系统整体结构

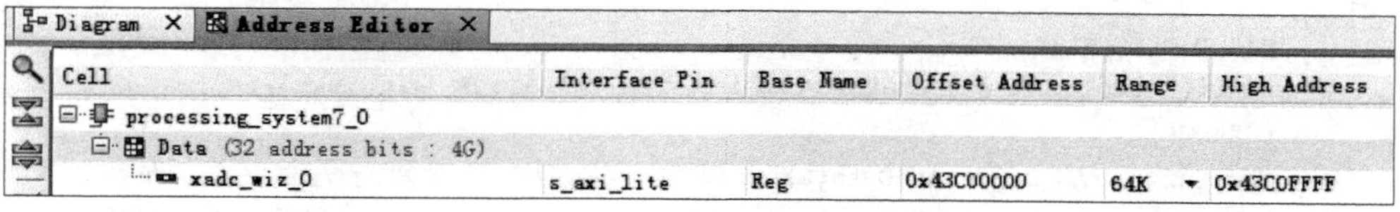

Diagram　Address Editor

Cell	Interface Pin	Base Name	Offset Address	Range	High Address
processing_system7_0					
Data (32 address bits : 4G)					
xadc_wiz_0	s_axi_lite	Reg	0x43C00000	64K	0x43C0FFFF

图 5-23　XADC 模块在 AXI 总线上的地址

5.6.2 基于SDK的软件开发

将XADC连接到AXI总线上后，CPU可像操作其他外设单元一样对其进行配置，在SDK建立BSP的时候也会建立相应的API函数，如图5-24所示。这里给出的程序均使用API函数对底层模块进行配置。

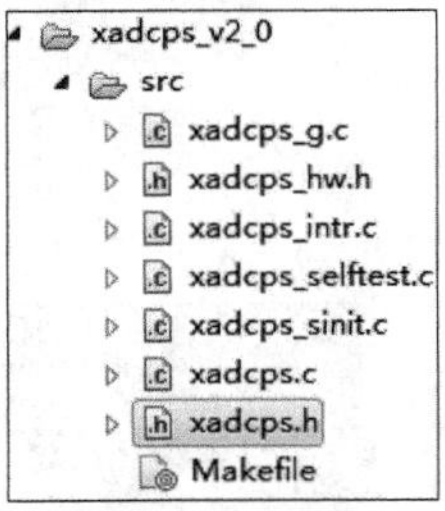

图5-24 XADC模块相关BSP

程序清单：

```
#include<stdio.h>
#include"platform.h"
#include"xadcps.h"
#include"xil_types.h"
//宏定义
#define XPAR_AXI_XADC_0_DEVICE_ID 0
//定义初始化需要的变量
XAdcPs_Config *XadcConfigPtr;
static XAdcPs  XadcInitPs;
//定义其他变量
u32 XadcState;
u32 TempBuf;
u32 VccIntBuf;
u32 VccAuxBuf;
u32 VccBramBuf;
u32 VccPIntBuf;
u32 VccPAuxBuf;
u32 VccODDRBuf;
float RealTemp;
float RealVccInt;
float RealVccAux;
float RealVccBram;
float RealVccPInt;
float RealVccPAux;
float RealVccODDR;
//函数声明
intInit_XADC(void);
//====主函数=================================================
intmain()
{
    init_platform();
    printf("Sample the temperature and internal voltage by XADC \n\r");
  Init_XADC();
     TempBuf = XAdcPs_GetAdcData(&XadcInitPs, XADCPS_CH_TEMP); //温度采样值的读取
     RealTemp = XAdcPs_RawToTemperature(TempBuf);            //通过采样到的量化值计
                                                             //算实际温度
     VccIntBuf = XAdcPs_GetAdcData(&XadcInitPs, XADCPS_CH_VCCINT);
     RealVccInt = XAdcPs_RawToVoltage(VccIntBuf);
```

```
        VccAuxBuf = XAdcPs_GetAdcData(&XadcInitPs, XADCPS_CH_VCCAUX);
        RealVccAux = XAdcPs_RawToVoltage(VccAuxBuf);
        VccBramBuf = XAdcPs_GetAdcData(&XadcInitPs, XADCPS_CH_VBRAM);
        RealVccBram = XAdcPs_RawToVoltage(VccBramBuf);
        VccPIntBuf = XAdcPs_GetAdcData(&XadcInitPs, XADCPS_CH_VCCPINT);
        RealVccPInt = XAdcPs_RawToVoltage(VccPIntBuf);
        VccPAuxBuf = XAdcPs_GetAdcData(&XadcInitPs, XADCPS_CH_VCCPAUX);
        RealVccPAux = XAdcPs_RawToVoltage(VccPAuxBuf);
        VccODDRBuf = XAdcPs_GetAdcData(&XadcInitPs, XADCPS_CH_VCCPDRO);
        RealVccODDR = XAdcPs_RawToVoltage(VccODDRBuf);
    //显示处理,将量化值与实际值显示出来
    printf("Buf Temp    %lu,  Real Temp    %f \n\r",   TempBuf,    RealTemp);
    printf("Buf VccInt  %lu,  Real VccInt  %f \n\r",  VccIntBuf,  RealVccInt);
    printf("Buf VccAux  %lu,  Real VccAux  %f \n\r",  VccAuxBuf,  RealVccAux);
    printf("Buf VccBram %lu,  Real VccBram %f \n\r", VccBramBuf, RealVccBram);
    printf("Buf VccPInt %lu,  Real VccPInt %f \n\r", VccPIntBuf, RealVccPInt);
    printf("Buf VccPAux %lu,  Real VccPAux %f \n\r", VccPAuxBuf, RealVccPAux);
    printf("Buf VccODDR %lu,  Real VccODDR %f \n\r", VccODDRBuf, RealVccODDR);
while(1);
return 0;
}
//==== 子函数 ================================================
intInit_XADC()
{
u32 xadc_state1, xadc_state2;
    //XADC 初始化
    XadcConfigPtr = XAdcPs_LookupConfig(XPAR_AXI_XADC_0_DEVICE_ID);
    xadc_state1 = XAdcPs_CfgInitialize(&XadcInitPs, XadcConfigPtr, XadcConfigPtr->
BaseAddress);
//XADC 模块自检
    xadc_state2 = XAdcPs_SelfTest(&XadcInitPs);
//初始化及自检结果判断
    if((XadcConfigPtr == NULL)||(xadc_state1!= XST_SUCCESS)||(xadc_state2!= XST_
SUCCESS))
    {
        return XST_FAILURE;
    }
    else
    {
        //以下开始具体配置 XADC 模块
        XAdcPs_SetSequencerMode(&XadcInitPs,XADCPS_SEQ_MODE_SINGCHAN);
                                                            //停止采样序列发生器
       XAdcPs_SetAlarmEnables(&XadcInitPs, 0x0);            //禁止 Alarm 报警
       XAdcPs_SetSeqInputMode(&XadcInitPs, XADCPS_SEQ_MODE_SAFE);
                                                            //配置采样序列工作模式
    //使能需要监视的通道
       XAdcPs_SetSeqChEnables(&XadcInitPs,
                            XADCPS_CH_TEMP|
```

```
                                    XADCPS_CH_VCCINT|
                                    XADCPS_CH_VCCAUX|
                                    XADCPS_CH_VBRAM|
                                    XADCPS_CH_VCCPINT|
                                    XADCPS_CH_VCCPAUX|
                                    XADCPS_CH_VCCPDRO);
    return XST_SUCCESS;
    }
}
//====End of file====
```

通过 SDK 软件平台的 Console 窗口观察程序运行结果，如图 5-25 所示。

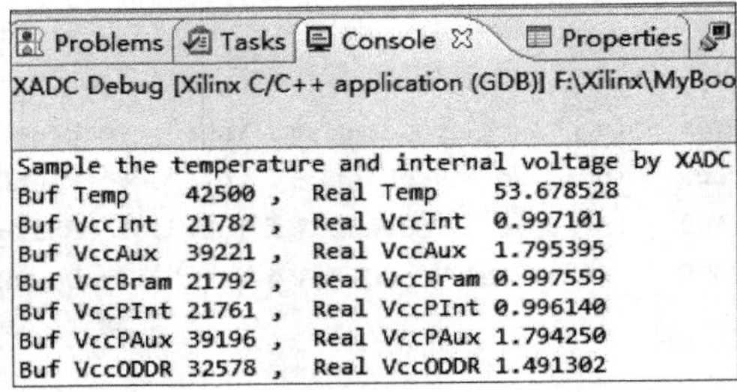

图 5-25　程序运行结果

第6章 用户IP核的定制

Xilinx 及许多第三方公司为用户提供了众多 IP 核，这些 IP 核将一些特殊功能封装起来供用户调用，如上一章介绍的 XADC 模块，用户不必关心这些 IP 核内部结构，只需要按照接口定义进行调用即可。在实际使用中，有时用户需要实现一些特殊的功能，此时可以使用 Xilinx 提供的工具组封装自己的 IP 核，这里称为用户 IP 核。用户 IP 核的定制需要遵循一定的接口规范，且需要使用 HDL 语言对内部逻辑进行编程与修改。本章首先介绍如何使用 Vivado 工具组封装用户 IP 核，接着对用户 IP 核的例化进行介绍，最后讲述如何在 SDK 中对用户 IP 核进行使用。通过本章的学习，读者应能自己动手封装 IP 核，并在 SDK 工具组中进行编程。

6.1 基于 Vivado 的用户 IP 核封装与例化

6.1.1 用户 IP 核的建立

Vivado 提供了系统化的封装工具，用户只需遵循操作规范就可以完成用户 IP 核的设计。下面将详细介绍用户 IP 核的封装流程。

首先启动 Vivado，在开始界面中右击 Task 栏目下的 Manage IP 选项，选择 New IP Location 选项，为用户 IP 核建立一个存放地址，如图 6-1 所示。接着出现图 6-2 所示的建立向导。

单击 Next 按钮进入配置界面，如图 6-3 所示。配置界面中的 Part 选项表示用户 IP 核支持的器件类型，这里用户可以不必配置，接下来的步骤中将会重新配置。Taget Language 表示用户 IP 核封装使用的语言，可根据用户习惯选择 Verilog 或 VHDL，这里选择 Verilog。另外还需要配置仿真工具、仿真语言，最后选择 IP 核的存放地址。

图 6-1　为用户 IP 核建立存放地址

New IP Location
Create a New Customized IP Location
This wizard will guide you through the creation of a new customized
The Manage IP flow requires a name and file system directory for your IP files to be specified. Additional options you will be able to specify include the targeted part, preferred language for IP files as
VIVADO
To continue, click Next.
< Back
Next >
Finish
Cancel

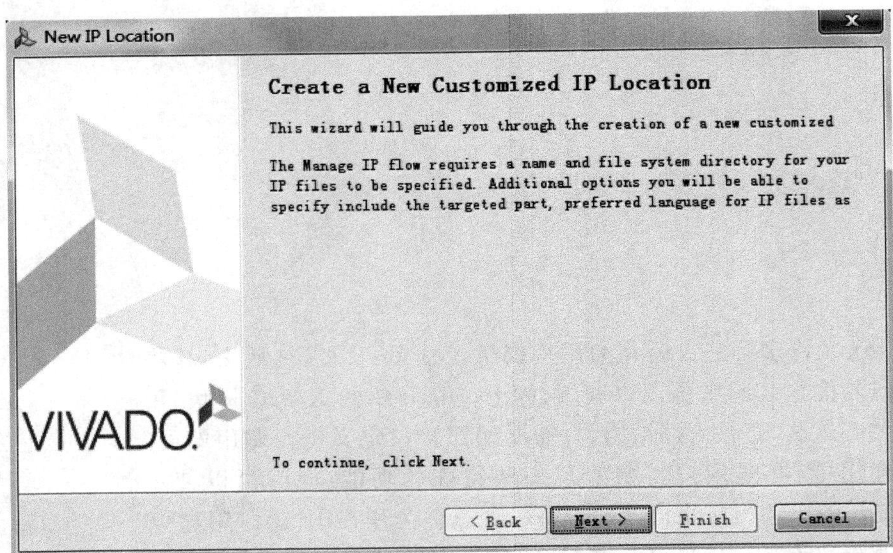

图 6-2　为用户 IP 核建立向导

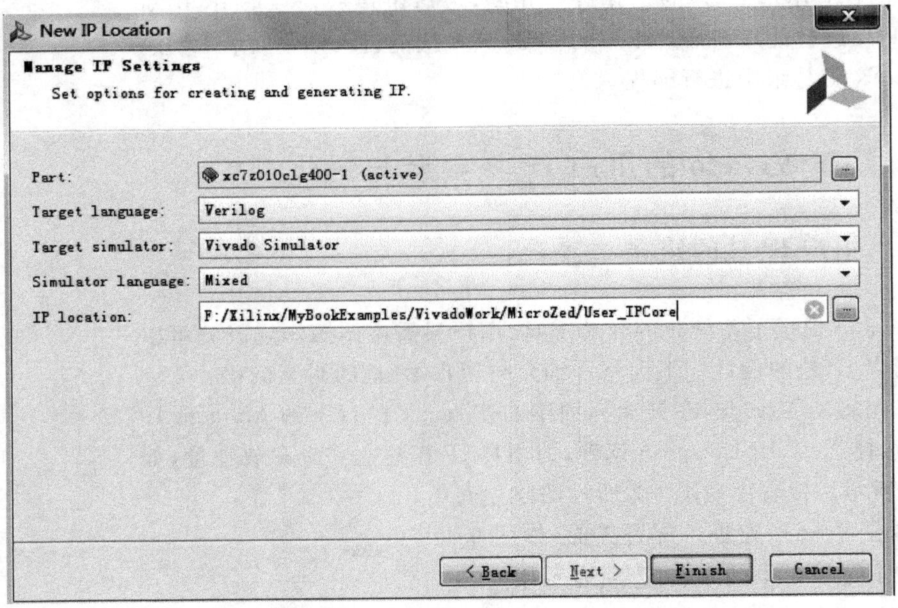

New IP Location
Manage IP Settings
Set options for creating and generating IP.
Part:
xc7z010clg400-1 (active)
Target language:
Verilog
Target simulator:
Vivado Simulator
Simulator language:
Mixed
IP location:
F:/Xilinx/MyBookExamples/VivadoWork/MicroZed/User_IPCore
< Back
Next >
Finish
Cancel

图 6-3　配置界面

单击 Finish 按钮将进入 Manage IP 主界面，如图 6-4 所示。在该界面下用户可以新建用户 IP 核，并打开封装器等操作。

以上所有配置都是针对 Manage IP 本身，下面才真正开始定制用户 IP 核，在 Manage IP 菜单栏中选择 Tools→Create and Package IP，如图 6-5 所示。之后将弹出用户 IP 建立向导，如图 6-6 所示。

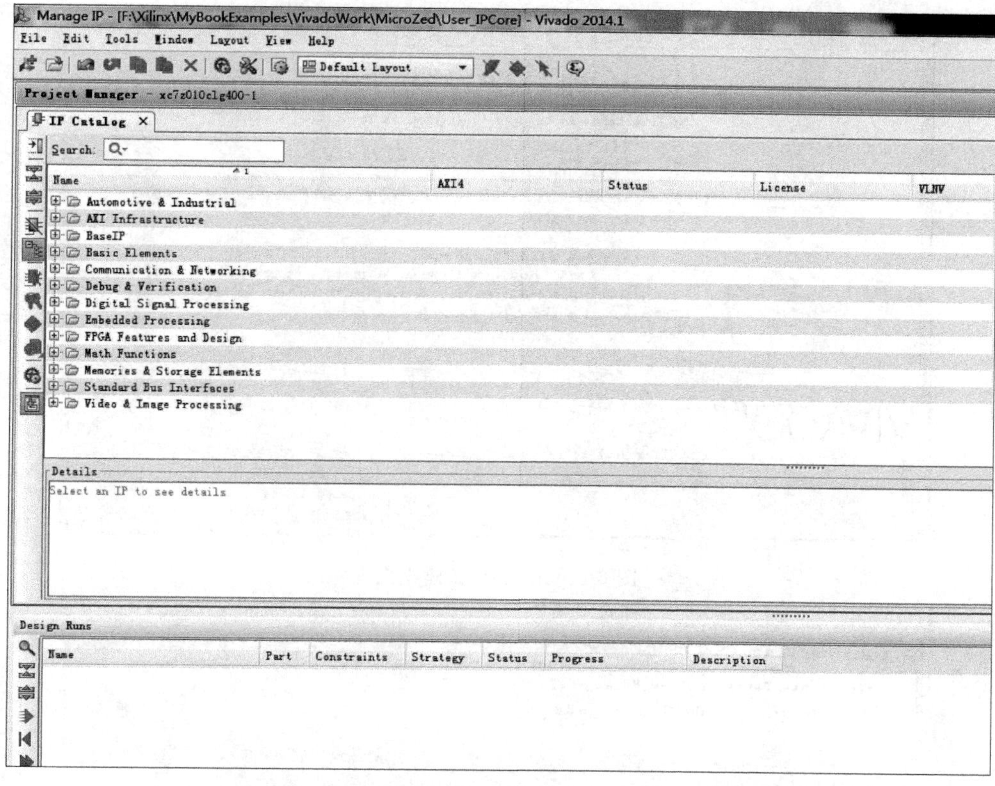

图 6-4 Manage IP 主界面

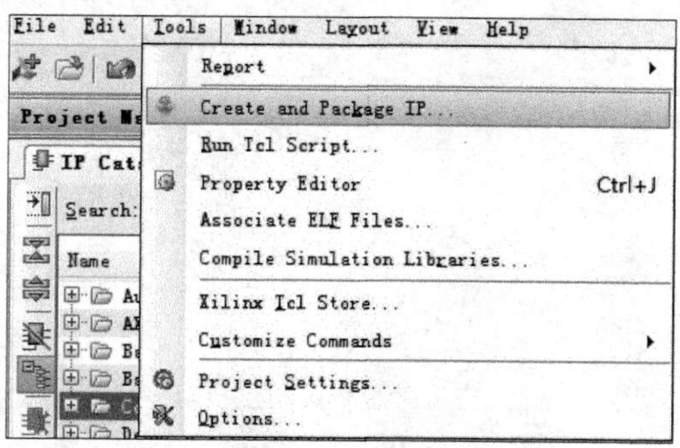

图 6-5 建立用户 IP 核

单击 Next 按钮进入图 6-7 所示的选择界面，这里选择建立一个挂接在 AXI 总线上的新外设。

单击 Next 按钮进入接口配置选择，如图 6-8 所示，由于上一步中选择了建立一个挂接在 AXI 总线上的外设，因此需要对 IP 核的 AXI 总线接口单元进行配置。这里比较重要的是 Interface Type 选项，用户可以根据使用情况选择，这里选择 Lite 模式，该模式表示使用简化的 AXI 接口信号。另外 Number of Resister 选项表示通过 AXI 总线可读/写的地址单元数量，CPU 与用户 IP 核的信息交互通过这里定义的几个寄存器完成。

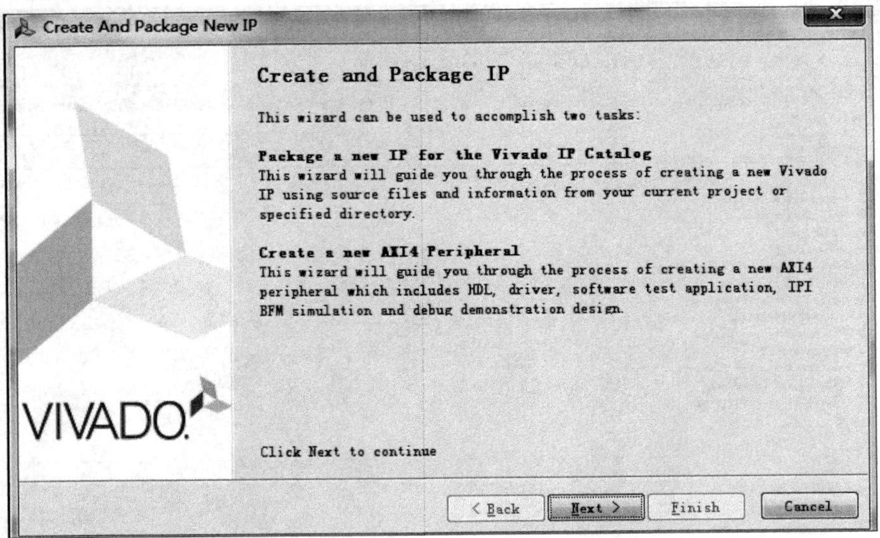

图 6-6　用户 IP 核建立向导

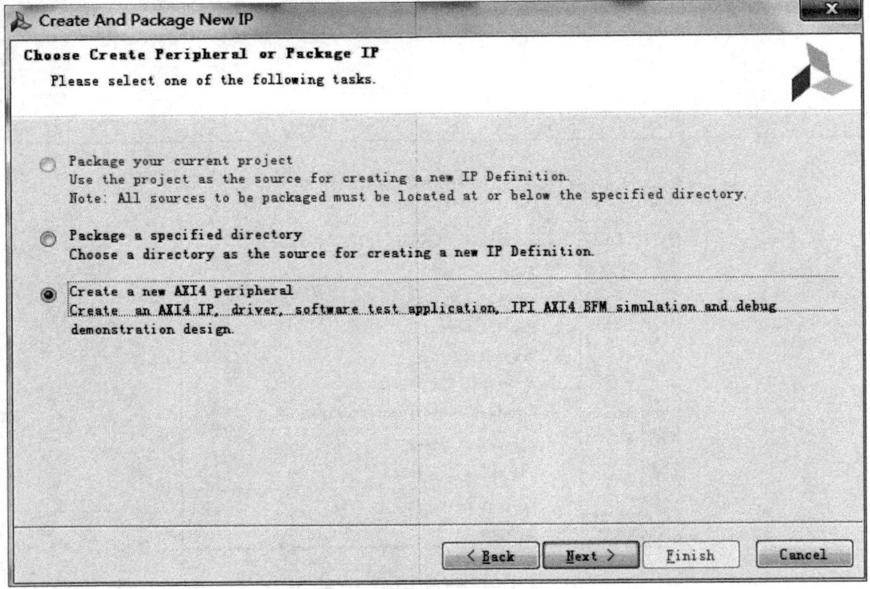

图 6-7　IP 核建立方式选项

单击 Next 按钮将进入图 6-9 所示的界面，选择 Add IP to the repository 选项，将 IP 添加到所建立的地址单元中。

单击 Finish 按钮就完成了一个简单用户 IP 核的建立，其显示在 AXI Pieripheral 栏下，如图 6-10 所示。

此时 IP 核内部逻辑还未进行编辑，仅具有一个接口单元，接下来还需要对 IP 核内部逻辑功能进行设计。

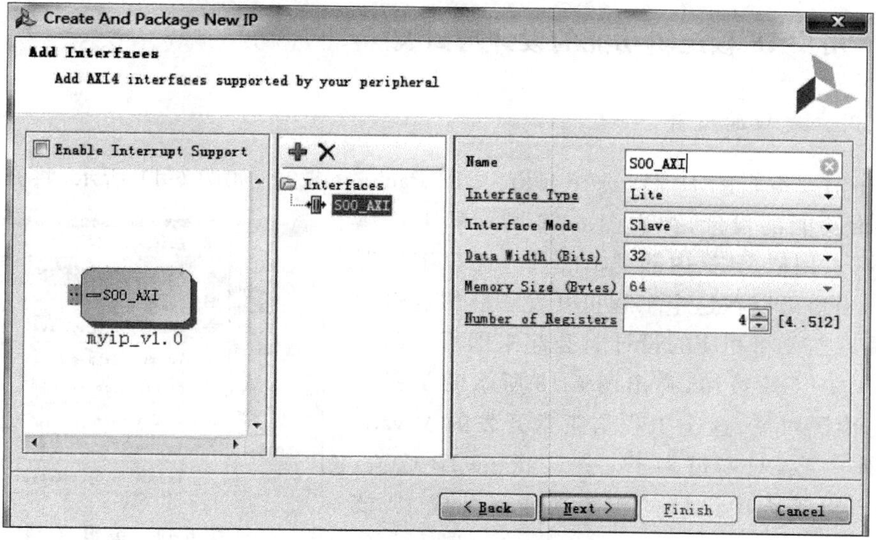

图 6-8　用户 IP 核接口配置

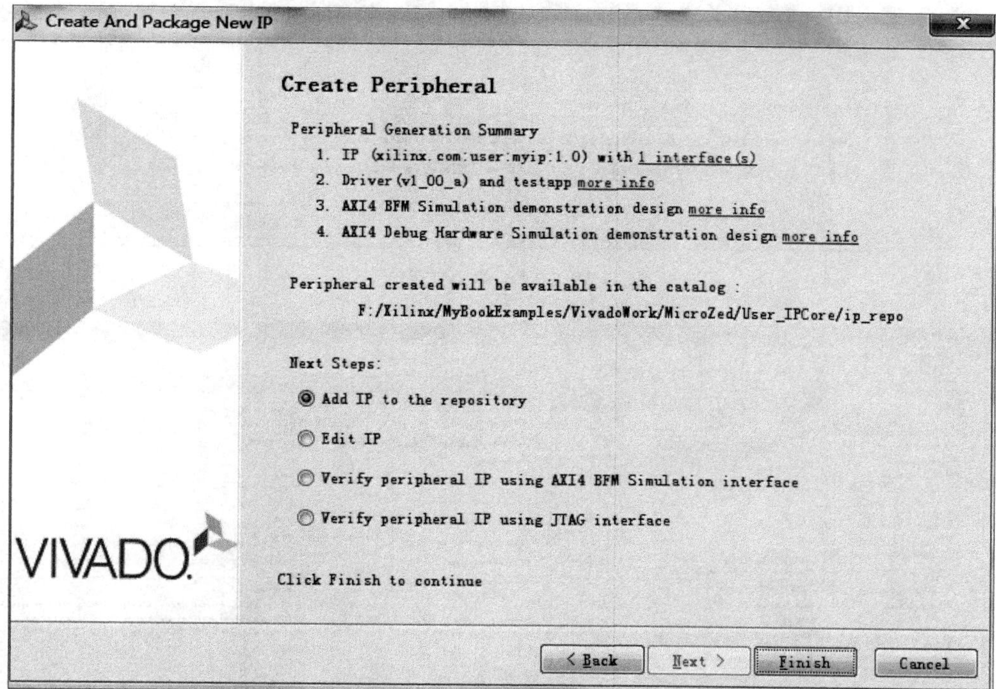

图 6-9　用户 IP 核信息概览

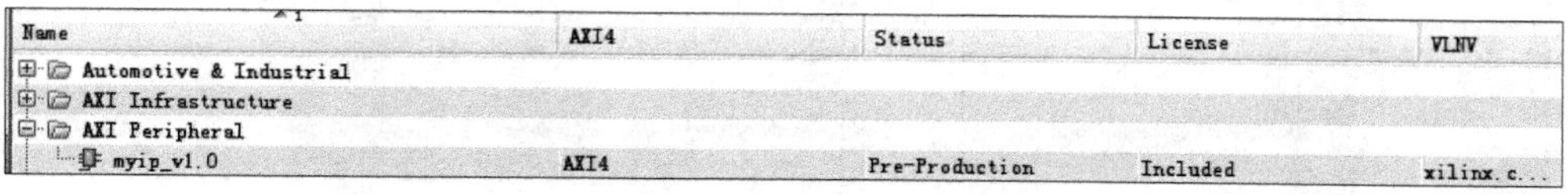

Name	AXI4	Status	License	VLNV
⊞ Automotive & Industrial				
⊞ AXI Infrastructure				
⊟ AXI Peripheral				
myip_v1.0	AXI4	Pre-Production	Included	xilinx.c...

图 6-10　用户 IP 核

6.1.2 用户IP核逻辑功能的设计与封装

1. 用户逻辑的设计

右击需要编辑的IP核，选择Edit in IP Package选项，如图6-11所示，将开始IP核内部逻辑功能的设计，弹出图6-12所示的工程属性对话框。用户IP核内部逻辑的设计需以工程形式进行，用户可以在这个工程里开发相应的逻辑功能，但最后需要将相应的设计封装起来即可。单击图6-12中的OK按钮，弹出图6-13所示的工程开发界面，由图可见，这个工程与正常开发的Vivado工程基本一致，只不过多了一个Pakage IP选项，方便用户将工程中设计的相关功能封装成IP核形式。

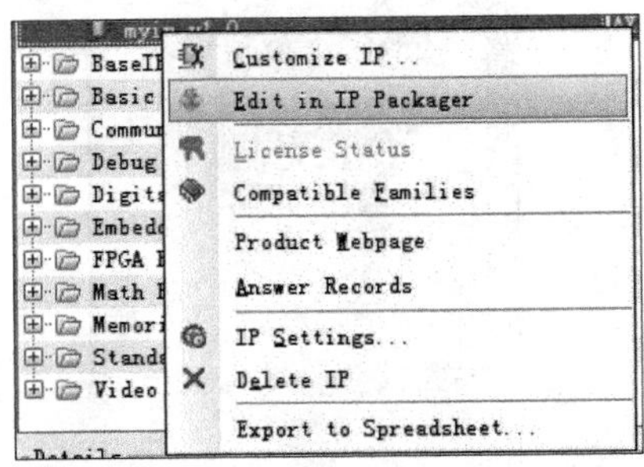

图6-11 编辑IP核

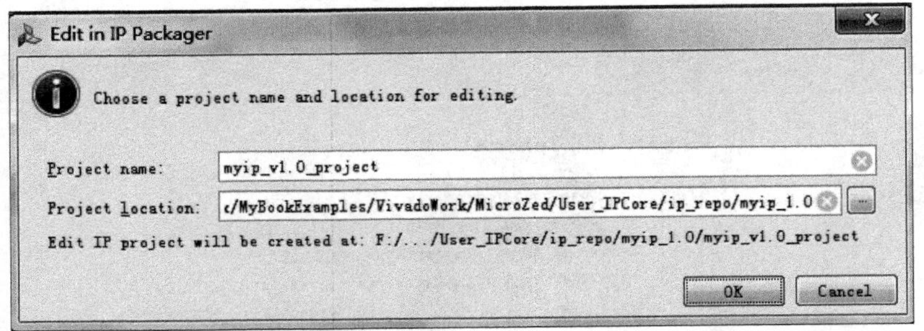

图6-12 建立工程

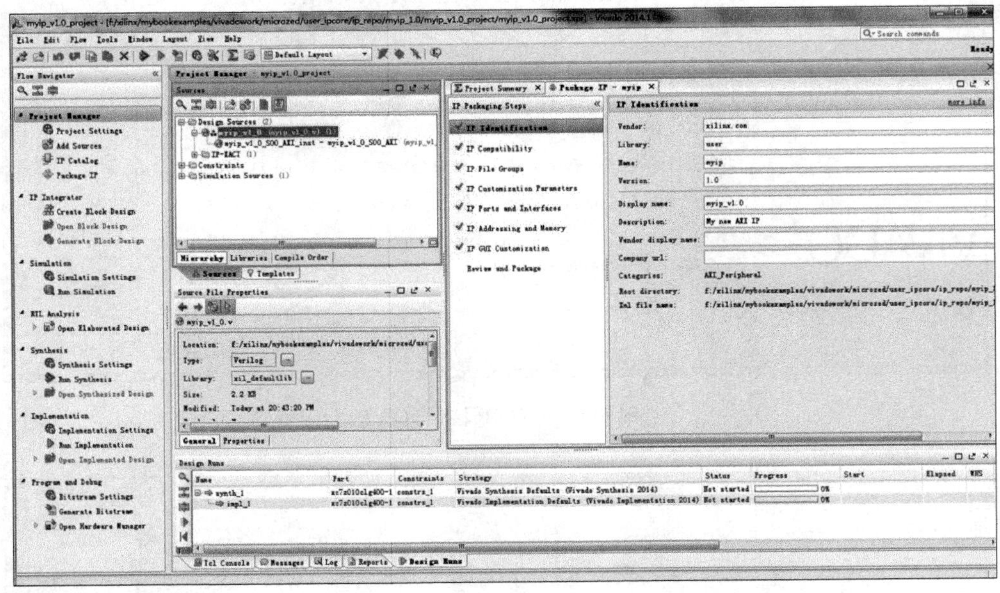

图6-13 IP核封装器工程

工程中自动加入了两个文件：myip_v1_0.v 及 myip_v1_0_S00_AXI.v。myip_v1_0_S00_AXI.v 为底层文件，其内部包含 AXI 总线接口逻辑等一系列功能；myip_v1_0.v 文件为顶层文件，将 myip_v1_0_S00_AXI.v 文件中的 AXI 总线接口逻辑进行例化，用户 IP 核的所有逻辑功能都可以通过编辑这两个文件来实现。下面将通过编写一个简单的用户逻辑功能来向读者展示设计过程。

所要实现的功能：AXI 总线寄存器 0 的[7～0]位用于驱动 8 个 LED，寄存器 1 的[3～0]位记录外部 4 个按键 KEY 的状态。

1）添加输入/输出信号

打开 myip_v1_0_S00_AXI.v，添加 8 个 LED 输出，4 个 KEY 输入，如图 6-14 所示。

2）用户逻辑功能编写

myip_v1_0_S00_AXI.v 文件中具有四个寄存器 slv_reg0～slv_reg3，用于接收 AXI 总线写入的数据，由于写入 slv_reg0 中数据的[7～0]位将用于驱动 LED[7～0]，因此逻辑功能比较简单，可直接使用 assign 语句赋值，如图 6-15 所示。

```
// Users to add ports here
input wire[3:0] KEY,
output wire[7:0] LED,
// User ports ends
// Do not modify the ports beyond this line
```

图 6-14　添加输入/输出信号

```
// Add user logic here
assign LED[7:0] = slv_reg0[7:0];
// User logic ends
```

图 6-15　添加用户逻辑

另外还有一个寄存器 reg_data_out，可将 AXI 对应地址中的数据回传到上层控制器，KEY[3～0]信号的读取需要通过修改 AXI 总线的读逻辑功能来实现，如图 6-16 所示。

```
// Implement memory mapped register select and read logic generation
// Slave register read enable is asserted when valid address is available
// and the slave is ready to accept the read address.
assign slv_reg_rden = axi_arready & S_AXI_ARVALID & ~axi_rvalid;
always @(*)
begin
  if ( S_AXI_ARESETN == 1'b0 )
    begin
      reg_data_out <= 0;
    end
  else
    begin
      // Address decoding for reading registers
      case ( axi_araddr[ADDR_LSB+OPT_MEM_ADDR_BITS:ADDR_LSB] )
        2'h0   : reg_data_out <= slv_reg0;
        2'h1   : reg_data_out <= {28'h0000_000,KEY[3:0]};//slv_reg1;
        2'h2   : reg_data_out <= slv_reg2;
        2'h3   : reg_data_out <= slv_reg3;
        default : reg_data_out <= 0;
      endcase
    end
end
```

图 6-16　AXI 总线读逻辑

3）顶层文件的修改

顶层文件 myip_v1_0.v 中同样需要加入 LED 及 KEY 输入/输出信号，如图 6-17 所示。同时在例化 myip_v1_0_S00_AXI.v 文件中的 myip_v1_0_S00_AXI 模块时也需要将对应的端口进行修改，如图 6-18 所示。

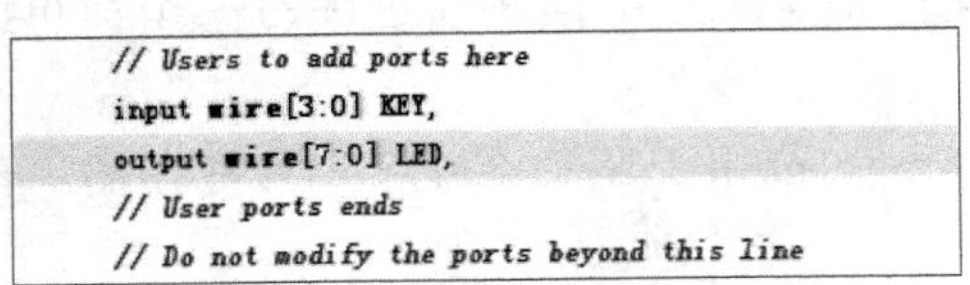

图 6-17　添加输入/输出信号

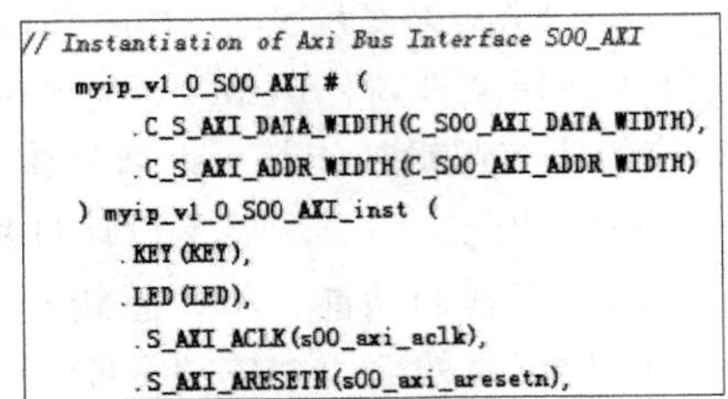

图 6-18　AXI 总线逻辑的例化

4）用户逻辑功能的综合

接下来启动综合过程对用户逻辑进行错误检查与逻辑综合，如图 6-19 所示，综合结果如图 6-20 所示。

图 6-19　启动综合过程

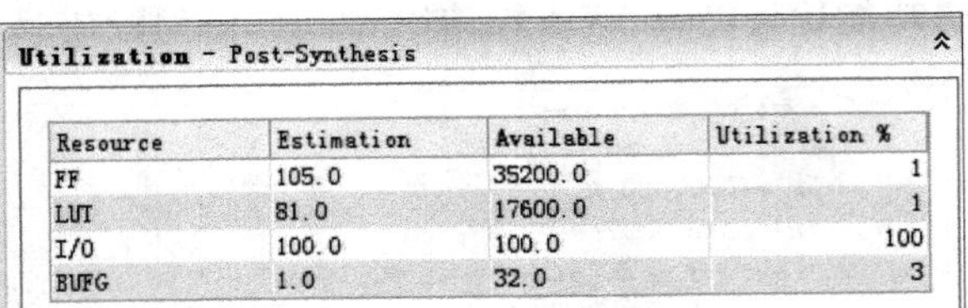

Utilization - Post-Synthesis

Resource	Estimation	Available	Utilization %
FF	105.0	35200.0	1
LUT	81.0	17600.0	1
I/O	100.0	100.0	100
BUFG	1.0	32.0	3

图 6-20　综合结果

2. 封装

完成用户逻辑功能的设计后，需对 IP 核重新进行封装，双击导航栏 Project Manager 下的 Package IP 选项，打开封装器，如图 6-21 所示。在 IP Identification 页面下列出了用户 IP 核的主要信息。

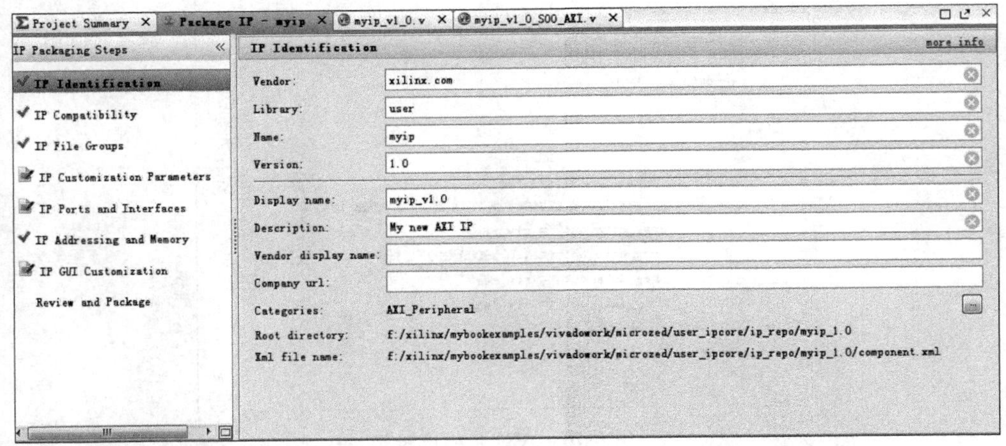

图 6-21　IP 核封装器

切换到 IP Compatibility 页面，在该页面下可选择支持该 IP 的器件类型，在 Family Support 下右击选择 Add Family，如图 6-22 所示，将打开器件类型选择界面，如图 6-23

所示，用户在需要的器件类型前面打钩即可。

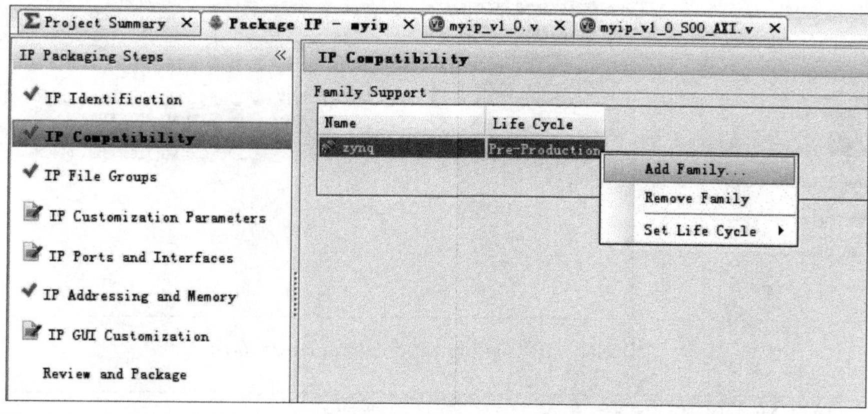

图 6-22　IP 核兼容性选择

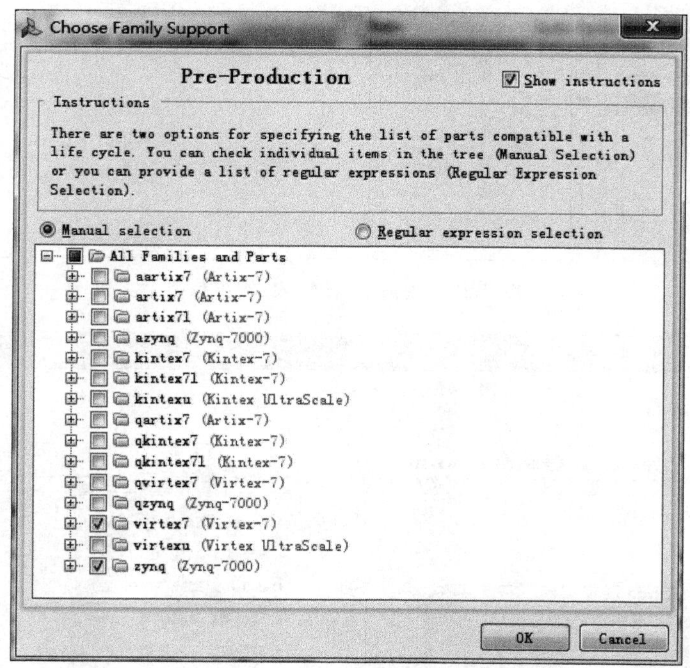

图 6-23　选择兼容该 IP 核的器件类型

接下来查看 IP Customization Parameters 页面，由于重新对 IP 核内部逻辑进行了设计，因此需要单击该页面上方的 Merge changes from IP Customization Parameters Wizard，重新导入信息，如图 6-24 所示。

查看 IP Ports and Interfaces 页面，如图 6-25 所示。由图可见，该 IP 模块具有一个 AXI 接口以及相应的时钟与复位信号，另外还有用户添加的 KEY 与 LED 两个信号。

通过 IP GUI Customization 界面可获取用户 IP 核的直观结构，如图 6-26 所示，用户可将其与图 6-7 进行比较。

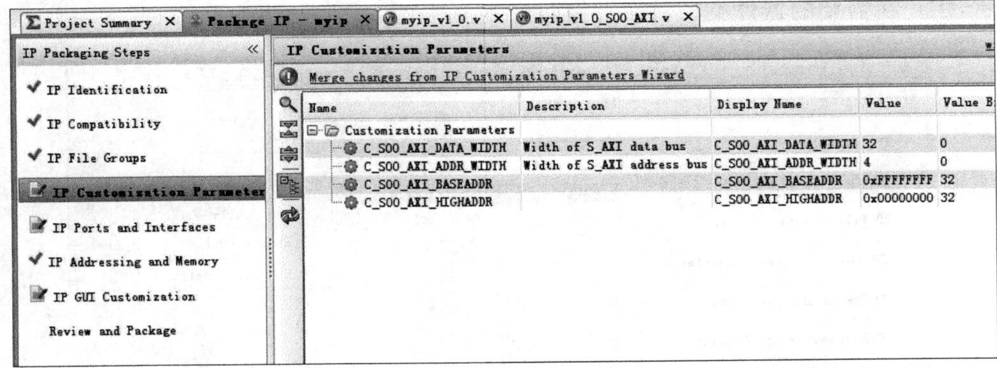

图 6-24　IP Customization Parameters 界面

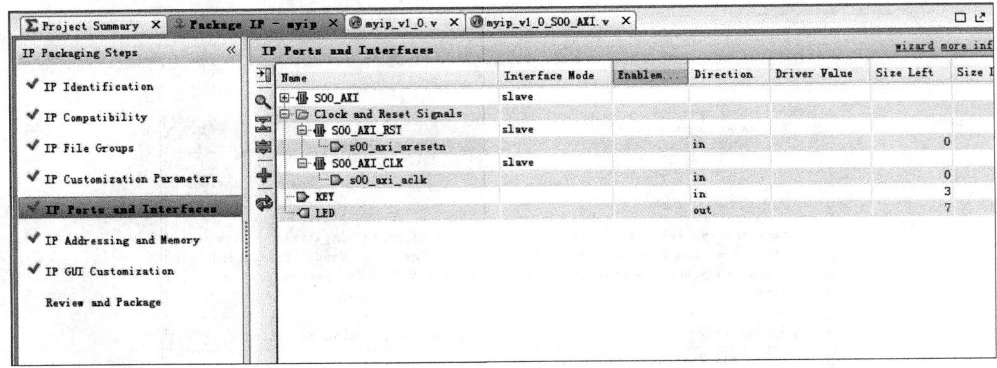

图 6-25　用户 IP 核输入/输出信号

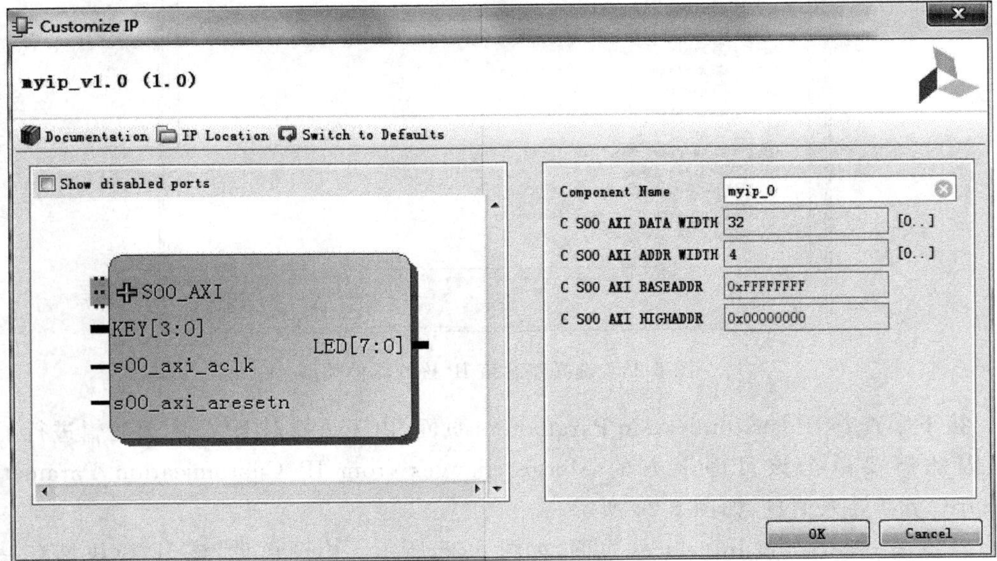

图 6-26　用户 IP 核结构

最后切换到 Review and Package 页面，单击 Re-Pakage IP 按钮，将完成用户 IP 核的封装，如图 6-27 所示，之后可关闭工程。

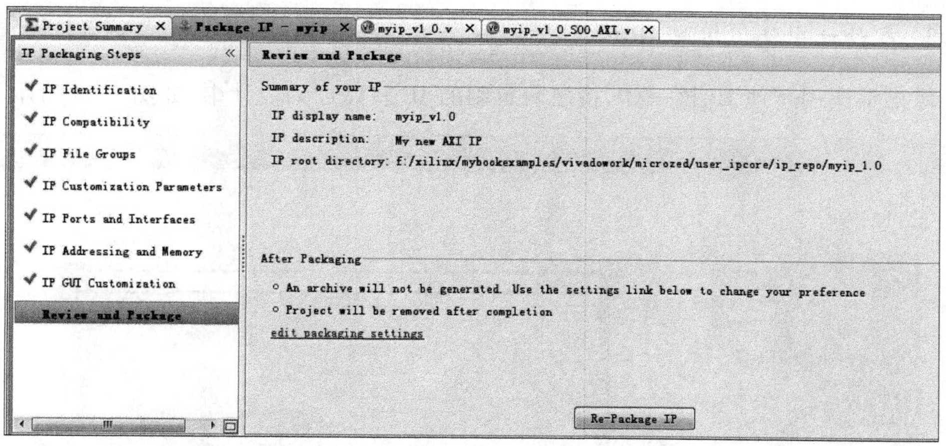

图 6-27　重新封装用户 IP 核

6.1.3　用户 IP 核的例化

本小节将添加 my_v1.0 到用户的设计中,下面将给出详细步骤。

1. 将 IP 核地址添加到工程中

打开工程设置属性,选择 IP 选项,将之前定制的用户 IP 核添加到本工程中,如图 6-28 所示。

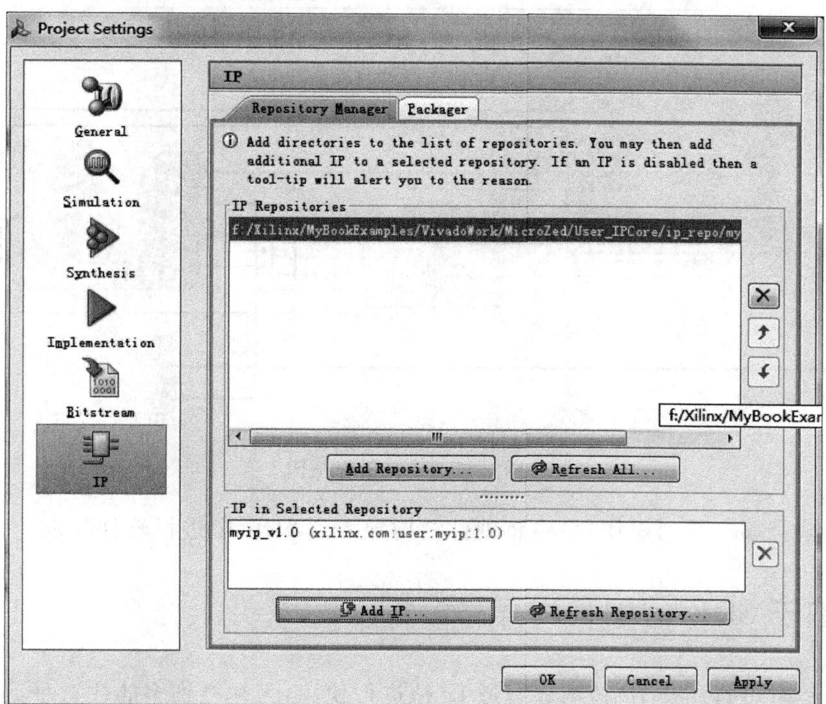

图 6-28　将用户 IP 核添加到工程中

2. 在设计中使用用户 IP 核

像正常调用其他 IP 核一样，将之前定制的 IP 核添加到设计中，如图 6-29 所示。

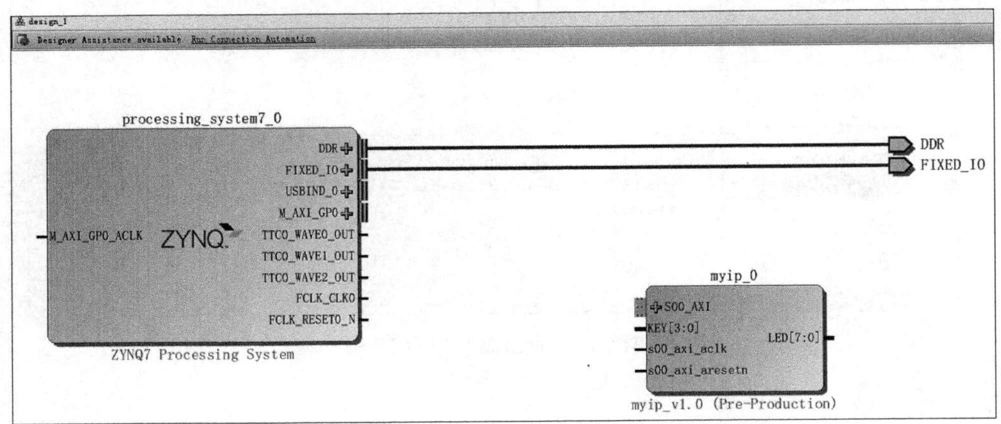

图 6-29　添加用户 IP 核

之后需要将 myip_0 连接到 AXI 总线上，用户可以手动添加 AXI 互联单元（如第 5 章所示）或使用自动互联功能，这里单击自动互联功能，如图 6-30 所示。连接后的系统结构如图 6-31 所示，图中已经将 KEY 及 LED 端口引出。

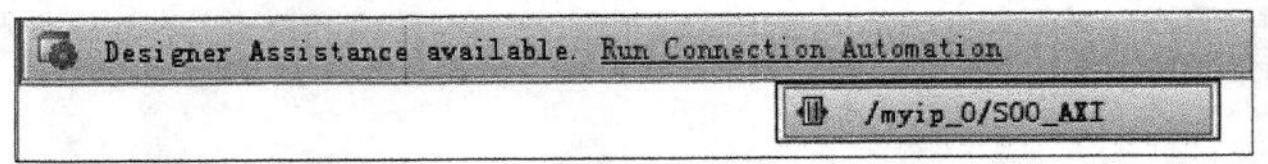

图 6-30　使用自动互联功能

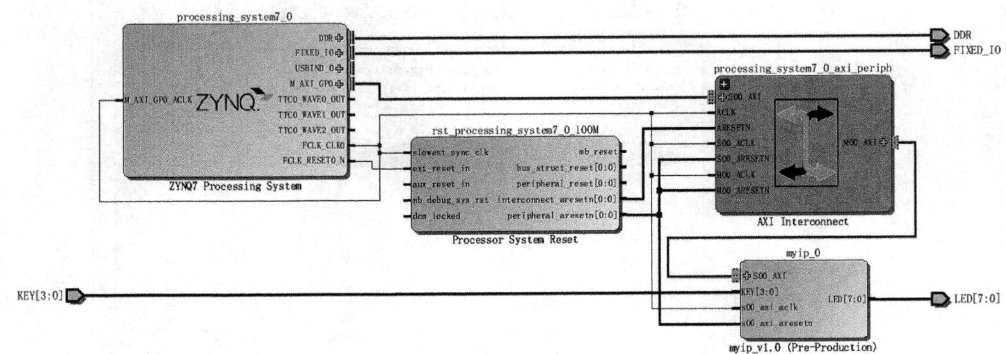

图 6-31　系统最终结构

经过综合等一系列操作，最终将硬件结构导入到 SDK 中进行软件开发。

6.2　基于 SDK 的编程指导

在编程时可将用户 IP 核当成普通 IP 核进行使用，无须特别多的注意事项，用户可以按照前几章介绍的流程进行软件开发，下面简单给出几个主要事项。

1. 用户IP核总线地址的确认

由于定制的IP核是挂接到AXI总线上的，因此需要在system.xml文件中查看用户IP核的地址，如图6-32所示。如果myip_0没有对应的地址单元，则需要返回Vivado环境中重新对AXI总线进行地址分配。

2. BSP文件的使用

BSP生成器将自动为myip_0生成相应的API函数，如图6-33所示。

Address Map for processor ps7_cortexa9_1

myip_0 0x43c00000 0x43c0ffff

图6-32 用户IP核地址

图6-33 BSP文件夹结构

用户在编程时只需对BSP文件中的API函数进行调用即可，myip.h中定义了寄存器的偏移地址及读/写操作函数，如下所示：

```
#ifndef MYIP_H
#define MYIP_H
/******************* Include Files ********************/
#include"xil_types.h"
#include"xstatus.h"
//定义地址偏移量
#define MYIP_S00_AXI_SLV_REG0_OFFSET 0
#define MYIP_S00_AXI_SLV_REG1_OFFSET 4
#define MYIP_S00_AXI_SLV_REG2_OFFSET 8
#define MYIP_S00_AXI_SLV_REG3_OFFSET 12
//写操作
#define MYIP_mWriteReg(BaseAddress, RegOffset, Data) \
    Xil_Out32((BaseAddress) + (RegOffset), (u32)(Data))
//读操作
#define MYIP_mReadReg(BaseAddress, RegOffset) \
    Xil_In32((BaseAddress) + (RegOffset))
//定义自测试函数
XStatusMYIP_Reg_SelfTest(void * baseaddr_p);
#endif// MYIP_H
```

由于对地址的读/写操作比较简单，这里通过自测试文件myip_selftest.c来向读者介绍如何对用户IP核进行读/写操作，而不再建立应用工程，用户在应用工程中可直接使用相应的读/写函数。myip_selftest.c中的自测试函数如下所示：

```
#include "myip.h"
#include "xparameters.h"
#include "stdio.h"
#define READ_WRITE_MUL_FACTOR 0x10
XStatus MYIP_Reg_SelfTest(void * baseaddr_p)
{
    u32 baseaddr;
    int write_loop_index;
    int read_loop_index;
    int Index;
    baseaddr = (u32) baseaddr_p;
    xil_printf("******************************\n\r");
    xil_printf("* User Peripheral Self Test\n\r");
    xil_printf("******************************\n\n\r");
    //向寄存器中写入数据并读回
    xil_printf("User logic slave module test...\n\r");
    for (write_loop_index = 0 ; write_loop_index < 4; write_loop_index++)
     MYIP_mWriteReg (baseaddr, write_loop_index * 4, (write_loop_index + 1) * READ_WRITE_
MUL_FACTOR);
    for (read_loop_index = 0 ; read_loop_index < 4; read_loop_index++)
    if ( MYIP_mReadReg (baseaddr, read_loop_index * 4) != (read_loop_index + 1) * READ_
WRITE_MUL_FACTOR){
        xil_printf ("Error reading register value at address %x\n", (int)baseaddr + read_
loop_index * 4);
    return XST_FAILURE;
     }
    xil_printf("    - slave register write/read passed\n\n\r");
    return XST_SUCCESS;
}
```

第7章 基于模型的DSP设计

System Generator 是 Vivado 设计套件中基于 Matlab/Simulink 的工具，它主要面向基于模型的 DSP 算法设计。需要注意的是，在 ISE 套件中也有 System Generator 组件，它与 Vivado 套件中的 System Generator 组件是无法混用的，因为它们面向的是不同的设计流程，本书主要面向 Vivado 套件中的 System Generator 进行讲解。就 DSP 算法的设计、验证与实现而言，基于 System Generator 的开发与传统的 Matlab/Simulink 开发并无太多区别，主要的不同之处在于，使用的模块基本都是 Simulink 中 Xilinx 工具箱下面的模块，而不是 Simulink 自带的其他基本模块。使用这样的方法，DSP 算法的开发人员仅需对 FPGA 的设计流程有一定了解即可，并不需要对 Xilinx 的 FPGA 和 RTL 设计方法非常熟悉，因为 System Generator 已经把硬件相关的逻辑、资源等进行了封装，只需要进行"搭积木"一样的设计就可以了：System Generator 提供了超过 80 种封装好的模块供调用，例如加法器、乘法器、DSP48E1 单元、寄存器等，使得在此基础上面可以实现复杂的 DSP 算法，如 FFT、IIR、FIR 等。

本章通过以下几个具体的例子，讲述 System Generator 的基本使用方法。

- 使用 Simulink 搭建模型、子模块，并进行仿真。
- 创建基于 System Generator 的简单设计，仿真，并产生比特流文件。
- 掌握数据类型的转换，例如修改浮点数的位宽。
- 使用 Mcode 模块创建有限状态机(FSM)。
- 在一个多采样速率的 DSP 设计中，改变采样速率，并进行串行/并行转换。
- 使用 ROM 模块实现数学函数的查找表功能。
- 把 System Generator 的模型加入 Vivado 工程，并与其他设计文件共同工作。
- 与 Vivado HLS 工具相结合，把 C/C++ 文件导入基于 System Generator 的模型。
- 把基于 System Generator 的模型封装为自定义 IP。
- 在 System Generator 中对 AXI4-Lite 接口进行综合分析。

7.1 System Generator 的安装、系统要求与配置

System Generator 集成在 Vivado 设计套件中，只要在安装的时候选择 System Edition 便可将 System Generator 安装在系统之中了，如图 7-1 所示。

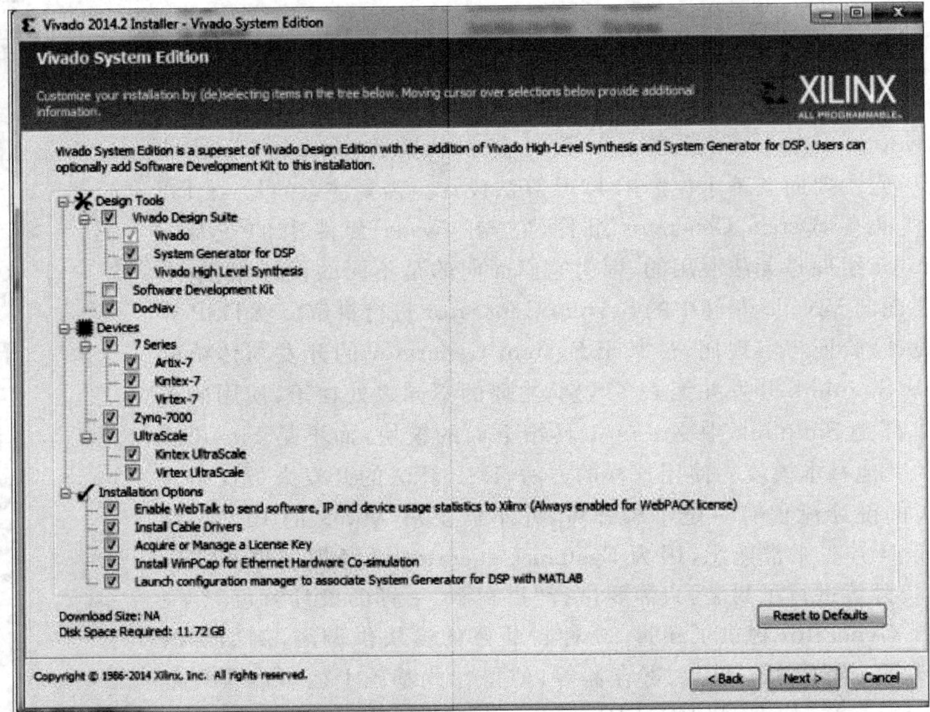

图 7-1 安装 System Generator

因为 System Generator 模块在 Matlab/Simulink 的基础之上工作，而 Vivado/System Generator 每个季度升级一次，Matlab/Simulink 每半年升级一次，所以为了保持版本更新的同步，每个版本的 System Generator 也需要对应版本的 Matlab/Simulink 才能正常工作。Vivado/System Generator 版本与 Matlab 版本的对应关系如表 7-1 所示。

表 7-1 System Generator 与 Matlab 版本的对应关系

<table>
<tr><th>Vivado/System Generator 版本</th><th>Matlab 版本（Windows 环境下）</th><th>支持的 Windows 操作系统</th><th>支持的 Linux 操作系统</th></tr>
<tr><td>2014.2、2014.1</td><td>2013a、2013b、2014a</td><td>Windows 8.1 专业版
Windows 7 专业版
Windows XP 专业版
Windows Server 2008 (64 位)</td><td rowspan="4">RedHat Enterprise 6 Workstation
RedHat Enterprise 5 Workstation
SUSE Linux Enterprise 11
因 Linux 版本众多，在此不一一列出</td></tr>
<tr><td>2013.4、2013.3</td><td>2013a、2013b</td><td rowspan="3">Windows 7 专业版
Windows XP 专业版
Windows Server 2008 (64 位)</td></tr>
<tr><td>2013.2</td><td>2012a、2012b、2013a</td></tr>
<tr><td>2013.1</td><td>2012a、2012b</td></tr>
</table>

在安装完 System Generator 与对应的 Matlab/Simulink 就之后，接下来便是将它们进行关联，单击 System Generator 2014.1 Matlab Configurator，如图 7-2 所示。

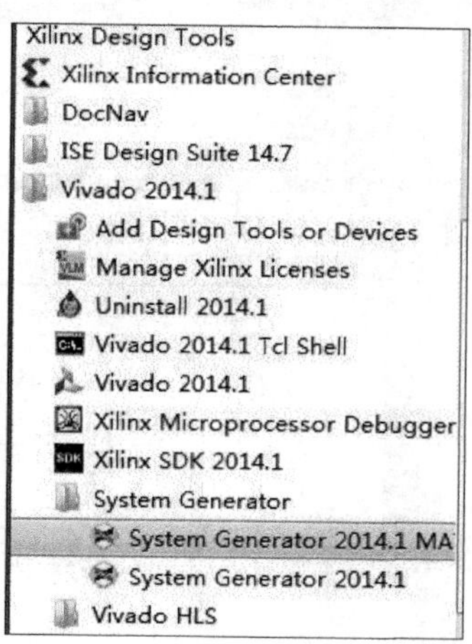

图 7-2 关联 System Generator 与 Matlab/Simulink

一般情况下，只要 Matlab 正确安装，System Generator 就可自动设别，否则需要手动指定 Matlab 的路径，然后选择希望使用的 Matlab 版本，如图 7-3 所示。

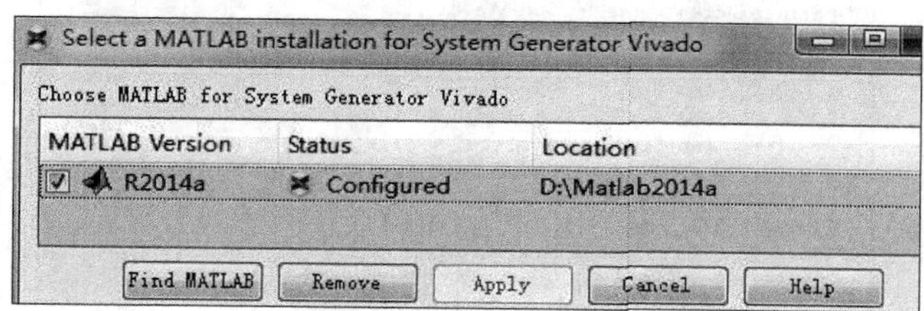

图 7-3 配置 Matlab

然后就可以启动 System Generator，体验基于模型的 DSP 设计了。直接打开 Matlab/Simulink 然后调用 System Generator 的工具箱可能会遇到一些环境变量未定义的问题，比较稳定的方法是单击图 7-2 中或者桌面上的 System Generator2014.1 快捷方式来打开。

7.2 Simulink 的基本使用方法

本节是为不熟悉 Matlab/Simulink 的读者准备的，通过简单的小例子熟悉 Matlab/Simulink 的基本设计方法和流程。这里以 Matlab 2014a 为例进行讲解。首先打开 Matlab，然后单击菜单栏上的 Simulink 库浏览器，选择新建一个模型文件，然后拖一个正弦信号和一个示波器到模型中，如图 7-4 所示。

然后双击图 7-4 中的正弦信号模块，并更改它的频率，如图 7-5 所示。

然后在 Simulink 模型窗口中，依次选择工具栏上的 Display→Signal & Ports→Port Data Types，便可在模型窗口中显示信号和端口的数据类型了，如图 7-6 所示。也可以根据需要选择其他的配置，如显示信号的维数、范围等。

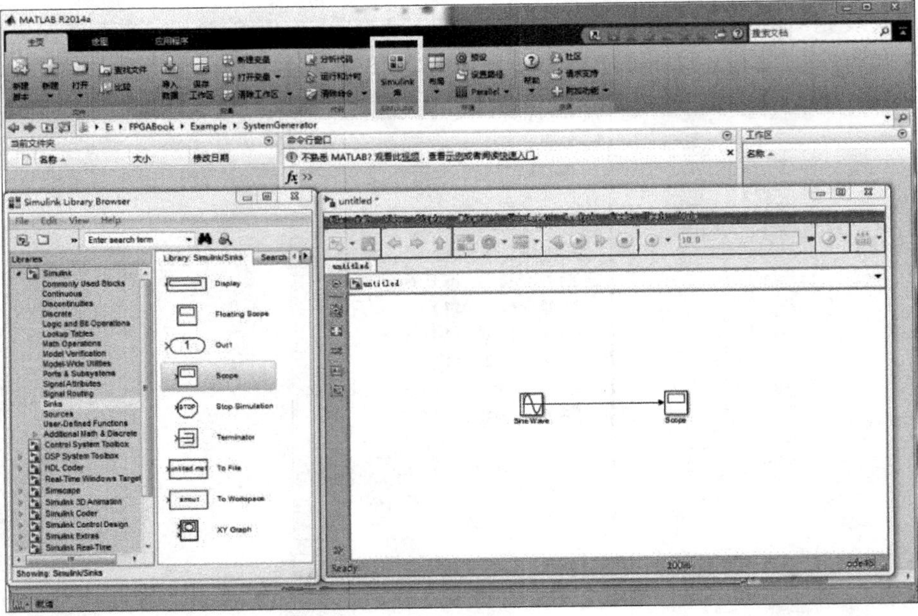

图 7-4　打开并新建 Simulink 文件

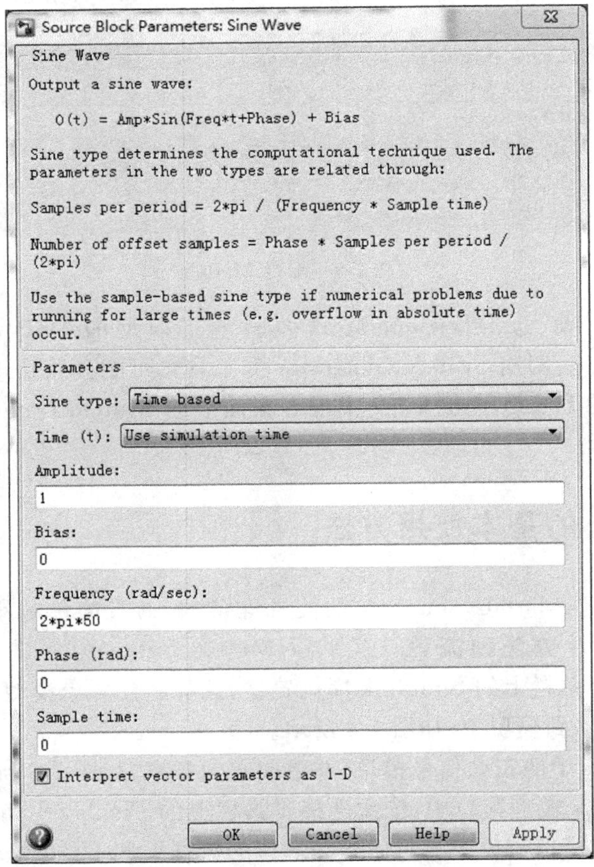

图 7-5　配置正弦信号参数

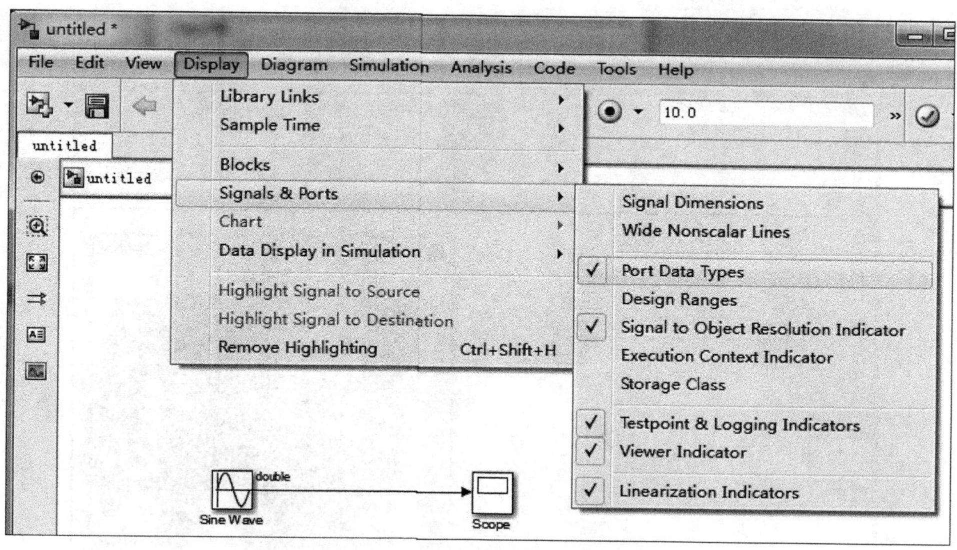

图 7-6　配置信号和端口显示

在完成模型的搭建之后，接下来是配置模型的运行参数。选择模型窗口菜单栏上的 Simulation→Model Configuration Parameters 或者直接单击菜单栏上的齿轮形状，就可打开模型运行时的参数配置，对于一个较为简单的系统，通常需要配置的包括仿真时间、解析器的类型及其算法，如图 7-7 所示。

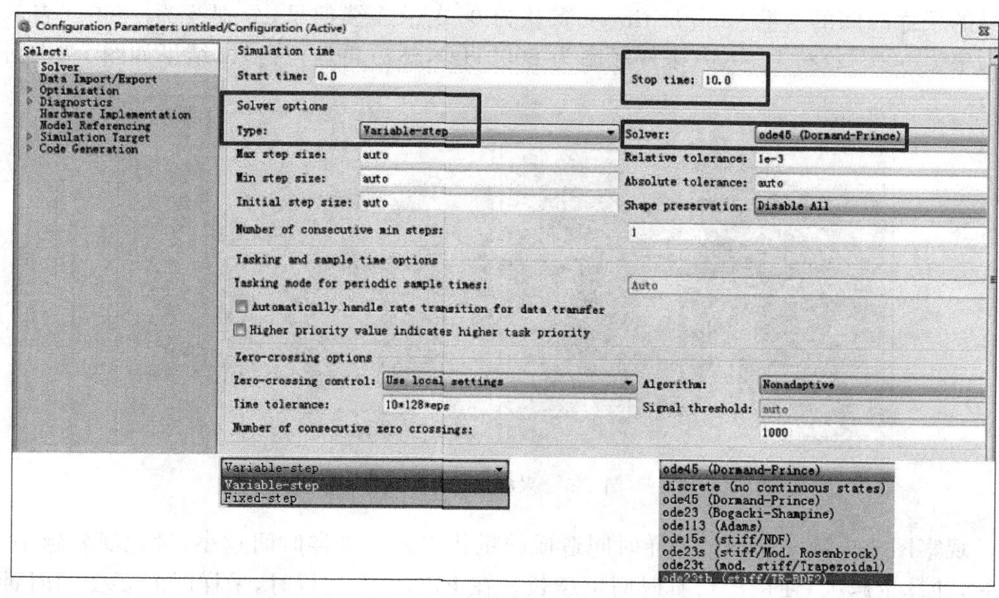

图 7-7　配置仿真运行参数

对于普通的含有连续模块(例如一个 s 域的积分模块：1/s)的系统而言，选择变步长的 ode23tb 算法就足以适用于大多数模型了。对于完全离散化的系统，则可以选择定步长的、discrete 算法对模型进行精确的仿真；对于 System Generator 的模型来讲，后者更为合适，因为模型实际是离散运行的，步长就是设计采用的时钟频率，这一点后面会在建模时详细描述。运行模型如图 7-8 所示。

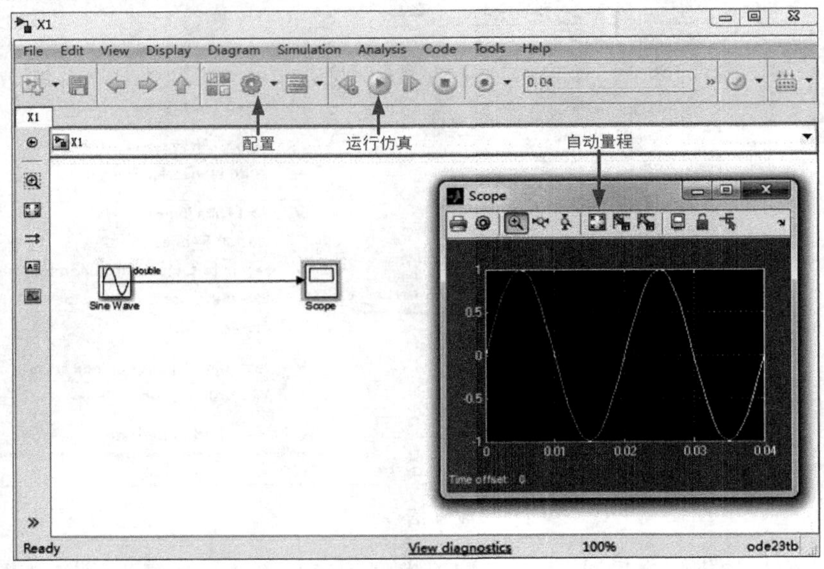

图 7-8 运行模型

至此已经完成了一个简单的 Simulink 模型搭建与运行的工作。但是用的是变步长的算法，还没有涉及数字采样系统的问题。为了观察采样带来的影响，更改图 7-5 中正弦信号的采样时间的参数 sample time：默认为 0，表示连续信号，分别改为 1/500（表示采样频率为 500Hz）和 1/5000（采样频率为 5000Hz），然后再运行仿真，结果如图 7-9 所示。

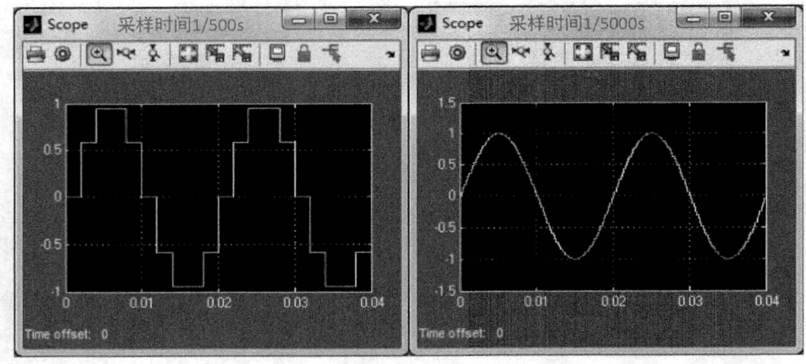

图 7-9 采样时间的影响

观察图 7-9 就可以看出采样时间造成的量化误差。采样时间越小，量化误差越小，相对的，计算量越大，使用的仿真时间也越长。在 FPGA 上运行时，采样时间要受到时钟频率、器件资源等因素的限制。

在已经建立的模型基础上，进行简单的扩充，来完成一个简单的采样滤波器设计，其表达式为：

$$y(n+1) = x(n+1) + 3 * x(n-1)$$

按照上面的表达式，修改之后的模型如图 7-10 所示，然后运行模型，观测它的输出。

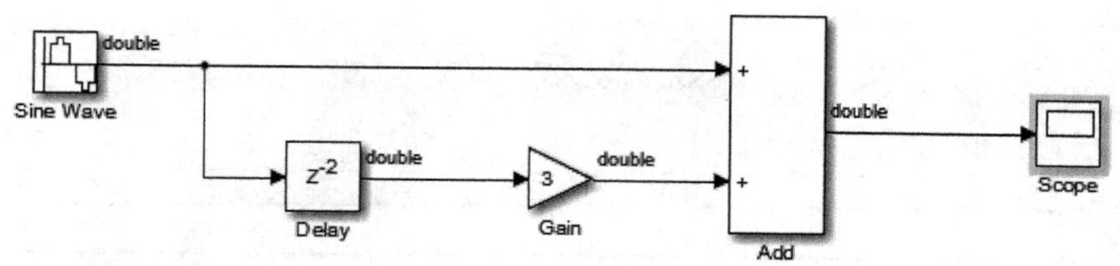

图 7-10　更新后的模型

在此基础上，可以进行更多的改进，例如把它改成一个 FIR 滤波器，然后观测其输出。当在模型中加入越来越多的模块时，模型窗口中将会越来越拥挤，既不利于调试和对模型的管理，也不符合模块化设计的思想。此时可以选中部分模块，把它们封装为一个子模块，操作方法如图 7-11 所示。

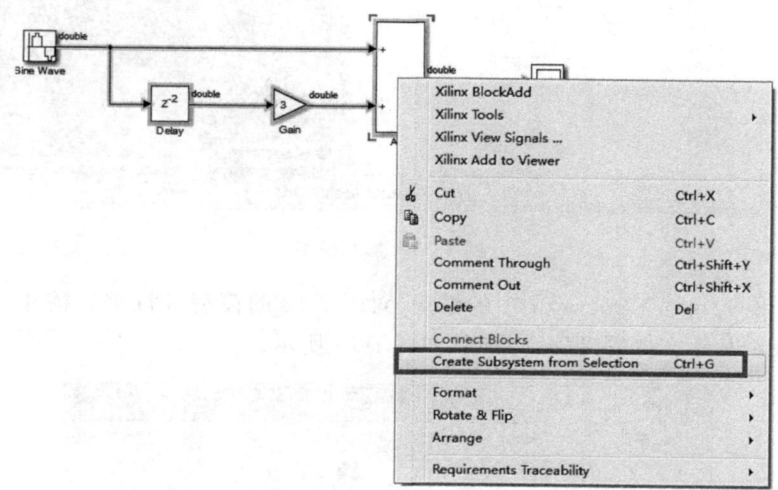

图 7-11　封装子模块

封装之后的模块如图 7-12 所示，对比图 7-10，看看是不是简洁了？

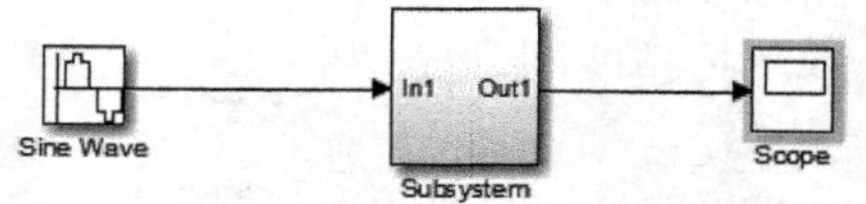

图 7-12　封装之后的模块

7.3　创建基于 System Generator 的简单设计

前面讲述了使用 Simulink 创建模型、封装子模型并运行仿真的基本方法，使用的都是 Simulink 自带工具箱的基本模块，暂时还未接触到 System Generator 的模块。在本节中，开始学习使用 System Generator 模块的方法。

在开始之前，先使用 Simulink 的基本模块搭建一个模型，然后再使用 System Generator 的模块进行搭建，从而了解使用两者的联系与区别。搭建的基本模块如图 7-13 所示，在正弦信号的基础上叠加了一个随机信号。

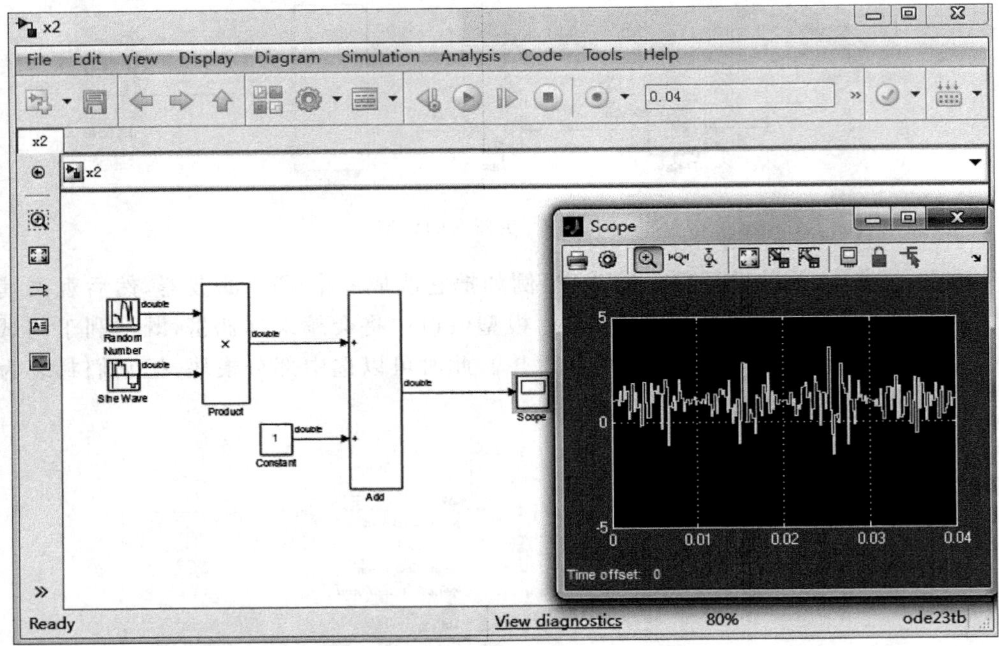

图 7-13　基本模型

然后使用 System Generator 中的模块，对图 7-13 的模型进行重新搭建，使用的工具箱可在 Simulink 库文件管理器中找到，如图 7-14 所示。

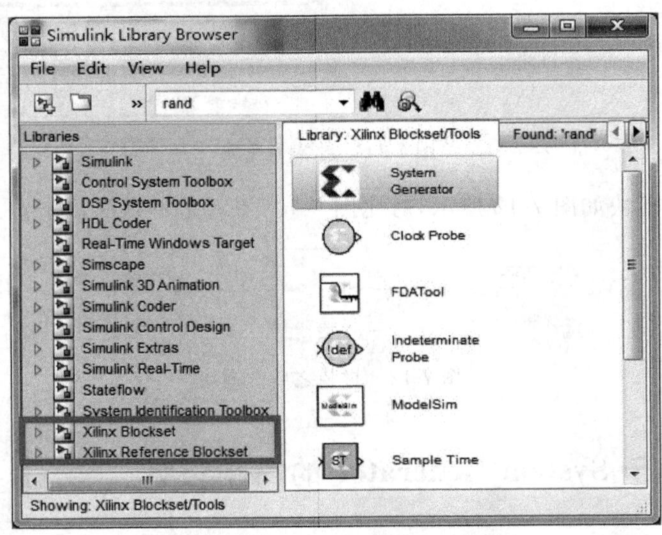

图 7-14　Xilinx 工具箱

在基于 System Generator 的建模中，因为基于 Simulink 环境，所以可以与 Simulink 的其他模块进行交互，System Generator 的模块使用 Gateway In 模块从其他工具箱的模块中读取数据，使用 Gateway Out 模块把数据输出到其他工具箱的模块。在图 7-13 模型的基础上，加入使用 System Generator 工具箱搭建的模型，如图 7-15 所示。

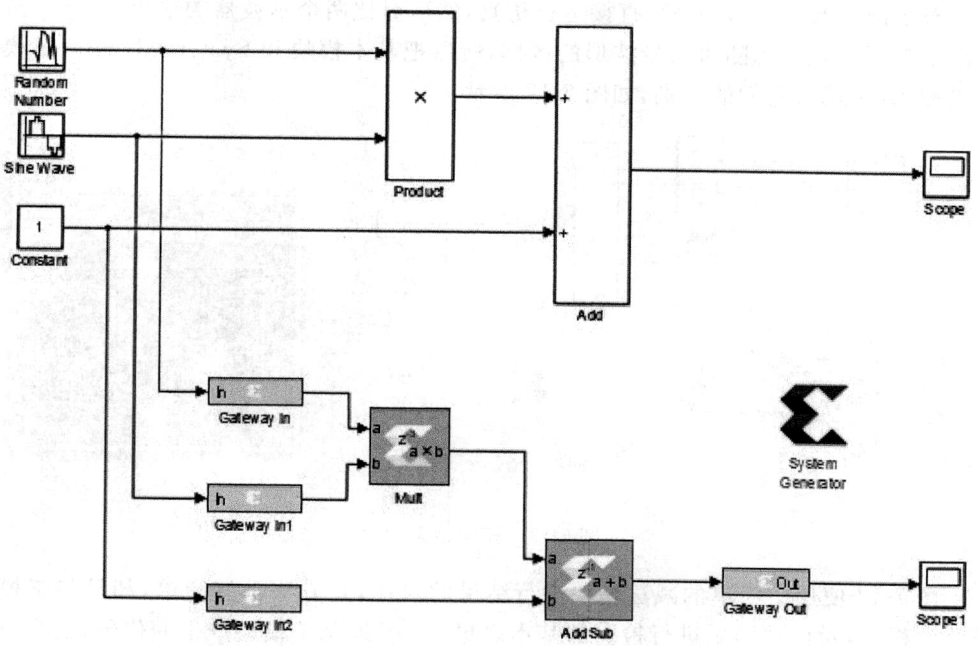

图 7-15 使用 System Generator 搭建后的模型

需要注意的是，因为基于 System Generator 的模型是对应于实际硬件的，所以它只能运行在离散步长下，可选择图 7-7 中对应的 discrete。此外，System Generator 及其各个子模块都需要制定仿真时间，在上面的例子中，为了能和普通模块共同工作，需要对 System Generator 模块进行配置，如图 7-16 所示。

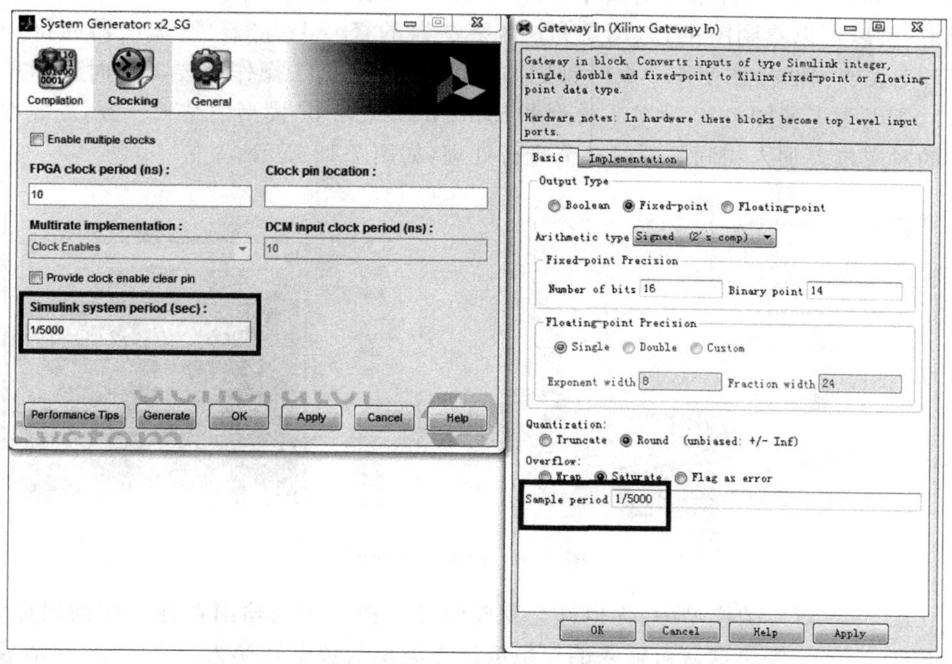

图 7-16 System Generator 模块的仿真周期

对于图 7-15 所示的模型，直接运行仿真，然后对比两个示波器的输出，显然很难直接看出示波器上复杂的随机信号波形的区别，所以把基本模块和 System Generator 模块的输出相减，来观察它们的区别，如图 7-17 所示。

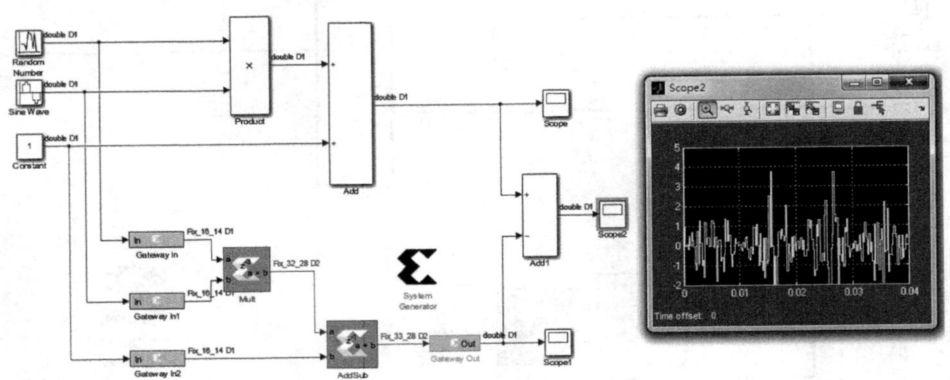

图 7-17　模型结果的比较

图 7-17 使用了简单的减法模块进行结果的对比，其方法虽然简单，却是基于模型的设计流程中，对设计结果进行检验的基本思想之一：即基于模型产生的代码，最终要与初始模型进行比对，从而验证其有效性。

从图 7-17 的结果中也可看出，使用 System Generator 模块搭建的模型，其仿真结果和最初使用基本模块搭建的仿真模型的结果并不一致。产生这一差异的原因，是 Simulink 基本模块搭建的模型中是在完全地“模拟”操作，乘法、加法等操作都是并行执行的，所有的信号都会同时发生变化；而在 System Generator 模块搭建的模型中，模拟的是基于实际 FPGA 硬件单元的操作，寄存器值的变化只能发生在时钟信号的上升沿或者下降沿，所以可以看到图 7-15、图 7-17 中，乘法器的符号上有“z^{-3}”，加法器的符号上有“z^{-1}”，是表明乘法操作使用 3 个时钟周期才可完成，而加法操作需要 1 个时钟周期才能完成。所以为了使图 7-17 中基本模型和 System Generator 模型的结果一致，需要在基本模型的对应位置加入相同的延时环节进行处理，如图 7-18 所示。

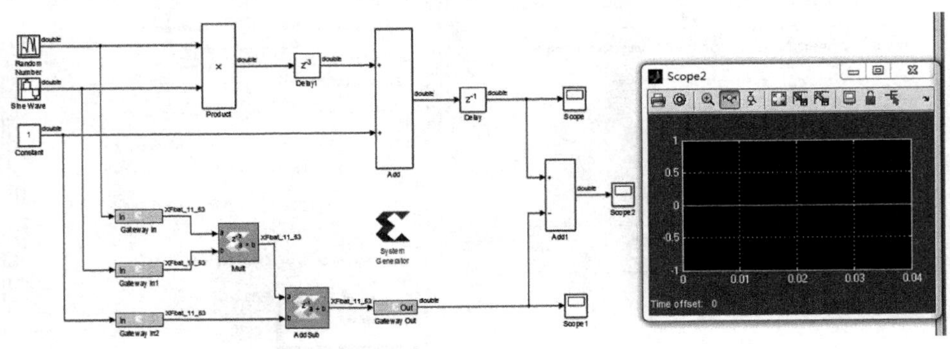

图 7-18　加入延时处理

在图 7-18 对应的模型中，你也许会发现两种建模方法的输出存在一定的误差，这是因为 Gateway In 模块默认对输入的双精度浮点类型的数据转换为定点类型，这造成了精度的损失：这是因为FPGA一般情况下在编程和运行时无法直接使用浮点类型。通过双击Gateway In模块，并改变其属性，可以达到两种建模方法结果的完全一致。更改的方法如图7-19所示。

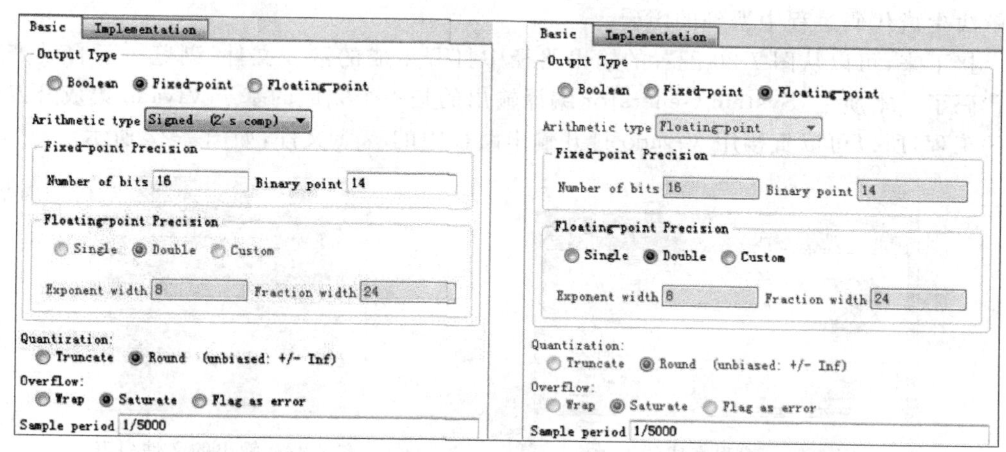

(a) 定点处理，有误差　　　　(a) 双精度浮点，无误差

图7-19　数据类型的对比

在完成了基于System Generator模块的建模之后，就可以尝试生成HDL网表(netlist)，体验基于模型设计方法的强大优势了。双击图7-18中的System Generator图标，打开编译环境的配置，如图7-20所示。

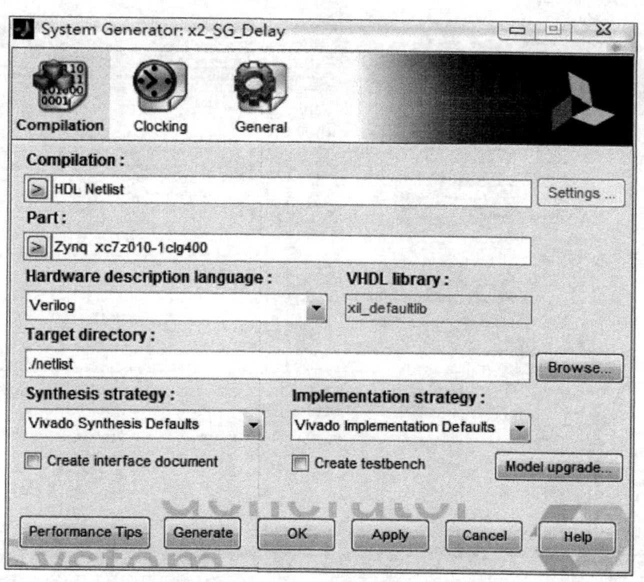

图7-20　System Generator的输出配置

对应于整本书中都在使用的MicroZed开发板，这里选用的器件类型为ZYNQ xc7z010-1clg400，生成代码的描述语言可以根据需要选择Verilog HDL或者VHDL，还可以更改输出文件的路径、Vivado的综合策略与实现策略等，或者让System Generator

把模型编译为硬件协同仿真模型、用户自定义IP、综合检查点(checkpoint)等。这里选择产生HDL网表,然后单击Generate,System Generator便可以将模型编译了。如果模型没有问题,等待一会便可弹出完成提示,如图7-21所示;否则会弹出相应的错误提示,帮助解决生成代码过程中遇到的障碍。

接下来,可以从图7-20配置的输出路径中打开生成的网表文件,浏览一下自动产生的代码了。本质上,System Generator编译输出的是一个完成的基于Vivado集成开发环境的工程,所以可以直接用Vivado打开输出路径中的.xpr文件,如图7-22所示。

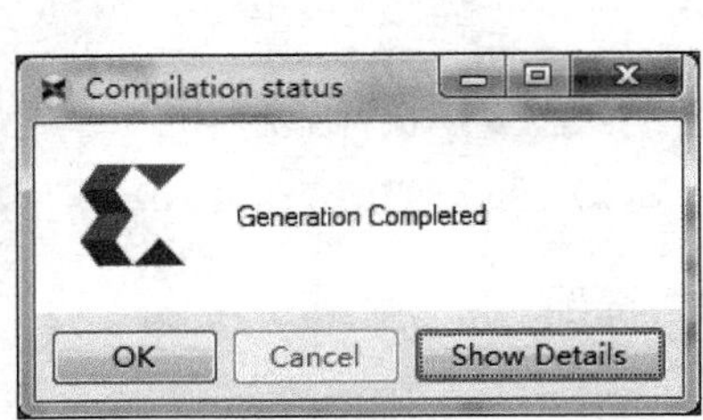

图7-21　编程完成的提示

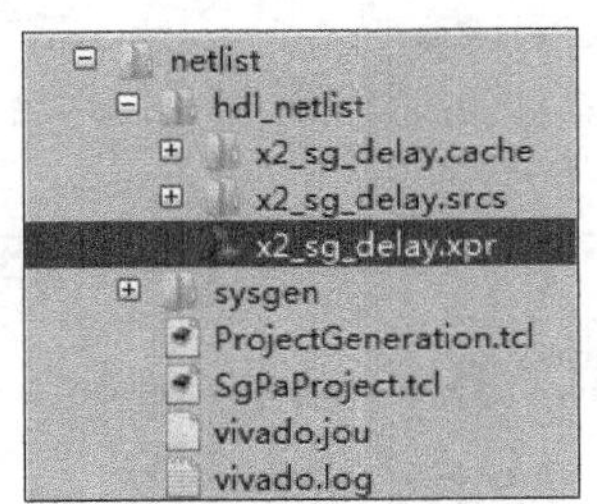

图7-22　输出的文件列表

打开图7-22中所示的.xpr之后,就可以在Vivado工程管理器中阅读生成的HDL代码,观察其工程文件结构,或者进行各种综合、实现、生成比特流文件等操作了,如图7-23所示。

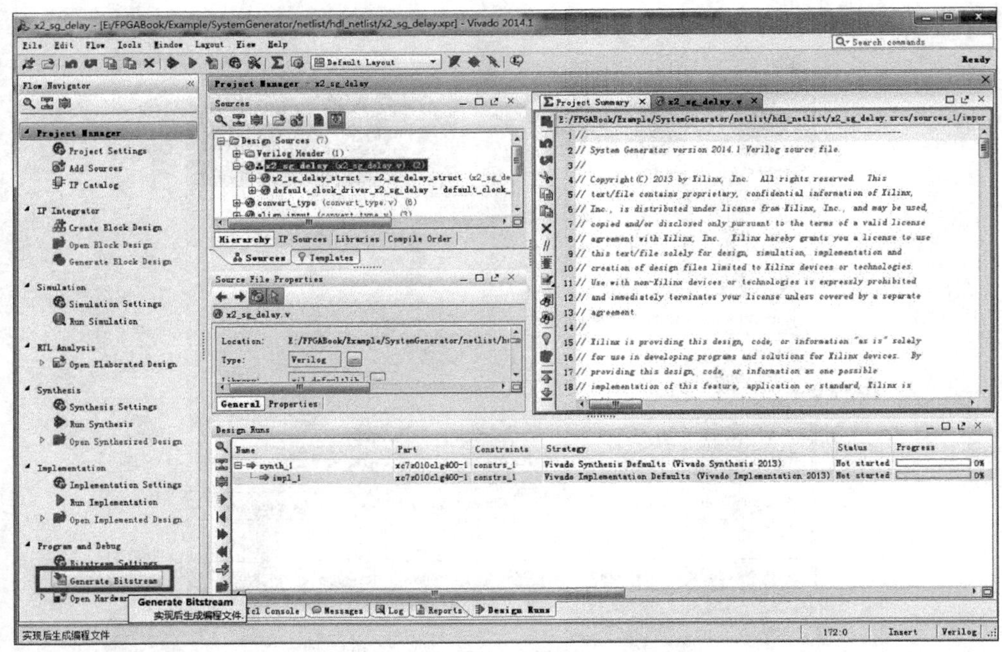

图7-23　输出比特流文件

因为还没有执行引脚配置等操作,图7-23中所示的工程暂时还无法成功输出比特流文件,感兴趣的读者可以自己进行试验,或者先继续System Generator的学习,在需要下载到开发板进行测试之前再进行配置引脚等操作。

再回过头来观察图7-18中的模型文件，它执行的是一个乘法＋加法的“乘加”操作。如果对FPGA的硬件资源有所了解的话，一定还记得ZYNQ系列FPGA的PL中含有大量DSP48E1硬件单元，可以快速地完成乘加操作。为了高效利用这一模块，System Generator中也提供了DSP48宏单元，利用它重建模型并进行对比，如图7-24所示。

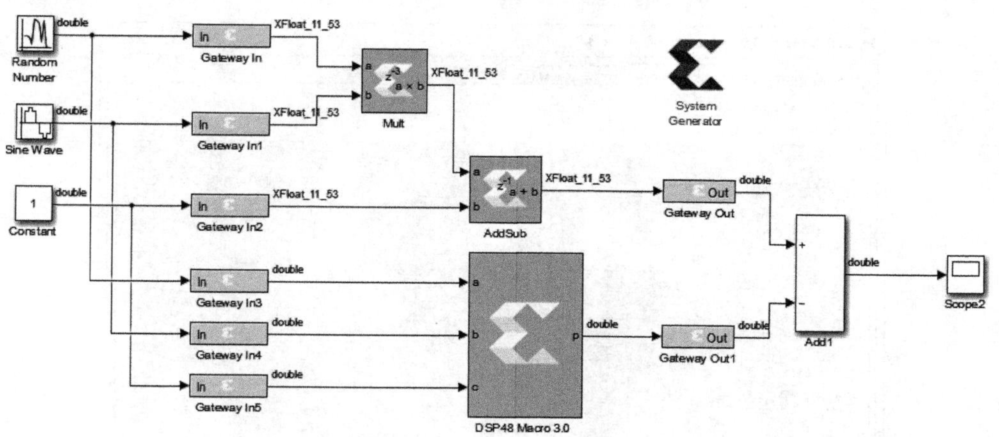

图7-24 更改后的模型

双击图7-24中的DSP48 Macro 3.0单元，选择指令的操作方式，如图7-25所示。

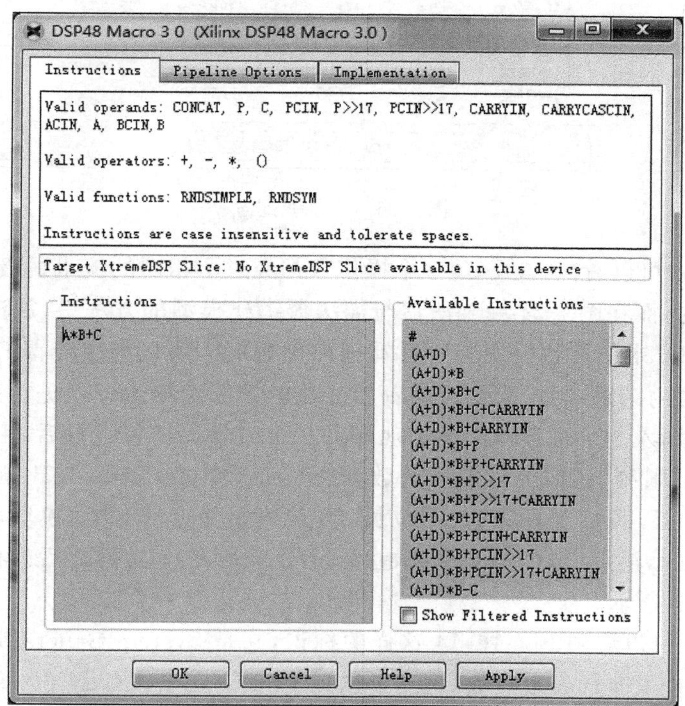

图7-25 DSP48单元的指令配置

图 7-24 中执行的是乘法+加法操作，所以选择 A * B+C 指令即可。为了达到较好的执行效率，还可以对流水线的相关选项进行配置，为了实现充分的定制，把流水线的配置方法改为“专家型”，如图 7-26 所示。每经过一级流水线，就产生一个时钟周期的延时，对于图 7-24 所示的模型，为了产生相同的延时，所以在流水线的配置里，也要进行相应的修改，使得乘法操作 3 个时钟周期才能完成。

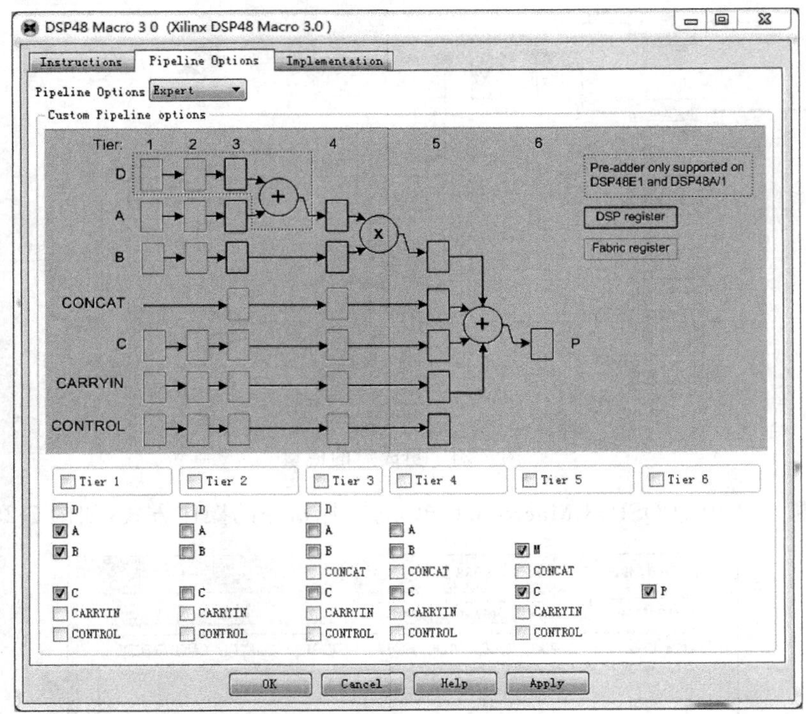

图 7-26　流水线配置

从图 7-26 中可以看出，A、B、C 三个操作数都经过了相同的流水线级数，相当于它们的延时是一样的，而在图 7-24 中乘法器与加法器搭建模型的方法里，加法器的第二个操作数(也即图 7-26 中的常数模块“1”)没有任何的延时。所以为了使得 DSP48 宏单元搭建的模型与前者的结果一致，需要对前者加法器的第二个输入模块进行延时处理：在时序中来看，只要加入 3 个寄存器就能实现滞后三个时钟周期了。最后，由于 DSP48 宏单元对数据类型的限制，还需要对输入的数据类型进行转换，即其 A、B 操作数都是 16 位长、14 位表示浮点，而 C 操作数为 48 位长、28 位表示浮点，DSP48 模块最终的输出也是 48 位长、28 位表示浮点(这也是 DSP48 中 48 的含义所在)；转换之后的模型中各个信号的类型如图 7-27 所示。

图 7-27 中，可以看到 Fix_16_14 这样的标识，它是 System Generator 中对定点类型的表示方法，其中 Fix 代表定点数，第一个数字 16 代表定点数有 16 位，第二个数字 14 代表这 16 位中有 14 位是用来代表小数位数的。小数位数占整个定点数位数的比例越高，代表小数的精度越高(说明在浮点到定点转换时被截断的位数少)，但是相应的其表示的数的范围也越小，更容易溢出。

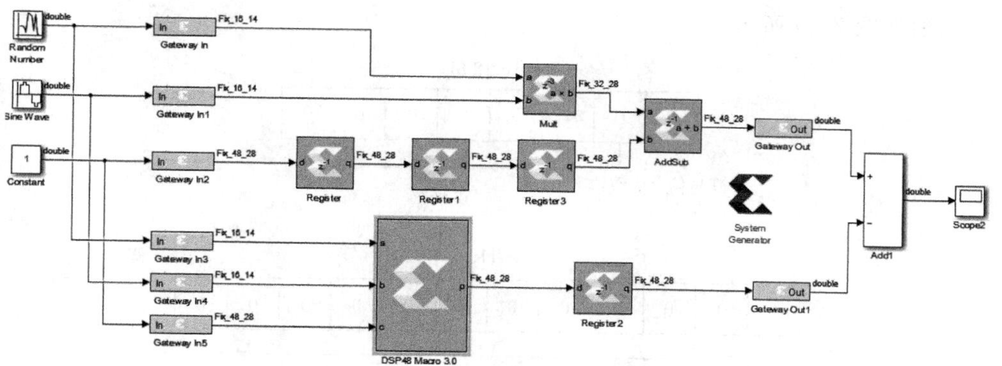

图 7-27　各个节点的数据类型

然后可以再次运行图 7-20 中所示的 Generate 代码，看看生成的代码，并执行综合、实现等操作。需要注意的是，在单击 Generate 之前，要记得把前面打开的 Vivado 工程关闭，否则会因生成的代码无法写入正在打开的工程而报错。

7.4　定点数据类型的处理

在使用 Simulink 基本模块搭建的模型中，如果不对数据的类型进行专门的指定，那么在算术运算中，数据类型一般默认为双精度浮点型，也就是常用的 double 型。但是在 FPGA 的 PL 中不管是实现逻辑还是运算功能时，数据都是用 reg、wire 这些类型来描述的，它们对应到仿真模型中的时候则是定点型的，所以这就涉及到浮点到定点的转换，以及不同精度的定点数据之间的转换问题，通过本节详细了解一下它们之间的转换是如何完成的。

在前面的几节中，已经讲述了 System Generator 建模的基本方法，并且可以让各个端口和连线显示它们的数据类型。本节中，搭建一个简单的模型，用图形化的方法来展示数据类型的转换，该模型如图 7-28 所示。其中最右端的 Display 模块是 Simulink 自带的，在 Simulink 库文件浏览器中的 Simulink→Sinks 下面可以找到。

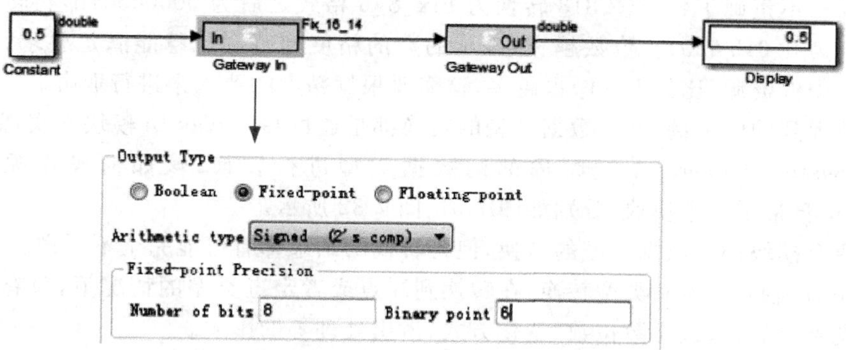

图 7-28　描述数据类型转换的模型

图 7-28 中，Gateway In 模块的输入是 double 类型的 0.5，其输出是有符号的定点类型，位数是 8 位，其中小数位有 6 位，采用的表达方式是 2 的补码类型。Fix_8_6 表示的

数据范围如图 7-29 所示。

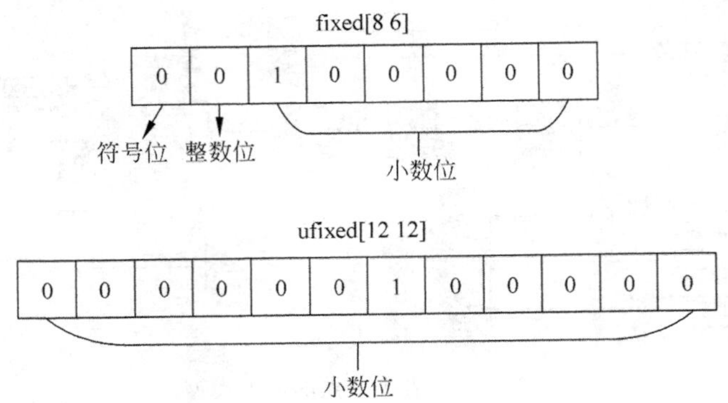

图 7-29 Fix_8_6 与 uFixed_12_12 表示的数据范围

为了显示不同的定点位数对被处理数据的影响，在图 7-29 中还加入了 UFix_12_12 进行对比，它表示一个 12 位的无符号数，所有位都是小数位（这说明它是一个小于 1 的小数）。然后分别用 Fix_8_6 与 UFix_12_12 来处理 0.007 813 这个小数，如图 7-30 所示。

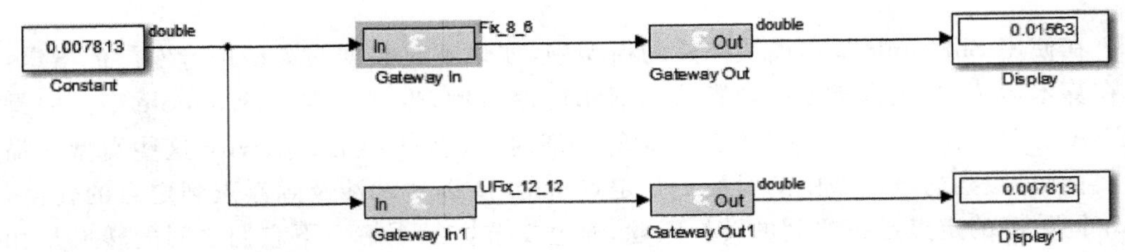

图 7-30 不同定点位数表示的结果

从图 7-30 中可以看出，用 UFix_12_12 来表示 0.007 813 时，因为其小数位数有 12 位，所以精度在从浮点到定点的转换中损失较小（0.007 813 转换为 UFix_12_12 格式之后为 000000100000b，再转换回十进制为 0.007 812 5），而 Fix_8_6 的小数位数只有 6 位，整个数据都不正确了（0.007 813 转换为 Fix_8_6 格式之后为 00000001b，再转换回十进制之后则为 0.015 625）。位数越宽，表示的数的精度和范围就越能满足要求，但是相应的消耗的硬件资源（比如 LUT）也越多，这需要根据精度的要求来进行取舍。

本节提到的两个例子中，数据类型的转换都是通过 Gateway In 模块来实现的。如果希望把 System Generator 模型内部的数据类型进行转换，该如何操作呢？System Generator 自带了两个模块，分别如图 7-31、图 7-32 所示。

这两个模块都是数据类型的转换，但是转换的结果却有可能完全不一样。

Convert 模块：强制类型转换，在转换到浮点或者定点类型的情况下，只有精度和数据范围受到整数位数、小数位数、量化方式、溢出处理等的影响。

Reinterpret 模块：数据类型不变，但是可以移动小数点。小数点的移动显然可以直接改变数值（左移是乘以 2，右移则是除以 2），这种方法的优点在于它不需要消耗任何硬件资源，所以在某些情况下（例如需要快速移位时）是非常有用的。

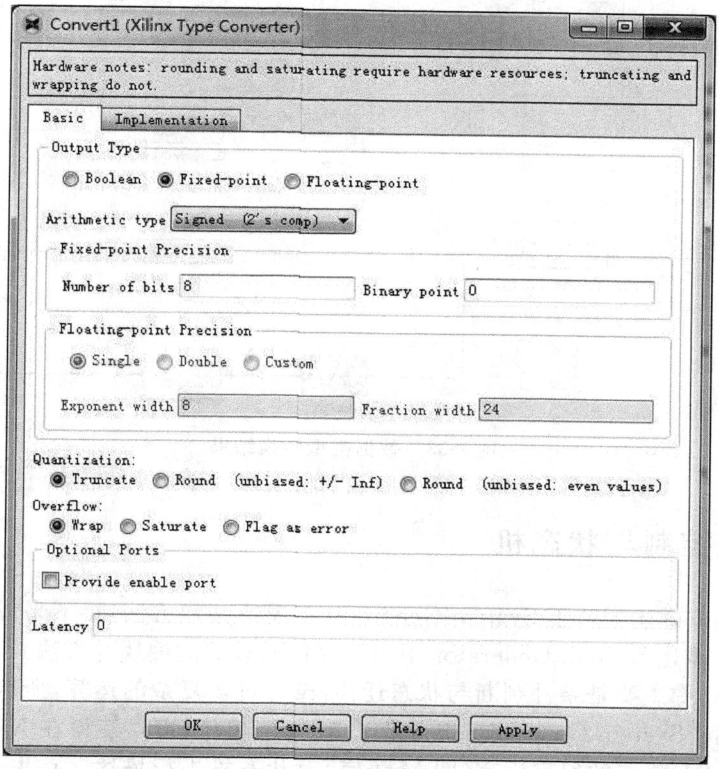

Convert1 (Xilinx Type Converter)
Hardware notes: rounding and saturating require hardware resources; truncating and wrapping do not.
Basic Implementation
Output Type
Boolean Fixed-point Floating-point
Arithmetic type Signed (2's comp)
Fixed-point Precision
Number of bits 8 Binary point 0
Floating-point Precision
Single Double Custom
Exponent width 8 Fraction width 24
Quantization:
Truncate Round (unbiased: +/- Inf) Round (unbiased: even values)
Overflow:
Wrap Saturate Flag as error
Optional Ports
Provide enable port
Latency 0
OK Cancel Help Apply

图 7-31 Convert 模块

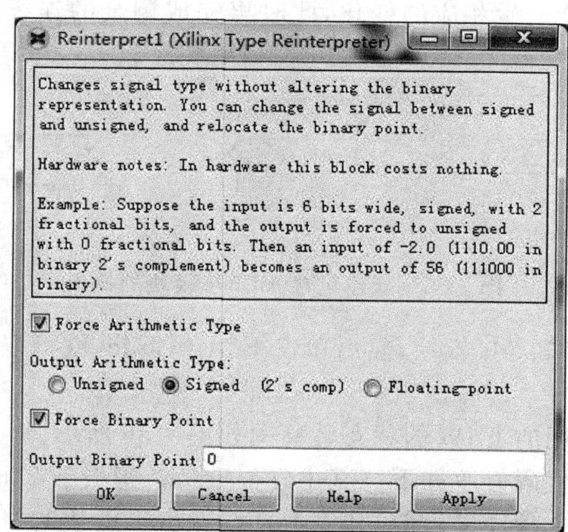

图 7-32 Reinterpret 模块

使用这两个模块进行数据转换的仿真，如图 7-33 所示。可以看出，使用 Convert 模块缩减有效位数之后，0.007 813 因为精度的不足而变为 0，而 0.5 使用 Reinterpret 向左移动小数点之后，相当于乘了 2 的倍数，变成了 1。

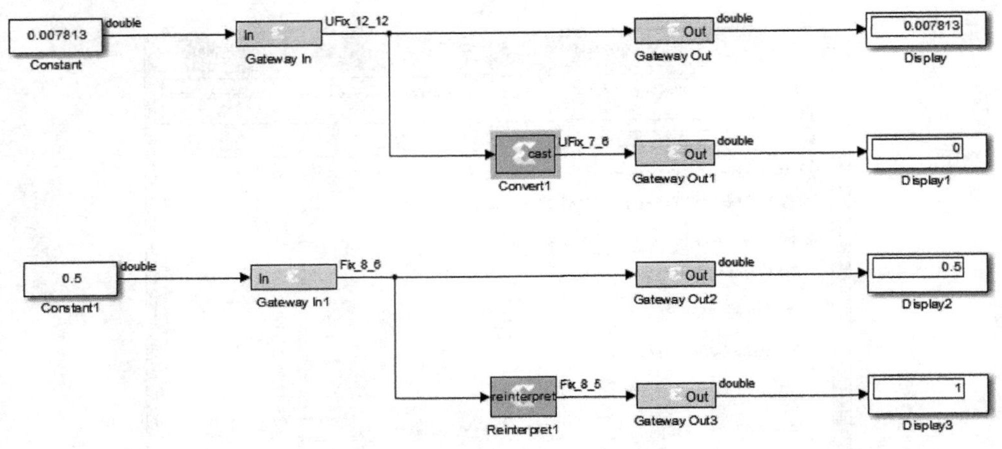

图 7-33 数据类型转换结果

7.5 系统控制与状态机

前面的几节讲述了基于 System Generator 的基本建模方法，接下来以一个有限状态机 FSM 为例，讲述 System Generator 中与系统控制有关的模块与方法。

因为 FSM 中主要是条件判断与状态迁移，没有过多复杂的运算，所以更适合用一小段代码来描述。System Generator 中自带了 MCode 模块，可以使得在 Xilinx 的规范下，直接基于 Matlab 传统的编程语言（即 M 语言）对状态机进行描述。首先，搭建一个包含 MCode 模块的模型，如图 7-34 所示。需要注意的是，在修改了 MCode 中的代码之后，MCode 模块的端口才会产生相应的变化，此时再完成剩余的连续工作，然后就可以执行仿真、生成代码等操作。

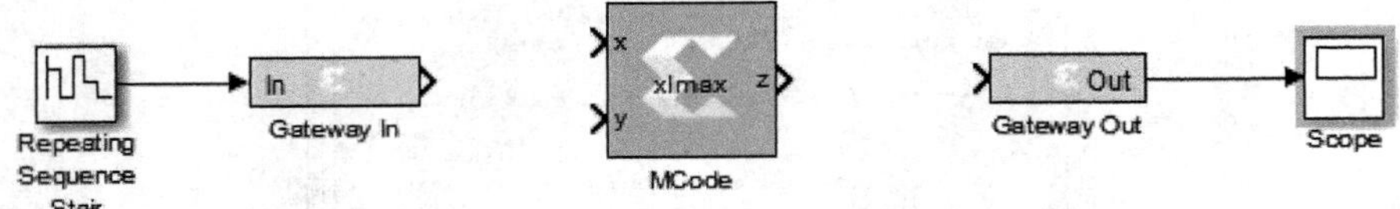

图 7-34 新建包含 MCode 模块的模型

双击图 7-34 中的 MCode 模块，然后单击 Edit M-File，就可以编辑 MCode 中的代码了，如图 7-35 所示。

本节的例子中，使用的 FSM 的状态转移图如图 7-36 所示。

其对应的 MCode 代码修改如下。其中，persistent 相当于 C 语言中 static，申明变量为静态变量，也就是在主程序退出前，其值不会在退出子函数时自动丢弃，而是继续保存在内存中。此外，Matlab 中的 persistent 变量不能作为函数的输入和输出参数。

xl_state()是 MCode 中自带的函数，用来声明一个内部的静态变量，它的输入参数有两个，一个是初值，另一个是变量类型。xl_state(0, {xlUnsigned, 3, 0})表明变量的初值为 0，数据类型为无符号数，长度为 3 位，其中小数位数为 0。因为状态从 0 到 4，即二进制的 0b 到 100b，所以需要 3 位的长度来表达。此外，{xlUnsigned, 3, 0}这样的语句是定点数在 MCode 模块中的表达方式。

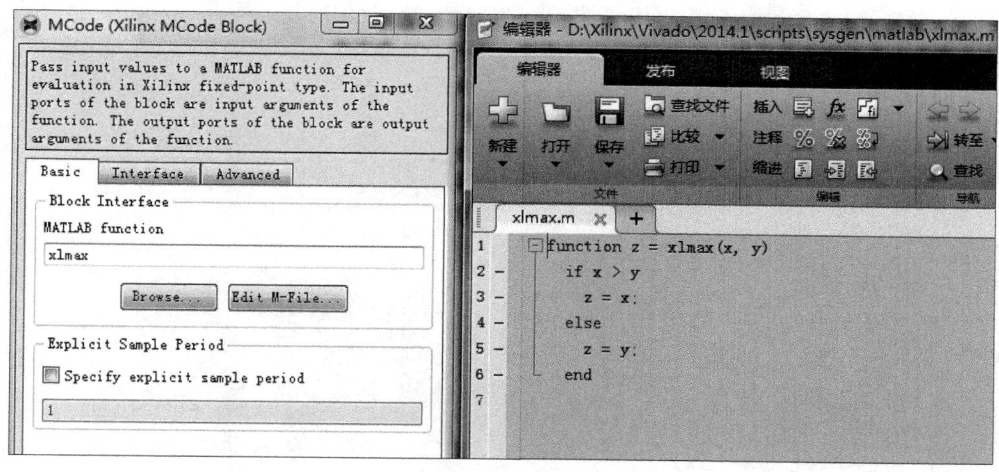

图 7-35　编辑 MCode 的代码

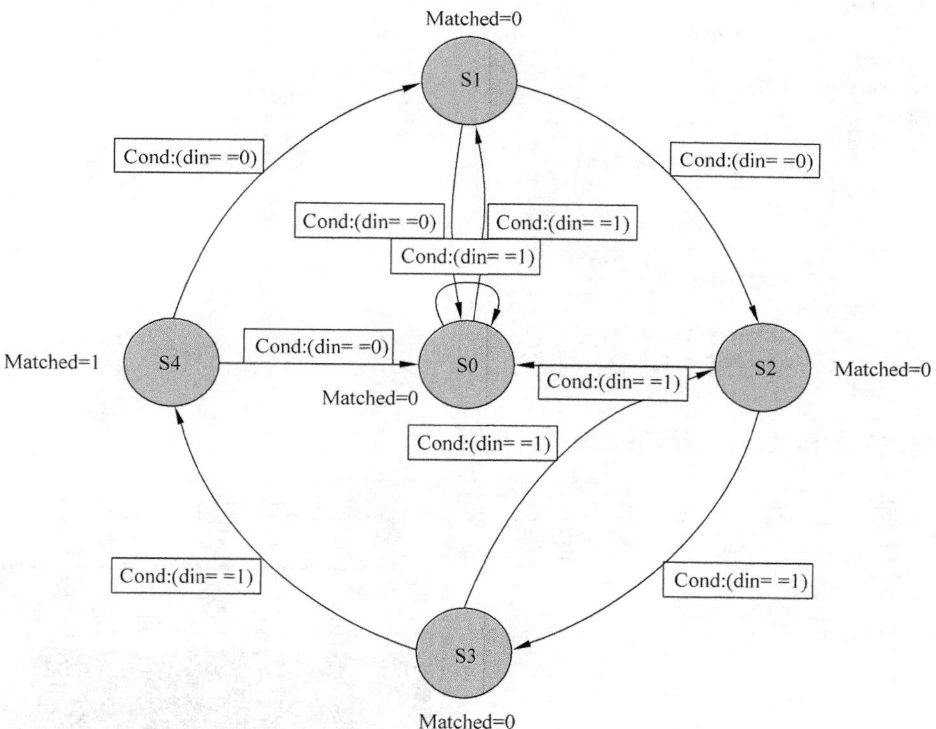

图 7-36　FSM 的状态转移图

```
function matched = state_machine(din)
persistent state, state = xl_state(0,{xlUnsigned, 3, 0});
switch state
case 0
    if din == 1
                state = 1;
    else
                state = 0;
    end
```

```
                matched = 0;
case 1
    if din == 0
                    state = 2;
    else
                    state = 0;
    end
    matched = 0;
case 2
    if din == 1
                    state = 3;
    else
                    state = 0;
    end
    matched = 0;
case 3
    if din == 1
                    state = 4;
    else
                    state = 2;
    end
    matched = 0;
case 4
    if din == 0;
                    state = 0;
    else
                    state = 1;
    end
            matched = 1;
    otherwise
            state = 0;
            matched = 0;
    end
```

修改后的模型与运行结果如图 7-37 所示。

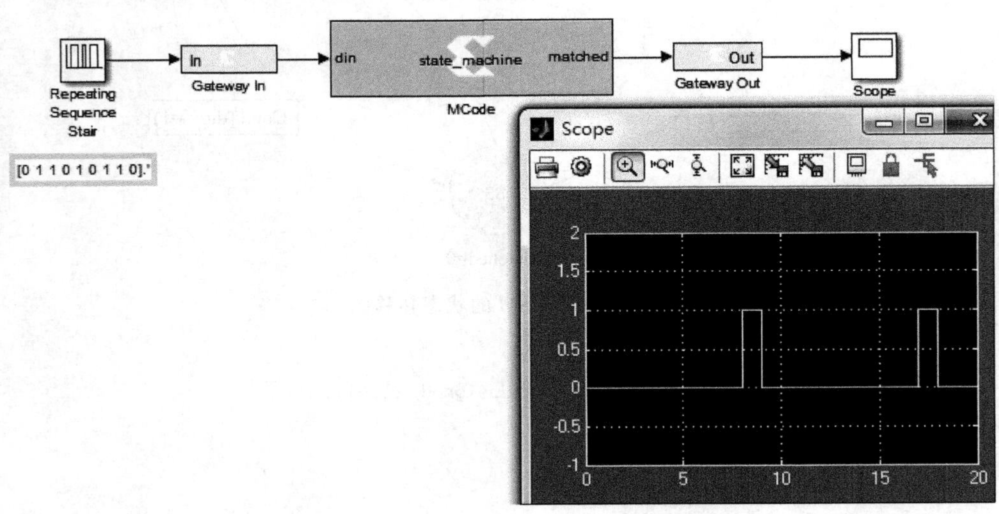

图 7-37 修改后的模型与运行结果

7.6 多速率与串并转换

在一个包含DSP算法的系统中，往往存在多个不同的数据速率，这就涉及上采样(Up Sample，增加采样速率)、下采样(Down Sample，降低采样速率)以及数据的串行/并行转换的问题。本节来看一下它们在System Generator中是如何实现的。

首先，搭建下采样的仿真，如图7-38所示，其中计数器的上限值是10。

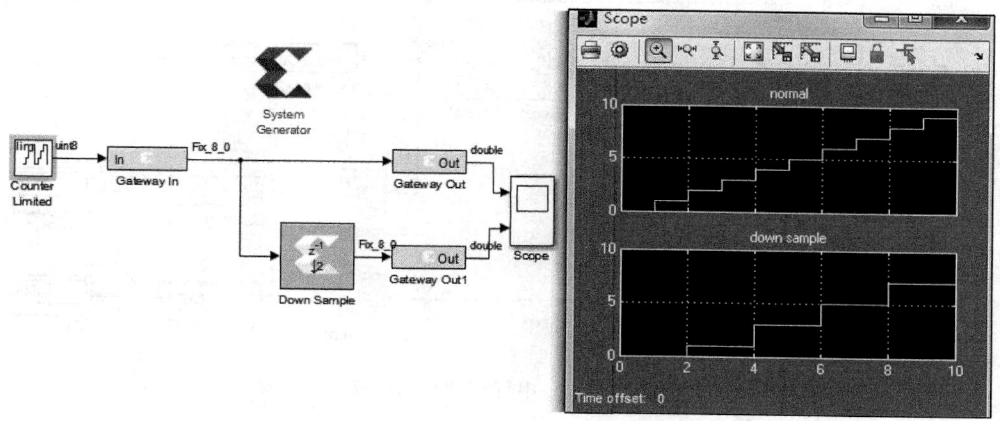

图7-38 下采样的仿真

从图7-38中可以看出，下采样速率降为原来的1/2之后，输出波形变化的时间间隔明显扩大了一倍。然后再来看一下上采样的效果，搭建仿真模型，如图7-39所示。

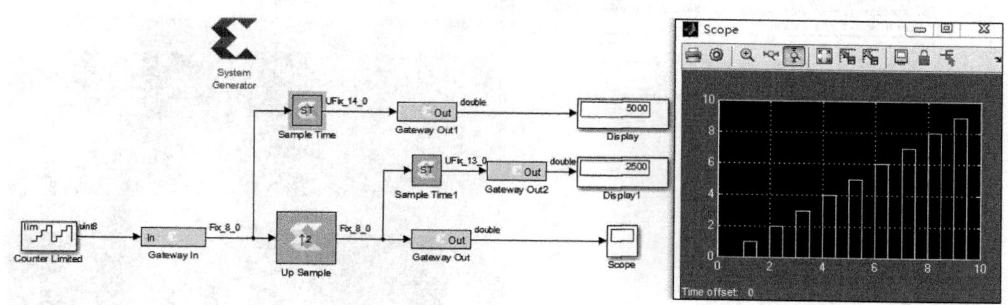

图7-39 上采样的仿真

图7-39中，ST模块是用来输出标准化之后采样时间的。输入的计数器信号的采样频率是5kHz，而Gateway In模块默认的采样时间是1s，则折算之后的采样时间间隔为5000，经过上采样之后的采样时间间隔变为2500。

然后创建一个从串行数据到并行数据转换的模型，观测System Generator中Serial to Parallel模块的工作方法，其时序示意图如图7-40所示。仿真模型如图7-41所示。

其中，Serial to Parallel模块的配置以及仿真结果如图7-42所示。从串行到并行转换之后，数据速率会上升，因为输入的数据位宽为2位，因此设置的Serial to Parallel模

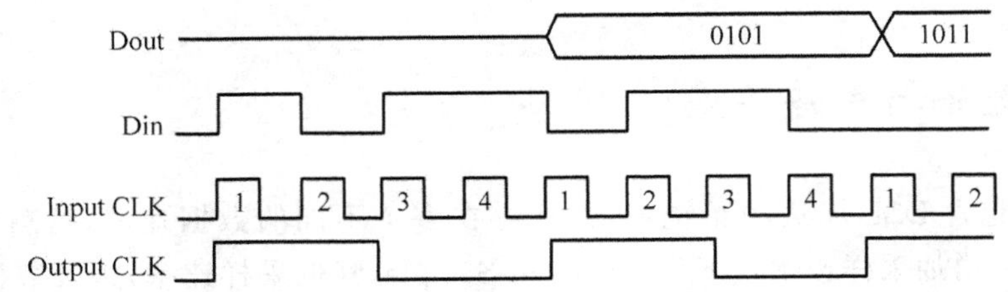

图 7-40　串行到并行转换的时序(以输入宽 1 位,输出宽 4 位,LSB 优先为例)

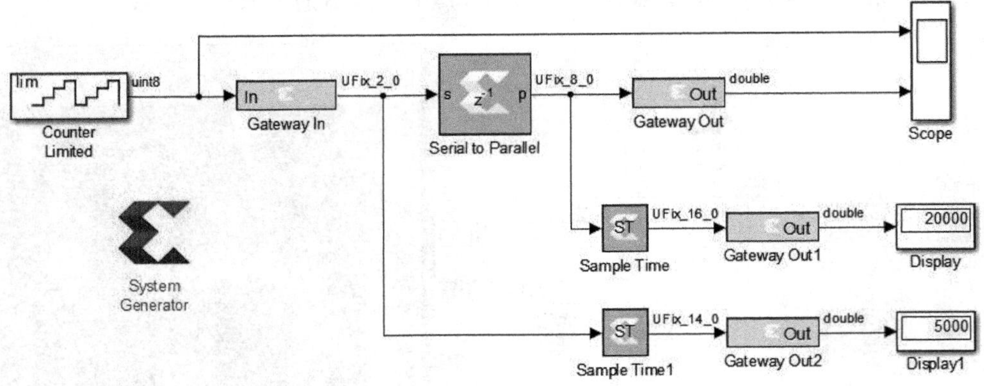

图 7-41　串行到并行的转换

块的位宽为 8 位,所以输出的数据变化速率会下降到输入串行数据的 1/4,因为相同的时间里,并行数据传送的数据更多,所以传送相同多的数据时,并行传输需要的速率下降了。

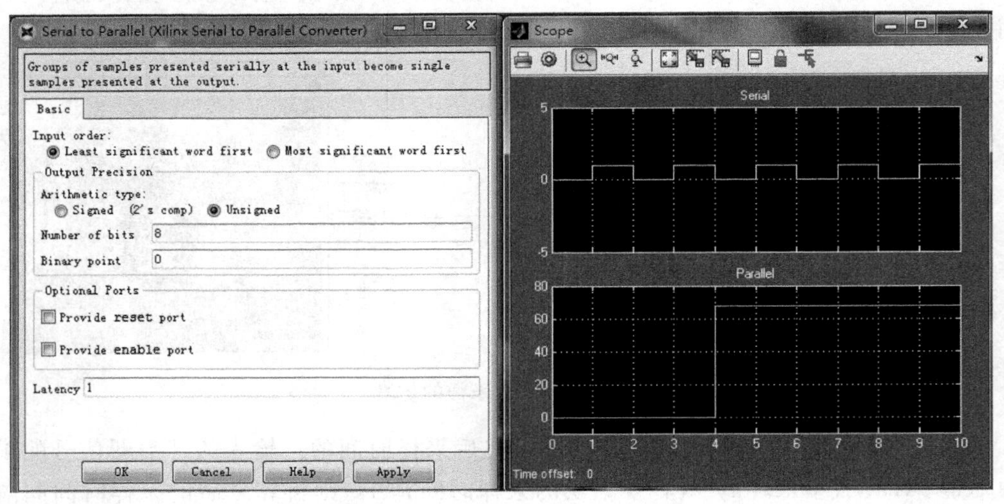

图 7-42　串行到并行的配置和仿真结果

从图 7-42 可以看出,输入的串行数据折算之后的时间采样间隔是 5000,经过串行到并行的转换之后,输出并行数据折算之后的时间采样间隔变为 20 000,而在 Serial to Parallel 模块还延时了一个并行数据周期,所以需要 4 个串行周期的输入串行数据之后,才能开始转换为 1 个周期的并行数据。

此外，在图 7-42 中，Serial to Parallel 模块的输入顺序被配置为 LSB（Least Significant Word First）优先，通常 MSB 位于二进制数的最左侧，LSB 位于二进制数的最右侧，而输入的数据波形为 000100010001…，所以在 LSB 有限的情况下，等待被转换的输入的串行数据为 01000100…，即十进制的 68，所以仿真结果中，并行数据的值为 68。而如果改为 MSB 优先，则等待被转换的输入的串行数据变为 00010001…，即十进制的 17，此时再运行仿真的话，并行数据的值就变为 17 了，请读者自行验证。

基于同样的道理，再来看一下并行到串行转换的模块，即 Parallel to Serial 模块，其时序示意图如图 7-43 所示，搭建仿真模型，如图 7-44 所示。

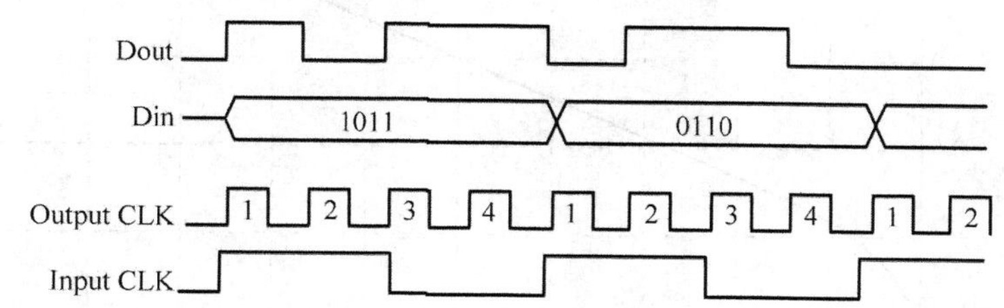

图 7-43 串行到并行转换的时序（以输入宽 4 位，输出宽 1 位，MSB 优先为例）

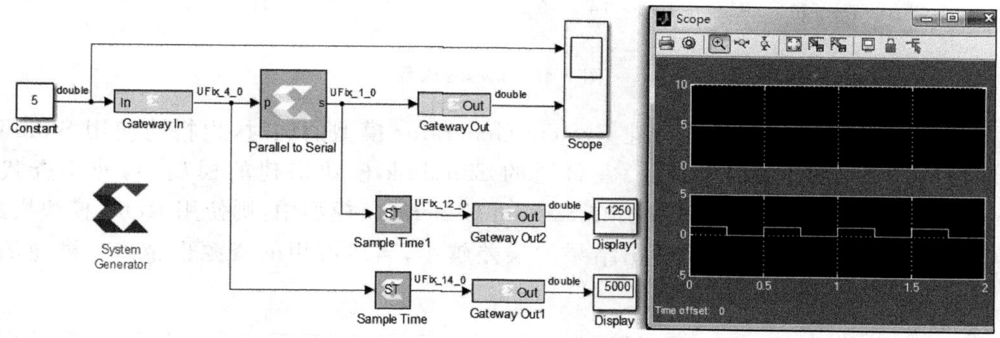

图 7-44 并行到串行的转换

从图 7-44 中可以看出，输入并行数据折算之后的采样时间间隔是 5000，经过并行到串行转换之后，采样时间间隔降为 1250。与串行到并行转换的道理相同，图 7-44 中仿真模型里 Parallel to Serial 模块用的是 LSB 优先，所以输入的十进制的 5（二进制 0101）被转换为 1010…串行输出；如果改为 MSB 优先，则是转换为 0101…串行输出。

7.7 使用存储单元

在 FPGA 的 PL 中，含有大量的块 RAM，可以把一些常数（例如某个 FIR 滤波器的系数）存放在其中，这样可以节省一定的 LUT 资源，也可以存放数学表来快速完成一些数学运算，例如常用的正弦/余弦等三角函数操作。在 System Generator 的模块中，同样有相应的存储器单元，在本节中就以实现一个反正弦函数 arcsin 为例（见图 7-45），来了解一下如何使用这样的模块。使用的 arcsin 数学表的数据由以下 Matlab 命令运算得到：

```
x = -1: 0.01: 1;
plot(x,asin(x)); grid on
```

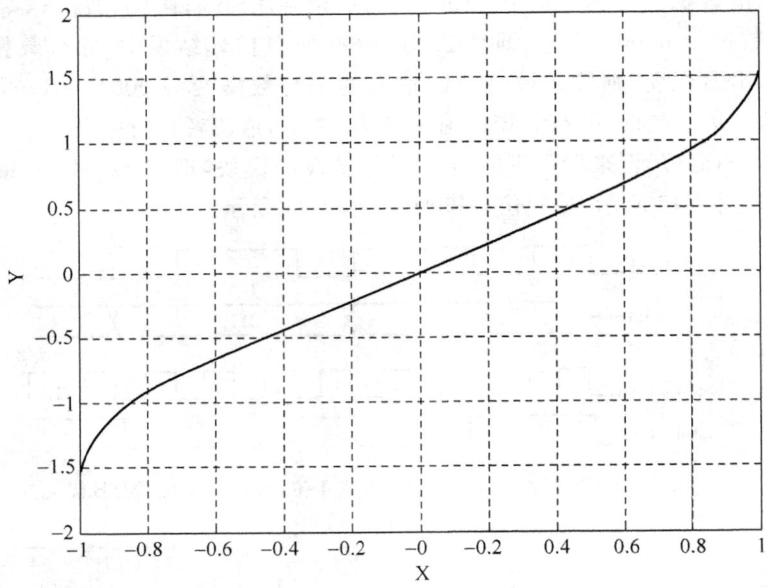

图 7-45 arcsin 函数

为了演示模型的效果，在搭建 System Generator 模型的同时，也搭建使用 Simulink 基本模块构成的模型进行对比。在普通的 Simulink 模块搭建的模型中，使用查找表 Lookup Table 实现 arcsin 数学表，在 System Generator 模型中，则使用 ROM 模块搭建；数学表的步长越小，插值计算输出结果的误差越小，当然占用的资源也越多。搭建的模型如图 7-46 所示。

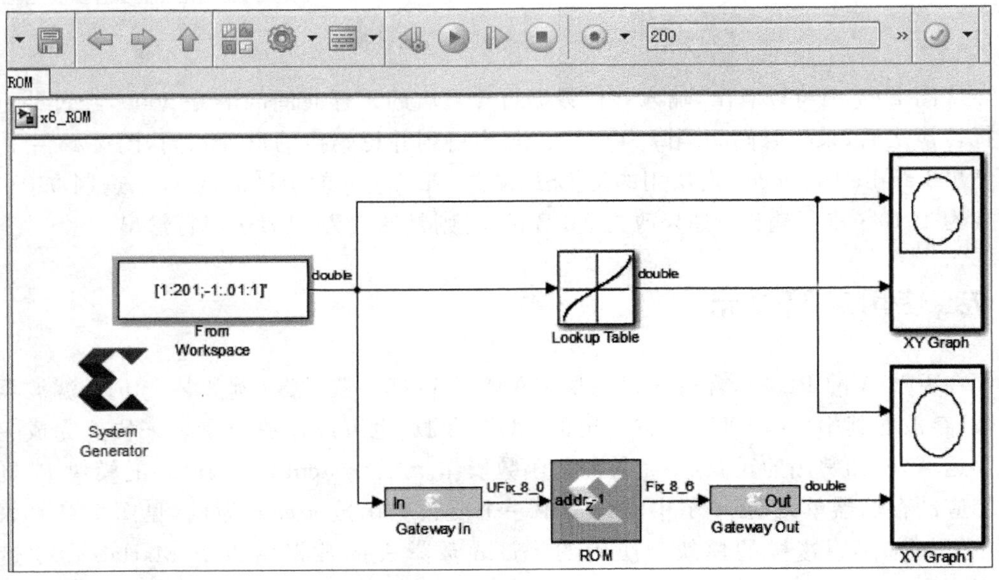

图 7-46 使用 ROM 模块

其中,Lookup Table 和 ROM 的配置如图 7-47 所示。仿真结果如图 7-48 所示。

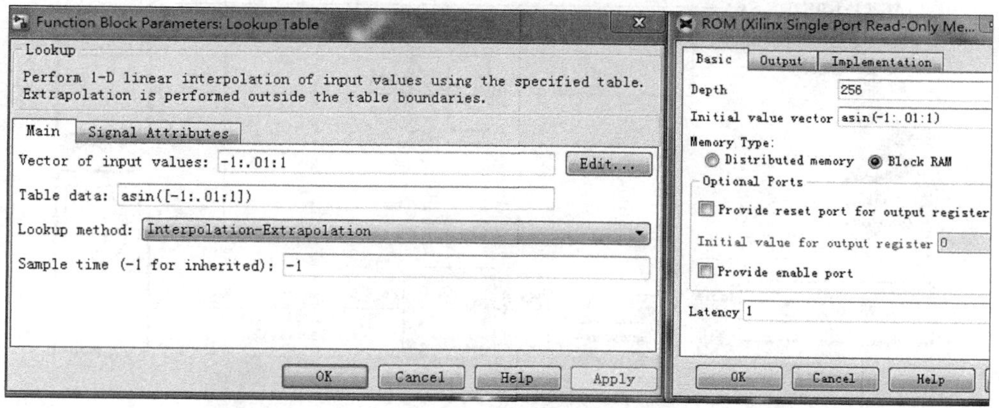

图 7-47 Lookup Table 和 ROM 的配置

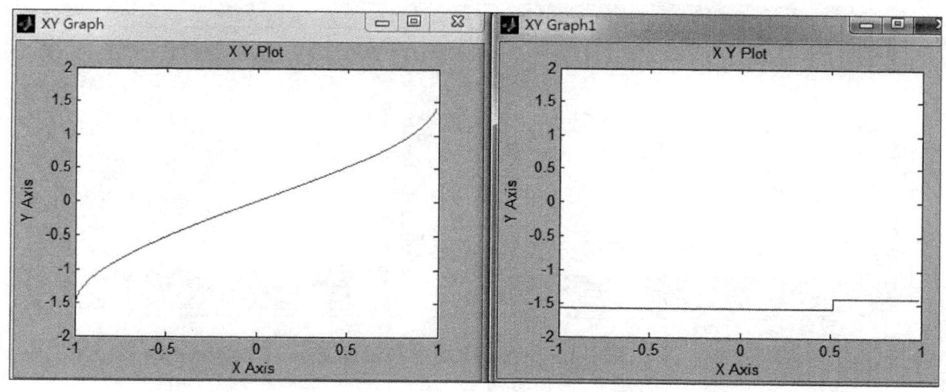

图 7-48 查找表与 ROM 仿真结果

从图 7-48 中可以看出,使用 Simulink 基本模块搭建的模型正确输出了 arcsin 数学表的波形,而使用 System Generator 中 ROM 模块搭建的模型结果则不对。这是因为使用的 ROM 模块是 8 位宽、0 位小数的无符号数,而 ROM 模块输入的应该是无符号整数表示的地址,地址 0 对应的应当是−1 的反正弦,地址 200 对应的应当是 1 的反正弦;但是在图 7-45 中,使用的输入变量为[1:201;−1:.01:1]',这个序列经过 Gateway In 模块的折算后,都变成 0 和 1 了,所以图 7-46 中,实际求取的是−1 和−0.99 的反正弦,要把输入的序列进行相应的更新才能得到正确的结果,更改之后的模型如图 7-49 所示。更新之后的仿真结果如图 7-50 所示。

从图 7-50 中可以看出,更新模型输入之后,System Generator 中 ROM 模块搭建的模型的仿真结果(XY Graph1)与 Simulink 基本模块的结果基本一致了(XY Graph)。但是由于 Gateway In 模块造成量化误差的原因,ROM 模块的结果不如基本模块的精细。

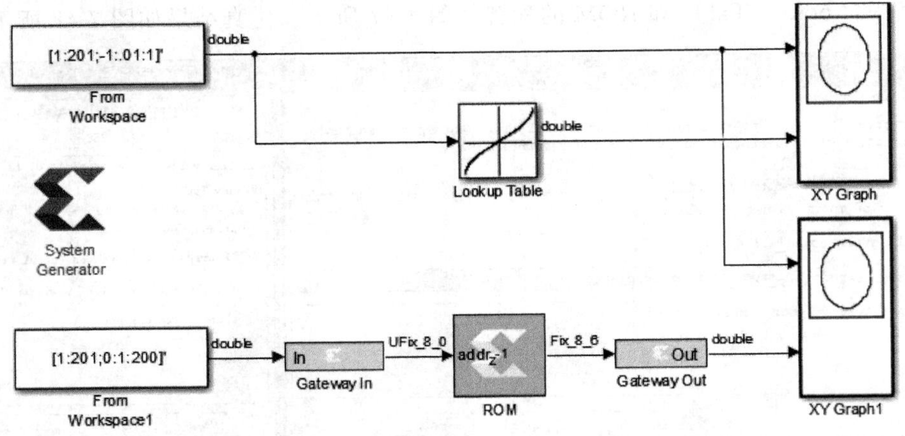

图 7-49　修改输入之后的模型

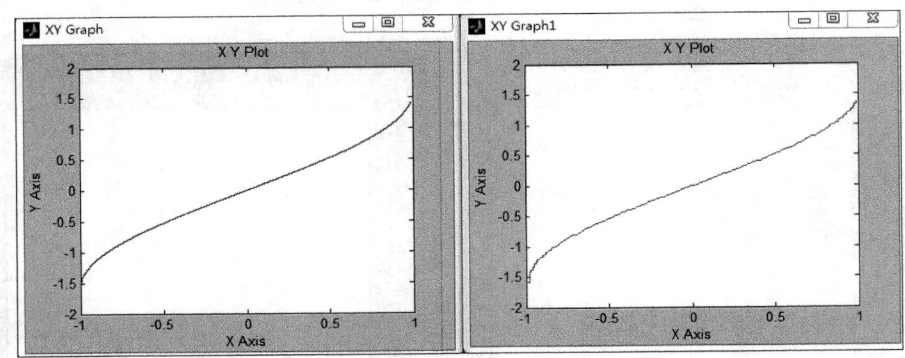

图 7-50　更新之后的仿真结果

7.8　在 Vivado IDE 中使用 System Generator 模型

使用 System Generator 生成的 DSP 算法的代码，最终要集成到更大的模型中，并构成一个完整的系统，所以本节来学习一下如何把 System Generator 模型集成到 Vivado IDE 集成开发环境的工程里面去。

前面已经讲解了 Vivado 新建工程的方法，所以首先新建一个 RTL 工程(Vivado→New Project)，如图 7-51 所示。其中要把 Do not specify souces at this time 的选项给去掉，因为接下来要添加 System Genarator 生成的 IP。

先不要添加文件，单击 Next 按钮，到提示输入 IP 时，选择一个使用 System Generator For Vivado 建立的模型，并导入工程，如图 7-52 所示，当然也可以在工程建立完成之后再选择添加相应的文件。由此可知，System Generator 建立的模型在 Vivado 面向 IP 的设计流程中，也被作为一个单独的 IP 进行使用和管理。但是有一点需要注意的是，System Generator 不能与新建的 Vivado 工程放在同一个目录之下，否则会有潜在的文件冲突。合理的办法是在 Vivado 工程的路径中建立一个子目录，例如 DSP，然后把 System Generator 模型放在里面。

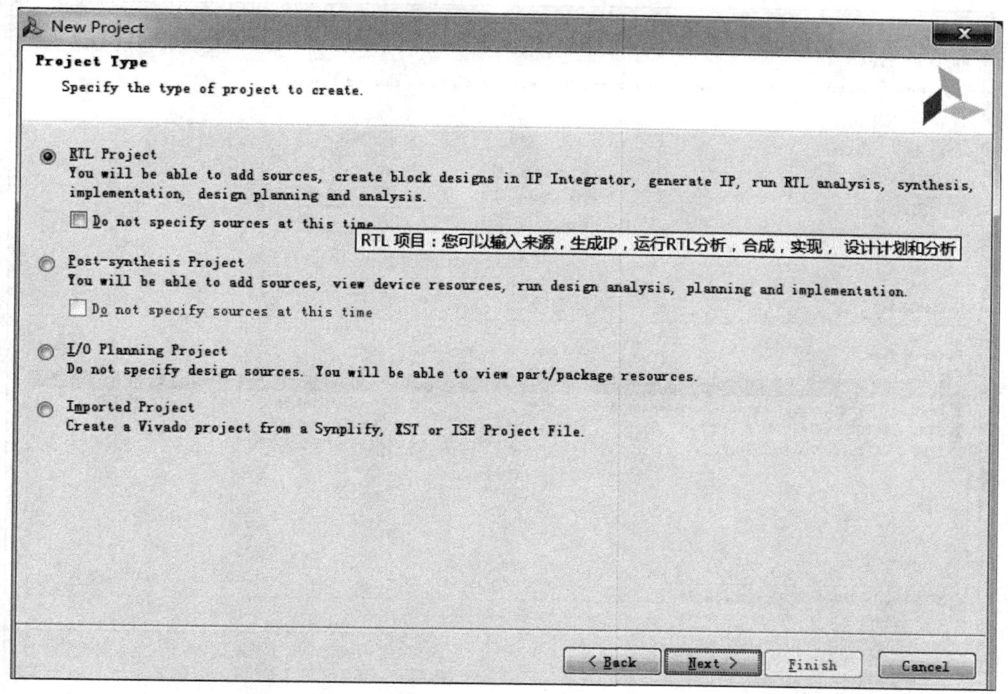

图 7-51　新建 Vivado RTL 工程

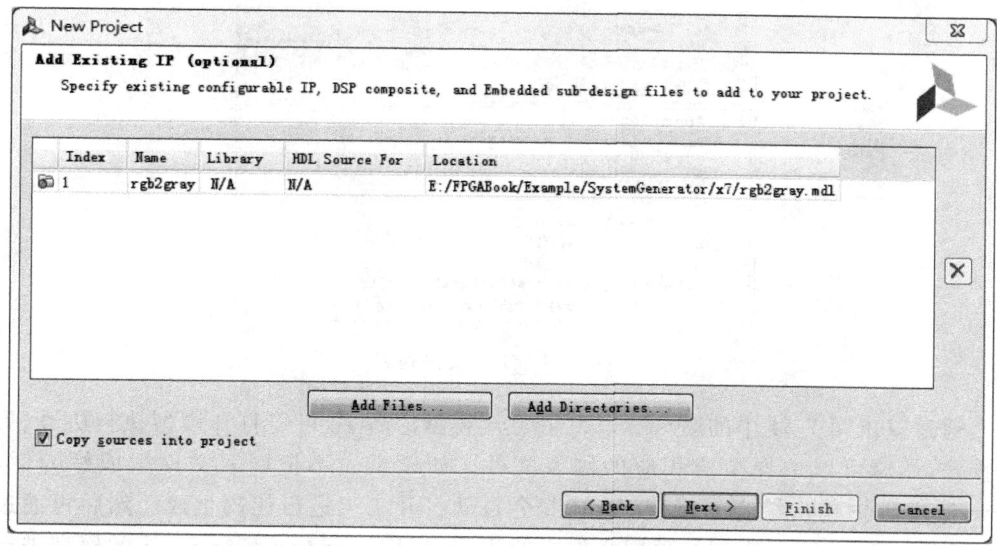

图 7-52　导入 System Generator 到 Vivado 工程中

然后单击 Next 按钮，在器件选择中直接选择 MicroZed，如图 7-53 所示。

工程建立完成之后，输入顶层文件 top_level. vhd 和约束文件 MicroZed. xdc（因工程文件较长，请参考书例程压缩包中的 Example\SystemGenerator\CH7）。最终的工程管理器中，文件列表如图 7-54 所示。

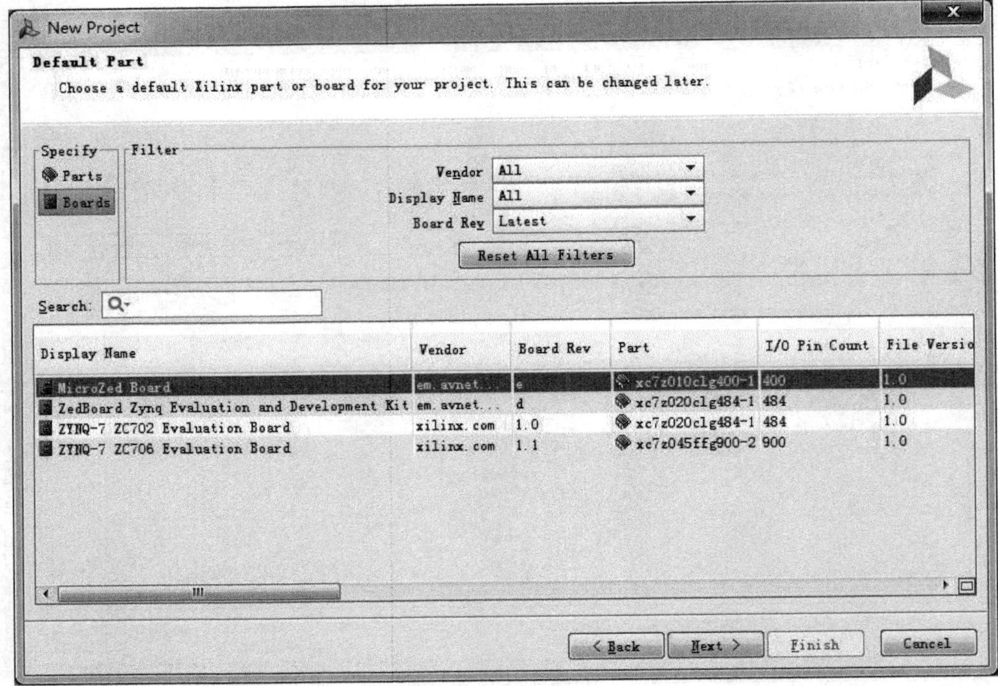

图 7-53 选择器件

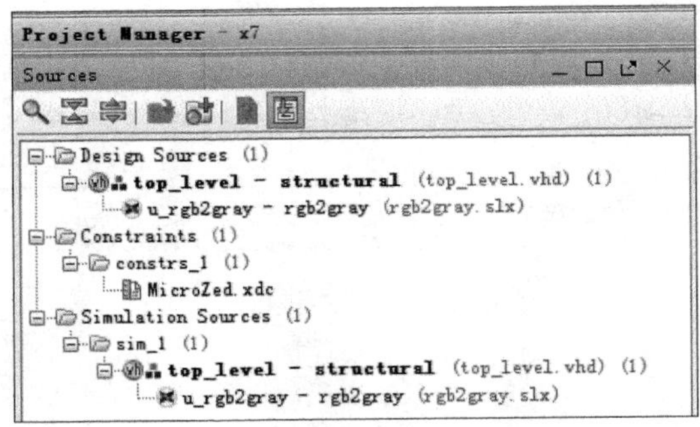

图 7-54 工程文件列表

通过双击图 7-54 中的 System Generator 模型的名字，可以打开模型执行仿真、更改等操作，然后可以选择生成相应的网表文件。如果事先不把网表文件生成好的话，在 Vivado 工程中单击综合的时候，Matlab 会自动打开工程进行代码生成。然后再通过调用 System Generator 模型的顶层文件中的相应位置对 System Generator 的模型进行定义和例化：

```
-- -定义
component rgb2gray is
 port (
     blue: in std_logic_vector(7 downto 0);
     clk: in std_logic; -- clock period = 10.0 ns (100.0
```

```
      green: in std_logic_vector(15 downto 0);
      red: in std_logic_vector(7 downto 0);
      rst: in std_logic;
      grey_output: out std_logic_vector(31 downto 0)
    );
  end component;
  -- - 例化
  -- System Generator Design #1
   u_rgb2gray :rgb2gray
   port map (
       blue     => blue,
       clk      => clk,
       green    => green,
       red      => red,
       rst      => rst,
       grey_output    => grey_outpu
    );
```

至此，基于 System Generator 设计的模型对应的网表文件已经完整嵌入到 Vivado 工程之中。可以生成它的 RTL 视图，如图 7-55 所示。

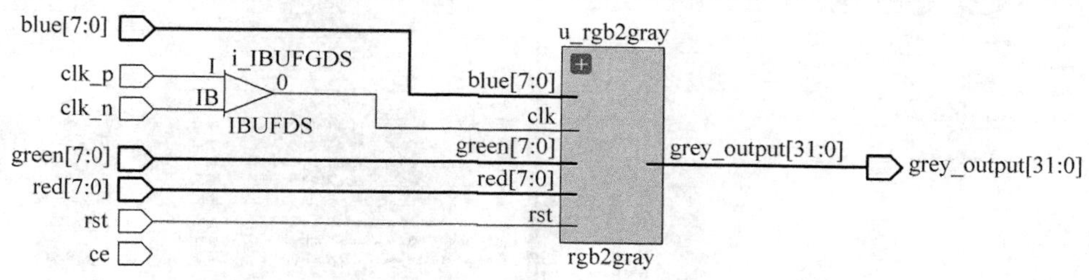

图 7-55　SysGen 模块的 RTL 视图

接下来可以基于 System Generator 模型生成的代码进行更加复杂功能的设计了。

7.9　把 C/C++程序导入 System Generator 模型

Vivado HLS(High Level Synthesis)可以直接把现有的 C/C++算法转换为 RTL，而 System Generator 则可以把现有的基于 Matlab/Simulink 模型实现的 DSP 算法直接转换为 RTL，二者的侧重点不同，但是也可以有一定的交集。那二者如何不通过 Vivado IDE 而直接进行互动呢？System Generator 中自带名为 Vivado HLS 的模块，可以方便直接把 Vivado HLS 中调试好的 C/C++算法导入到 Simulink 中去。下面就来看看这个方法是如何实现的。

首先，打开 Vivado HLS 软件，然后选择菜单栏上的 File→New Project，如图 7-56 所示。

单击 Next 按钮，然后输入项目工程，暂时先不指定和添加源程序，在提示选择器件类型时选择开发板 MicroZed，如图 7-57 所示。然后单击 Finish 按钮就完成了 Vivado HLS 工程的创建。

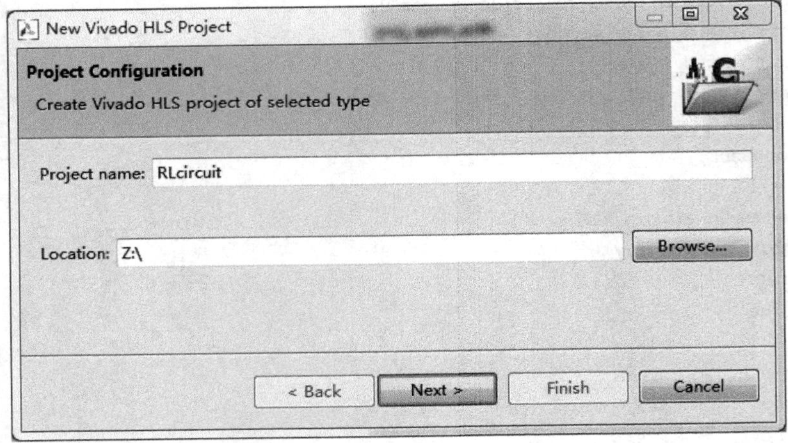

图 7-56　新建 Vivado HLS 工程

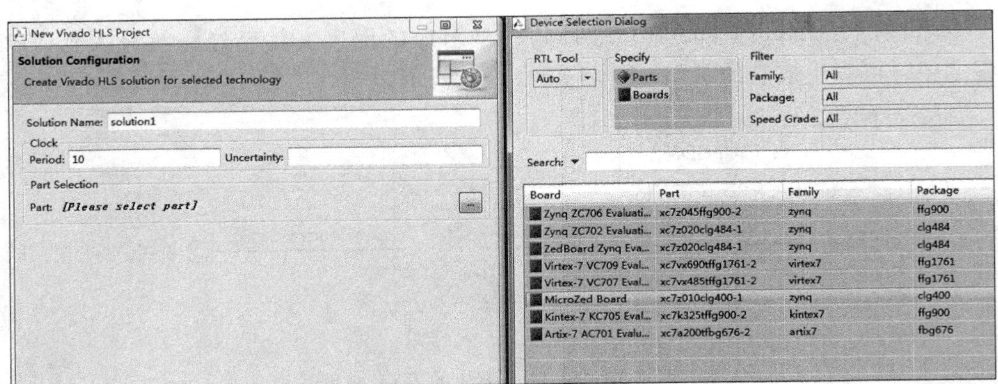

图 7-57　选择 Vivado HLS 使用的开发板

进入 Vivado HLS 主界面之后，右击工程浏览器的 Source，选择新建源程序，如图 7-58 所示。

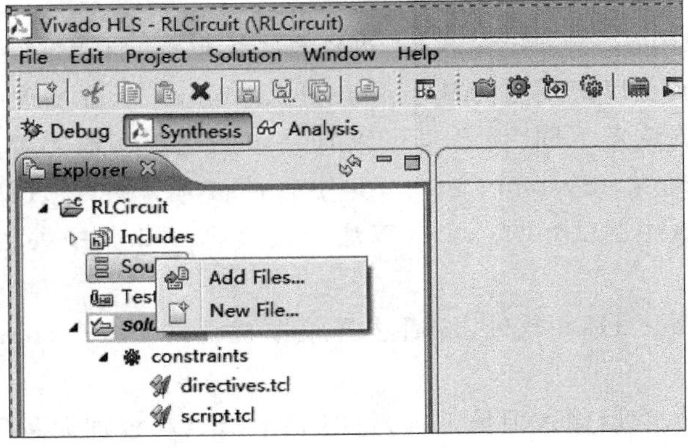

图 7-58　新建源程序

在这里新建一个名为 RLcircuit. cpp 的源程序和名为 RLcircuit. h 的头文件，它们代表的是一个 RL 电路的传递函数：

$$sys=\frac{1}{s+1}$$

程序则是该传递函数的离散化。源程序为：

```
#include "RLcircuit.h"
dint RLcircuit(dint x)
{
    static dint yz = 0;
    static dint xz = 0;
    static dint y;
    y = yz * dint(0.9999) + xz * dint(0.00005) + x * dint(0.00005); //fixed_32_28
    xz = x;
    yz = y;
    return y;
}
```

头文件为：

```
#ifndef _RLCIRCUIT_H_
#define _RLCIRCUIT_H_
#include <stdio.h>
#include "RLcircuit.h"
#include "ap_fixed.h"
typedef ap_fixed<32,4, AP_RND, AP_SAT> dint;
dint RLcircuit(dint x);
#endif
```

需要注意的是，上面的源程序中，x1、y1 和 y 要声明为函数内的静态局部变量，否则在 C 综合时，端口 x 会被优化掉而使得整个程序都被优化掉。由此也可以看出，良好的编程习惯对正确实现 Vivado HLS 的高层次综合也有着重要的意义。

程序输入完成之后，就可以进行对 C/C++代码的综合了。右击 Vivado 项目管理器中的 Solution，选择 C Synthesis，如图 7-59 所示。

如果有错误，比如某个变量未定义，Vivado HLS 会提示详细的错误信息；在没有错误之后，Vivado HLS 很快就完成了 C 代码的综合过程，如图 7-60 所示。

然后便可以将综合之后的代码生成 RTL 了。在图 7-59 中对应的右键菜单上选择 Export RTL，并导出到 System Generator，如图 7-61 所示。

接下来，便可以在 System Generator 中测试 Vivado HLS 生成的 RTL 了，在 System Generator 中新建模型如图 7-62 所示。

由图 7-62 可见，Vivado HLS 模块在没有配置之前是无法连线的，因为模型还不知道它的端口信息。所以接下来双击 Vivado HLS 模块，把前面完成综合的模型信息填进去，如图 7-63 所示。

搭建完成之后的模型如图 7-64 所示。

这里给定的输入是一个阶跃信号。然后运行仿真，便得到了搭建的一阶 RL 电路的阶跃响应，如图 7-65 所示。

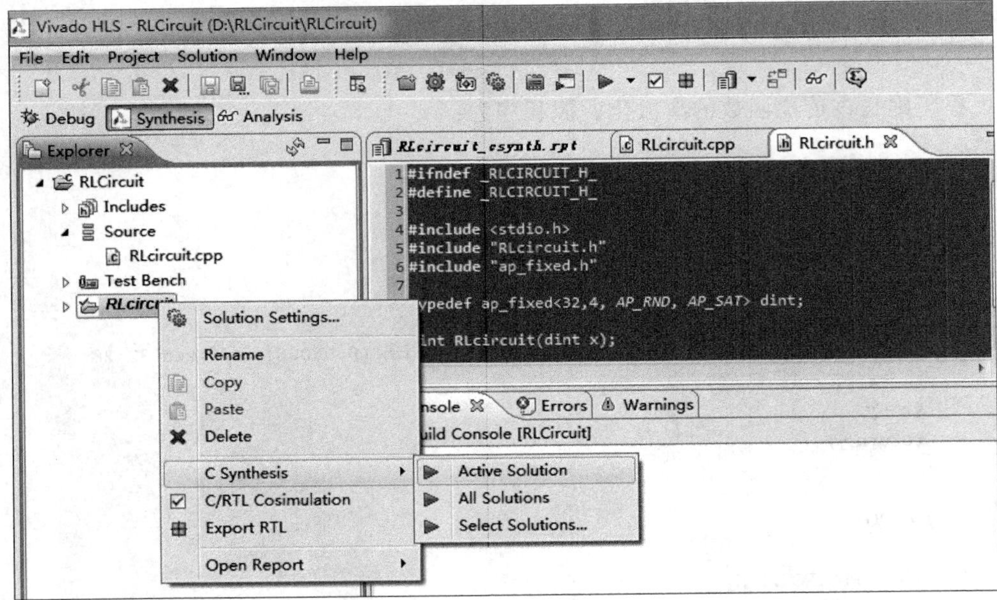

图 7-59　运行 C 代码的高层次综合

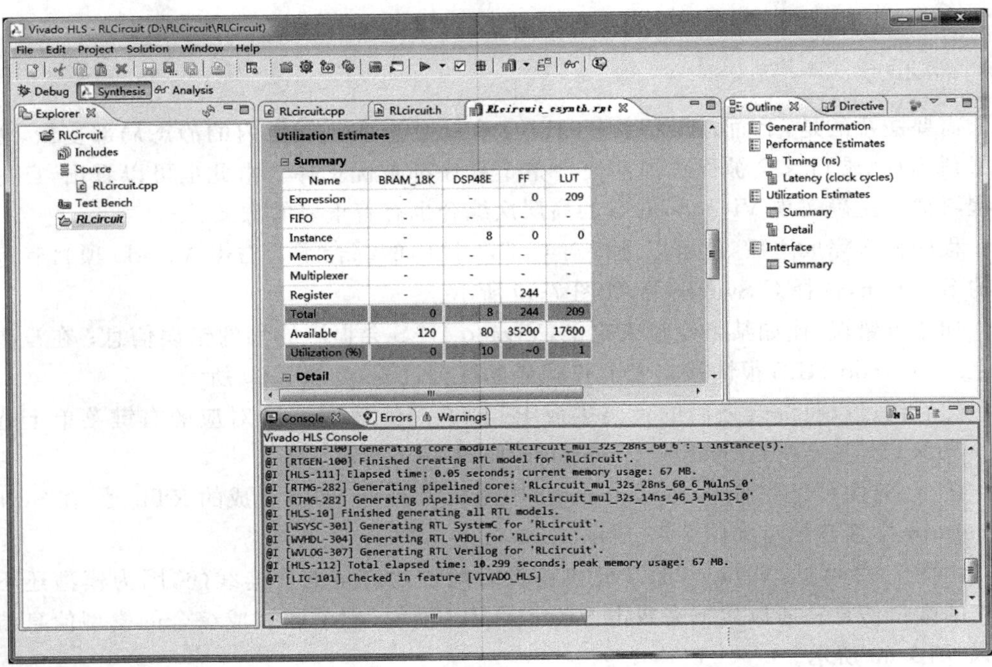

图 7-60　C 代码综合完成的提示

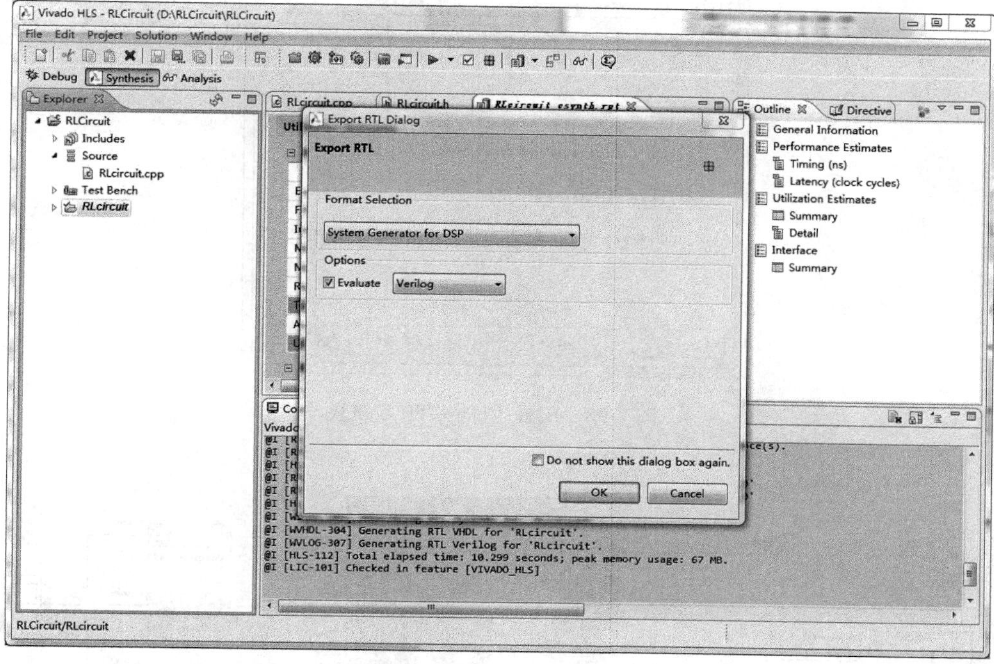

图 7-61 Vivado 综合结果导出到 System Generator

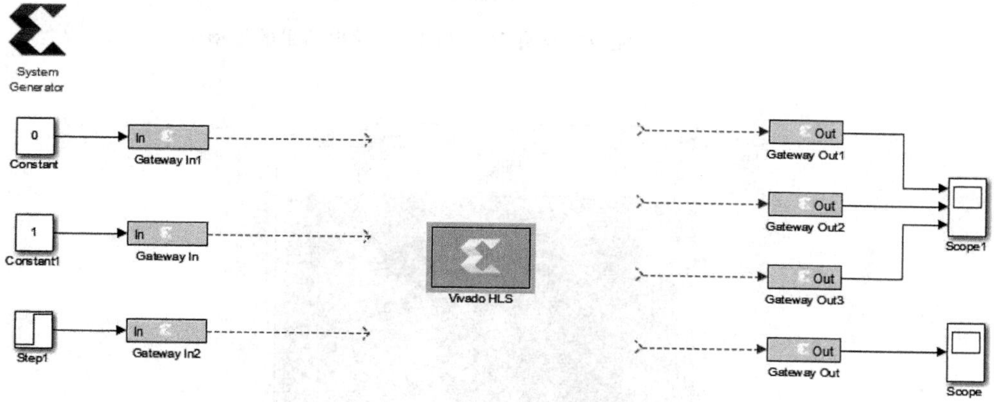

图 7-62 新建 System Generator 模型

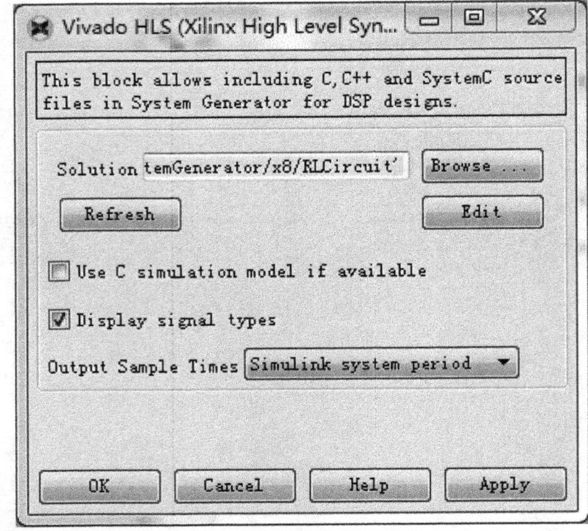

图 7-63　配置 Vivado HLS 模块

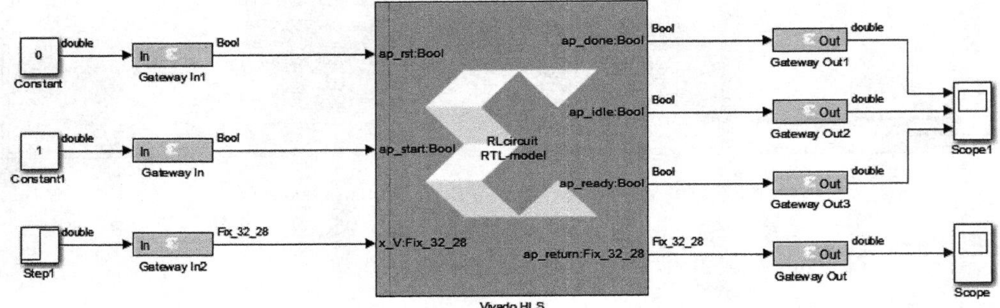

图 7-64　搭建完成的含有 Vivado HLS 导出结果的模型

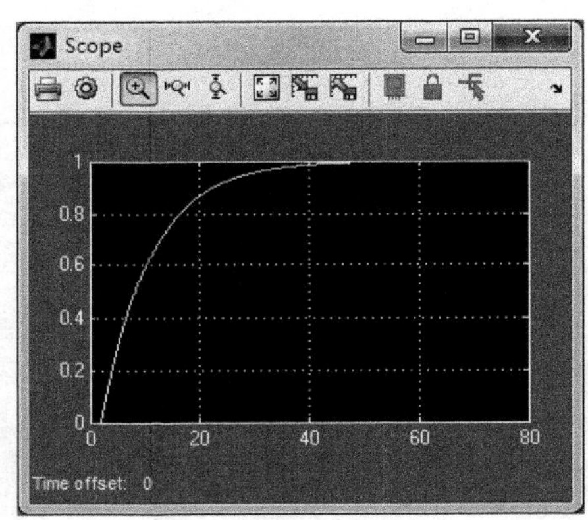

图 7-65　含有 Vivado HLS 导出结果的模型的仿真结果

7.10 把 System Generator 模型封装为自定义 IP

在 7.8 节中，已经讲述了如何把 System Generator 的模型生成可综合的 RTL 并在 Vivado 开发环境中使用。在 Vivado 以 IP 为中心的设计思想中，各种 IP 都可以在 Vivado IPI(IP 集成器)中被快速例化和调用。那么能不能把 System Generator 中的模型也打包为一个 IP，从而方便在 Vivado IPI 中多次地进行调用呢？在 Vivado 统一的开发框架下，答案显然是可以的，下面就看看这个封装过程是如何完成的。

首先，打开或者新建一个 System Generator，然后双击 System Generator 图标，选择输出方式为 IP_Catalog，如图 7-66 所示。

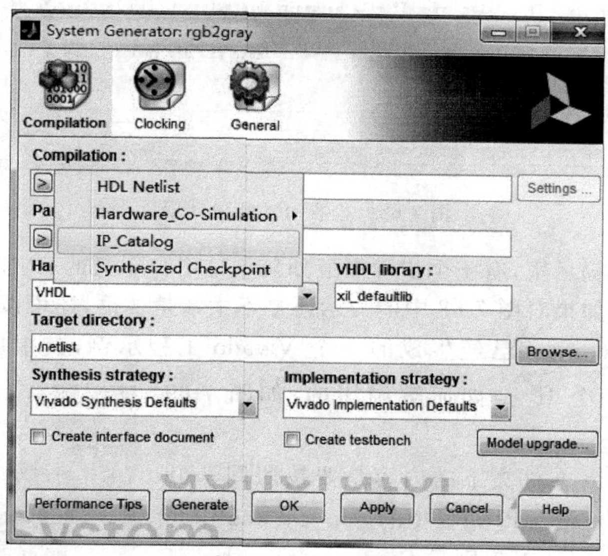

图 7-66 选项 System Generator 输出方式为 IP

然后单击图 7-66 中的 Settings，配置 IP 的信息，例如版权信息、版本号等，如图 7-67 所示。

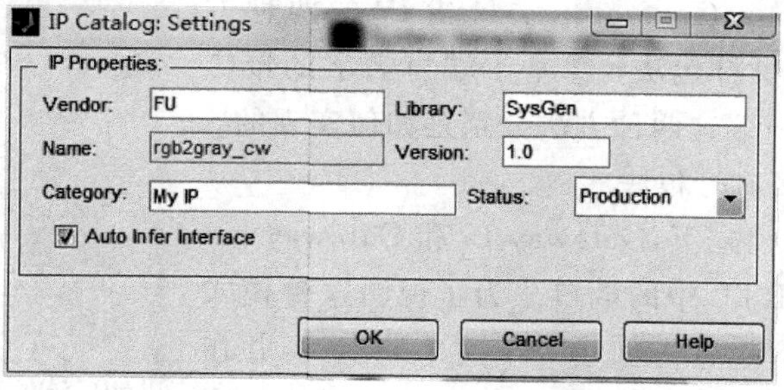

图 7-67 配置 IP 的版权与版本信息

注意：在图 7-67 中，IP 的名称无法更改，它是与模型的名字保持一致的。然后单击图 7-66 中的 Generate 按钮，就可以生成自己封装的 IP 了，如图 7-68 所示。

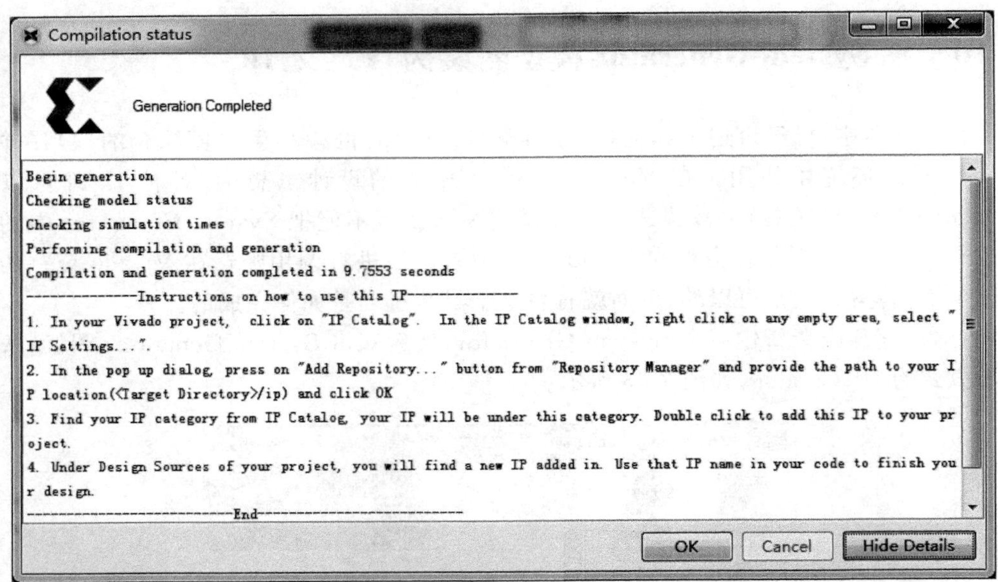

图 7-68　生成 IP 之后的提示

在生成之后的提示里，有 4 个步骤提醒如何把这个自定义的 IP 加入 Vivado 的 IP 列表里面并使用它。如果对图 7-68 中的提示还是不太清楚的话，还可以查看当前模型所在路径中 System Generator 已经生成的一个 Vivado 工程示例，其中展示了的模型作为 Vivado IPI 中的一个 IP 是如何被调用的，如图 7-69 所示。

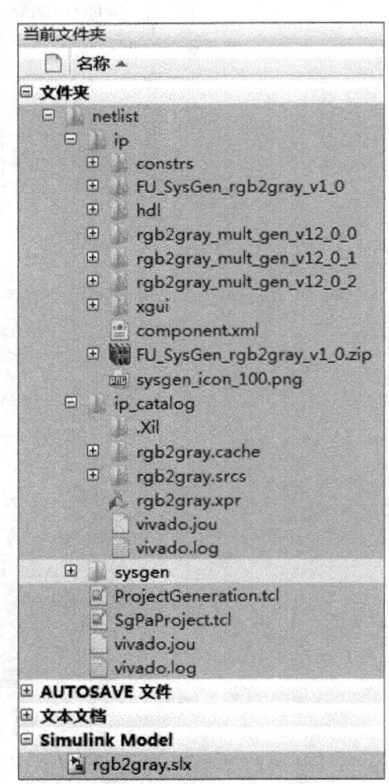

图 7-69　输出 IP 的文件夹详情

在图 7-69 中，ip 文件夹下的内容是要按照图 7-68 中的提示添加到 Vivado IPI 路径中的。ip_catalog 中与工程名一致的那个.xpr 工程则是 System Generator 已经打包好的 Vivado 工程示例，可供参考。

至此，本节的例子里已经介绍完如何编译 IP。作为一个封装好的 IP，定义它的使用方法是非常重要的，所以还需要了解 System Generator 中封装 IP 的两种方法：①端口/引脚接口打包法；②基于端口名字的接口推断法。接下来看一下这两种方法分别是如何实现的。

1） 端口/引脚接口打包法

在这种 IP 创建模式下，Gateway In 和 Gateway out 模块都会被打包成 RTL 中的端口。为了说明这种模式创建的 IP 的生成效果，首先创建一个简单的模型，并在 System Generator 输出类型中选择 IP Catalog，并勾选 Create testbench，如图 7-70 所示。

在图 7-70 中，单击 Setting 按钮，还可以自定义所创建 IP 的版权和版本信息；然后单击 Generate 按钮，自

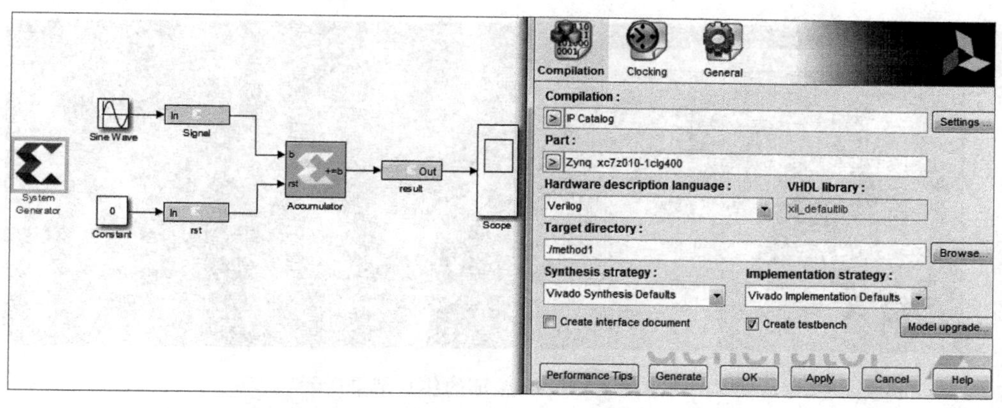

图 7-70　创建打包 IP 的模型示例

定义的 IP 就创建成功了。使用端口/引脚打包的方法，则输出的 IP 中，输入、输出的名字和 Gateway In 及 Gateway out 模块的名字是一致的。

然后在资源管理器中打开输出文件所在路径/method1 中的子目录/ ip_catalog，双击已经生成的 Vivado 工程. xpr 文件；或者直接在 Matlab 中切换到相关的路径，然后在. xpr 文件上右击，选择 open outside Matlab，打开 System Gnerator 为生成的 IP 调用的示例工程，其工程结构如图 7-71 所示。

```
Design Sources (2)
  raw_interface_bd_wrapper (raw_interface_bd_wrapper.v) (1)
    raw_interface_bd_i - raw_interface_bd (raw_interface_bd.bd) (1)
      raw_interface_bd (raw_interface_bd.v) (1)
        raw_interface_1 - raw_interface_bd_raw_interface_1_0 (ra
  raw_interface_stub (raw_interface_mod.v) (1)
Constraints
Simulation Sources (6)
  sim_1 (6)
    raw_interface_tb (raw_interface_tb_mod.v) (5)
      clk_driver - xlclk (raw_interface_tb_mod.v)
      rst_driver - xltbsource (raw_interface_tb_mod.v)
      signal_x0_driver - xltbsource (raw_interface_tb_mod.v)
      result_load - xltbsink (raw_interface_tb_mod.v)
      sysgen_dut - raw_interface_0 (raw_interface_0.xci)
    raw_interface_bd_wrapper (raw_interface_bd_wrapper.v) (1)
    raw_interface_stub (raw_interface_mod.v) (1)
    Data Files (3)
```

图 7-71　创建的 IP 的示例工程结构

因为在图 7-70 中的配置里勾选了自动生成测试用例，所以在图 7-71 所示的工程结构里，测试脚本也全部自动生成了。然后可以在 Vivado 的设计流程管理器中选择 Simulink→Run Simulation，选择行为仿真，如图 7-72 所示。

在图 7-72 中，把输入和输出的显示格式改为 Analog，这样就能更方便地观测仿真波形了。通过行为仿真，验证了 System Genertor 打包创建的 IP。接下来可以在 Vivado 中回到工程管理界面，然后单击 IP source 中对应的 IP 的名字，就可以在 Vivado IPI 看到创建的 IP 的信息了。接下来，便可以在 Vivado IPI 中把它和更多的 IP 集成在一起，设计功能更加复杂了。

2）基于端口名字的接口自动推断法

在前面的方法里，通过自定义 Gateway In 和 Gateway out 模块的名字，指定了生成

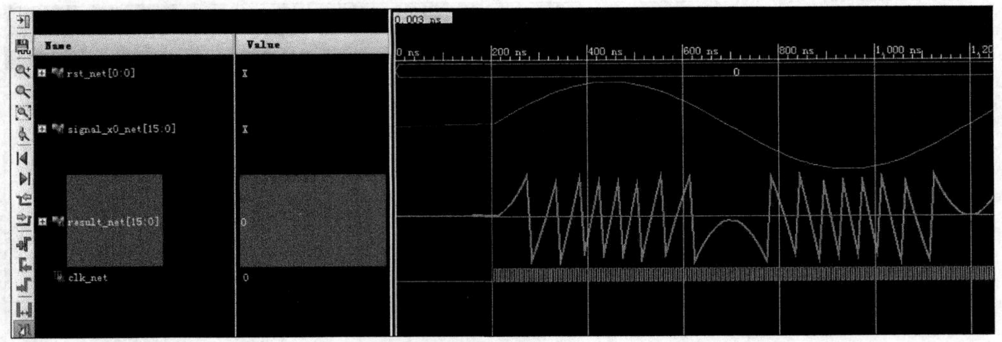

图 7-72　IP 验证的仿真结果

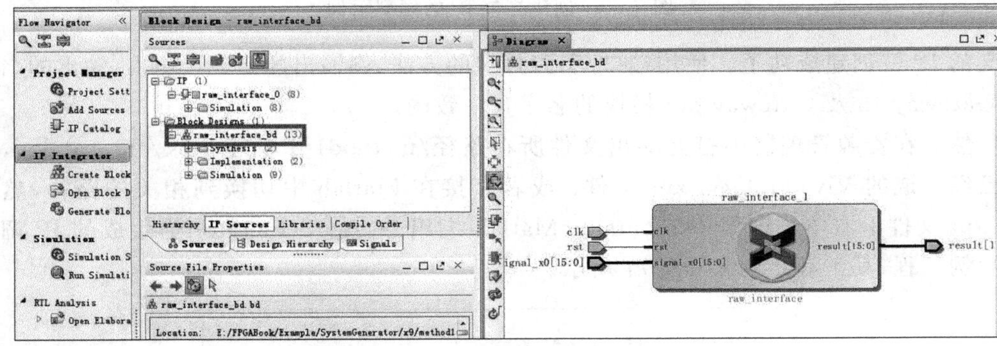

图 7-73　IP 信息

的 IP 的端口名称，它与其他 IP 的连接需要自己手动配置。此外，也可以使用 System Generator 对接口名称的自动推断，使得系统根据内置的命名规则，自动匹配一些 IP 的名字，从而减少在 Vivado IPI 中的连线工作。为了使用这样的自动化，需要在 System Generator 中把 Gateway In 和 Gateway Out 接口模块的名字配置为相关的前缀，才能被 Vivado IPI 自动识别配置为连接相关的 IP 接口，命名规则如表 7-2 所示。

表 7-2　System Generator 打包 IP 时的命名规则

接 口 名 称	Gateway in(严格)	Gateway out(严格)
AXI4-Lite Slave	awaddr	awready (1bit)
	awvalid (1bit)	
	wdata	wready (1bit)
	wvalid(1bit)	
	bready (1bit)	bresp (2bit)
		bvalid
AXI4-Stream Slave	tdata	tready
	tvalid(1bit)	
AXI4-Stream Master	tready (1bit)	tdata
		tvalid(1bit)
Reset (full name)	aresetn	
Clock	clk	

单击 System Generator IP 输出界面的 Settings，可以配置为自动接口推断，即 Auto Infer Interface，如图 7-74 所示。

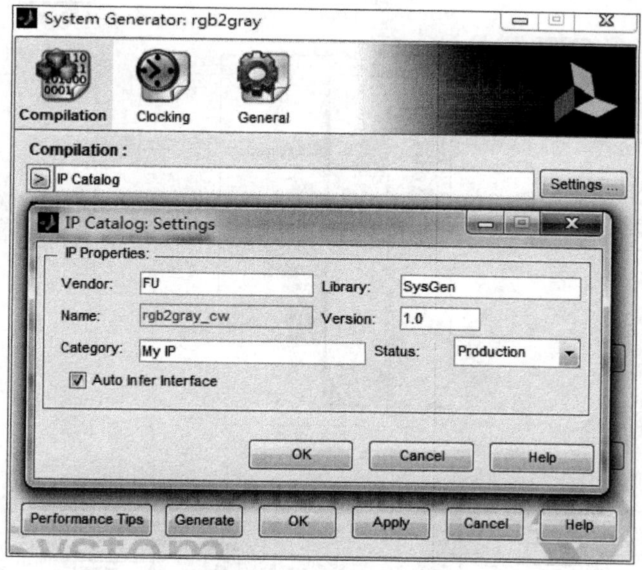

图 7-74 配置自动端口推断

接下来以一个 AXI 接口的例子来说明自动端口推断功能是如何实现的。创建一个增益控制的工程，如图 7-75 所示。

其中的 MCode 代码为(分两栏显示)：

```
function [ value, awready, wready, bvalid, bresp, arready, rvalid, rdata ] =
AXILiteSlaveRegisterFull( ...
    awvalid,...
    awaddr,...
    wvalid,...
    wdata,...
    bready,...
    arvalid,...
    araddr,...
    rready,...
    aresetn...
    )
    %%%%%%%%%%%%%%%%%%%%%%%%%%%%%%%%%%%%%%%%%%%%%%%%%%%%%%%%%%%%%%%%
    % Implements a register. To update the register contents the user must
    % follow AXI Lite protocol. For more information on AXI Lite protocol
    % please refer to :
    % To Read the Contents of the Register, again a user must follow AXI
    % Lite Protocol. The Value of the register drives a signal called
    % 'value' which can be used to connect to rest of the design.
    %%%%%%%%%%%%%%%%%%%%%%%%%%%%%%%%%%%%%%%%%%%%%%%%%%%%%%%%%%%%%%%%%%%
    ADDRESS_CHANNEL_READY_STATE = 0;
```

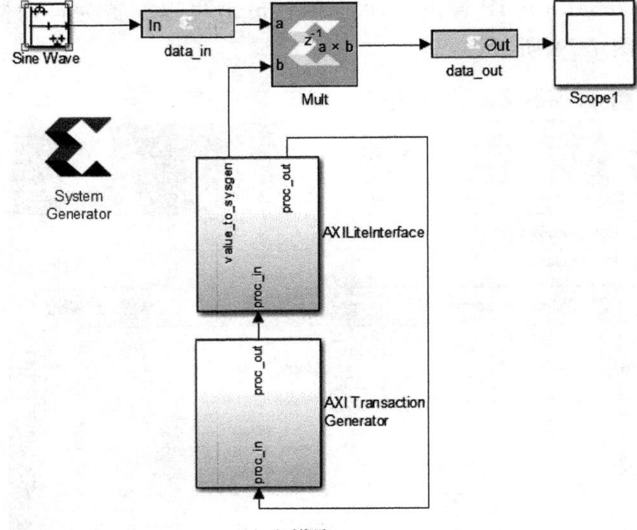

(a) 主模块

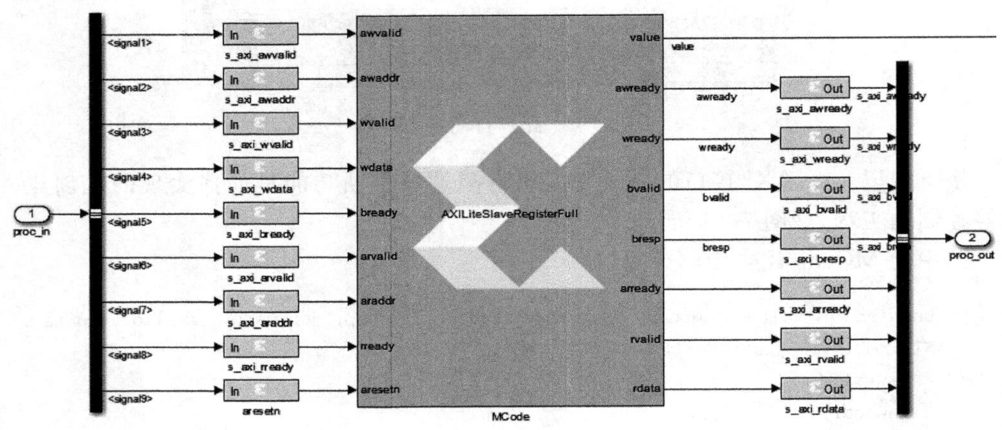

(b) AXILiteInterface

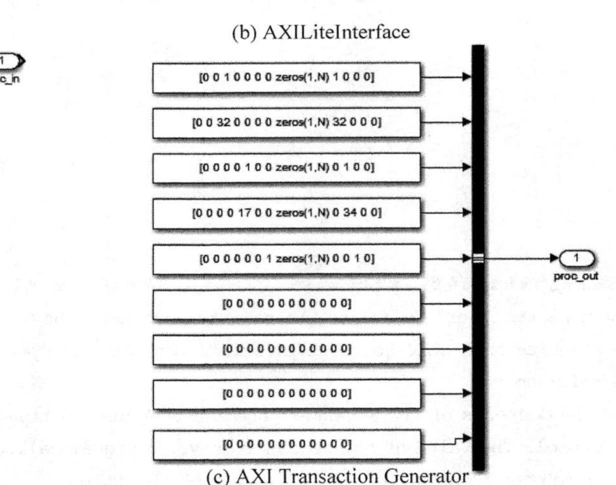

(c) AXI Transaction Generator

图 7-75　创建的示例工程

```
WRITE_DATA_CHANNEL_READY_STATE = 1;
WRITE_RESPONSE_CHANNEL_VALID_STATE = 2;
READ_DATA_CHANNEL_VALID_STATE = 4;
if xl_nbits(awaddr) ~= xl_nbits(araddr),
    error('The address widths of read channel and write channel must be the same');
end;
if xl_nbits(wdata) ~= 32,
    error('The wdata port must be 32 bits wide');
end;
% Define the internal Register that stores the value
persistent register, register = xl_state(0, {xlUnsigned, 32, 0});
% We may not really need 32 bits for this state or Do we
persistent channel_state, channel_state = ...
    xl_state(ADDRESS_CHANNEL_READY_STATE, {xlUnsigned, 32, 0});
value = register;
bresp = xfix({xlUnsigned, 2, 0}, 0);
rdata = register;
switch channel_state,
    case ADDRESS_CHANNEL_READY_STATE,
        awready = true;
        arready = true;
        wready = false;
        rvalid = false;
        bvalid = false;
        if awvalid == true,
            channel_state = WRITE_DATA_CHANNEL_READY_STATE;
        else
            if arvalid == true,
                channel_state = READ_DATA_CHANNEL_VALID_STATE;
            end;
        end;
    case WRITE_DATA_CHANNEL_READY_STATE,
        awready = false;
        arready = false;
        wready = true;
        bvalid = false;
        rvalid = false;
        if wvalid == true,
            register = wdata;
            channel_state = WRITE_RESPONSE_CHANNEL_VALID_STATE;
        end;
    case WRITE_RESPONSE_CHANNEL_VALID_STATE,
        bvalid = true;
        awready = false;
        arready = false;
        wready = false;
        rvalid = false;
        if bready == true,
            channel_state = ADDRESS_CHANNEL_READY_STATE;
        end;
    case READ_DATA_CHANNEL_VALID_STATE,
        awready = false;
```

```
                arready = false;
                wready = false;
                rvalid = true;
                bvalid = false;
                if rready,
                    channel_state = ADDRESS_CHANNEL_READY_STATE;
                end;
            otherwise,
                awready = false;
                arready = false;
                wready = false;
                bvalid = false;
                rvalid = false;
        end;
```

这个模型的功能是：通过 AXILite 接口为乘法器模型选择不同的输入。注意在图 7-75(b)中也包含了多个 Gateway In 和 Gateway out 模块，它们的名字都含有表 7-1 中对应的前缀。然后编译这个模型，其中选择输出模式为 IP Catalog，并勾选图 7-74 中的 Auto Infer Interface。然后在输出文件夹中的 ip_catalog 路径下打开生成的.xpr 文件，然后双击 Design Source 下面的 bd 文件，此时可以看到因为在 System Generator 里已经给 Gateway In 和 Gateway Out 接口模块加了对应的前缀，所以 Vivado IPI 对端口名进行自动推断，并自动把相关的接口模块 IP 连接好了，如图 7-76 所示。

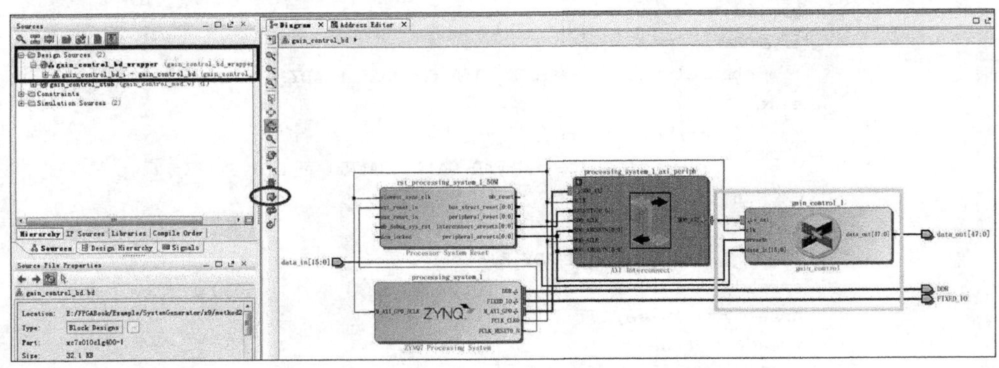

图 7-76　Vivado IPI 自动推断的端口连接

从图 7-76 中可以看出，因为在这里使用的是 ZYNQ-7000 AP SoC，所以 PS 也已经被自动连接进来了，非常的智能。然后单击 IPI 管理器里的验证工具(红圈已圈出)，对连接的正确性进行验证，如图 7-77 所示。

图 7-77　验证设计

图 7-77 说明 IP 已经生成和连接成功了，但是此时还不能确定它的功能是否正确。接下来要把它导入 SDK 进行功能验证。单击图 7-76 中的 Address Editor，可以看到生成的 IP 模块的地址分配，如图 7-78 所示。

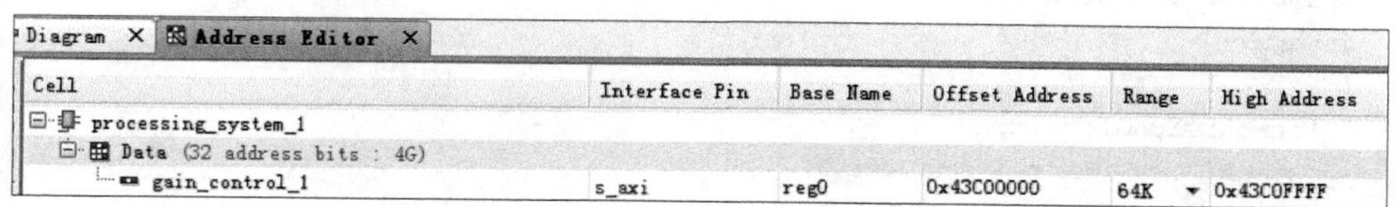

图 7-78　IP 模块的地址分配

因为在 IP 设计时使用的是 16 位宽的地址线，所以从图 7-78 中可以看到 Vivado IPI 里已经自动为它分配了 64K 的地址空间。然后右击图 7-76 中的设计文件，先完成 Generate output products，然后选择 Export Hardware for SDK，之后设计文件就被导入 SDK 中了。

进入 SDK 之后，首先新建一个 BSP，然后再新建一个简单的应用程序 Application Project，例如一个外设测试程序(peripheral test)，目前的设计文件里只有一个外设，即从 System Generator 中生成输出的 IP。然后打开测试程序中的 xparameters. h，可以看到其中定义的所生成的 IP 地址和 Vivado IPI 中分配的是一致的，如图 7-79 所示。

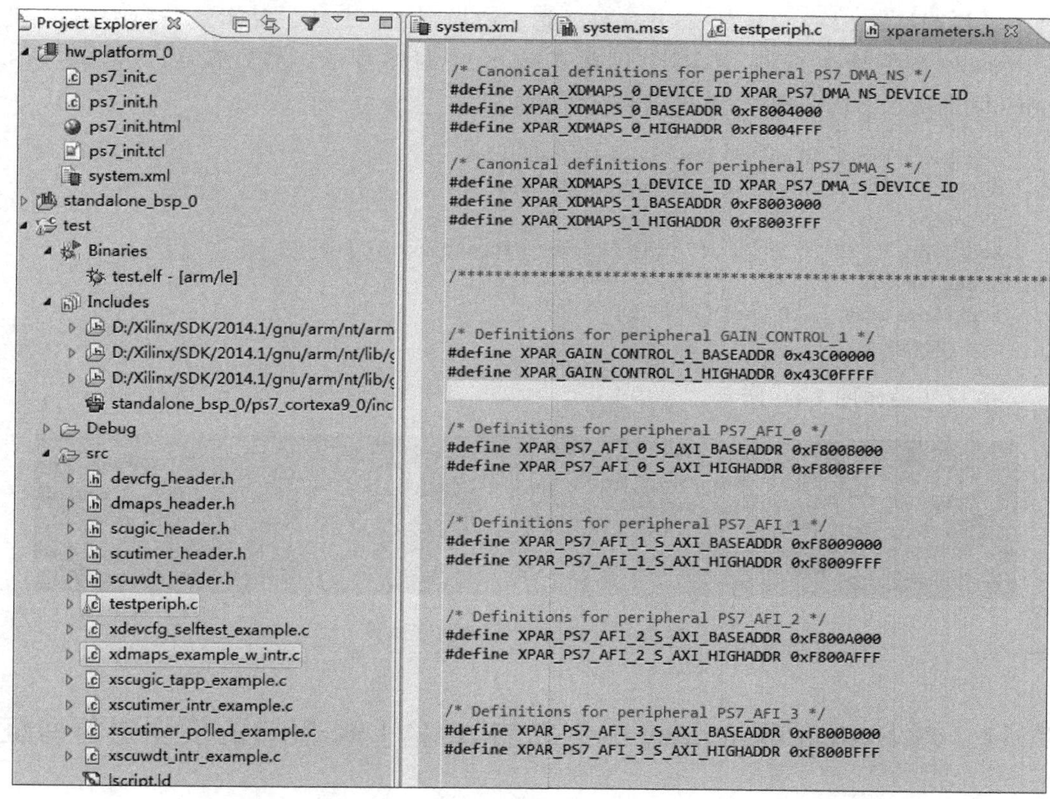

图 7-79　SDK 中生成的 IP 的地址

然后在生成的测试工程的主程序里加入如下的代码(加粗斜体为修改部分,无修改部分则基本未列出):

```
#include "xil_io.h"
int main()
{
    static XScuGic intc;
    static XScuTimer ps7_scutimer_0;
    static XScuWdt ps7_scuwdt_0;
    Xil_ICacheEnable();
    Xil_DCacheEnable();
    //
    int i;
    for (i = 0; i > -1;i++ )
    {
    Xil_Out32(XPAR_GAIN_CONTROL_1_BASEADDR,i);
}
```

单击SDK中的“保存”按钮并退出,此时SDK会自动生成可执行ELF文件,然后回到Vivado开发环境。

在图7-76中右击设计文件上,选择Associate ELF Files,选择生成的ELF文件;或者手动找到编译SDK生成的ELF文件并把它添加到工程之中。然后运行行为仿真,此时Vivado会编译所有的IP,其中包括在SDK中写的程序。然后在Vivado的TCL console里输入下面的命令,就可以运行仿真了:

```
add_force FIXED_IO_ps_srstb {1 0ns} {0 100ns}
add_force FIXED_IO_ps_porb {1 0ns} {0 100ns}
#Setup Clock
add_force FIXED_IO_ps_clk {0 0ns} {1 5ns} -repeat_every 10ns
#Set Data In to 1
add_force data_in {0 0ns} {1 100ns}
run 100000 ns
```

仿真结果如图7-80所示。

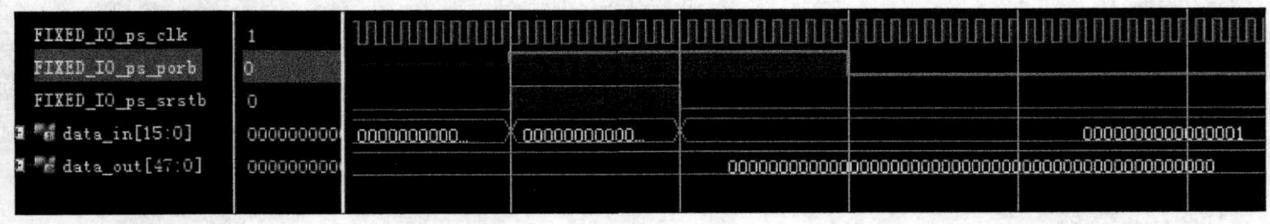

图7-80　自定义IP的仿真结果

7.11　对System Generator中生成的AXI4-Lite接口的模型进行验证

本节将学习如何把System Generator中的设计用AXI4-Lite接口进行打包,使得PS可以通过这些接口控制寄存器的值。首先新建一个工程,或者打开7.10节开头创建的模型,如图7-81所示。

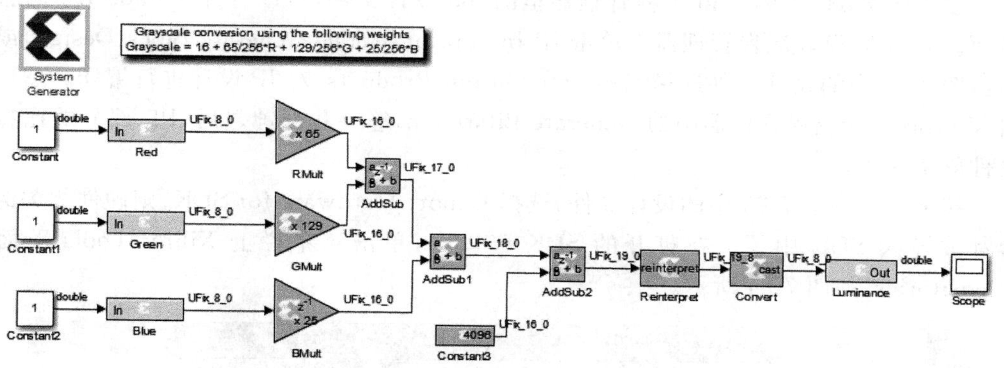

图 7-81　本节使用的模型

为了使模型被编译为 AXI4-Lite 协议的接口，要把每个 Gateway in 和 Gateway out 模块都改为 AXI4-Lite 协议，如图 7-82 所示。

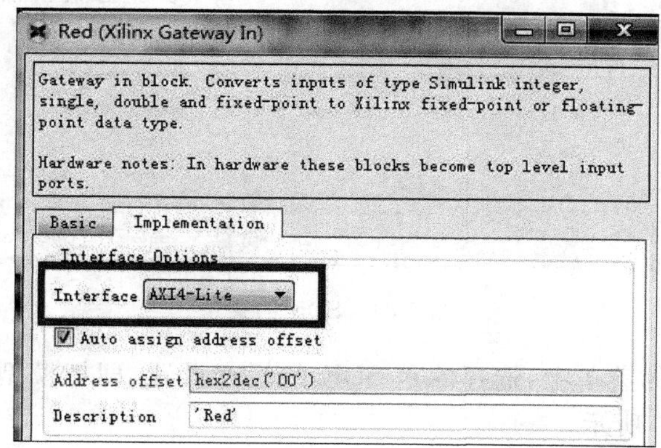

图 7-82　改变接口的默认类型

然后按照 7.10 节中已经讲过的方法，编译模型产生 IP Catalog 类型，然后打开生成的 Vivado 工程.xpr 文件，如图 7-83 所示。

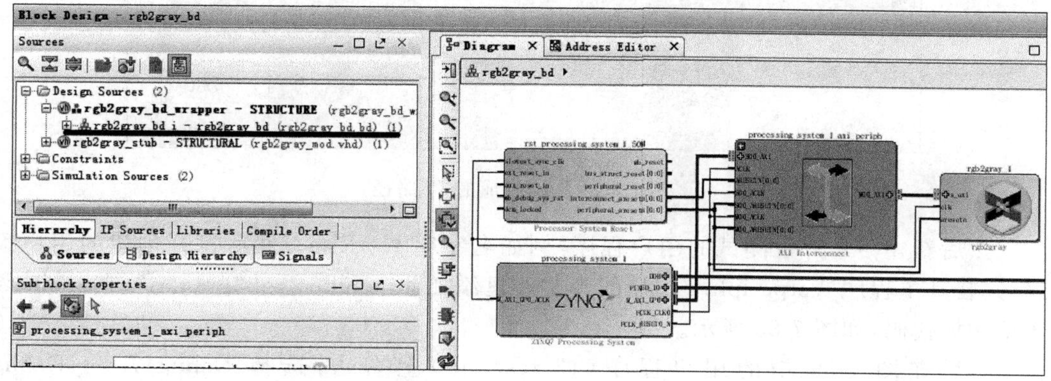

图 7-83　编译生成的 Vivado 工程

双击图 7-83 中 Vivado 工程管理器里的.bd 设计文件,可以打开 Vivado IPI 的管理界面。Vivado 设计流程管理器中单击 IP Integrator 下面的 Generate Block Design,或者右击图 7-83 中的设计文件选择 Generate Output Products,对 IP 设计进行编译。然后单击 Vivado 设计流程管理器中的 Generate Bitstream,等待几分钟之后,PL 部分的比特流文件就生成了。

接下来右击图 7-83 中的设计文件,选择 Export Hardware for SDK,则硬件相关的内容都被导入 SDK 中了。在打开的 SDK 窗口中,单击菜单栏上 Xilinx Tools 下面的 Repositories,如图 7-84 所示。

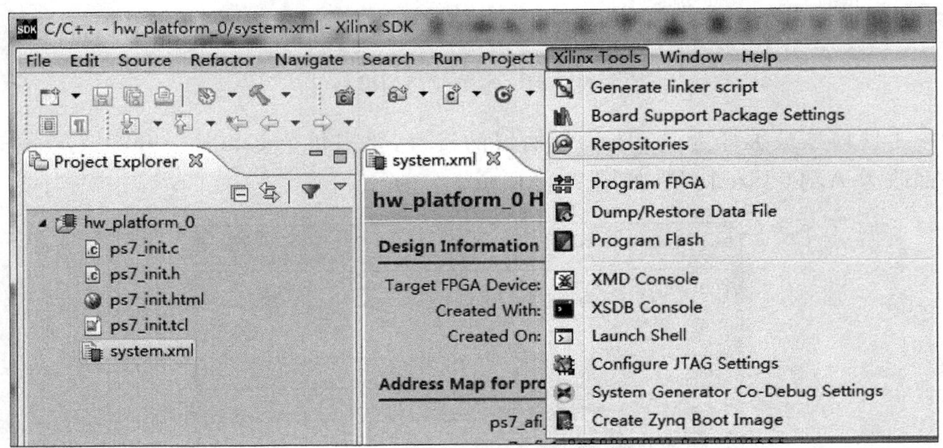

图 7-84 SDK 的菜单

在图 7-84 对应的菜单上,选择的是 SDK 的缓存设置,即把模型生成的 IP 的信息提供给 SDK,如图 7-85 所示。

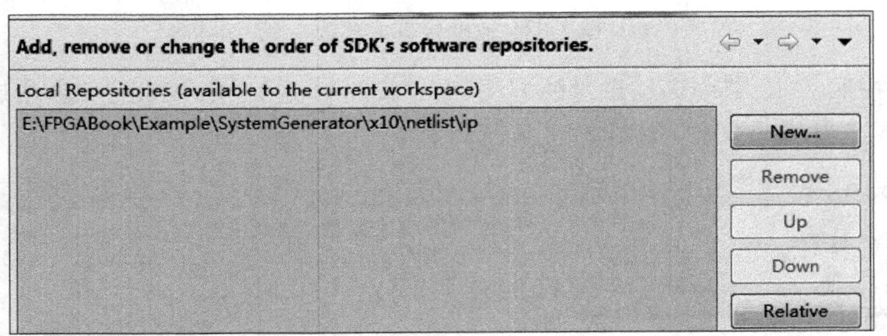

图 7-85 添加生成的 IP 路径

然后新建一个外设测试的用户程序,例如名字叫 testRgb。然后打开创建的用户程序,并在其主程序 testperiph.c 引用的头文件里添加 #include "rgb2gray.h",在 main 函数里添加代码,如图 7-86 所示。

然后在图 7-86 中的用户程序(即 testRgb)上右击,选择 Debug As→Debug Configurations,配置 ZYNQ 的烧写,如图 7-87 所示。

然后就可以单击 SDK 菜单栏上的 Debug 按钮进行调试,对生成的 IP 进行验证了。

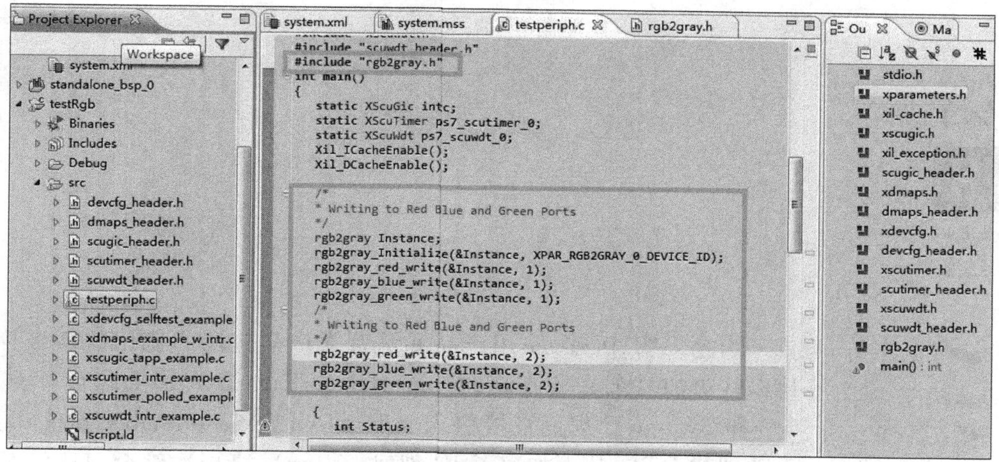

图 7-86 主程序的更改

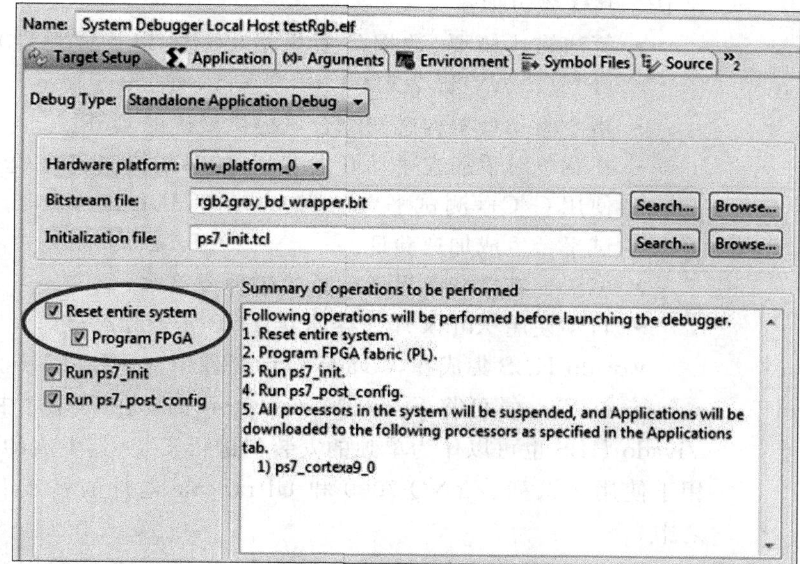

图 7-87 配置 FPGA 的烧写

第8章 Vivado高层次综合

当今无线、医疗、军用产品和消费类产品应用中使用的高级算法比以往更加复杂。Vivado Design Suite、Vivado 高层次综合可将 C、C++和 System C 规范直接引入 Xilinx All Programmable 器件，无须手动创建 RTL，从而加速了 IP 创建。Vivado 高层次综合（HLS）使系统和设计架构支持 ISE 和 Vivado 设计环境，能够以更快速的方式创建 IP。其优势包括：

- 算法描述摘要、数据类型规格（整数、定点或浮点）以及接口（FIFO，AXI4，AXI4-Lite，AXI4-Stream）。
- 指令驱动型架构感知综合可提供最优的 QoR。
- 在竞争对手还在手动开发 RTL 的时候快速实现 QoR。
- 使用 C/C++测试平台仿真、自动 VHDL 或 Verilog 仿真和测试平台生成加速验证。
- 多语言支持和业界最广泛的语种覆盖率。
- 自动使用 Xilinx 片上存储器、DSP 元素和浮点库。

Vivado HLS 集成在 Vivado 设计套件中，只要在安装的时候选择 system edition 便可将 System Generator 安装在系统之中了。此外 Vivado HLS 也可以作为单独的安装包进行安装，其生成的 RTL 也可用于使用 7 系列、ZYNQ-7000 和 UltraScale 器件的基于 ISE 的设计之中。

Vivado HLS 的指南和规范较为复杂，有 600 页的用户指南专门来描述（ug902），这远远超出了本书的篇幅。所以本章并不专门对此进行描述，而是通过以下几个具体的例子，学习并掌握 Vivado HLS 开发的基本流程。

- Vivado HLS 的基本开发方法；
- C 代码的测试与调试；
- 综合并生成 RTL 代码；
- 设计的分析、优化与验证；
- 在 Vivado IPI 中使用 HLS 生成的 IP；
- 在 ZYNQ 器件的设计中使用 HLS 生成的 IP。

8.1 Vivado HLS 的基本开发方法

首先,打开桌面上或者“开始”菜单中\Xilinx Design Tools\Vivado 2014.1\Vivado HLS 下面 Vivado HLS 的快捷方式,打开 Vivado HLS,如图 8-1 所示。

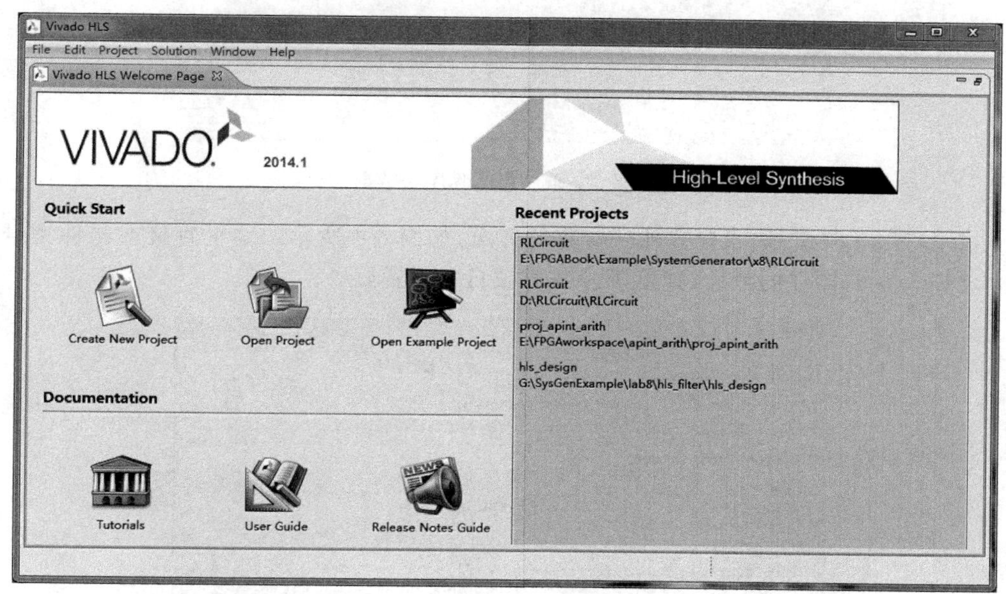

图 8-1 Vivado HLS 的欢迎界面

单击图 8-1 中的 Create New Project,新建名为 fir_prj 的工程,然后单击 Next 按钮,添加源程序的页面,如图 8-2 所示。

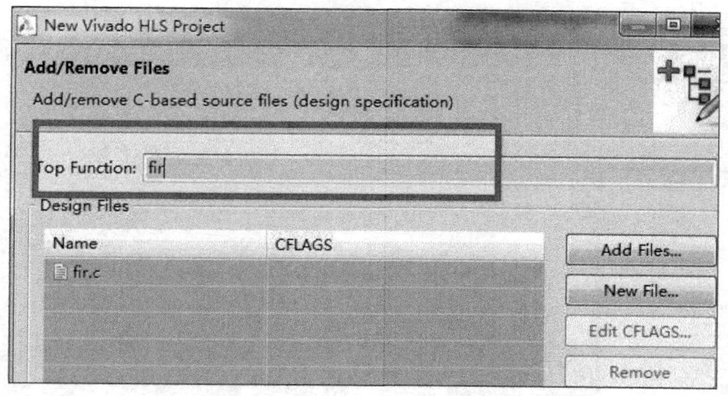

图 8-2 添加源程序

因为是个比较简单的工程,只有一个.c 文件,所以只添加 fir.c。如果有多个.c 文件,则需要一起添加,务必要制定某个程序为 Top Function;或者在工程建立之后新建多个源文件,再输入程序。然后再单击 Next 按钮,进入添加测试程序的页面,添加测试脚本和测试输入数据,如图 8-3 所示。

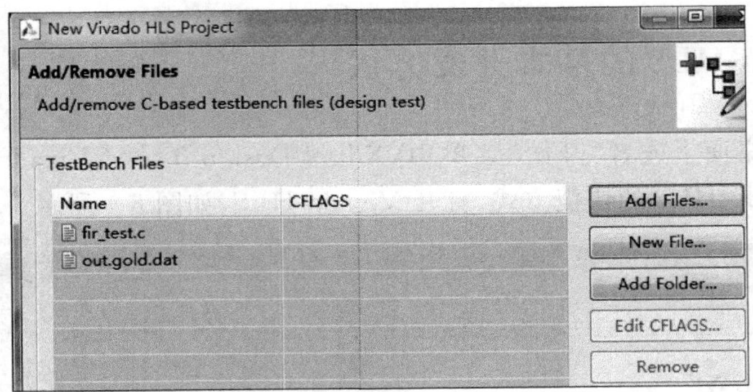

图 8-3　添加测试程序与数据

单击 Next 按钮，进入配置硬件参数的页面，如图 8-4 所示。这里直接在器件型号里选择 MicroZed，器件的封装、速度等参数就被自动配置好了。

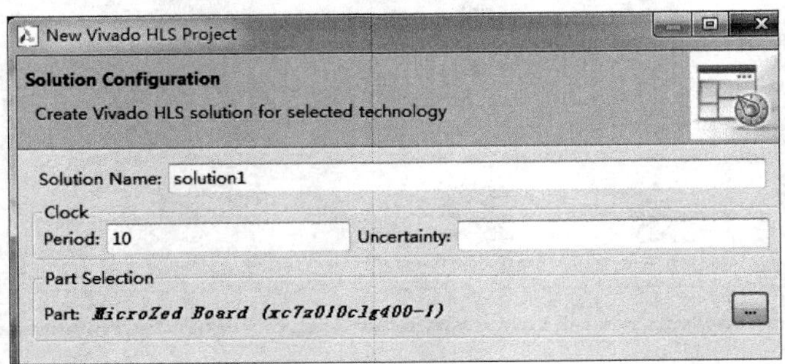

图 8-4　配置硬件信息

以上各步确认无误之后，单击 Finish 按钮，则 Vivado HLS 的工程就建立完成了，如图 8-5 所示。

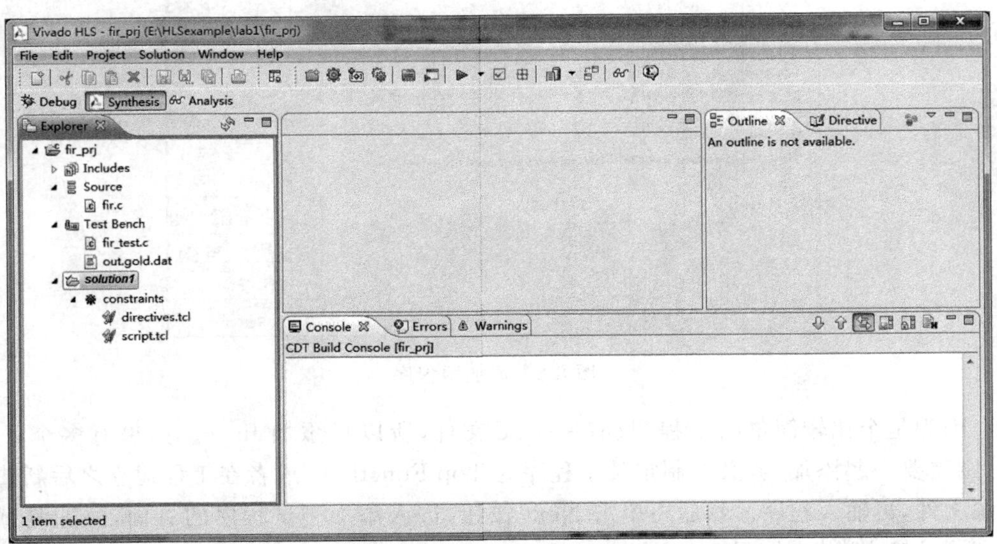

图 8-5　建立好的 Vivado HLS 工程

设计输入完成之后，接下来首先要对C代码进行功能验证。双击图8-5中Test Bench下面的fir_test.c，可以新建或者编辑测试功能，如图8-6所示。这里实现的功能主要是把现有数据和Vivado HLS中的数据进行测试对比，验证其功能的有效性。

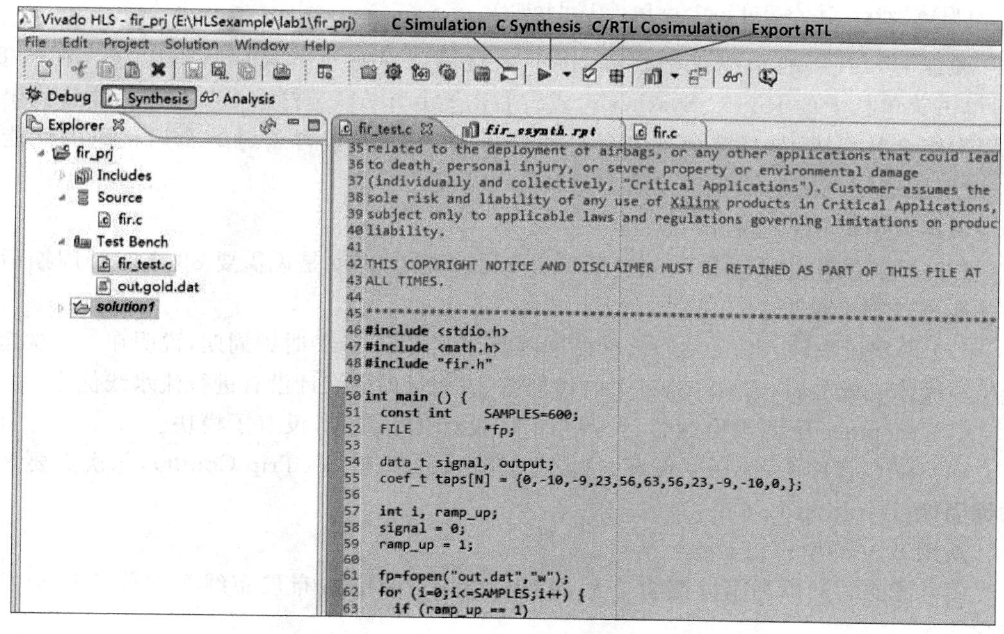

图8-6　运行基于C的仿真测试

单击图8-6中的C Simulation，或者选择菜单栏上Project→Run C Simulation，然后单击OK按钮运行对C程序的仿真。基于C的仿真，本质就是把C书写的测试程序运行了一遍，所以在测试程序里制定用fprintf命令输出相关的结果信息时，在Vivado的控制台里就能看到仿真结果了，如图8-7所示。

```
    fprintf(stdout, "*******************************************\n")
    fprintf(stdout, "PASS: The output matches the golden output!\n")
    fprintf(stdout, "*******************************************\n")
     return 0;
  }
}
```

```
Console  Errors  Warnings
Vivado HLS Console
         for user 'FU' on host 'fu-pc' (Windows NT_amd64 version 6.1)
         in directory 'E:/HLSexample/lab1/fir_prj/solution1/csim/buil
clang: warning: d:/Xilinx/Vivado_HLS/2014.1/bin/unwrapped/win64.o/apcc.e
clang: warning: d:/Xilinx/Vivado_HLS/2014.1/bin/unwrapped/win64.o/apcc.e
gcc.exe: warning: d:/Xilinx/Vivado_HLS/2014.1/bin/unwrapped/win64.o/apcc
@I [APCC-3] Tmp directory is apcc_db
@I [APCC-1] APCC is done.
@I [LIC-101] Checked in feature [VIVADO_HLS]
   Generating csim.exe
Comparing against output data
*******************************************
PASS: The output matches the golden output!
*******************************************
```

图8-7　基于C的仿真

如果在运行基于C的仿真时出现了如下的错误，则说明在图 8-2 添加源程序的步骤里没有制定顶层文件：

```
@E [SIM - 1] CSim failed with errors.
(file "xxxx/fir/solution1/csim.tcl" line 8)
```

验证了C代码的功能正确之后，接下来就可以对它进行高层次综合了。在图 8-6 中，单击菜单栏上的 Run C Systhesis，或者右击 solution1，选择 C Systhesis，对C代码的高层次综合就完成了，且综合报告会自动打开，其中主要包含了对综合后代码的性能估算、对资源利用率的估算和接口信息，如图 8-8 所示。

从图 8-8(a)中可以看出：

(1) 目前设计的延时是 89 个(Latency)时钟周期，也就是说需要 89 个时钟周期后结果才能刷新输出结果。

(2) 两次读取输入信号运行之间的间隔是 90 个(Interval)时钟周期，说明在上一次运算输出写操作完成之后，需要等待一个时钟周期，表明目前的设计没有进行流水线优化。

(3) Instance 下面没有内容，说明当前的设计比较简单，没有子模块。

(4) 在C程序中，使用了循环，这段逻辑被执行了 11 次(Trip Count)，每次需要 8 个时钟周期(Iteration Latency)。

从图 8-8(b)中可以看出：

(1) 目前的资源利用率综合之后的初步结果，在优化、布局布线等操作之后会发生变化。

(2) 目前用到了 4 个 DSP48E1s 单元，这比一般情况下 FIR 使用的要多(一个用于滤波，一个用于累加)。这是因为一般情况下 FIR 的系数不超过 18 位，而C代码中整数是 32 位的，超过了 DSP48 默认的乘法操作数的宽度。

从图 8-8(c)中可以看出：

(1) Vivado HLS 已经自动为设计分配了时钟信号 ap_clk 和复位信号 ap_reset，并添加了几个额外的顶层控制与状态信号 ap_start、ap_done、ap_idle 和 ap_ready。

(2) 输出信号 y 是 32 位宽度，并且有输出有效标志信号 y_ap_vld。

(3) 输入参数 c (系数组成的数组)被综合为含有 4 位输出地址线，输出使能 CE 和 32 位输入数据端口的 BRAM。

(4) 输入参数 x 被简单地综合为没有使用任何 I/O 协议的数据端口 ap_none。

接下来再对C代码综合后生成的 RTL 进行仿真验证，此时使用的测试脚本与C代码测试时使用的是同一个测试程序，在这里即 fir_test.c，所以这个测试又叫 C/RTL 联合仿真。单击图 8-6 中菜单栏上的 Run C/RTL Cosimulation，或者右击 solution1，选择 C/RTL Cosimulation，经过一段时间的编译和运行之后，仿真结果便显示在 Vivado 的控制台中了，如图 8-9 所示。其实质是把测试脚本编译为测试向量，然后调用 XSIM 执行C代码综合生成的 RTL 进行仿真，最后把结果返回给 Vivado HLS。

基于C的设计验证完成之后，接下来就可以导出 RTL 供 Vivado、System Generator 或者 ISE 中的设计使用了。单击图 8-6 菜单栏上的 Export RTL，或者右击 solution1，选择 Export RTL，输出类型选择为 IP Catalog，如图 8-10 所示。

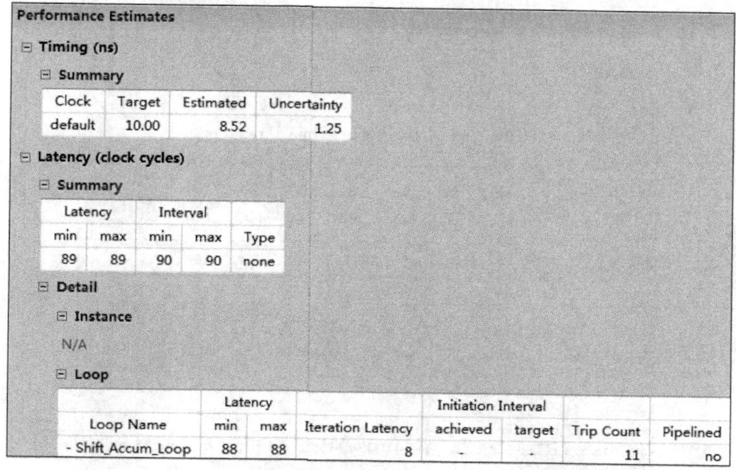

Performance Estimates

Timing (ns)

Summary

Clock	Target	Estimated	Uncertainty
default	10.00	8.52	1.25

Latency (clock cycles)

Summary

Latency		Interval		
min	max	min	max	Type
89	89	90	90	none

Detail

Instance

N/A

Loop

	Latency			Initiation Interval			
Loop Name	min	max	Iteration Latency	achieved	target	Trip Count	Pipelined
- Shift_Accum_Loop	88	88	8	-	-	11	no

(a) 性能估算报告

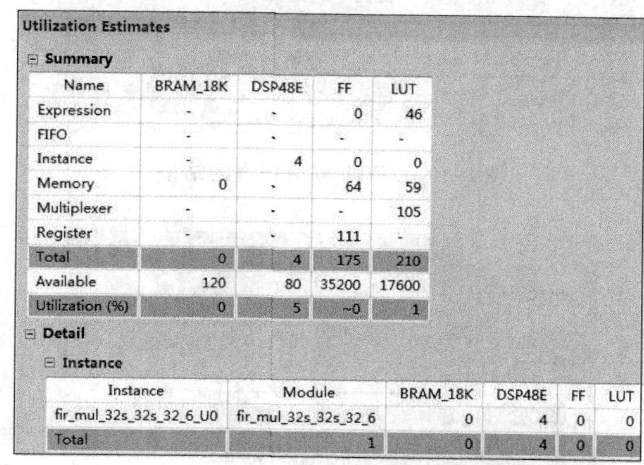

Utilization Estimates

Summary

Name	BRAM_18K	DSP48E	FF	LUT
Expression	-	-	0	46
FIFO	-	-	-	-
Instance	-	4	0	0
Memory	0	-	64	59
Multiplexer	-	-	-	105
Register	-	-	111	-
Total	0	4	175	210
Available	120	80	35200	17600
Utilization (%)	0	5	~0	1

Detail

Instance

Instance	Module	BRAM_18K	DSP48E	FF	LUT
fir_mul_32s_32s_32_6_U0	fir_mul_32s_32s_32_6	0	4	0	0
Total	1	0	4	0	0

(b) 资源利用率估算报告

Interface

Summary

RTL Ports	Dir	Bits	Protocol	Source Object	C Type
ap_clk	in	1	ap_ctrl_hs	fir	return value
ap_rst	in	1	ap_ctrl_hs	fir	return value
ap_start	in	1	ap_ctrl_hs	fir	return value
ap_done	out	1	ap_ctrl_hs	fir	return value
ap_idle	out	1	ap_ctrl_hs	fir	return value
ap_ready	out	1	ap_ctrl_hs	fir	return value
y	out	32	ap_vld	y	pointer
y_ap_vld	out	1	ap_vld	y	pointer
c_address0	out	4	ap_memory	c	array
c_ce0	out	1	ap_memory	c	array
c_q0	in	32	ap_memory	c	array
x	in	32	ap_none	x	scalar

(c) 代码的综合报告

图 8-8　C 代码的综合报告

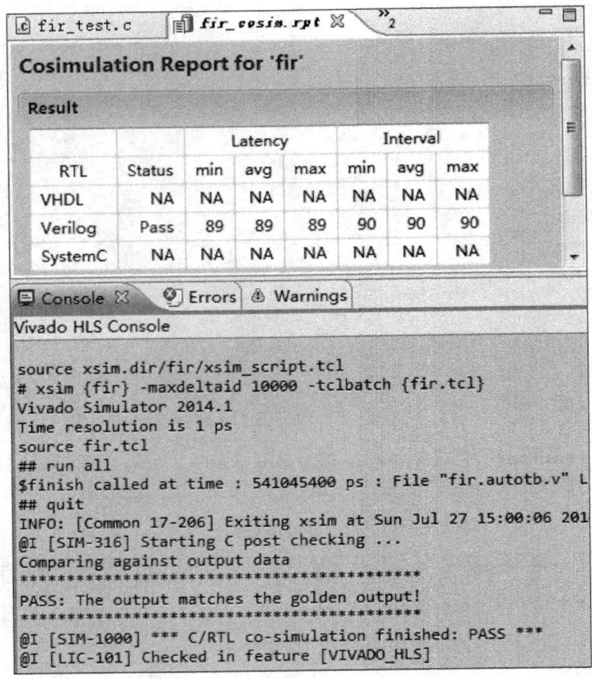

图 8-9　C/RTL 联合仿真的结果

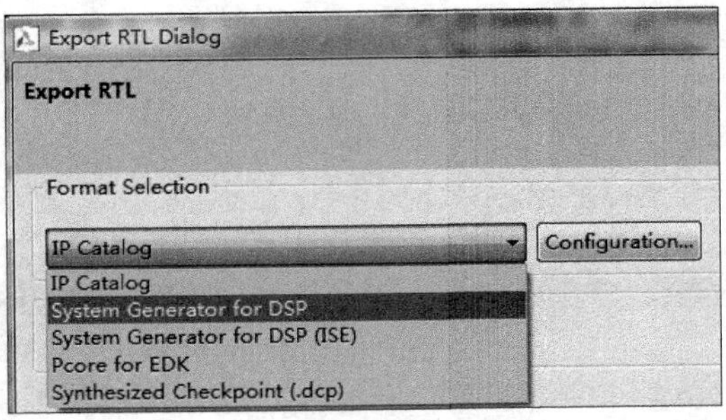

Export RTL Dialog
Export RTL
Format Selection
IP Catalog
Configuration...
IP Catalog
System Generator for DSP
System Generator for DSP (ISE)
Pcore for EDK
Synthesized Checkpoint (.dcp)

图 8-10　导出 RTL 的类型

然后在 Vivado HLS 工程管理器中的解决方案下面便可看到 C 代码最终打包生成的用户 IP 了，如图 8-11 所示。其中包含了.xpr 格式 Vivado 工程，可以方便直接用 Vivado 打开，其中验证了该 IP 的使用方法，并可以进行仿真、综合、实现、下载到硬件验证等操作。

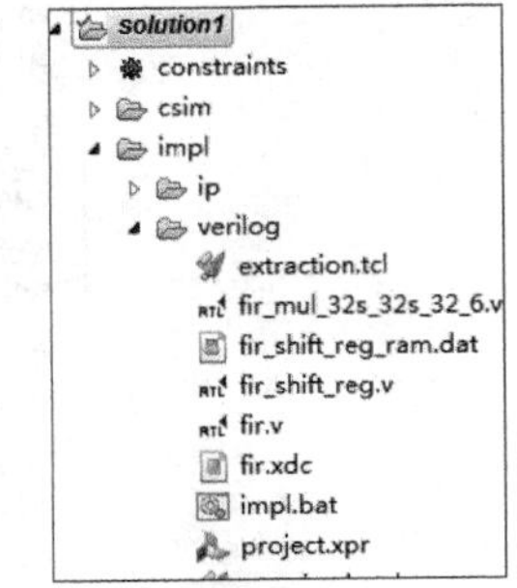

图 8-11　生成的 IP 及 Vivado 工程

最后来看一下如何对设计进行接口的自定义和程序优化，为了与原有结果对比，选择新建一个 solution，右击 Vivado HLS 的工程，选择 New solution，然后单击 Finish 按钮，硬件配置信息等与 solution1 一致。

接下来进行端口类型的自定义。双击主程序，并切换到管理视图，如图 8-12 所示。这里假设需要强制端口 c 为单口 RAM 类型，右击选择 Insert Directives。

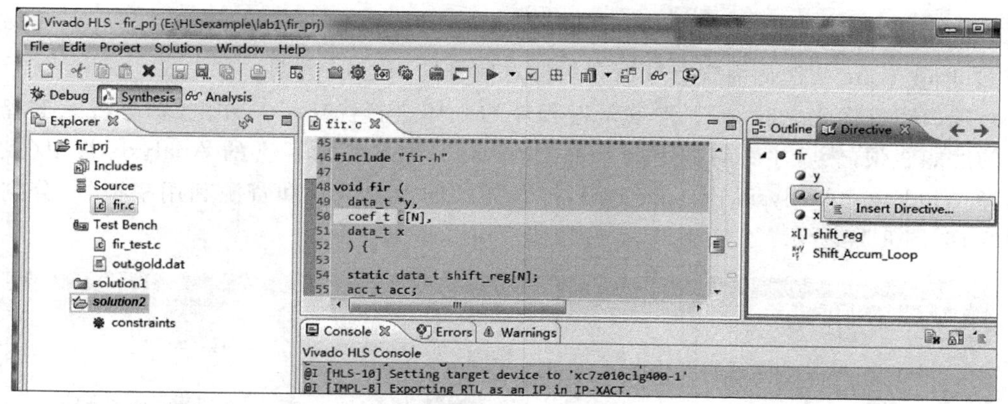

图 8-12 Directives 视图

然后加入对端口 c 的类型强制，如图 8-13 所示，改动之处在图中已圈出。

按照同样的规则，把端口 x 和 y 都改为 ap_vld 模式，如图 8-14 所示。

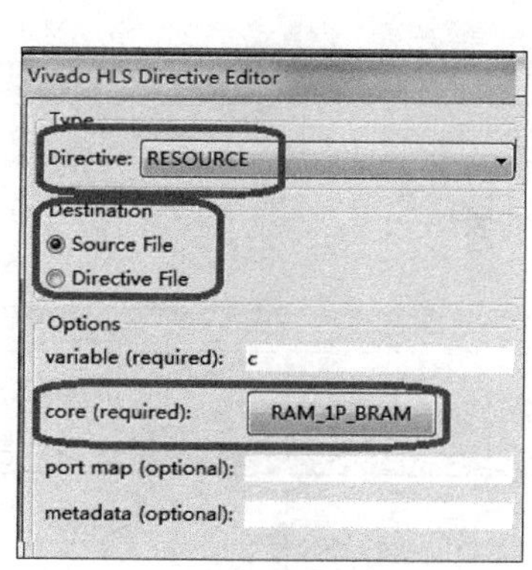

图 8-13 端口 c 的类型强制

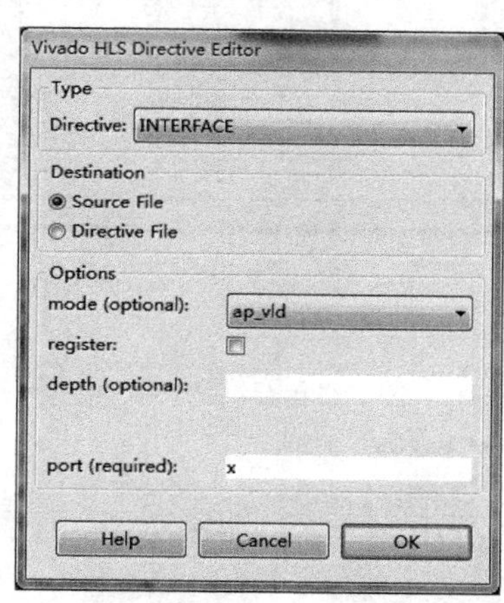

图 8-14 端口 x 和 y 的修改

更改完成之后，需要保存源程序才能使得更改生效。然后再运行一遍 C Synthesis，对比端口优化前后的效果，如图 8-15 所示。

端口优化前

RTL Ports	Dir	Bits	Protocol	Source Object	C Type
ap_clk	in	1	ap_ctrl_hs	fir	return value
ap_rst	in	1	ap_ctrl_hs	fir	return value
ap_start	in	1	ap_ctrl_hs	fir	return value
ap_done	out	1	ap_ctrl_hs	fir	return value
ap_idle	out	1	ap_ctrl_hs	fir	return value
ap_ready	out	1	ap_ctrl_hs	fir	return value
y	out	32	ap_vld	y	pointer
y_ap_vld	out	1	ap_vld	y	pointer
c_address0	out	4	ap_memory	c	array
c_ce0	out	1	ap_memory	c	array
c_q0	in	32	ap_memory	c	array
x	in	32	ap_none	x	scalar

端口优化后

RTL Ports	Dir	Bits	Protocol	Source Object	C Type
ap_clk	in	1	ap_ctrl_hs	fir	return value
ap_rst	in	1	ap_ctrl_hs	fir	return value
ap_start	in	1	ap_ctrl_hs	fir	return value
ap_done	out	1	ap_ctrl_hs	fir	return value
ap_idle	out	1	ap_ctrl_hs	fir	return value
ap_ready	out	1	ap_ctrl_hs	fir	return value
y	out	32	ap_vld	y	pointer
y_ap_vld	out	1	ap_vld	y	pointer
c_address0	out	4	ap_memory	c	array
c_ce0	out	1	ap_memory	c	array
c_q0	in	32	ap_memory	c	array
x	in	32	ap_vld	x	scalar
x_ap_vld	in	1	ap_vld	x	scalar

图 8-15 端口优化前后的对比

优化前端口 y 和 c 的综合结果与强制的类型一致，x 则从不使用任何 I/O 协议的数据端口 ap_none 被优化为含有数据有效标志信号的 ap_vld 类型。

端口完成优化之后，接下来就是对程序的主体进行优化了。首先，要分析一下程序中的性能瓶颈，然后才好对症下药。单击 Vivado HLS 菜单栏上的 Analysis 视图（或者选择 Window→Analysis Perspective），打开详细的性能分析和资源利用率报告，分别如图 8-16、图 8-17 所示。

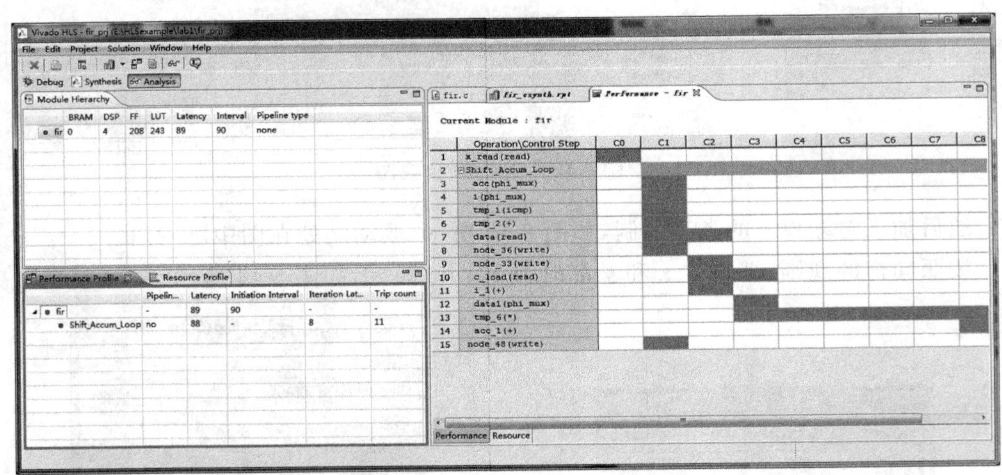

图 8-16　详细的性能分析视图

fir.c　fir_csynth.rpt　Resource - fir

Current Module : fir

	Resource\Control Step	C0	C1	C2	C3	C4	C5	C6	C7	C8
1	⊟I/O Ports									
2	c									
3	x	read								
4	y		write							
5	⊟Instances									
6	fir_mul_32s_32s_32_...							*		
7	⊟Memory Ports									
8	shift_reg		write	write						
9	c			read						
10	⊟Expressions									
11	tmp_1_fu_149		icmp							
12	tmp_2_fu_159		+							
13	acc_phi_fu_105		phi_mux							
14	i_phi_fu_118		phi_mux							
15	i_1_fu_178			+						
16	data1_phi_fu_129				phi_mux					
17	acc_1_fu_190									+

Performance　Resource

图 8-17　资源利用率的详细视图

从图 8-16 可以看出，源程序中 for 循环需要多个时钟周期才能完成，这造成了设计存在较大的延时，这是因为目前的综合结果是把 for 循环编译为一个对象，然后多次调用。这样虽然节省了硬件资源，但因为是串行执行，所以降低了执行速度；如果以设计的运行速度为指标，则可以把 for 循环改为并行执行的。从图 8-17 可以看出，源程序中的数组被综合为移位然后寄存的逻辑，并且是用 BRAM 实现的，如果把它改为用移位寄存器 SRL 来实现，则效率会更高。因此，对程序性能的优化就从这两个方面考虑。

在 Vivado HLS 中再新建一个 solution，并选择菜单栏 Project→Close Inactive Solution Tabs，关闭其他已打开的解决方案。然后双击打开源程序，并在 Directive 视图中 for 循环上点右键，插入新的设计规则，如图 8-18 所示。

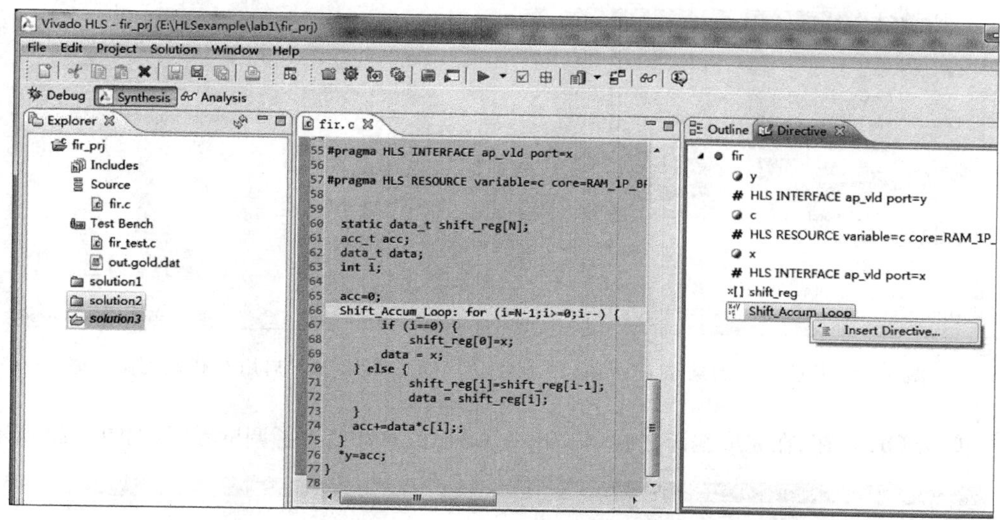

图 8-18　为代码制定设计规则

然后为 for 循环指定 UNROLL 规则，为 shift_reg 指定 ARRAY_PARTITION 的规则，如图 8-19 所示。

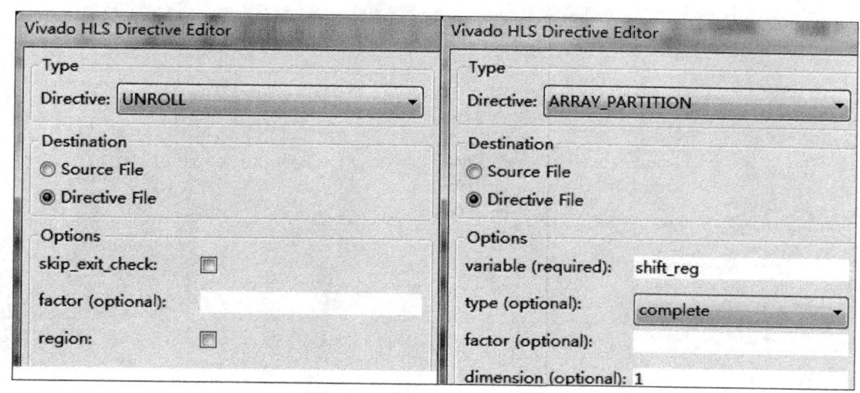

图 8-19　程序优化使用的规则

然后再运行 C 代码的综合。接下来就可以比较几个 solution 下的结果了。单击 Vivado HLS 工具栏 Project 下面的 compare results，选择 3 个 solution 的报告，对比结果就生成了，如图 8-20 所示。

由图 8-20 可见，把 for 循环从串行改为并行，并且把移位逻辑用 SRL 实现之后，程序的延时缩短到原来的 1/5，而资源利用率有所上升，这是 FPGA 设计中“空间换时间”的典型体现。

现在已经学习了在 Vivado HLS 中如何建立工程，进行仿真验证，优化代码并导出 IP。如果仿真验证等环节中发现程序的功能和预想的不一致怎么办？此时就要使用代码的调试功能了。

打开已经建立的 FIR 滤波器工程，然后运行 C Simulation，在弹出的 C 代码仿真配置中，选择调试功能，如图 8-21 所示。

Latency (clock cycles)

		solution3	solution1	solution2
Latency	min	17	89	89
	max	17	89	89
Interval	min	18	90	90
	max	18	90	90

Utilization Estimates

	solution3	solution1	solution2
BRAM_18K	0	0	0
DSP48E	44	4	4
FF	838	175	208
LUT	236	210	243

图 8-20　优化之后的结果

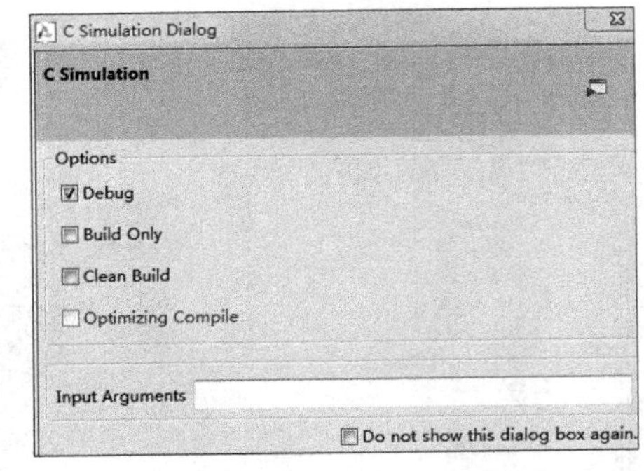

图 8-21　启用 C 代码调试功能

单击 OK 按钮，在完成编译之后，Vivado HLS 已经自动打开了调试界面，如图 8-22 所示。

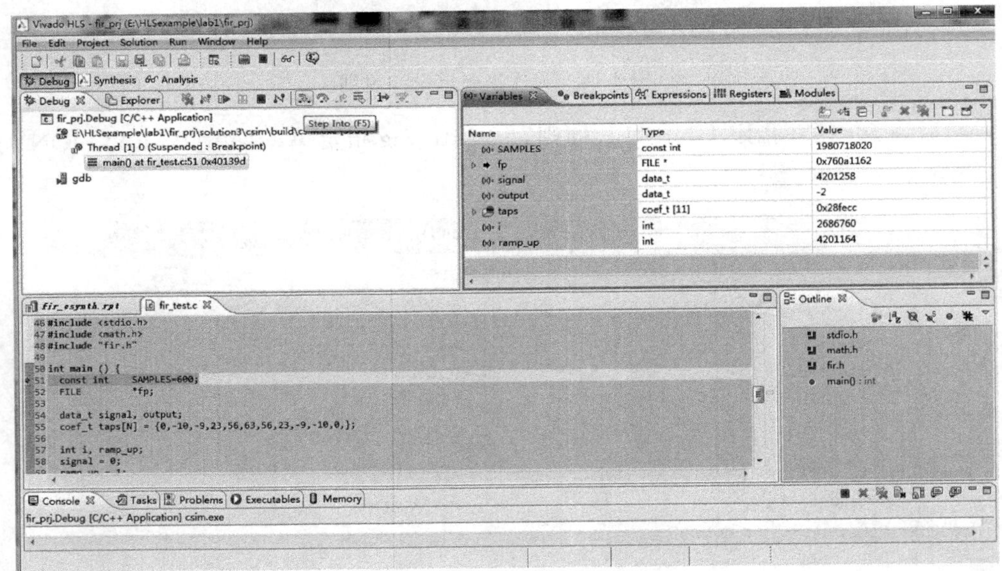

图 8-22　Vivado HLS 的 C 代码调试界面

从图 8-22 可以看出，Vivado HLS 的 C 代码调试界面与一般的 C 调试环境并无太大区别，可以通过双击某行代码行号的左边位置插入断点，然后单击 Resume 按钮或者按 F8 键把代码运行到断点处，可以执行 F5 键单步调试、F6 键单步跳过、F7 键单步返回、F8 键继续执行等操作，还在观测窗口中观察变量、表达式等模块的值。下面的控制台 Console 则可以显示一些信息，例如在测试脚本里用 printf 函数输出一些变量的值或者某些字符串等。

8.2 Vivado HLS 中的数据类型

8.2.1 任意精度整数类型

标准的 C/C++代码里，整形变量的位数都是确定的，例如 int8 就是 8 个 bit 宽，uint16 是 16 个 bit 宽，而单精度 float 是 32 个 bit 宽等。但是在 FPGA 的 PL 编程中，位数往往是根据不同情况来定义的，例如某个 wire 可以是 5 个 bit 宽，某个 reg 可以是 48 个 bit 宽等。这就造成了在使用标准的 C/C++数据类型的情况下，无法通知 HLS 把相关的变量用最佳的位宽来表示，所以在 Vivado HLS 中引入了任意精度的类型，极大地方便了编程。从本质上讲，它们是 Vivado HLS 内置的一些库函数。任意精度类型如表 8-1 所示。

表 8-1 Vivado HLS 的任意数据类型

编程语言	整数类型	需要引用的头文件
C	[u]int＜W＞ W 的范围从 0 到 1024bit	# include "ap_cint. h"
C++	ap_[u]int＜W＞ (1024bit) W 的范围从 0 到 1024bit 可最大扩展到 32 768bit	# include "ap_int. h"
C++	ap_[u]fixed＜W,I,Q,O,N＞	# include "ap_fixed. h"
System C	sc_[u]int＜W＞ (64bit) sc_[u]bigint＜W＞ (512bit)	# include "systemc. h"
System C	sc_[u]fixed＜W,I,Q,O,N＞	# define SC_INCLUDE_FX [# define SC_FX_EXCLUDE_OTHER] # include "systemc. h"

在头文件中，引用了对应的头文件之后，可以自定义相应的数据类型。例如，在某个 C++源程序的头文件中，定义某个 32 位宽的定点数，其符号位为 1 位，整数位为 3 位，小数位为 38 位，则与其相关的头文件中的代码为：

```
# include "ap_fixed.h"
typedef ap_fixed< 32,4, AP_RND, AP_SAT > dint;        //自定义了 dint 类型
```

在 C++源程序中使用这个变量的时候，则在引用了必要的头文件中之后，使用下面的方法定义变量：

```
dint input = dint(0.00005);
```

其中：

(1) 如果为无符号数，则使用 uint＜15＞这样的写法，注意表 8-1 中定义数据类型时不需要把方括号[]写在定义里。

(2) 在 C++代码中，数据类型的默认宽度是 0～1024bit。通过在引用 ap_int. h 文件之前定义最大位宽，可以把它扩展到最大 32 768bit，使用方法为：

```
//头文件
#define AP_INT_MAX_W 32768                          //必须定义在ap_int.h的上一行
#include"ap_int.h"

//源程序
ap_int<32768> very_wide_var;
```

在编程时，若非必要，应当尽量减小位的宽度，这样可以降低编译时间，并降低对PL中硬件资源的消耗，还可提高在PL中运行的速度。

(3) 浮点数可以转换为定点类型来表示，例如fixed<W,I,Q,O,N>。其中第一位为数的宽度，第二位为其中整数部分的宽度。这里务必注意与System Generator中定点数不表示方法的区别：在System Generator中，fixed<W, F>的第一位表示数的宽带，但是第二位表示小数部分的宽度。这里的Q代表量化模式，O代表溢出模式，N代表溢出折回时饱和位的宽度。其具体意义如表8-2所示。

表8-2　任意精度整数中标识符的含义

<table>
<tr><th>标识符</th><th colspan="3">描　述</th></tr>
<tr><td>W</td><td colspan="3">字(word)的长度，单位是bit</td></tr>
<tr><td>I</td><td colspan="3">整数位的宽度</td></tr>
<tr><td rowspan="9">Q</td><td colspan="3">量化模式
定义了当需要的最大精度超过实际数据类型所代表的精度时的处理方法</td></tr>
<tr><td>SystemC中的数据类型</td><td>ap_fixed类型</td><td>描述</td></tr>
<tr><td>SC_RND</td><td>AP_RND</td><td>四舍五入到该类型所能代表的最接近的值</td></tr>
<tr><td>SC_RND_ZERO</td><td>AP_RND_ZERO</td><td>四舍五入到0</td></tr>
<tr><td>SC_RND_MIN_INF</td><td>AP_RND_MIN_INF</td><td>四舍五入到负的最小值</td></tr>
<tr><td>AP_RND_INF</td><td>AP_RND_INF</td><td>四舍五入到极值</td></tr>
<tr><td>AP_RND_CONV</td><td>AP_RND_CONV</td><td>四舍五入到最近的值</td></tr>
<tr><td>AP_TRN</td><td>AP_TRN</td><td>截断到负无穷</td></tr>
<tr><td>AP_TRN_ZERO</td><td>AP_TRN_ZERO</td><td>默认方式：截断到0</td></tr>
<tr><td rowspan="7">O</td><td colspan="3">溢出模式
定义了当实际值超过该自定义类型所代表的范围时的处理方法</td></tr>
<tr><td>SystemC中的数据类型</td><td>ap_fixed类型</td><td>描述</td></tr>
<tr><td>SC_SAT</td><td>AP_SAT</td><td>饱和</td></tr>
<tr><td>SC_SAT_ZERO</td><td>AP_SAT_ZERO</td><td>饱和到0</td></tr>
<tr><td>SC_SAT_SYM</td><td>AP_SAT_SYM</td><td>对称饱和</td></tr>
<tr><td>SC_WRAP</td><td>AP_WRAP</td><td>默认方式：回卷</td></tr>
<tr><td>SC_WRAP_SM</td><td>AP_WRAP_SM</td><td>符号幅值回卷</td></tr>
<tr><td>N</td><td colspan="3">定义了在回卷模式下被饱和处理的位数</td></tr>
</table>

对于量化模式，其详细含义与示例如下：

(1) AP_RND：四舍五入到该类型所能代表的最接近的值。

```
ap_fixed<3, 2, AP_RND, AP_SAT> UAPFixed4 = 1.25;     // 结果是:四舍五入到最近的值 1.5
ap_fixed<3, 2, AP_RND, AP_SAT> UAPFixed4 = -1.25;    //结果是:四舍五入到最近的值 -1.0
```

(2) AP_RND_ZERO：四舍五入到0，正数则删除冗余位，负数则加LSB，从而得到该类型所能代表的最接近的值。

```
ap_fixed<3, 2, AP_RND_ZERO, AP_SAT> UAPFixed4 = 1.25;        //结果是:1.0
ap_fixed<3, 2, AP_RND_ZERO, AP_SAT> UAPFixed4 = -1.25;       // 结果是 -1.0
```

(3) AP_RND_MIN_INF：四舍五入到负的最小值，正数则删除冗余位，负数则加 LSB。

```
ap_fixed<3, 2, AP_RND_MIN_INF, AP_SAT> UAPFixed4 = 1.25;     //结果是:1.0
ap_fixed<3, 2, AP_RND_MIN_INF, AP_SAT> UAPFixed4 = -1.25;    //结果是: -1.5
```

(4) AP_RND_INF：根据 LSB 决定四舍五入的方向。

对于正数，如果 LSB 已置位，则四舍五入到正的最大值，否则四舍五入到负的最小值。

对于负数，如果 LSB 已置位，则四舍五入到负的最小值，否则四舍五入到正的最大值。

```
ap_fixed<3, 2, AP_RND_INF, AP_SAT> UAPFixed4 = 1.25;         //结果是:1.5
ap_fixed<3, 2, AP_RND_INF, AP_SAT> UAPFixed4 = -1.25;        //结果是: -1.5
```

(5) AP_RND_CONV：如果 LSB 已置位，则四舍五入到正的最大值，否则四舍五入到负的最小值。

```
ap_fixed<3, 2, AP_RND_CONV, AP_SAT> UAPFixed4 = 0.75;        //结果是: 1.0
ap_fixed<3, 2, AP_RND_CONV, AP_SAT> UAPFixed4 = -1.25;       //结果是:-1.0
```

(6) AP_TRN：总是四舍五入到负的最小值。

```
ap_fixed<3, 2, AP_TRN, AP_SAT> UAPFixed4 = 1.25;             //结果是: 1.0
ap_fixed<3, 2, AP_TRN, AP_SAT> UAPFixed4 = -1.25;            //结果是: -1.5
```

(7) AP_TRN_ZERO：对于正数则四舍五入到负的最小值，对于负数则四舍五入到 0。

```
ap_fixed<3, 2, AP_TRN_ZERO, AP_SAT> UAPFixed4 = 1.25;        //结果是: 1.0
ap_fixed<3, 2, AP_TRN_ZERO, AP_SAT> UAPFixed4 = -1.25;       //结果是: -1.0
```

对于溢出模式，其详细含义与示例如下：

(1) AP_SAT：根据正负号，饱和后输出为正的最大值或者负的最小值。

```
ap_fixed<4, 4, AP_RND, AP_SAT> UAPFixed4 = 19.0;             // 结果是 7.0
ap_fixed<4, 4, AP_RND, AP_SAT> UAPFixed4 = -19.0;            // 结果是 -8.0
ap_ufixed<4, 4, AP_RND, AP_SAT> UAPFixed4 = 19.0;            // 结果是 15.0
ap_ufixed<4, 4, AP_RND, AP_SAT> UAPFixed4 = -19.0;           // 结果是 0.0
```

(2) AP_SAT_ZERO：发生饱和时，强制输出为 0。

```
ap_fixed<4, 4, AP_RND, AP_SAT_ZERO> UAPFixed4 = 19.0;        // 结果是 0.0
ap_fixed<4, 4, AP_RND, AP_SAT_ZERO> UAPFixed4 = -19.0;       // 结果是 0.0
ap_ufixed<4, 4, AP_RND, AP_SAT_ZERO> UAPFixed4 = 19.0;       // 结果是 0.0
ap_ufixed<4, 4, AP_RND, AP_SAT_ZERO> UAPFixed4 = -19.0;      // 结果是 0.0
```

(3) AP_SAT_SYM：对于正数则饱和输出为正的最大值。对于负方向的溢出，如果是有符号类型 ap_fixed，则饱和输出为负的最小值，对于无符号类型 ap_ufixed，则饱和输出为 0。

```
ap_fixed<4, 4, AP_RND, AP_SAT_SYM> UAPFixed4 = 19.0;          // 结果是 7.0
ap_fixed<4, 4, AP_RND, AP_SAT_SYM> UAPFixed4 = -19.0;         // 结果是 -7.0
ap_ufixed<4, 4, AP_RND, AP_SAT_SYM> UAPFixed4 = 19.0;         // 结果是 15.0
ap_ufixed<4, 4, AP_RND, AP_SAT_SYM> UAPFixed4 = -19.0;        // 结果是 0.0
```

(4) AP_WRAP：溢出时则回卷，其中：

如果参数<W,I,Q,O,N>中的 N 为 0，则为默认的溢出模式，此时：

① 所有的 MSB 被删除；

② 无符号数，回卷之后变为 0；

③ 有符号数，回卷之后变为负的最小值。

如果 N>0，则

① N 位的 MSB 会饱和，或者被设置为 1；

② 符号位仍然保留，即正数还是正数，负数还是负数；

③ 未饱和的位从 LSB 侧开始被复制，即无变化。

```
ap_fixed<4, 4, AP_RND, AP_WRAP> UAPFixed4 = 31.0;             // 结果是 -1.0
ap_fixed<4, 4, AP_RND, AP_WRAP> UAPFixed4 = -19.0;            // 结果是 -3.0
ap_ufixed<4, 4, AP_RND, AP_WRAP> UAPFixed4 = 19.0;            // 结果是 3.0
ap_ufixed<4, 4, AP_RND, AP_WRAP> UAPFixed4 = -19.0;           // 结果是 13.0
```

(5) AP_WRAP_SM：输出值被符号-幅值回卷，其中：

如果参数<W,I,Q,O,N>中的 N 为 0，则为默认的溢出模式，此时：

① 使用符号-幅值回卷模式。

② 符号位被设置为被删除的位中的 LSB。

③ 如果剩下的 MSB 位与原有的 MSB 不同，则所有的剩余位都被翻转。

④ 如果剩下的 MSB 位与原有的 MSB 相同，则剩余 MSB 不变，且

- 删除冗余的 MSB。
- 新的符号位是所删除的位中的 LSB，在这种情况下是 0。
- 然后比较新的符号位与旧的符号位，如果不同，则反转所有的位。

如果 N>0，则

- 使用符号-幅值饱和模式；
- N 位 MSB 被饱和为 1；
- 与 N=0 时的行为类似，除了正数还是正数，负数还是负数之外。

举例如下：

```
ap_fixed<4, 4, AP_RND, AP_WRAP_SM> UAPFixed4 = 19.0;          // 结果是 -4.0
ap_fixed<4, 4, AP_RND, AP_WRAP_SM> UAPFixed4 = -19.0;         // 结果是 2.0
```

关于不同精度类型的使用和调试方法，请读者通过第 9 章程序中的 Arbitrary_Precision 工程进行调试、验证。

8.2.2 Vivado HLS 支持的数学函数类型

既然 Vivado HLS 的一个主要任务是把基于 C/C++的算法快速转换为可综合的 RTL,那么对常用数学函数的支持就是必不可少的了。在 Vivado HLS 数学库头文件 hls_math.h 中,对标准 C(math.h)和 C++(cmath.h)中的常用函数都有支持,其中可综合/实现的函数如表 8-3 所示。

表 8-3 Vivado HLS 可综合/实现的数学函数列表

函 数	数 据 类 型	精度(ULP*)	实 现 方 式
abs	float, double	完全精确	可综合
atanf	float	2	可综合
ceil	float, double	完全精确	可综合
ceilf	float	完全精确	可综合
copysign	float, double	完全精确	可综合
copysignf	float	完全精确	可综合
cos	float, double	10	可综合
	ap_fixed<32, I>	28～29	可综合
cosf	float	1	可综合
coshf	float	4	可综合
exp	float, double	完全精确	LogiCore
expf	float	完全精确	LogiCore
fabs	float, double	完全精确	可综合
fabsf	float	完全精确	可综合
floorf	float	完全精确	可综合
fmax	float, double	完全精确	可综合
fmin	float, double	完全精确	可综合
logf	float	1	可综合
floor	float, double	完全精确	可综合
fpclassify	float, double	完全精确	可综合
isfinite	float, double	完全精确	可综合
isinf	float	完全精确	可综合
isnan	float, double	完全精确	可综合
isnormal	float, double	完全精确	可综合
log	float	1	可综合
	double	16	可综合
log10	float	2	可综合
	double	3	可综合
modf	float, double	完全精确	可综合
modff	float	完全精确	可综合
1/x,即倒数	float, double	完全精确	LogiCore IP
recip	float, double	1	可综合
recipf	float	1	可综合

续表

函　　数	数 据 类 型	精度(ULP*)	实 现 方 式
round	float，double	完全精确	可综合
rsqrt	float，double	1	可综合
rsqrtf	float	1	可综合
1/sqrt		完全精确	LogiCore IP
signbit	float，double	完全精确	可综合
sin	float，double	10	可综合
	ap_fixed<32，I>	28～29	可综合
sincos	float	1	可综合
	double	5	可综合
sincosf	float	1	可综合
sinf	float	1	可综合
sinhf	可综合 float	6	可综合
sqrt	float，double	完全精确	LogiCore IP
	ap_fixed<32，I>	28～29	可综合
tan	float，double	20	可综合
tanf	float	3	可综合
trunc	float，double	完全精确	可综合

注：ULP(Units of Least Precision)表示不相同的位数的最大值。例如 ULP 为 1，表示实际结果和理论结果有 1 位的差异。

除了数学函数库之外，Vivado HLS 还支持对常见的矩阵运算的综合，例如 Cholesky、逆 Cholesky、矩阵乘法、QR 分解、逆 QR 分解等；支持常用视频库函数的综合，例如 RGB、OpenCV 库函数等，在此就不一一列出了。

8.3　Vivado HLS 中的接口综合

通过前面的学习，已经了解了如何把 C/C++代码综合为 RTL，那这些综合生成的 RTL 如何与其他 HDL 代码或者 RTL 进行结合呢？在给生成的 RTL 添加/修改端口的基础上，可以依据相关的 I/O 协议对接口进行综合，从而使得经过端口的数据能够被自动同步与优化，下面就来看看这个步骤是如何实现的。

8.3.1　模块级别的 I/O 协议

I/O 协议是 Vivado HLS 中用来规定通常情况下，根据是否有模块(函数)级别的握手信号，把接口类型分为 ap_ctrl_none、ap_ctrl_hs 和 ap_ctrl_chain；如果不特别指明，则 Vivado 以 ap_ctrl_hls 作为 I/O 综合时的默认协议。以 ap_ctrl_hls 为例，其接口转换示意图如图 8-23 所示。

其中的 ap_start、ap_ready 等就是模块级别的握手信号。对于 ap_ctrl_none 协议，则说明不存在任何模块级别的握手信号。ap_ctrl_chain 协议在 ap_ctrl_hls 的基础上，添加了 ap_continue 信号，用来在多个模块(函数)共同工作时使用。

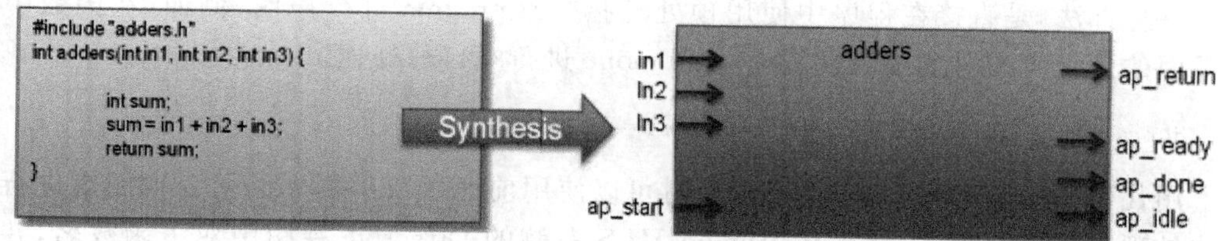

图 8-23 ap_ctrl_hls 的接口协议

在本小节来学习一下什么是模块级的 I/O 协议,以及如何控制它们。

首先,建立一个简单的加法器的工程,其功能是把 3 个输入相加。其源程序为:

```
#include"adders.h"
int adders(int in1, int in2, int in3)
{
    int sum;
        sum = in1 + in2 + in3;
    return sum;
}
```

然后运行 C 代码综合,在综合结果中查看接口信息,如图 8-24 所示。

Interface

Summary

RTL Ports	Dir	Bits	Protocol	Source Object	C Type
ap_start	in	1	ap_ctrl_hs	adders	return value
ap_done	out	1	ap_ctrl_hs	adders	return value
ap_idle	out	1	ap_ctrl_hs	adders	return value
ap_ready	out	1	ap_ctrl_hs	adders	return value
ap_return	out	32	ap_ctrl_hs	adders	return value
in1	in	32	ap_none	in1	scalar
in2	in	32	ap_none	in2	scalar
in3	in	32	ap_none	in3	scalar

图 8-24 综合结果

如果设计需要超过 1 个时钟周期才能完成,则图 8-23 中还将出现 ap_clk 和 ap_rst 两个 1 位的时钟/复位信号。图 8-23 中其余以 ap_前缀开头的信号则是综合之后自动加入的,它们的含义分别如下。

1) ap_start

它是 C 代码模块的启动位,ap_ready 则是它的握手信号。当 ap_start 保持为 1 时,模块被使能,等到 ap_ready 置 1 时,模块就可以读取新的输入了。此时如果在 ap_ready 为高电平时复位 ap_start 信号,则在当前函数执行一次之后,模型暂停运行;如果 ap_start 保持为高,则当前函数可以连续执行。

2) ap_ready

ap_ready 为 1 时,表明前一次函数执行已经完成,并且本次函数执行的输入数据已经读取完成,系统可以准备好对它们进行处理了。如果 ap_start 也为 1,则执行本次函数运算。

3) ap_done

表明本次函数运行已经完成了。

4) ap_idle

用来表明模块的运行或者空闲状态,当模块运行时,该位为低电平;当模块运行结束时,该位被置为高电平。

5) ap_return

只有在函数中使用 return 语句返回值的时候才会产生这个端口。

如果想改变接口协议,例如从默认的 ap_ctrl_hs 改成 ap_ctrl_none,那应该如何处理呢？一种办法，是直接在程序中使用预处理指令 # pragma 进行声明，例如，在函数中插入下面的预处理指令就可以使用 ap_ctrl_none 进行端口的处理了：

```
#pragma HLS INTERFACE ap_ctrl_none port = return
```

用代码来书写总归是不太方便，此时可以使用前面一节中提到的指令视图来进行图形化处理。打开源程序，然后在 Vivado HLS 右侧的 Directive 视图中双击函数名，并切换到接口命令，如图 8-25 所示。

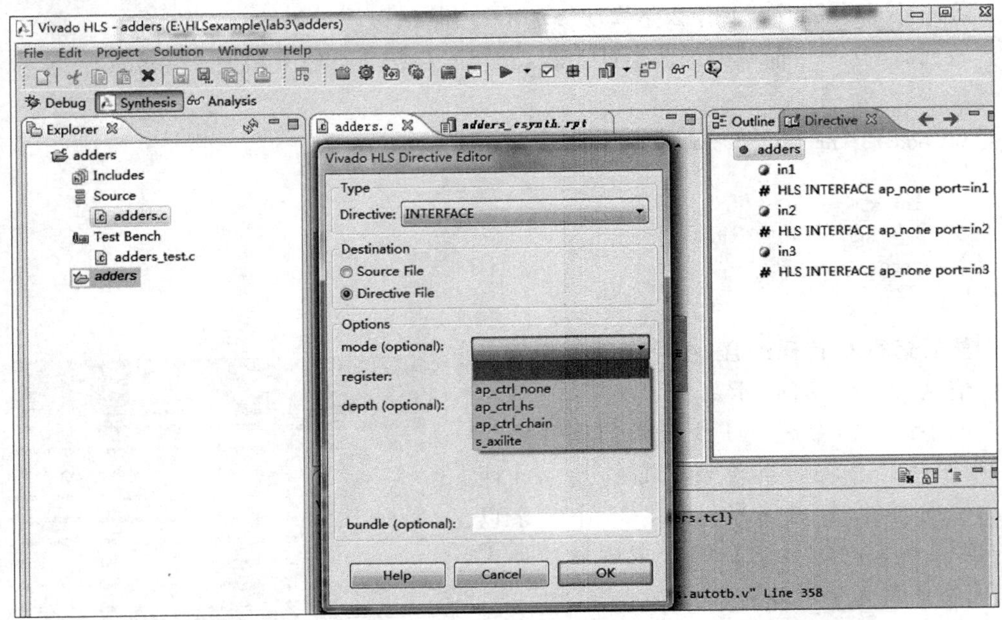

图 8-25　改变接口协议

在图 8-25 中，选择 ap_ctrl_none 就可以改变该类型的接口协议了。然后再运行 C 代码综合，可以看到相关的握手信号都消失了，如图 8-26 所示。

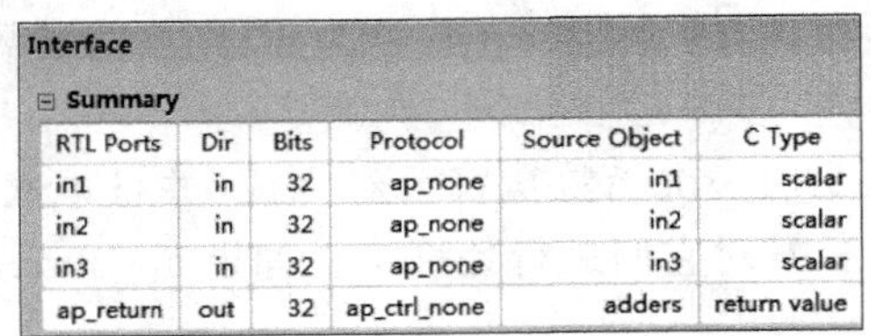

Interface

Summary

RTL Ports	Dir	Bits	Protocol	Source Object	C Type
in1	in	32	ap_none	in1	scalar
in2	in	32	ap_none	in2	scalar
in3	in	32	ap_none	in3	scalar
ap_return	out	32	ap_ctrl_none	adders	return value

图 8-26　ap_ctrl_none 综合后的接口

8.3.2　端口类型的处理

在对 C 代码进行综合时，可以单独指定某个端口综合之后的类型，常见的类型如下。

1) ap_none

默认类型，该类型不适用任何 I/O 转换协议，它用于表示只读的输入信号，对应于

HDL 中的 wire 类型。

2）ap_stable

只用于输入信号，向 HLS 的综合器表明该信号在复位之后，直到下一次复位之前，值都是稳定的，在优化信号的扇出时会用到，其具体实现方式仍为 ap_none。

3）ap_vld

在数据端口 port_name 的基础上创建一个额外的数据有效信号指示<port_name>_vld。对于输入信号，在信号有效声明之前，读取该信号的操作会冻结函数的执行。对于输出端口，在其写数据时，数据有效信号被置位。

4）ap_ack

在数据端口 port_name 的基础上创建一个额外应答信号指示<port_name>_ack。对于输入端口，在其读数据时，应答信号被置位。对于输出信号，在其相关联的输入应答端口置位之前，该信号的写操作会冻结函数的执行。

5）ap_hs

使用该类型，则会同时创建额外的数据有效信号和应答信号，其效果相当于 ap_vld 与 ap_ack 之和。

6）ap_ovld

对于输入信号，其效果与 ap_none 是一样的。对于输出信号，其效果与 ap_vld 是一样的。对于双向(inout)类型的信号，输入使用 ap_none，输出使用 ap_vld 进行处理。

7）ap_memory

把对数组的读/写等效为对外部 RAM 的引用，它会根据等效的外部 RAM 的读/写形式自动创建该外部 RAM 的数据线、地址线和控制端口（例如控制使能 CE、写使能 WE 等）。

默认情况下，Vivado HLS 会自动决定 RAM 的使用。如果需要自定义，则通过 Vivado HLS 中 Directive 视图中的 set_directive_resource 来更改。

8）ap_fifo

对数组、指针和参数引用(pass-by-reference)的读/写用 FIFO 的方式来实现。

对于输入信号，在其相关联的输入有效信号<port_name>_empty_n 置位之前，冻结函数的执行。当准备从外部 FIFO 读取新值时，置位与它关联的读取端口<port_name>_read。

对于输出信号，当写入新值之后，置位与它关联的输出写端口<port_name>_write。在其相关联的输入可用端口置位之前（表明 FIFO 中有空间存放新值，使用-depth 参数来定义来空间的大小），该信号的写操作会冻结函数的执行。

9）ap_bus

对指针和参数引用的读/写用总线接口的方式来实现。它能够自动创建相关的控制信号来同步输入或者输出的端口数据，从而支持从标准的 FIFO 总线接口中使用突发(burst)模式来读/写数据。

对上述 9 种数据端口类型的定义，在 C 代码中可以使用下面的预处理指令来声明：

```
#pragma HLS interface <mode> register port = <string>
```

其中，mode 就是这里提到的数据端口类型，string 则指需要指定端口类型的端口名称，例如：

```
#pragma HLS INTERFACE ap_none port = in1
```

在 TCL 脚本中，也可以对接口类型进行更改。在图形化的开发界面中，可以直接在 directives.tcl 中进行规则的编辑，如图 8-27 所示。

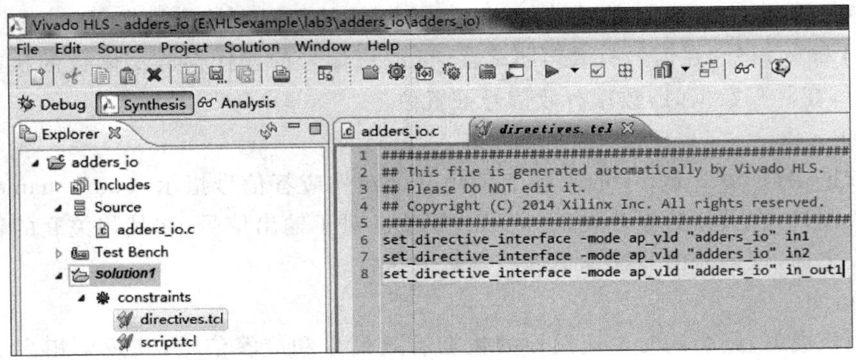

图 8-27　通过 TCL 配置改变端口类型

此外，还可以通过在 Vivado HLS 中的 Directive 视图中选择 INTERFACE 来进行更改，如图 8-28 所示。

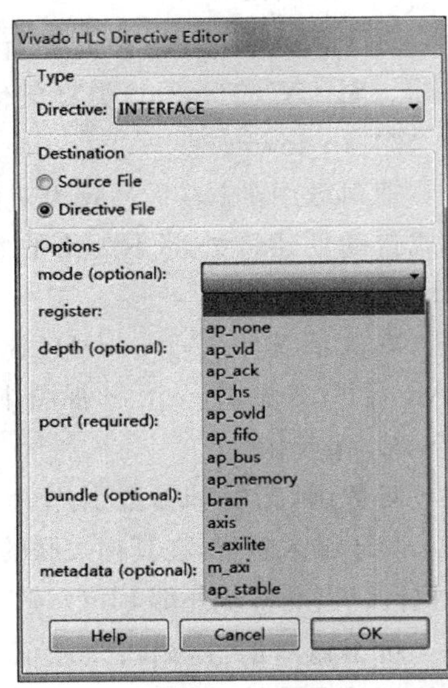

图 8-28　接口的类型选择

接下来以一个简单的例子来看看改变接口类型对综合结果的影响。首先，创建一个简单的工程，其源代码如下：

```
#include"adders_io.h"
void adders_io(int in1, int in2, int * in_out1)
{
    * in_out1 = in1 + in2 + * in_out1;
}
```

这里使用了指针。从其本质上来说，指针是一个“双向”的类型，即它既可以作为输入，同时也可以用来输出。在默认的情况下，端口的综合结果如图 8-29 所示。

如果按照图 8-27 中的示例对端口类型进行指定，则 C 综合之后的结果如图 8-30 所示。

RTL Ports	Dir	Bits	Protocol	Source Object	C Type
ap_start	in	1	ap_ctrl_hs	adders_io	return value
ap_done	out	1	ap_ctrl_hs	adders_io	return value
ap_idle	out	1	ap_ctrl_hs	adders_io	return value
ap_ready	out	1	ap_ctrl_hs	adders_io	return value
in1	in	32	ap_none	in1	scalar
in2	in	32	ap_none	in2	scalar
in_out1_i	in	32	ap_ovld	in_out1	pointer
in_out1_o	out	32	ap_ovld	in_out1	pointer
in_out1_o_ap_vld	out	1	ap_ovld	in_out1	pointer

图 8-29　默认情况下的端口综合结果

RTL Ports	Dir	Bits	Protocol	Source Object	C Type
ap_clk	in	1	ap_ctrl_hs	adders_io	return value
ap_rst	in	1	ap_ctrl_hs	adders_io	return value
ap_start	in	1	ap_ctrl_hs	adders_io	return value
ap_done	out	1	ap_ctrl_hs	adders_io	return value
ap_idle	out	1	ap_ctrl_hs	adders_io	return value
ap_ready	out	1	ap_ctrl_hs	adders_io	return value
in1	in	32	ap_vld	in1	scalar
in1_ap_vld	in	1	ap_vld	in1	scalar
in2	in	32	ap_vld	in2	scalar
in2_ap_vld	in	1	ap_vld	in2	scalar
in_out1_i	in	32	ap_vld	in_out1	pointer
in_out1_i_ap_vld	in	1	ap_vld	in_out1	pointer
in_out1_o	out	32	ap_vld	in_out1	pointer
in_out1_o_ap_vld	out	1	ap_vld	in_out1	pointer

图 8-30　自定义端口类型之后的端口综合结果

在图 8-27 的示例中，指定了端口的类型，所以对比图 8-29 与图 8-30，可以看出，端口 in1 和 in2 的类型从默认的 ap_none 变为自定义的 ap_vld，并且分别具有了对应的数据有效指示位 in1_ap_vld 和 in2ap_vld。

8.3.3　如何把数组实现为 RTL 接口

在 Vivado HLS 中，C 代码中的数组作为端口时，它们被默认综合为 RAM 端口。以下面的程序为例：

```
void array_io (dout_t d_o[N], din_t d_i[N])
{
int i, rem;
// Store accumulated data
static dacc_t acc[CHANNELS];
// Accumulate each channel
    For_Loop: for (i = 0;i < N;i++) {
        rem = i % CHANNELS;
        acc[rem] = acc[rem] + d_i[i];
        d_o[i] = acc[rem];
    }
}
```

在综合之后，端口处理如图 8-31 所示。

RTL Ports	Dir	Bits	Protocol	Source Object	C Type
ap_clk	in	1	ap_ctrl_hs	array_io	return value
ap_rst	in	1	ap_ctrl_hs	array_io	return value
ap_start	in	1	ap_ctrl_hs	array_io	return value
ap_done	out	1	ap_ctrl_hs	array_io	return value
ap_idle	out	1	ap_ctrl_hs	array_io	return value
ap_ready	out	1	ap_ctrl_hs	array_io	return value
d_o_address0	out	5	ap_memory	d_o	array
d_o_ce0	out	1	ap_memory	d_o	array
d_o_we0	out	1	ap_memory	d_o	array
d_o_d0	out	16	ap_memory	d_o	array
d_i_address0	out	5	ap_memory	d_i	array
d_i_ce0	out	1	ap_memory	d_i	array
d_i_q0	in	16	ap_memory	d_i	array

图 8-31　数组端口的默认综合结果

从图 8-31 中可以看出，输出数组 d_o 被 ap_memory 协议综合为端口，且 Vivado HLS 自动添加了输出数据端口 d_o_d0、使能信号 d_o_ce0、写使能端口 d_o_we0、输入数据端口 d_i_q0。输入数据没有生成写使能端口，因为它只需要读取输入数据。因为这个例子里 for 循环默认是串行执行的，读操作和写操作没有同时发生，所以数组端口被实现为单口 RAM 了。根据需要，还可以把数组接口综合为双口 RAM、FIFO 或者把它们展开为多个独立的端口。仍然以图 8-31 对应的源代码为例，下面来看一下它们分别是如何实现的。

1. 数组端口实现为双口 RAM 和 FIFO

上面的例子里，for 循环是串行执行的，所以单口 RAM 就能满足要求了。如果想把数组实现为双口 RAM，那么 for 循环就需要被配置成并行循环的，也就是循环展开。在 Vivado HLS 中打开源程序，然后通过 Directive 视图改变 for 循环的配置为展开，如图 8-32 所示。

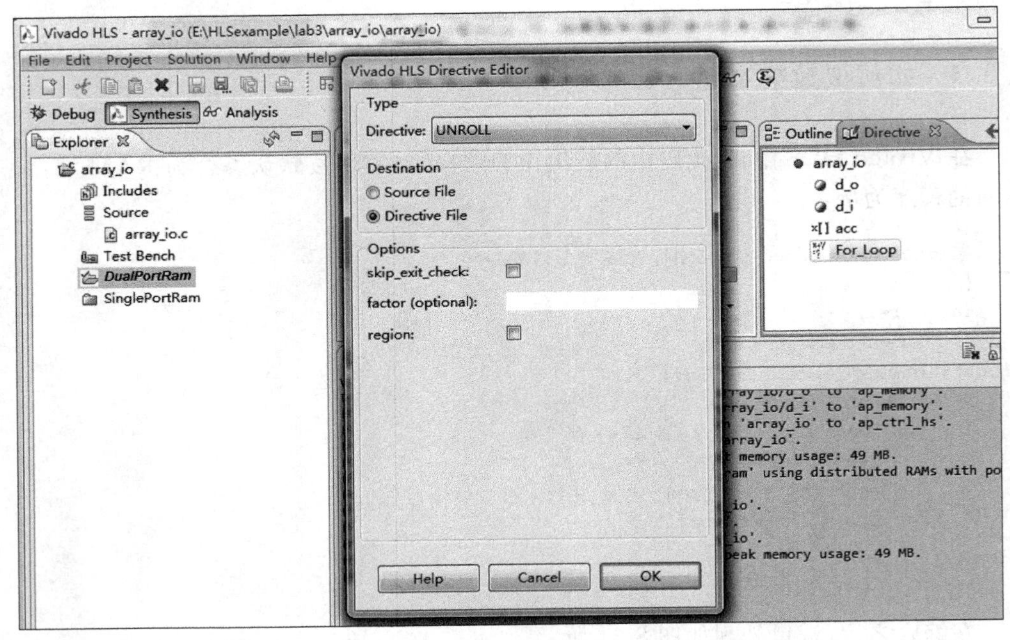

图 8-32　展开 for 循环

在 Directive 视图中，还可以配置端口使用的资源，例如把输入 d_i 配置为双口 RAM，如图 8-33 所示。

按照类似的方法，把输出端口 d_o 的接口类型 INTERFACE 配置为 ap_fifo 类型。最终修改之后指示文件的视图如图 8-34 所示。

然后运行 C 代码综合，结果如图 8-35 所示。

从图 8-35 可以看出，输入端口 d_i 已经具有双口 RAM 的接口，它有两条地址线，两个独立的输入和两个使能端口。

Vivado HLS Directive Editor
Type
Directive: RESOURCE
Destination
Source File
Directive File
Options
variable (required): d_i
core (required): RAM_2P_BRAM
port map (optional):
metadata (optional):
Help Cancel OK

图 8-33 配置端口的资源为双口 RAM

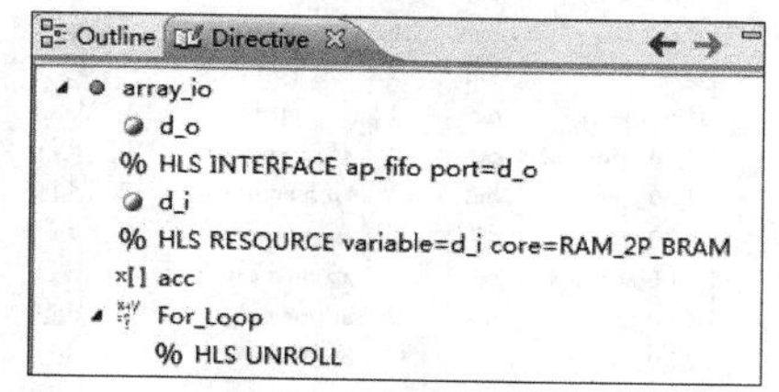

图 8-34 修改结果

2. 数组的分割

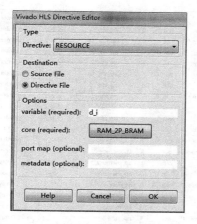

在接口综合的时候，Vivado HLS 可以根据预先定义的因子，对数组进行分割，分割方法如图 8-36 所示。

RTL Ports	Dir	Bits	Protocol	Source Object	C Type
ap_clk	in	1	ap_ctrl_hs	array_io	return value
ap_rst	in	1	ap_ctrl_hs	array_io	return value
ap_start	in	1	ap_ctrl_hs	array_io	return value
ap_done	out	1	ap_ctrl_hs	array_io	return value
ap_idle	out	1	ap_ctrl_hs	array_io	return value
ap_ready	out	1	ap_ctrl_hs	array_io	return value
d_o_din	out	16	ap_fifo	d_o	pointer
d_o_full_n	in	1	ap_fifo	d_o	pointer
d_o_write	out	1	ap_fifo	d_o	pointer
d_i_address0	out	5	ap_memory	d_i	array
d_i_ce0	out	1	ap_memory	d_i	array
d_i_q0	in	16	ap_memory	d_i	array
d_i_address1	out	5	ap_memory	d_i	array
d_i_ce1	out	1	ap_memory	d_i	array
d_i_q1	in	16	ap_memory	d_i	array

图 8-35 双口 RAM 的综合结果

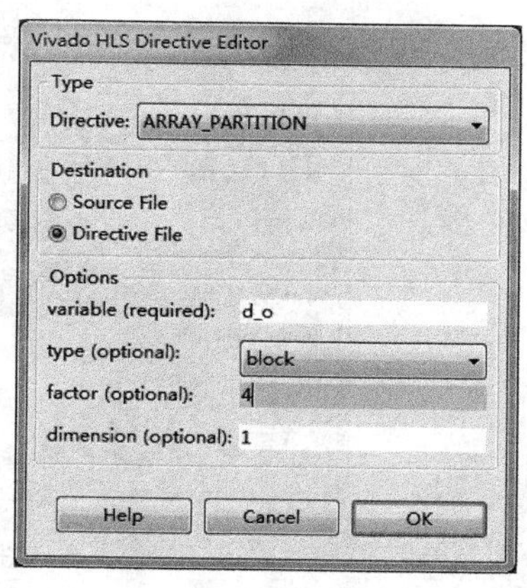

图 8-36 数组分割

在这里，把 d_i 分割为 2 部分，把 d_o 分割为 4 部分，进行 C 代码综合；然后把 d_i 和 d_o 都分割为 4 部分，再运行 C 代码综合，对比其端口的综合结果，如图 8-37 所示。

从图 8-37 可以看出，当 d_i 分割为 2 部分，把 d_o 分割为 4 部分时，d_i 仍然为双口 RAM 输入，但是当 d_i 和 d_o 分割为相同多的份数时，d_i 的双口 RAM 的配置被 Vivado HLS 自动优化掉了：它被优化为 4 个单口 RAM，与 4 个输出端口一一对应。

3. 完成展开数组

完全展开数组，意味着把数组里的每个元素都当作单独的端口进行处理，这样可以最大限度地并行运算，提高运行速度，当然占用的器件资源也会相应地增多。展开方法与图 8-36 相同，只不过是把展开的类型从 block 改成 complete，如图 8-38 所示。

d_o_0_din	out	16	ap_fifo	d_o_0	pointer	d_o_0_din	out	16	ap_fifo	d_o_0	pointer
d_o_0_full_n	in	1	ap_fifo	d_o_0	pointer	d_o_0_full_n	in	1	ap_fifo	d_o_0	pointer
d_o_0_write	out	1	ap_fifo	d_o_0	pointer	d_o_0_write	out	1	ap_fifo	d_o_0	pointer
d_o_1_din	out	16	ap_fifo	d_o_1	pointer	d_o_1_din	out	16	ap_fifo	d_o_1	pointer
d_o_1_full_n	in	1	ap_fifo	d_o_1	pointer	d_o_1_full_n	in	1	ap_fifo	d_o_1	pointer
d_o_1_write	out	1	ap_fifo	d_o_1	pointer	d_o_1_write	out	1	ap_fifo	d_o_1	pointer
d_o_2_din	out	16	ap_fifo	d_o_2	pointer	d_o_2_din	out	16	ap_fifo	d_o_2	pointer
d_o_2_full_n	in	1	ap_fifo	d_o_2	pointer	d_o_2_full_n	in	1	ap_fifo	d_o_2	pointer
d_o_2_write	out	1	ap_fifo	d_o_2	pointer	d_o_2_write	out	1	ap_fifo	d_o_2	pointer
d_o_3_din	out	16	ap_fifo	d_o_3	pointer	d_o_3_din	out	16	ap_fifo	d_o_3	pointer
d_o_3_full_n	in	1	ap_fifo	d_o_3	pointer	d_o_3_full_n	in	1	ap_fifo	d_o_3	pointer
d_o_3_write	out	1	ap_fifo	d_o_3	pointer	d_o_3_write	out	1	ap_fifo	d_o_3	pointer
d_i_0_address0	out	4	ap_memory	d_i_0	array	d_i_0_address0	out	3	ap_memory	d_i_0	array
d_i_0_ce0	out	1	ap_memory	d_i_0	array	d_i_0_ce0	out	1	ap_memory	d_i_0	array
d_i_0_q0	in	16	ap_memory	d_i_0	array	d_i_0_q0	in	16	ap_memory	d_i_0	array
d_i_0_address1	out	4	ap_memory	d_i_0	array	d_i_1_address0	out	3	ap_memory	d_i_1	array
d_i_0_ce1	out	1	ap_memory	d_i_0	array	d_i_1_ce0	out	1	ap_memory	d_i_1	array
d_i_0_q1	in	16	ap_memory	d_i_0	array	d_i_1_q0	in	16	ap_memory	d_i_1	array
d_i_1_address0	out	4	ap_memory	d_i_1	array	d_i_2_address0	out	3	ap_memory	d_i_2	array
d_i_1_ce0	out	1	ap_memory	d_i_1	array	d_i_2_ce0	out	1	ap_memory	d_i_2	array
d_i_1_q0	in	16	ap_memory	d_i_1	array	d_i_2_q0	in	16	ap_memory	d_i_2	array
d_i_1_address1	out	4	ap_memory	d_i_1	array	d_i_3_address0	out	3	ap_memory	d_i_3	array
d_i_1_ce1	out	1	ap_memory	d_i_1	array	d_i_3_ce0	out	1	ap_memory	d_i_3	array
d_i_1_q1	in	16	ap_memory	d_i_1	array	d_i_3_q0	in	16	ap_memory	d_i_3	array

图 8-37　数组分割结果

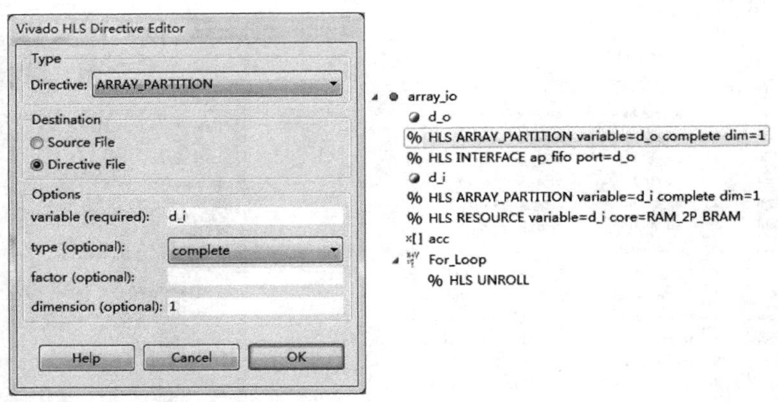

图 8-38　完全展开数组的选项

通过图 8-38 所示选项把 d_i 和 d_o 都配置为完全展开之后，端口的综合结果如图 8-39 所示。

d_o_0_din	out	16	ap_fifo	d_o_0	pointer
d_o_0_full_n	in	1	ap_fifo	d_o_0	pointer
d_o_0_write	out	1	ap_fifo	d_o_0	pointer
			……		
d_o_31_din	out	16	ap_fifo	d_o_31	pointer
d_o_31_full_n	in	1	ap_fifo	d_o_31	pointer
d_o_31_write	out	1	ap_fifo	d_o_31	pointer
d_i_0	in	16	ap_none	d_i_0	pointer
d_i_1	in	16	ap_none	d_i_1	pointer
			……		
d_i_30	in	16	ap_none	d_i_30	pointer
d_i_31	in	16	ap_none	d_i_31	pointer

图 8-39　数组完全展开之后的综合结果

因为结果较长，在图 8-39 中没有全部列出，可以看出 d_o 和 d_i 都被完全展开了。

最后，可以对比一下单口 RAM、双口 RAM、部分展开和全部展开情况下的性能和资源利用率情况，如图 8-40 所示。

Latency (clock cycles)

		SinglePortRam	DualPortRam	ArrayPartition	FullPartition
Latency	min	65	32	9	1
	max	65	32	9	1
Interval	min	66	33	10	2
	max	66	33	10	2

Utilization Estimates

	SinglePortRam	DualPortRam	ArrayPartition	FullPartition
BRAM_18K	0	0	0	0
DSP48E	0	0	0	0
FF	87	1206	788	769
LUT	97	1261	1177	1025

图 8-40　不同综合方法的性能与资源对比

8.3.4　如何把数组实现为 AXI4 的相关接口

在 Vivado 面向 IP 的设计思想中，AXI 总线接口无疑是非常重要的一环。如果在 C 代码综合的时候，能够把有关的端口直接综合为 AXI 接口，那么它与其他代码的结合将非常方便，来看一下这个方法是如何实现的。在这里仍然使用 8.3.3 小节中使用的数组赋值的程序作为端口的例子，并且同时了解一下如何使用接口和逻辑的指示(Directive)来优化设计。为了表示区分，把函数名从 voidarray_io (dout_t d_o[N], din_t d_i[N])改为 voidaxi_interfaces (dout_t d_o[N], din_t d_i[N])。

为了优化程序的性能，最直接的办法是尽可能地让程序并行运行。在图 8-36 和图 8-38 中已经使用了数组分割的两种方式。

- Block 方式：把数组分割为等长的块，每个块中都包含原有数组中连续的一段元素。
- Complete 方式：把数组完全展开，相当于把存储器解析为多个寄存器。

此外，为了达到最优化的性能，在 Vivado HLS 中，还可以把数组分割为循环模式，即 Cyclic 模式。它与 Block 方式类似，只不过数组分割为等长的块之后，其中的元素是原有数组中交叉的元素，这表明原数组中的元素被存放到不同的地址空间里了，例如，在分割因子为 3 时，原数组中的元素 0 被放入新建的数组 1，元素 1 被放入新数组 2，元素 2 被放入新数组 3，因为分割为 3 部分，所以元素 4 被再次放入数组 1；而 Block 方式则是依次进行放置的，不存在 Cyclic 模式循环放置的情况。Cyclic 模式的配置方法如图 8-41 所示。

按照图 8-41 同样的配置方式，把输入数组 d_i 也配置为 cyclic 的分割方式，分割因子为 8。此外，把 d_i 和 d_o 的接口类型配置为 axis，即 AXI4-Stream 类型，如图 8-42 所示。

在端口级别上，可以使用 AXI4 的几种类型，但是它们的适用对象不同。

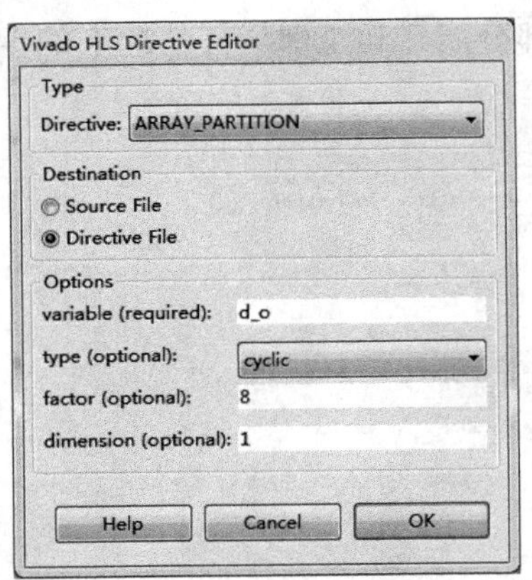

图 8-41　数组元素的交叉分割方法

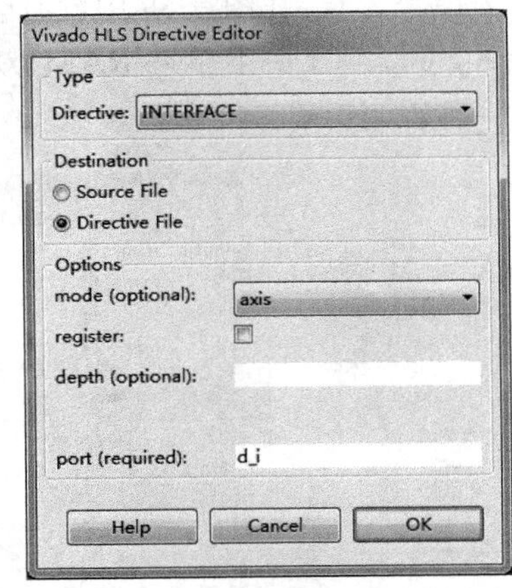

图 8-42　配置为 axis 的接口类型

(1) AXI4-Stream：只能用于输入参数("I")或者输出参数("O")，不能用于既可读又可写的参数("I/O")。

(2) AXI4-Lite：除了数组以外，可以用于任何类型的参数。

(3) AXI4 master：只能用于数组和指针。

最后，在 for 循环的 Directive 视图中(与图 8-32 的视图一致)，使用 UNROLL 指令，在展开因子为 8 的情况下把循环部分展开，然后再使能 for 循环的流水线处理，如图 8-43 所示。

完成全部配置之后，Directive 视图如图 8-44 所示。

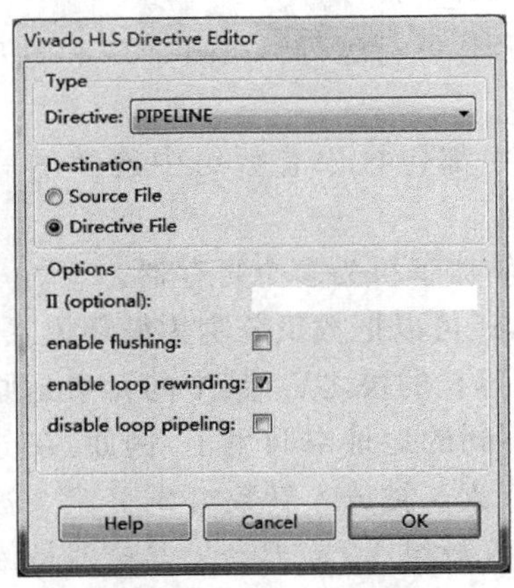

图 8-43　for 循环的流水线处理

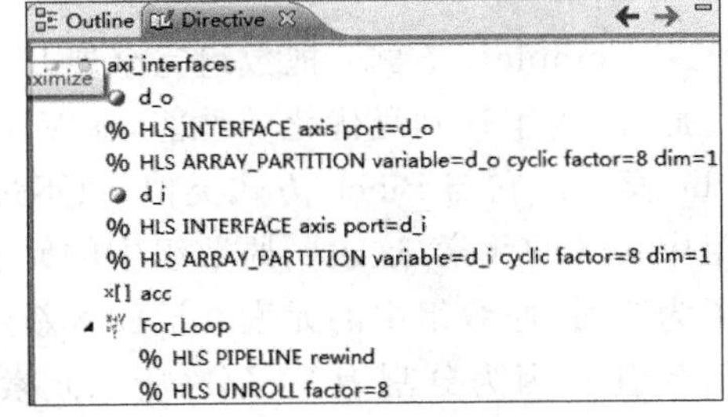

图 8-44　完成配置的 Directive 视图

运行 C 代码的综合，便可以在综合结果的报告里看到，d_i 和 d_o 都已经各自划分为 8 个模块，并且都是 axis 类型的接口了。综合之后，for 循环的性能示意如图 8-45 所示，程序的资源利用率如图 8-46 所示。

因为这里使用的程序与 8.3.3 小节是一样的，所以可以与图 8-40 中的几种实现方法进行对比。可以看出，优化端口之后的程序在程序性能大大提高的情况下，资源的占用

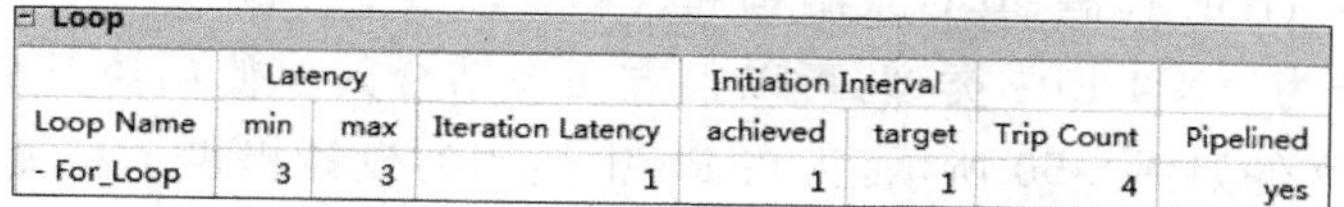

Loop

Loop Name	Latency min	Latency max	Iteration Latency	Initiation Interval achieved	Initiation Interval target	Trip Count	Pipelined
- For_Loop	3	3	1	1	1	4	yes

图 8-45　优化之后 for 循环的性能

率也优于除了单口 RAM 之外的所有实现方式，但是其性能却是单口 RAM 实现方式的几十倍。

为了将程序在综合之后与其他 AXI4-Lite 接口的模块相连，可以把整个程序的返回值配置为 AXI4-Lite 的接口类型。在 Directive 视图里双击程序名，打开指令配置，如图 8-47 所示。

Name	BRAM_18K	DSP48E	FF	LUT
Expression	-	-	0	278
FIFO	-	-	-	-
Instance	-	-	-	-
Memory	-	-	-	-
Multiplexer	-	-	-	6
Register	-	-	271	-
Total	0	0	271	284
Available	120	80	35200	17600
Utilization (%)	0	0	~0	1

图 8-46　资源利用率

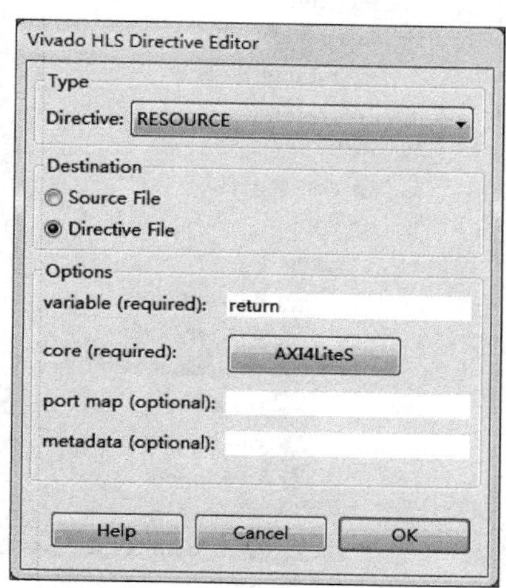

图 8-47　配置为 AXI4-Lite 模式

单击 OK 之后，运行 C 代码，然后再导出 RTL 为 IP Catalog 类型(如忘记步骤可参考图 8-10)，并勾选生成代码，代码类型可以根据需要选择，这里选择 Verilog HDL，如图 8-48 所示。

图 8-48　导出 RTL 并生成 HDL 代码

打开生成的 HDL 代码，其目录结构和代码如图 8-49 所示。可以看到，顶层模块的接口都已经综合为 AXI4-Lite 类型，可以很方便地结合其他使用该类型接口的资源了。生成的 IP 驱动文件如图 8-50 所示，为在 PS 中使用的设计提供了相关的头文件和引用说明。

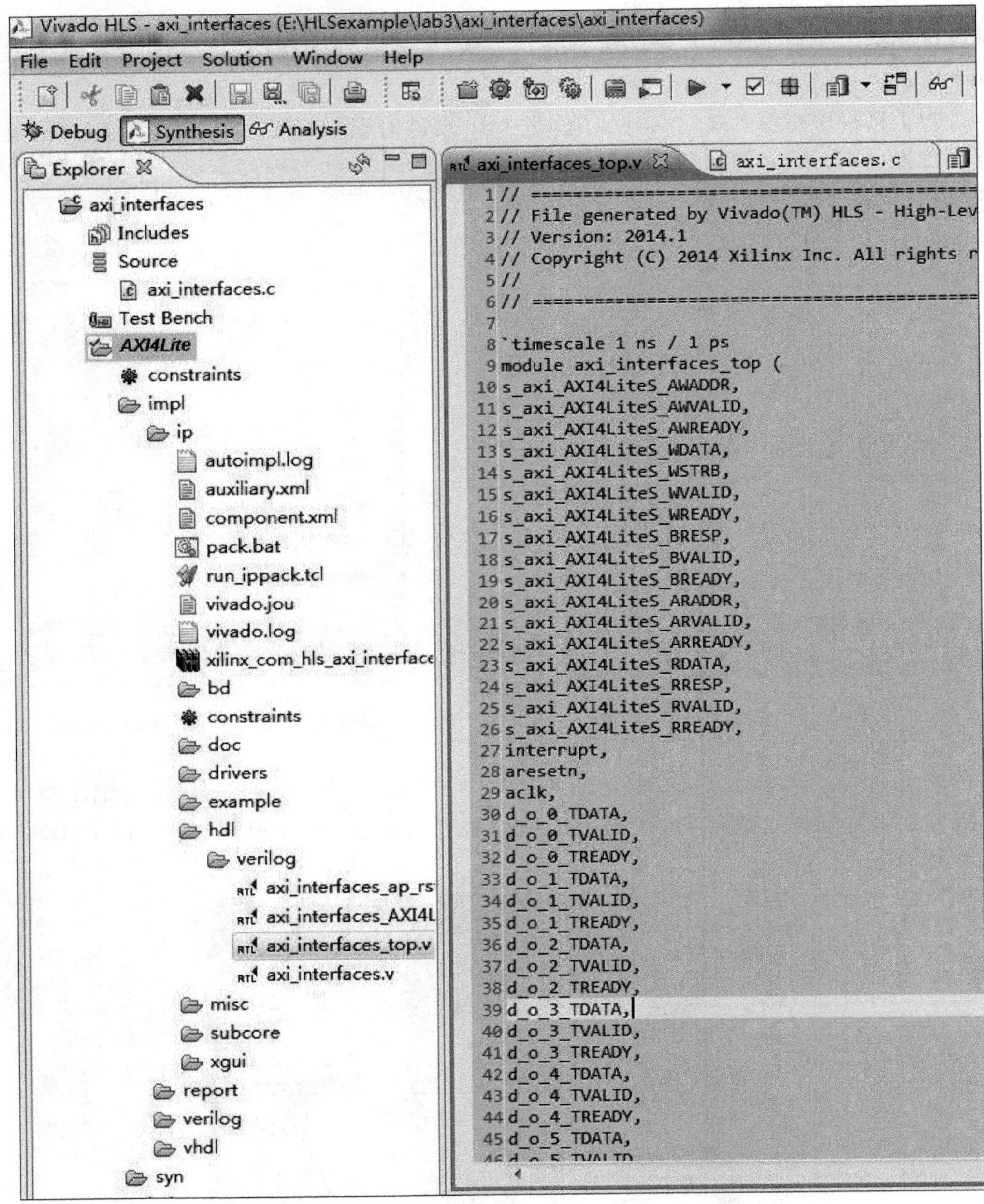

图 8-49　生成的 HDL 代码

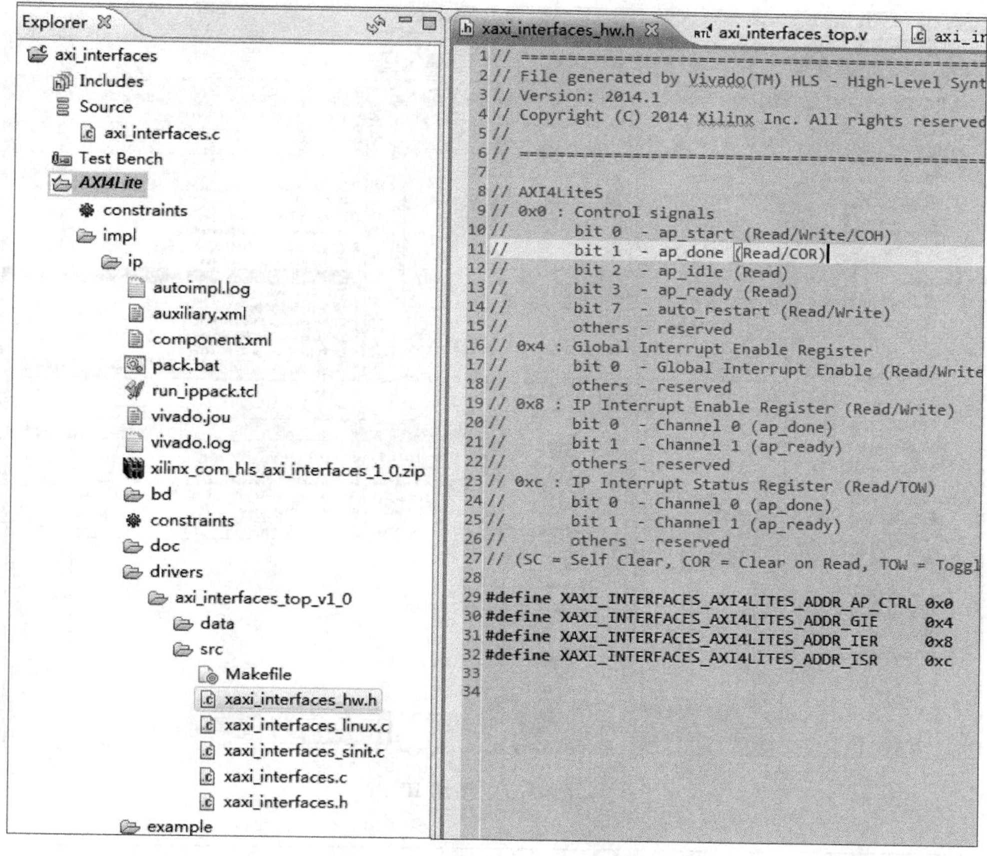

图 8-50　生成的 IP 的驱动文件

8.4　在 Vivado IPI 中使用 HLS 生成的 IP

在 Vivado HLS 中用高层次综合来快速地产生可综合的代码，最终的目的还是将其与其他模块、IP 等相连，以实现一个更加复杂的设计。本节来学习如何在 Vivado 集成开发环境的 IPI 中使用 HLS 中生成的 IP。

首先，在 Vivado HLS 中新建工程，或者基于现有的工程，把代码综合为 IP Catalog。

然后，新建一个 Vivado 的 RTL 工程，先不指定工程文件，并选择开发板为 MicroZed。在工程建立之后，在工程管理器中单击 IP Catalog，右击弹出的 IP Catalog，或者直接单击齿轮形状的设置按钮，打开 IP 设置，然后单击 Add Repository，把自己建立的 IP 导入 Vivado IPI 的 IP“仓库”中，如图 8-51 所示。

找到 Vivado HLS 导出到 IP Catalog 后产生的. zip 文件，单击“确定”按钮，则在 Vivado 的 IPI 中就可以看到自定义的 IP 了，如图 8-52 所示。

接下来，就可以在 Vivado IPI 中例化一个从 HLS 中生成的 IP 了。单击 Vivado 工程管理器中 IP Integrator 下面的 Create Block Design，然后单击 OK 按钮，完成一个模块文件的设计。因为新的设计模块文件中还没有任何 IP，所以 Vivado 会提醒添加 IP。单

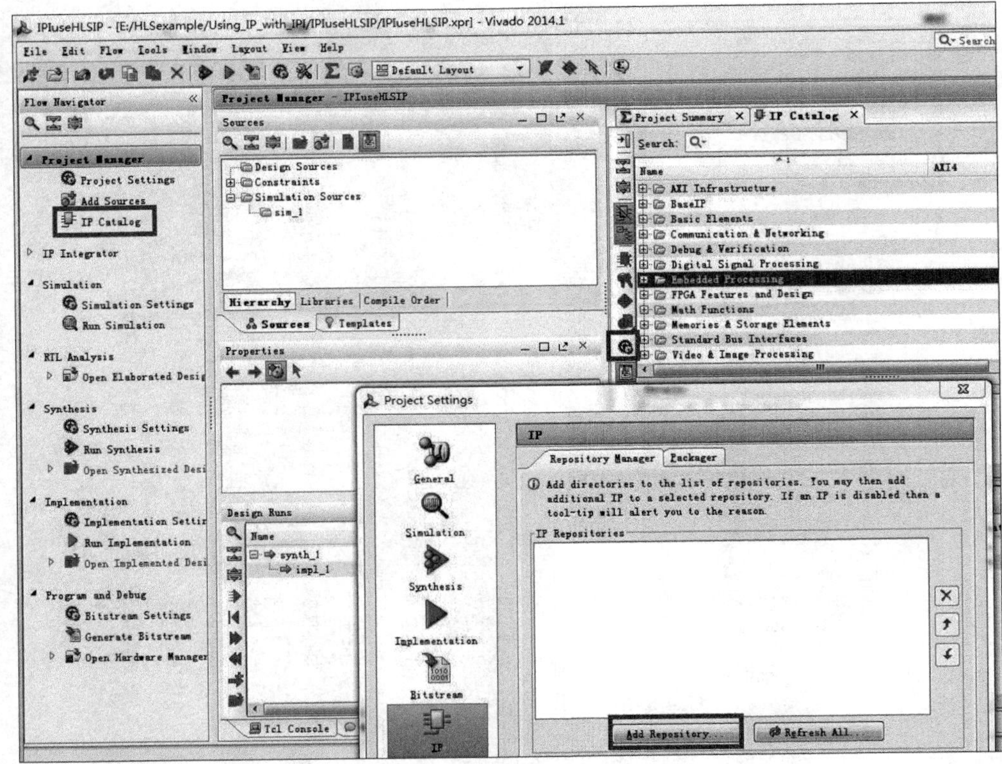

图 8-51　添加 IP

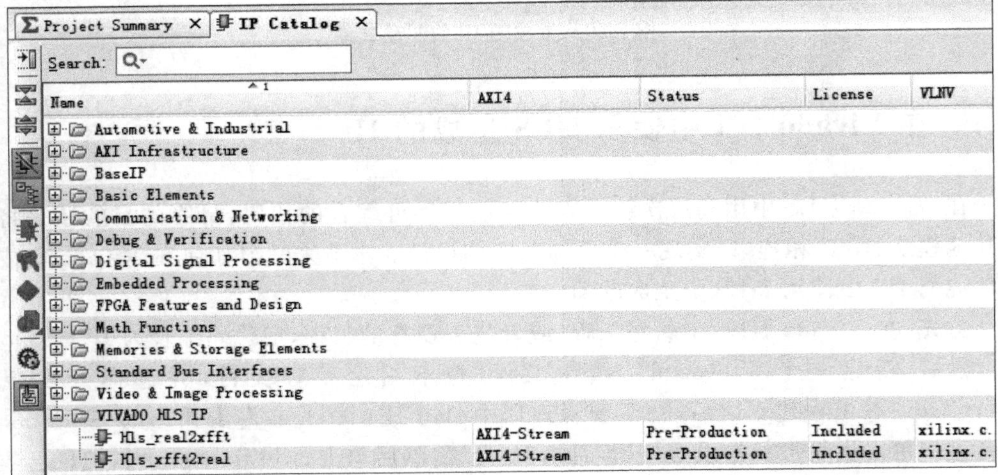

图 8-52　加入 IPI“仓库”的 IP

击 IP,并输入关键字 FFT,此时包含 FFT 的 IP 被列举出来,如图 8-53 所示。其中,中间两个为在 Vivado HLS 中导出的 IP。

然后例化 Vivado 自带的 IP。双击图 8-53 中的 Fast Fourier Transform,或者把它拖拽到模块文件的视图中,等待片刻之后,该 IP 的一个例化被加入到 IP 模块设计文件的视图中。再双击例化之后的 IP 模块，打开它的配置，如图 8-54 所示。

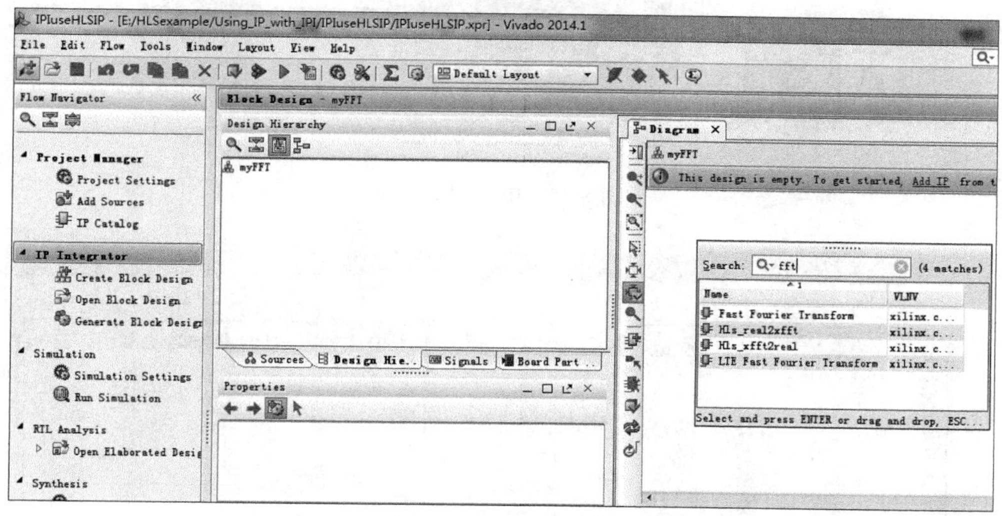

图 8-53　包含 fft 的 IP

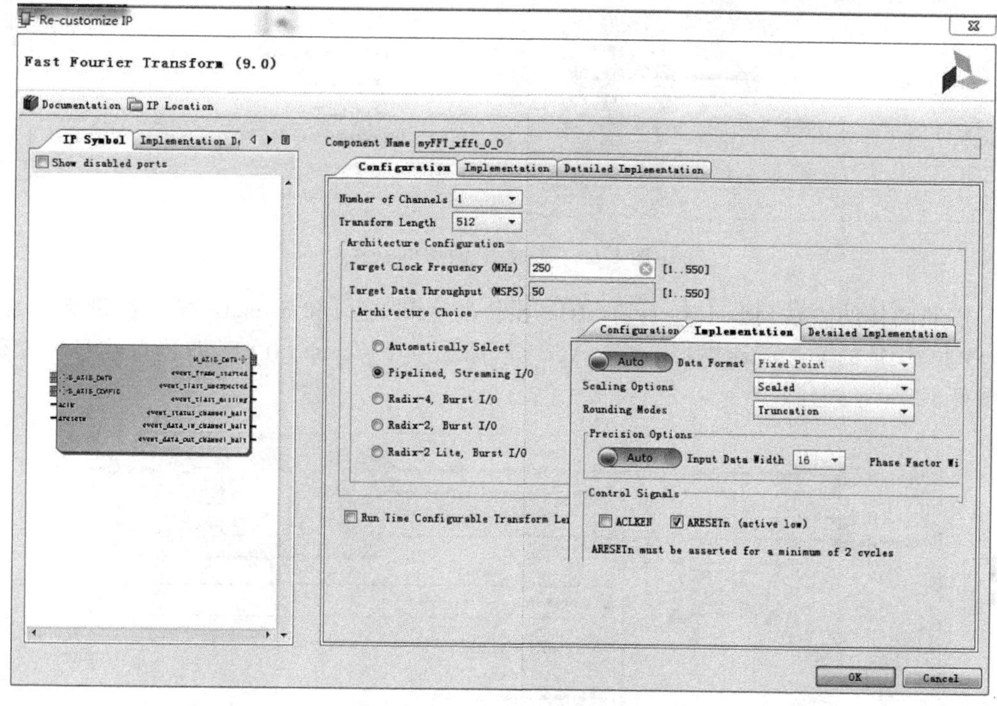

图 8-54　Vivado 自带 FFT IP 的配置

然后在图 8-53 包含的 fft 中，把自定义的两个 IP 也加入到模块文件中。完成了以上 3 个 IP 的例化之后，把它们的 AXI4 数据端相连，如图 8-55 所示。

右击第一个模块的 s_axis_din，选择 Make External，然后右击生成的端口，选择 External Interface Property，更改它的名字，如图 8-56 所示。

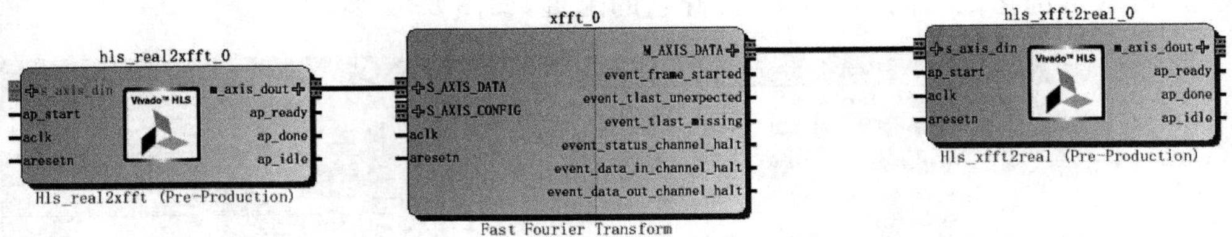

图 8-55　IP之间的连线

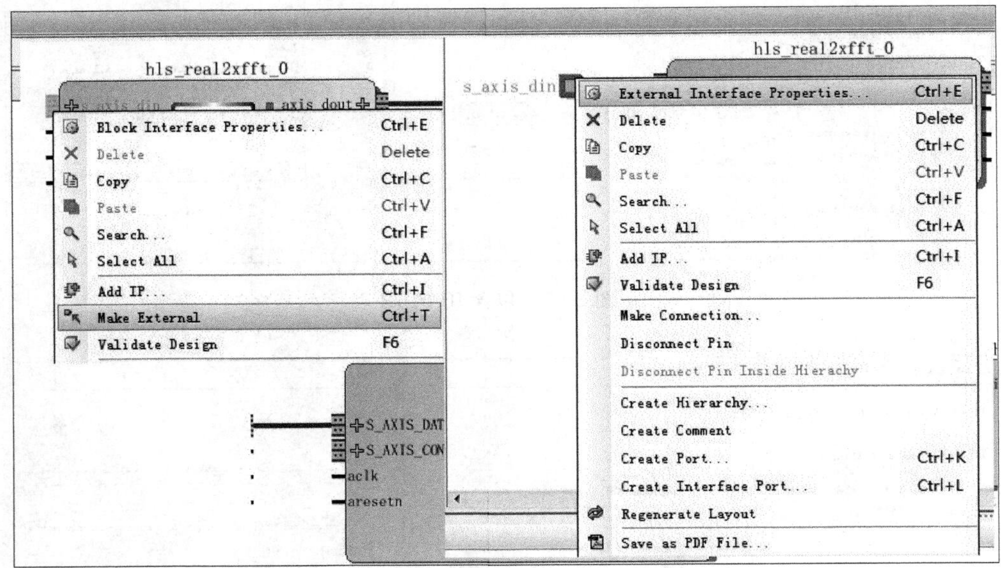

图 8-56　更改 IP 的端口配置

按照同样的方法，把 Hls_real2xfftIP 模块的 aclk 端口和 aresetn 端口都设为外部端口，右击该 IP 的 ap_start 端口，选择 Add IP，添加一个 Constant IP，即接口信号为常数，如图 8-57 所示。

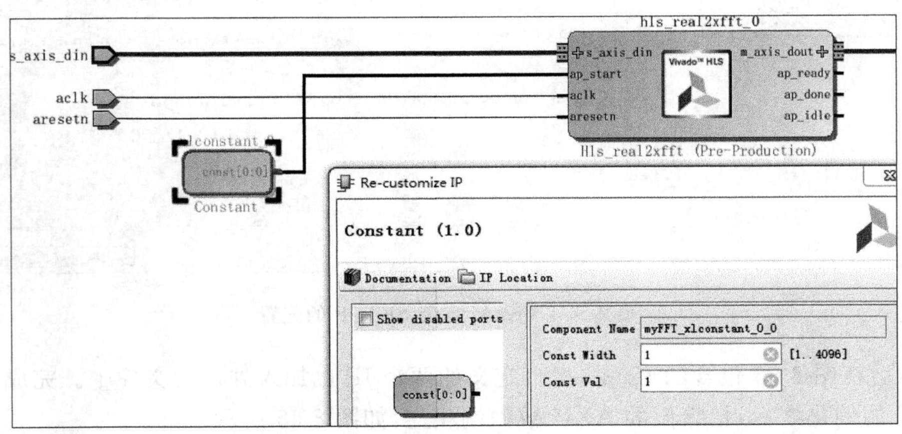

图 8-57　添加常数 IP 到端口

同理，把 Hls_xfft2real 模块的 ap_start 也连接到图 8-57 中创建的 Constant 模块上，并把 FFT 和 Hls_xfft2real 模块的 aclk 都连接到第一个 IP 的 aclk 连线上，它们的 aresetn 则都连接到第一个 IP 的 aresetn 连线上，最后配置输出端口，把 Hls_xfft2real 的输出数据端口配置为外部连接端口，并重命名，最终的连线如图 8-58 所示。

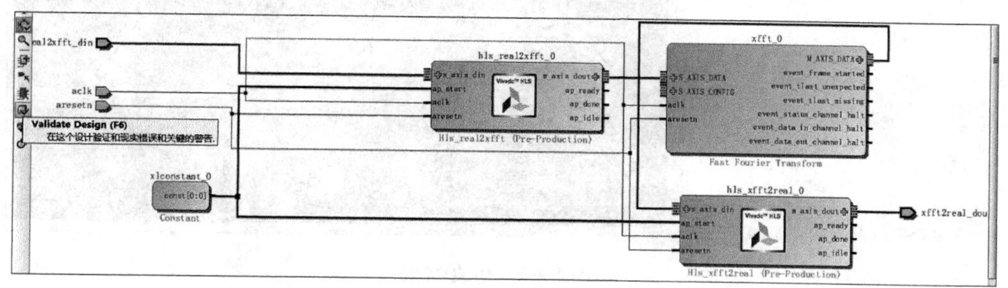

图 8-58 最终连线

然后单击图 8-58 中的 Validate Design，让 Vivado 自动进行设计的有效性验证，无误之后选择 Vivado 菜单栏的 File→Save Block Design，保存模块设计文件。

既然在 Vivado IPI 中的 IP 配置已经完成，接下来就可以产生 HDL 文件，让 Vivado 自动把相关的 IP 打包例化了。首先单击 Vivado 设计流程管理器中 IP Integrator 下面的 Generate Block Design，从而把图形化的 IP 设计文件导出为 Vivado 源程序，然后右击生成的. bd 文件，选择 Create HDL Wrapper，从而产生 HDL 打包文件，如图 8-59 所示。

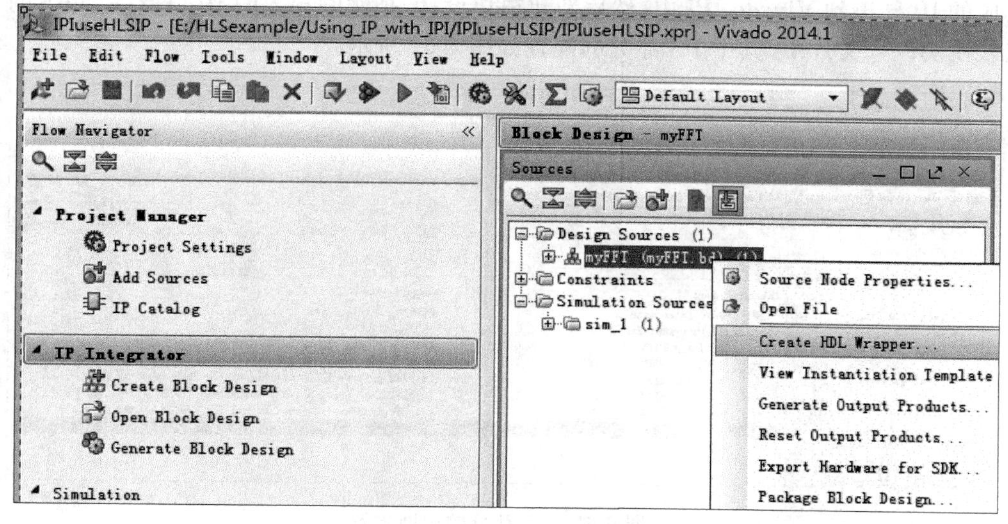

图 8-59 产生 IP 打包文件

至此，IP 已经被 Vivado 例化到 HDL 文件中了，接下来就可以进行设计的仿真验证了。根据设计的内容，用 HDL 写一个测试脚本，然后运行行为仿真。Vivado 自带仿真工具 Xsim 的性能已经得到了极大的提高，使用 6 个 CPU 线程进行处理，很快就可以完成仿真的编译、加载和运行，仿真结果如图 8-60 所示。

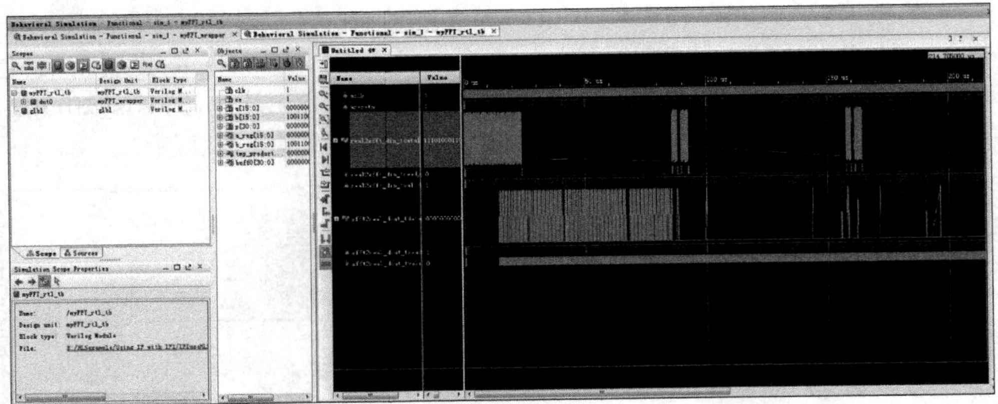

图 8-60　仿真结果

8.5　把使用 HLS 生成的 IP 用作 PS 的外设

前面已经学习了如何把 Vivado HLS 生成的 IP 用于 Vivado IPI 集成开发流程里。作为面向 IP 设计流程的一部分，生成的 IP 自然也可以作为 ZYNQ SoC 中 PS 的一个外设使用，这里就来学习一下是如何使用的。

首先，按照 8.4 节的流程，用 Vivado HLS 新建一个 IP 工程（主要用途是从 PL 向 PS 发送中断请求），并导出为 IP Catalog 类型的 IP，然后新建 Vivado 的 RTL 工程，把刚刚生成的 IP 导出到 Vivado IPI 中，然后新建模块设计，把刚刚导入的 IP 以及一个 PS 的 IP 拖入模块设计文件中，其中 PS 部分的配置如图 8-61 所示。

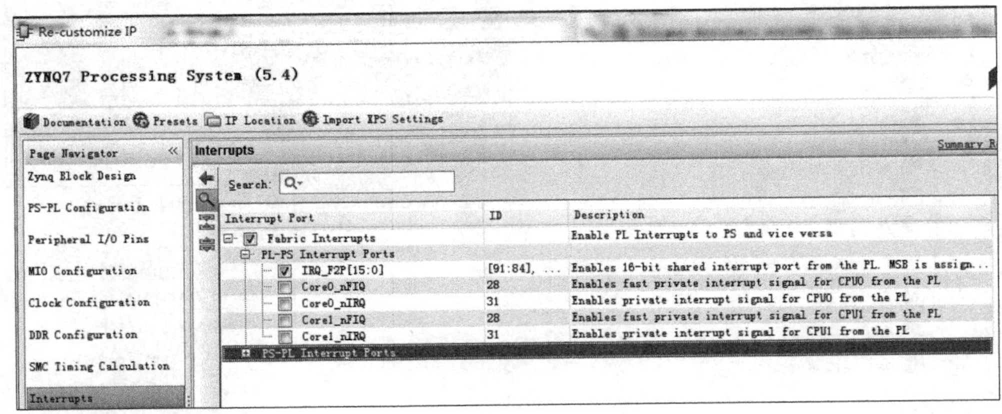

图 8-61　PS 部分的中断配置

在模块设计文件中有 PS 相关的 IP 出现时，IPI 会出现自动连接的提示，如图 8-62 所示。

单击图 8-62 中的 Run Connection Automation，Vivado IPI 便可智能地帮助完成连线工作，单击 Run Block Automation，则会把相关的外设端口进行连接，连线配置的结果如图 8-63 所示。

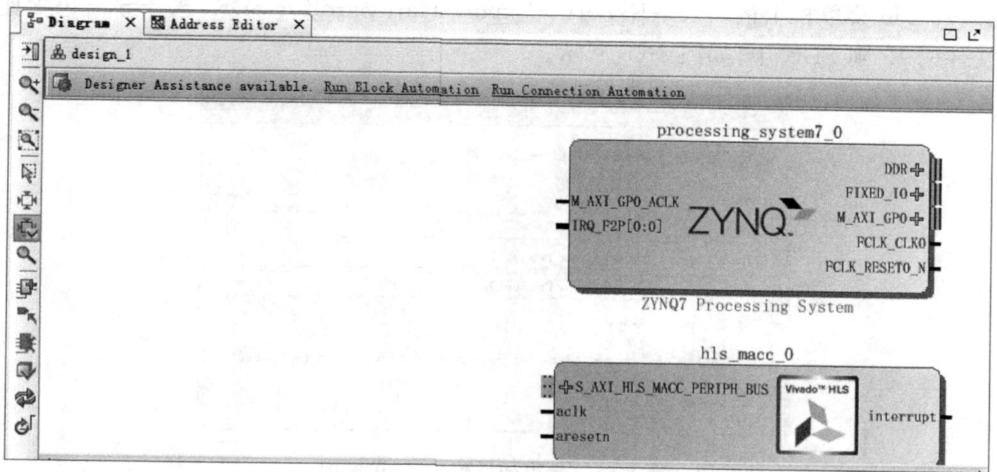

图 8-62　自动连接的提示

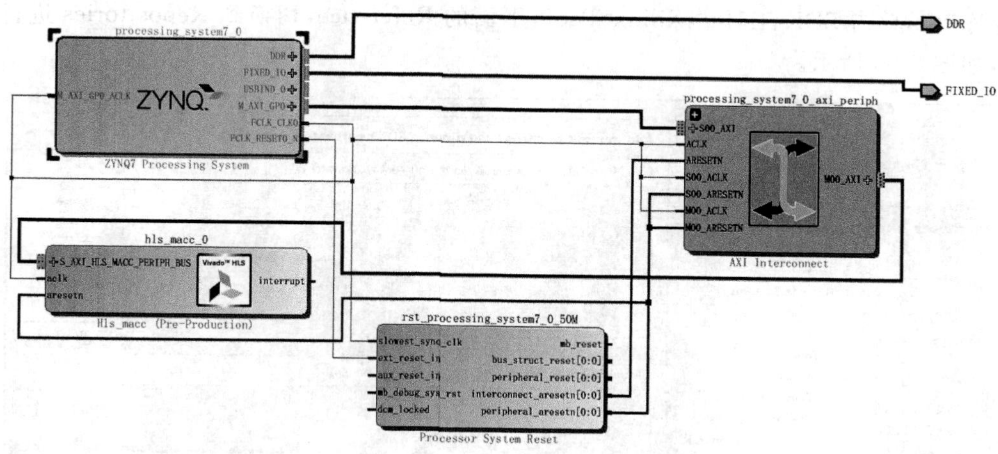

图 8-63　自动连线的配置结果

然后确认在 HLS 生成并导入 IPI 的 IP 作为 PS 的外设已经分配了相应的内存空间，如图 8-64 所示。

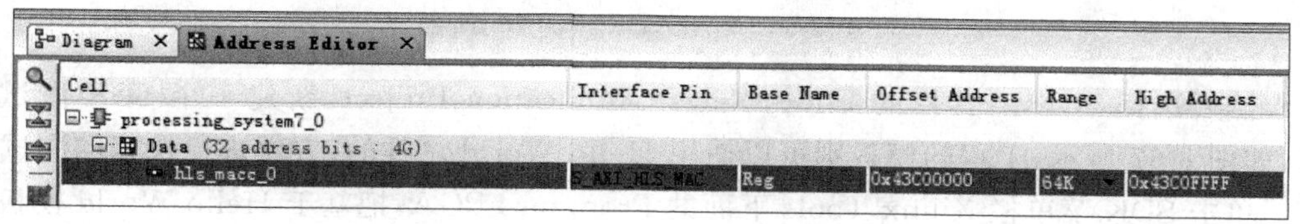

Cell	Interface Pin	Base Name	Offset Address	Range	High Address
processing_system7_0					
Data (32 address bits : 4G)					
hls_macc_0	S_AXI_HLS_MAC	Reg	0x43C00000	64K	0x43C0FFFF

图 8-64　PS 的外设分配的地址

然后按照 8.4 节同样的方法，依次完成验证设计、生成输出文件、产生 HDL 打包文件的步骤，全部完成之后选择 Vivado 设计流程管理中 Program and Debug→Generate Bitstream，把 Vivado 工程编译为比特流文件。

接下来就可以把 PL 中实现的 IP 导入 SDK 中作为 PS 的一个外设进行开发配置了。

选择 Vivado 菜单栏上的 File→Export→Export Hardware for SDK，选择导出包含比特流文件的 IP 到 SDK 中，如图 8-65 所示。

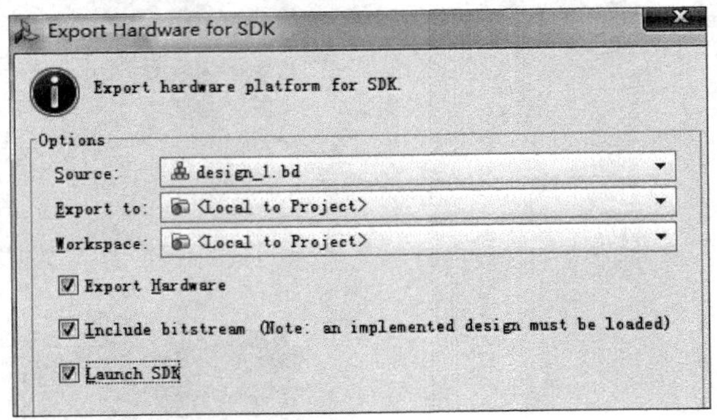

图 8-65　导出硬件配置到 SDK 中

接下来还要做的一个步骤是把 Vivado HLS 中生成的 IP 信息也加入到 SDK 的 IP "仓库"中，单击 SDK 工具栏 Xilinx Tools 下面的 Reference，切换到 Repositories 进行配置，如图 8-66 所示。

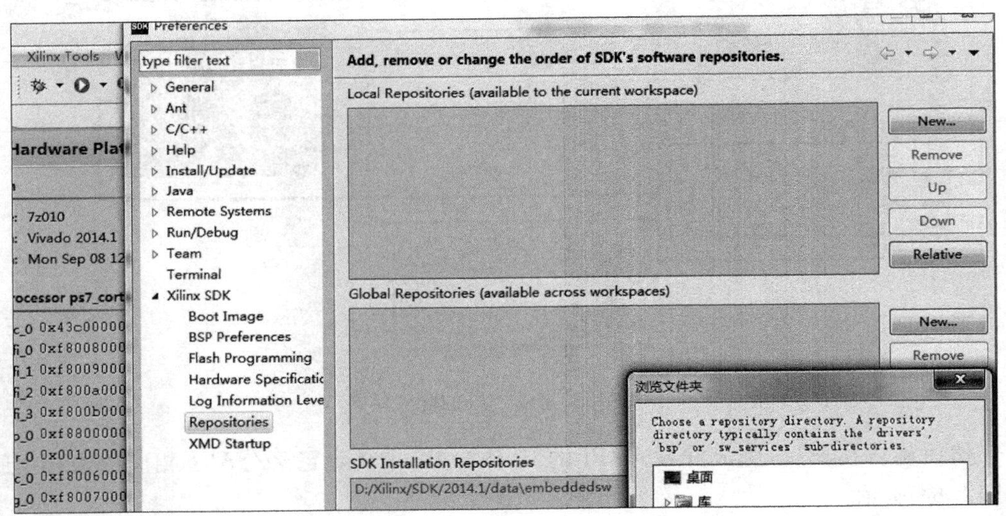

图 8-66　配置 SDK 中的 IP 路径

然后选择 SDK 工具栏的 File→New→Application Project，新建一个 SDK 测试工程，如图 8-67 所示，工程的模板则可以使用 Hello World 之类的，方便进行快速的测试。

单击 SDK 菜单栏 Xilinx Tools 下面的 Program FPGA，把基于 Hello World 模板创建的简单工程先烧写到 FPGA 中，然后单击 SDK 窗口中 Terminal 下面的 Connection，配置一个串口连接，如图 8-68 所示。

还需要配置串口的调试功能，才能在调试功能中使用窗口，在图 8-67 中新建的工程上右击，选择其属性，如图 8-69 所示。

然后右击图 8-69 中所示的 test 工程，选择在硬件上运行程序，如图 8-70 所示。

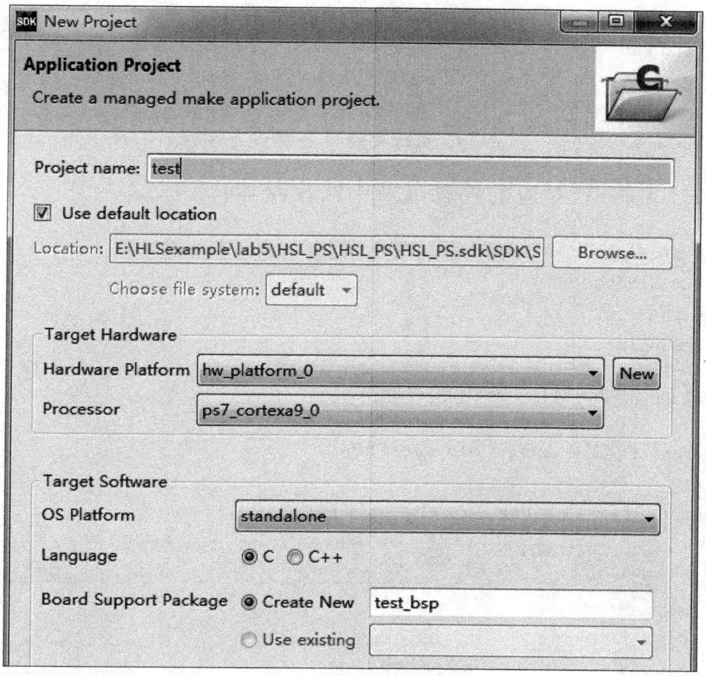

图 8-67　新建 SDK 测试工程

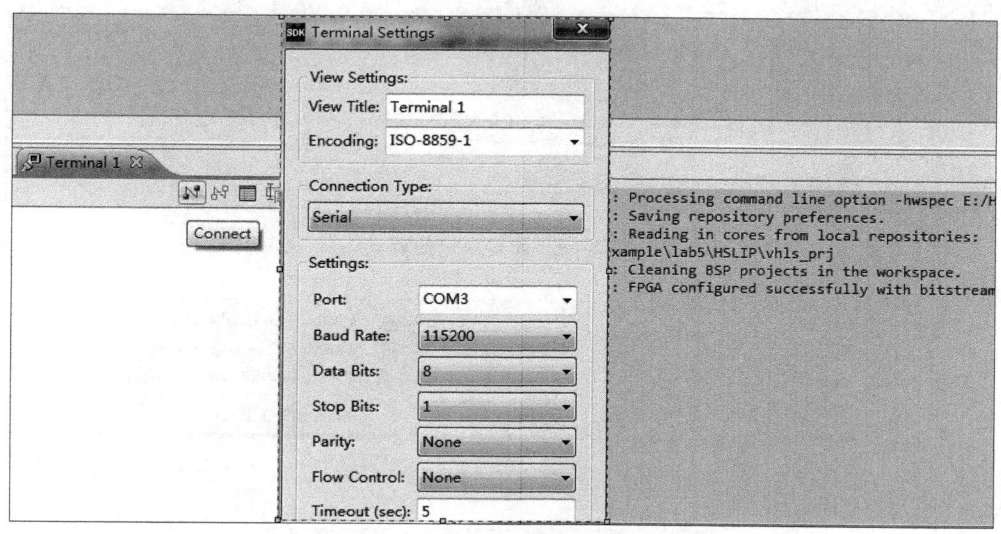

图 8-68　配置 SDK 中终端的连接

此时，在 SDK 中的控制台里，程序的运行结果便通过串口发生上来了，如图 8-71 所示。

在 Hello World 模板上创建的工程已经能够正确运行了，说明硬件配置等都是正确的。接下来便是在 SDK 中进行和外设有关的编程，对其进行控制。

首先打开 test 工程下的 helloworld. c，添加必要的头文件：

```
#include <stdlib.h>          // 标准 C 函数 exit()
#include <stdbool.h>         // 定义 ANSI/ISO-C 的布尔类型
#include "xparameters.h"     // 处理器外设的参数定义
#include "xscugic.h"         // 处理器中断控制器驱动
#include "XHls_macc.h"       // HLS 硬件模块的设备驱动
```

然后例化 HLS 的 IP 对应的外设以及中断控制器：

```
// HLS macc 的硬件例化
   XHls_macc HlsMacc;
// 中断控制器的例化
   XScuGic ScuGic;
```

配置完成之后，进行 HLS 外设的初始化：

```
int hls_macc_init(XHls_macc *hls_maccPtr)
{
   XHls_macc_Config *cfgPtr;
```

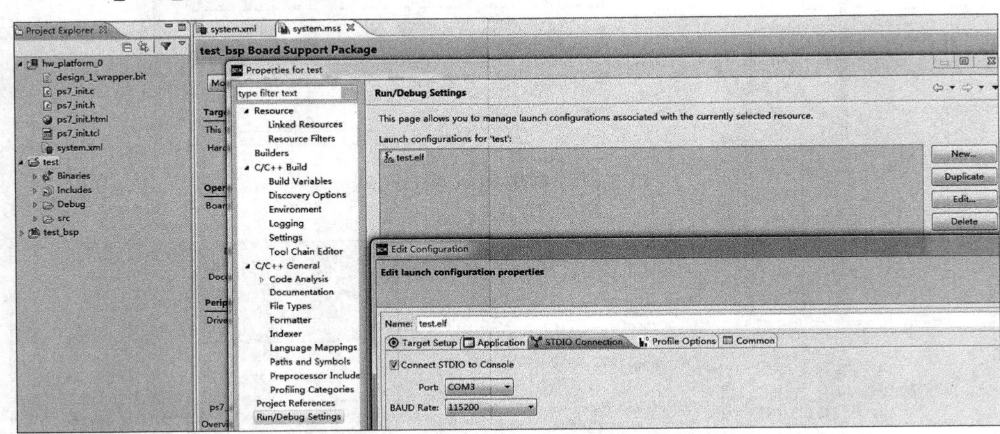

图 8-69　配置串口的调试

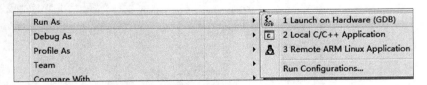

图 8-70　运行程序

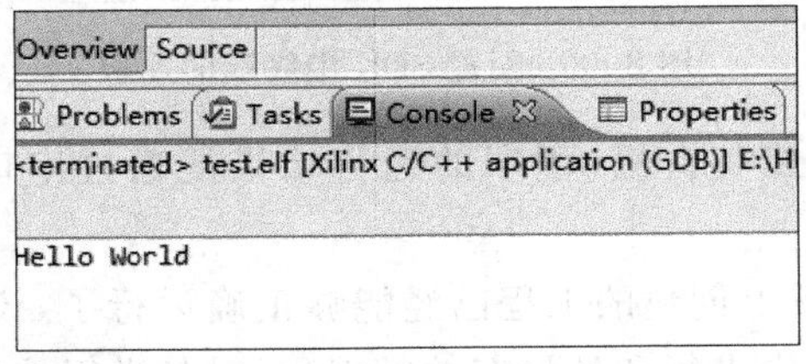

图 8-71　运行结果

```
    int status;
    cfgPtr = XHls_macc_LookupConfig(XPAR_XHLS_MACC_0_DEVICE_ID);
    if (!cfgPtr) {
       print("ERROR: Lookup of acclerator configuration failed.\n\r");
       return XST_FAILURE;
    }
    status = XHls_macc_CfgInitialize(hls_maccPtr, cfgPtr);
    if (status != XST_SUCCESS) {
       print("ERROR: Could not initialize accelerator.\n\r");
       return XST_FAILURE;
    }
    return status;
}
```

定义一个HLS模块的调用函数：

```
void hls_macc_start(void * InstancePtr){
   XHls_macc * pAccelerator = (XHls_macc * )InstancePtr;
   XHls_macc_InterruptEnable(pAccelerator,1);
   XHls_macc_InterruptGlobalEnable(pAccelerator);
   XHls_macc_Start(pAccelerator);
}
```

定义中断服务子程序：

```
void hls_macc_isr(void * InstancePtr){
   XHls_macc * pAccelerator = (XHls_macc * )InstancePtr;
 // 禁用全局中断
   XHls_macc_InterruptGlobalDisable(pAccelerator);
 // 禁用本地中断
   XHls_macc_InterruptDisable(pAccelerator,0xffffffff);
 // 清除本地中断
   XHls_macc_InterruptClear(pAccelerator,1);
   ResultAvailHlsMacc = 1;
// 如果需要再次运行则重启内核
   if(RunHlsMacc){
       hls_macc_start(pAccelerator);
       }
}
```

定义中断配置函数：

```
int setup_interrupt()
{
   // 配置 ARM 的中断
   int result;
   XScuGic_Config * pCfg = XScuGic_LookupConfig(XPAR_SCUGIC_SINGLE_DEVICE_ID);
   if (pCfg == NULL){
      print("Interrupt Configuration Lookup Failed\n\r");
      return XST_FAILURE;
   }
   result = XScuGic_CfgInitialize(&ScuGic,pCfg,pCfg->CpuBaseAddress);
   if(result != XST_SUCCESS){
```

```
        return result;
    }
    // 自检
    result = XScuGic_SelfTest(&ScuGic);
    if(result != XST_SUCCESS){
        return result;
    }
    // 初始化异常句柄
    Xil_ExceptionInit();
    // 注册异常句柄
    //print("Register the exception handler\n\r");
Xil_ExceptionRegisterHandler(XIL_EXCEPTION_ID_INT, (Xil_ExceptionHandler)XScuGic_
InterruptHandler,&ScuGic);
    // 使能异常句柄
    Xil_ExceptionEnable();
    // 把 Adder 的 ISR 连接到异常表
    //print("Connect the Adder ISR to the Exception handler table\n\r");
    result = XScuGic_Connect(&ScuGic, XPAR_FABRIC_HLS_MACC_0_INTERRUPT_INTR, (Xil_
InterruptHandler)hls_macc_isr,&HlsMacc);
    if(result != XST_SUCCESS){
        return result;
    }
    //print("Enable the Adder ISR\n\r");
    XScuGic_Enable(&ScuGic,XPAR_FABRIC_HLS_MACC_0_INTERRUPT_INTR);
    return XST_SUCCESS;
}
```

因为 IP 是由 Vivado HLS 中的 C 代码生成的，所以可以把同样的 C 代码放入 SDK 的工程里，与 IP 作为外设运行时的结果进行比较：

```
void sw_macc(int a, int b, int * accum, bool accum_clr)
{
    static int accum_reg = 0;
    if (accum_clr)
  accum_reg = 0;
    accum_reg += a * b;
    * accum = accum_reg;
}
```

修改 main 函数，加入 HLS 外设的测试代码：

```
int main()
{
  print("Program to test communication with HLS MACC block in PL\n\r");
  int a = 2, b = 21;
  int res_hw;
  int res_sw;
  int i;
  int status;
  // 配置矩阵乘法
  status = hls_macc_init(&HlsMacc);
  if(status != XST_SUCCESS){
     print("HLS peripheral setup failed\n\r");
     exit(-1);
```

```
    }
    // 配置中断
    status = setup_interrupt();
    if(status != XST_SUCCESS){
       print("Interrupt setup failed\n\r");
       exit(-1);
    }
    // 配置 HLS 模块的输入参数
    XHls_macc_SetA(&HlsMacc, a);
    XHls_macc_SetB(&HlsMacc, b);
    XHls_macc_SetAccum_clr(&HlsMacc, 1);
    if (XHls_macc_IsReady(&HlsMacc))
       print("HLS peripheral is ready.  Starting... ");
    else {
       print("!!! HLS peripheral is not ready! Exiting...\n\r");
       exit(-1);
    }
    if (0) { // 使用中断
       hls_macc_start(&HlsMacc);
       while(!ResultAvailHlsMacc)
          ; // 旋转
       res_hw = XHls_macc_GetAccum(&HlsMacc);
       print("Interrupt received from HLS HW.\n\r");
    } else { // 简单的无中断驱动测试
       XHls_macc_Start(&HlsMacc);
       do {
            res_hw = XHls_macc_GetAccum(&HlsMacc);
       } while (!XHls_macc_IsReady(&HlsMacc));
       print("Detected HLS peripheral complete. Result received.\n\r");
    }
    // 调用函数的软件版本
    sw_macc(a, b, &res_sw, false);
    printf("Result from HW: %d; Result from SW: %d\n\r", res_hw, res_sw);
    if (res_hw == res_sw) {
      print("*** Results match ***\n\r");
      status = 0;
    }
    else {
      print("!!! MISMATCH !!!\n\r");
      status = -1;
    }
    cleanup_platform();
    return status;
}
```

然后用图 8-70 同样的方法运行代码,运行结果如图 8-72 所示。

```
Program to test communication with HLS MACC block in PL
HLS peripheral is ready.  Starting... Detected HLS peripheral complete. Result received.
Result from HW: 42; Result from SW: 42
*** Results match ***
```

图 8-72　代码运行结果

第9章 MicroZed开发板的介绍

为了帮助大家更好地学习 ZYNQ-7000 AP SoC，同时也对本书所使用的 MicroZed 更好地理解，这里对 MicroZed 进行更详细的介绍，并附上一些经典的测试程序和使用案例。

9.1 MicroZed 基本介绍

ZYNQ-7000 系列器件将处理器的软件可编程能力与 FPGA 的硬件可编程能力实现完美结合，以低功耗和低成本等系统优势实现无与伦比的系统性能、灵活性、可扩展性，同时可以加速产品上市进程。为了方便大家的学习，安富利推出了 199 美元的 ZYNQ-7000 AP SoC MicroZed 开发板。这款包含了 ZYNQ-7000 All Programmable SoC 的 MicroZed 支持多种使用模型，目标应用包括：通用的 ZYNQ-7000 AP SoC 的评估与原型设计、嵌入式 System-on-Module(SoM)、嵌入式视觉、测试与测量、电机控制、软件无线电 SDR 等。设计人员可以在 SoC 开发和学习的过程中从单个平台入手并不断深入。

也有一些资料提供下载，其外观及原理框图如图 9-1～图 9-5 所示。

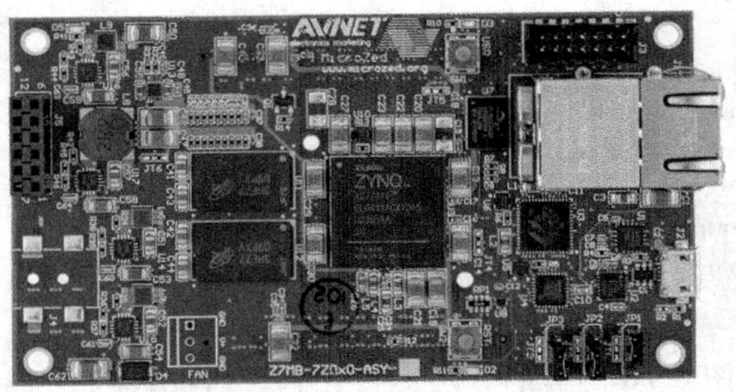

图 9-1　MicroZed 的正面视图

它的主要特性如下。

1. SoC

- ZYNQ-7000 XC7Z010-1CLG400C AP SoC。

图 9-2　MicroZed 的侧视图

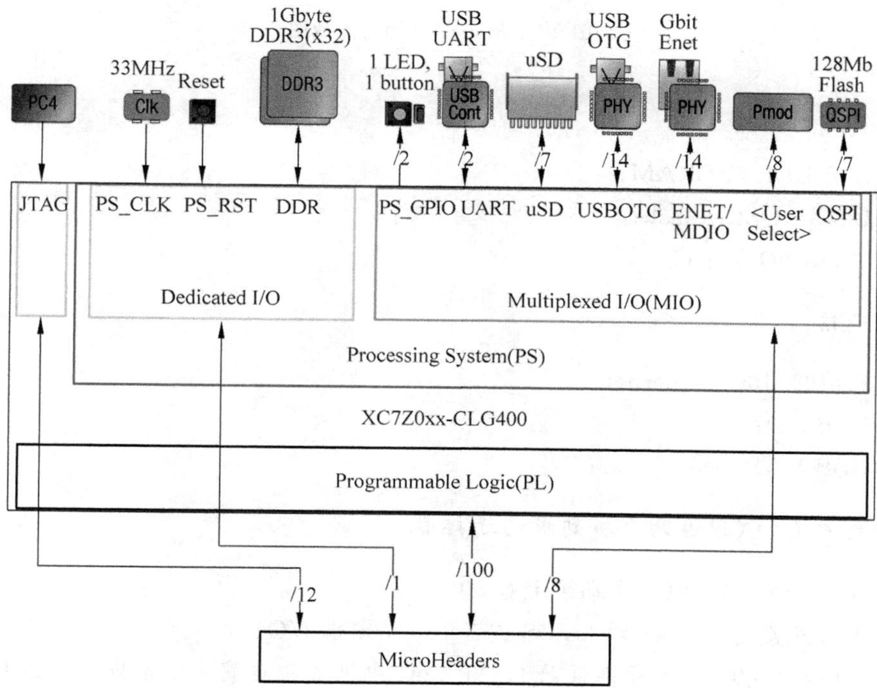

图 9-3　MicroZed 的原理框图

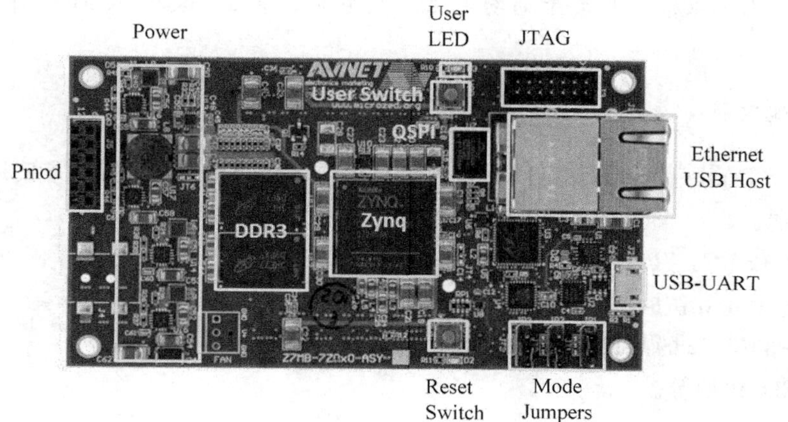

图 9-4　MicroZed 的正面功能视图

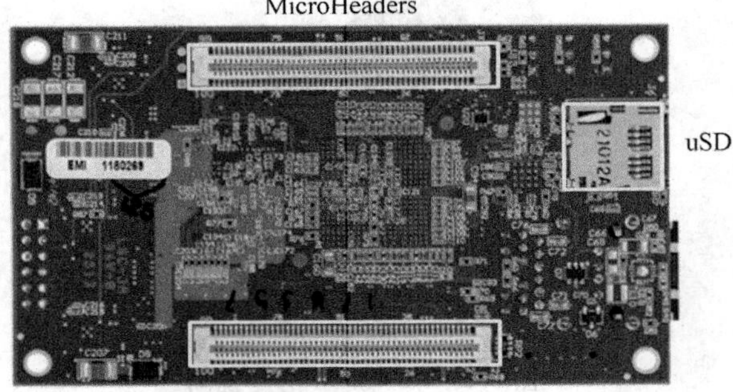

图 9-5　MicroZed 的背面视图

2. 存储器

- 1GB DDR3 SDRAM；
- 128Mb QSPI Flash；
- Micro SD 卡接口。

3. 通信

- 10/100/1000 Ethernet；
- USB 2.0；
- USB-UART。

4. 用户 I/O（通过两个板到板的连接器）

- 100 个通用 I/O（每个端子上有 50 个）。
- 可以配置为多达 48 对 LVDS 或者 100 个单端 I/O。

注：这两个 I/O 端子分别连接到 AP SoC 中可编程逻辑 PL 的两个 I/O bank 上。MicorZed 板子单独使用时，这 100 个 PL I/O 是空闲的，可以供用户任意使用。如果插入 I/O 扩展卡，则可以根据扩展卡的功能来定义它们的用途，这在 SOM 设计中是非常有效的。

5. 其他特性

- 2×6 Digilent Pmod 兼容的接口，可以提供 8 个供处理器系统 PS 使用的 MIO 连接器。
- Xilinx PC4 JTAG 配置端口。
- 通过 Pmod 访问 PS 的 JTAG 引脚。
- 33.33MHz 的晶振。
- LED、按键等。

9.2　下载程序与测试

首先，需要建立基本的程序，请参考3.2节的步骤，以MicroZed为目标开发板建立一个Hello World的程序。先启动SDK，并打开上次已经建立的HelloWorld的工程。然后把MicroZed板子的启动模式跳线设置为级联的JTAG模式，即MIO[5:2]=GND，然后把USB A-B的电缆和JTAG下载电缆都连接好。MicroZed上有常见的USB-UART的转换芯片CP2104，不过它的驱动不能自动被Win7从网上找到，需要去SiLabs网站上下载（附件里面也有）：http://www.silabs.com/Support%20Documents/Software/CP210x_VCP_Windows.zip。

然后切换到在SDK的工程管理器，右击HelloWorld，选择程序的运行方式，如图9-6所示。如果操作系统启用了防火墙，会弹出提示问题：是不是允许联网，单击"允许"。

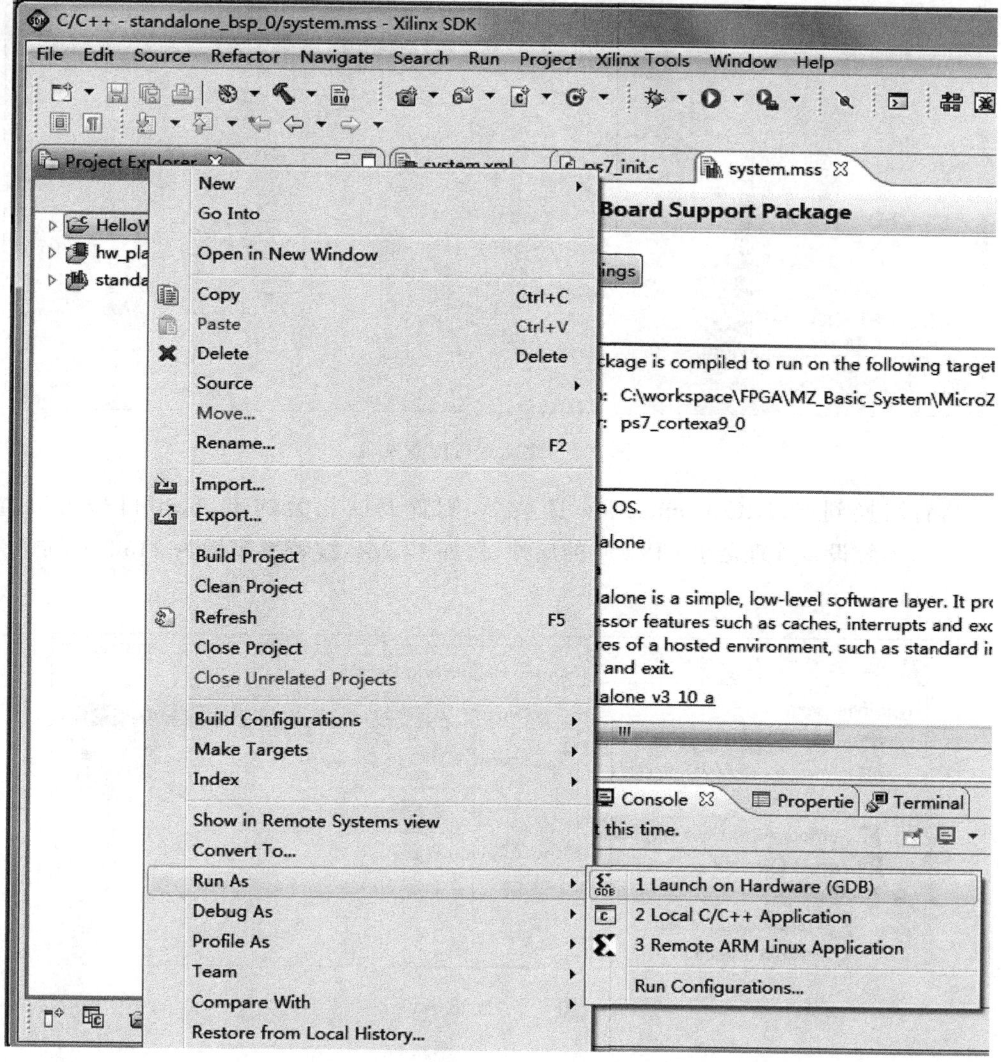

图9-6　运行HelloWorld程序

这时先不运行程序，因为还需要建立程序运行相关的配置文件。单击图 9-6 里的 Run Configurations，选中 Xilinx C/C++application(GDB)，然后单击左上角的新建，SDK 就会自动为程序创建一个调试配置文件，如图 9-7 所示。

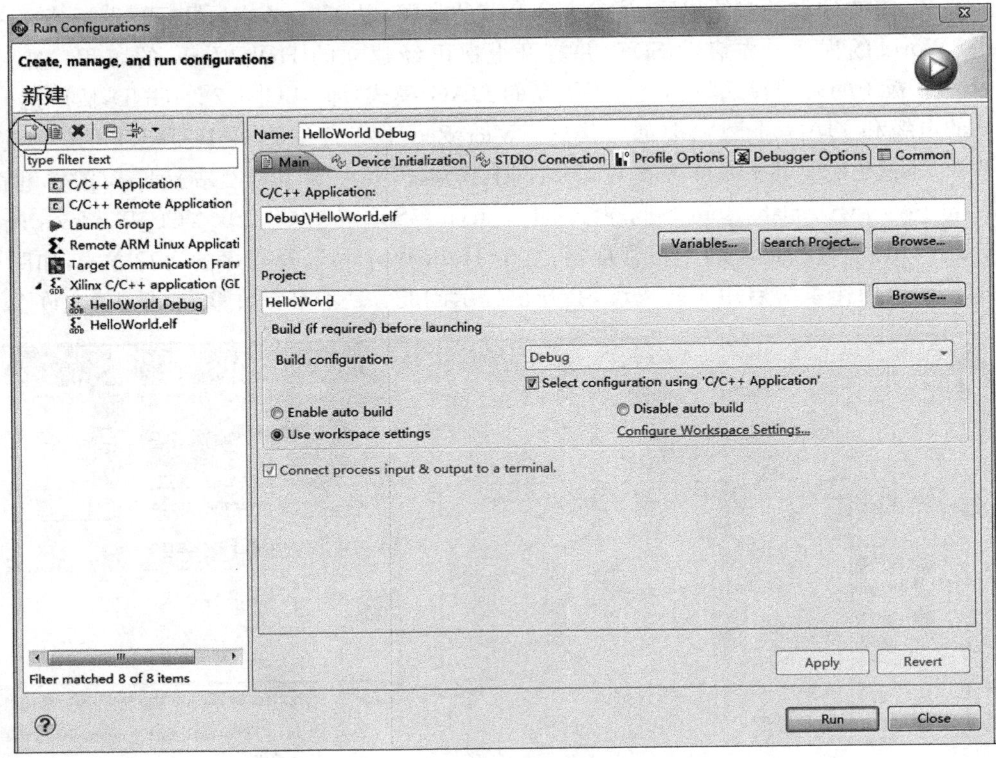

图 9-7　建立运行配置文件

然后切换到 STDIO Connection 选项卡，配置调试相关的串口，串口号可以查看 Windows 系统设备管理器里 CP2104 的属性，例如 COM4，波特率配置为 115 200，如图 9-8 所示。

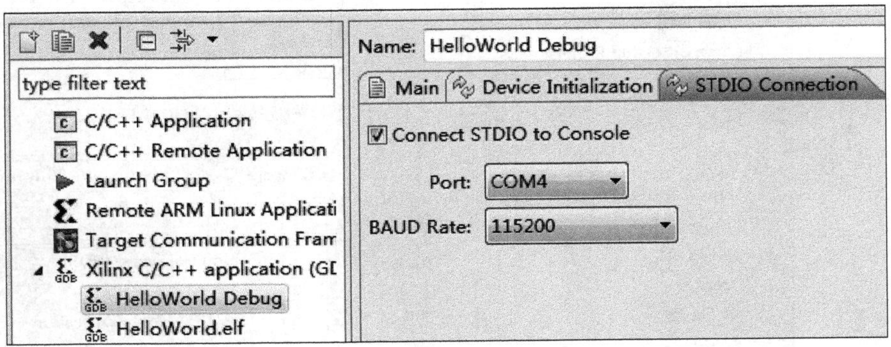

图 9-8　配置串口

单击 Apply 按钮,然后单击 Run 按钮,SDK 就会把程序下载到 DDR3 中,然后 ARM 双核中的 CPU0 就会执行这些代码,并通过串口发送到 SDK 的控制台 Console 中,在通信结束之后就可以在 SDK 的控制台中看到 Hello World 了。需要注意的是,SDK 会直接和 MicroZed 通过 USB-UART 通信,所以不再像好多例子一样使用额外的串口调试助手了,否则 SDK 的控制台中会提示串口已经被占用。

现在可以创建更多的程序并测试,例如,可以直接利用模块建立一个测试存储器和外设的工程。在 SDK 的工程管理器中,选择 File→New→Application Project,输入工程名 Mem_Test,并使用前面已经建立好的 BSP 包,即 standalone_bsp_0,如图 9-9 所示。

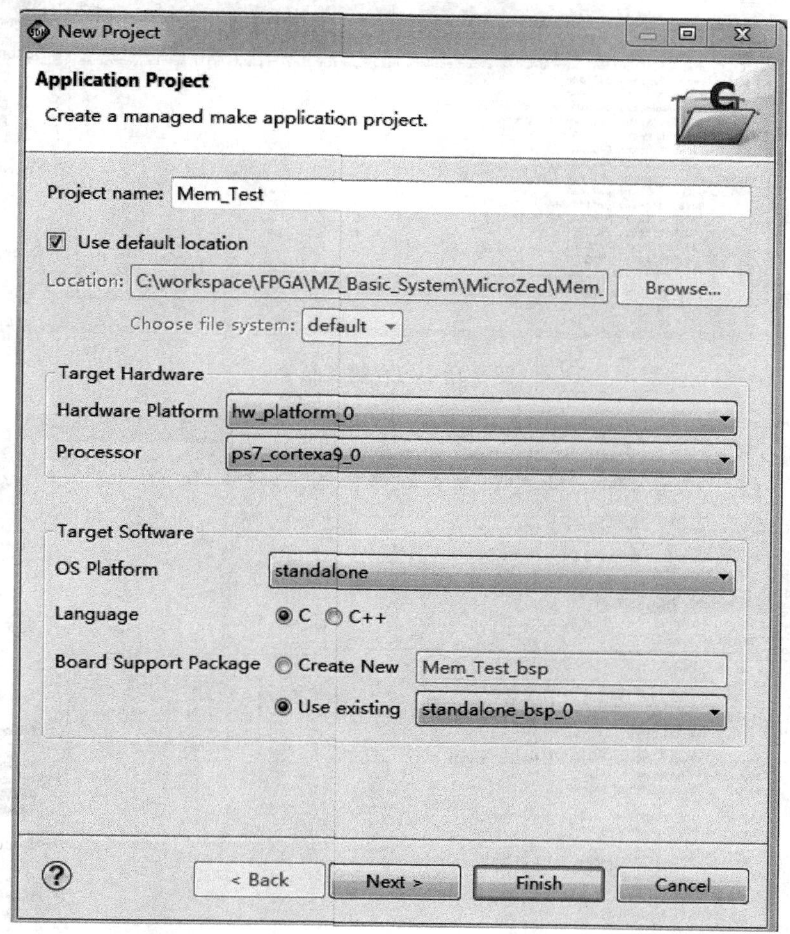

图 9-9　新建 Mem_Test 工程

单击 Next 按钮,然后在模板中选择 Memory Tests 并单击 Finish 按钮,此时 Mem_Test 工程也出现在 SDK 的工程管理器中。采用相同的方法,再建立一个外设测试的程序 Periph_Test。使用与 HelloWorld 测试相同的方法,可以分别在 SDK 的控制台中看到存储器和外设测试的结果,如图 9-10、图 9-11 所示。

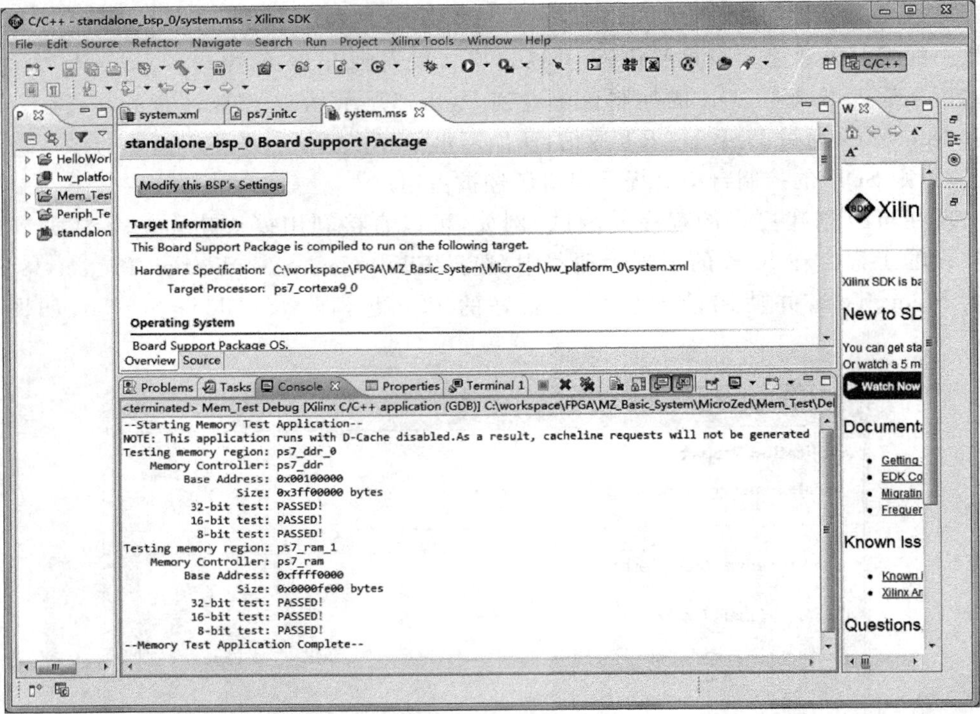

图 9-10 内存测试结果

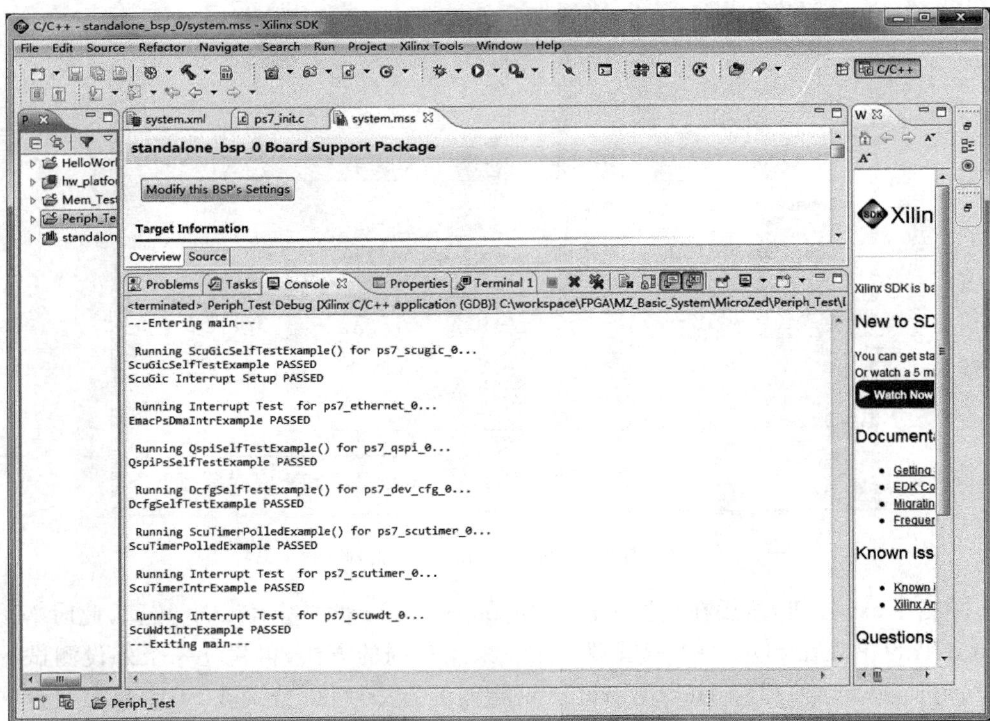

图 9-11 外设测试结果

9.3 测试更多的 DDR 内存空间

MicroZed 上有 256M×32bit 的 DDR3 RAM，换算为 PC 上的计算方法，即 1GB。上面已经运行了一个内存测试的程序，它是基于 SDK 中的模板生成的，如图 9-12 所示，其中分别包含了 8 位、16 位和 32 位长度的内存测试。这些信息在运行 MemTest 程序时，会通过 USB-UART 发送到 PC 并显示在 SDK 的控制台中。

```
Testing memory region: ps7_ddr_0
    Memory Controller: ps7_ddr
         Base Address: 0x00100000
                 Size: 0x3ff00000 bytes
          32-bit test: PASSED!
          16-bit test: PASSED!
           8-bit test: PASSED!
Testing memory region: ps7_ram_1
    Memory Controller: ps7_ram
         Base Address: 0xffff0000
                 Size: 0x0000fe00 bytes
          32-bit test: PASSED!
          16-bit test: PASSED!
           8-bit test: PASSED!
```

图 9-12　MemTest 测试的内存地址

在 MemTest 的例子中，只测试了很小一段 4KB 的内存地址。在 SDK 的工程管理器中，打开 hw_platform_0 下面的 system. xml，可以看到 ps7_ddr_0 的地址范围是 0x00100000～0x3fffffff，即 1 072 693 248 字节、1023MB。起始低地址的 1MB RAM 空间被用作片上空间（OCM）和保留空间，其初始配置如表 9-1 所示，具体内容可以查询 UG585 的技术手册。

表 9-1　内存地址划分

地址（Hex）	大小	CPU/ACP	其他
0000_0000～0000_FFFF	64KB	OCM	OCM
0001_0000～0001_FFFF	64KB	OCM	OCM
0002_0000～0002_FFFF	64KB	OCM	OCM
0003_0000～0003_FFFF	64KB	Reserved	Reserved
0004_0000～0007_FFFF	256KB	Reserved	Reserved
0008_0000～000B_FFFF	256KB	Reserved	DDR
000C_0000～000C_FFFF	64KB	Reserved	DDR
000D_0000～000D_FFFF	64KB	Reserved	DDR
000E_0000～000E_FFFF	64KB	Reserved	DDR
000F_0000～000F_FFFF	64KB	OCM3(alias)	DDR
0010_0000～3FFF_FFFF	1023MB	DDR	DDR
⋮	⋮	⋮	⋮
FFFC_0000～FFFC_FFFF	64KB	Reserved	Reserved
FFFD_0000～FFFD_FFFF	64KB	Reserved	Reserved
FFFE_0000～FFFE_FFFF	64KB	Reserved	Reserved
FFFF_0000～FFFF_FFFF	64KB	OCM3	OCM3

为了测试更多的 RAM 空间，可以修改测试程序。切换到 SDK 项目管理器中 Mem_Test 程序下面的 src 分类，然后打开 memorytest. c 文件。程序很短，很容易找到调用内存测试的那句：

```
for (i = 0; i < n_memory_ranges; i++) {
    test_memory_range(&memory_ranges[i]);
}
```

改变 n_memory_ranges，就可以选择测试 OCM 和 DDR3 了。CPU0 的 OCM 目前用来存放和运行的 Mem_Test 程序，所以不对其进行测试。在 Mem_Test 下面的 lscript.ld 内存链接文件中可以看到 CPU0 内存地址的分配情况。同样，在 memorytest.c 中，test_memory_range 的定义也很清晰地呈现在面前。为了方便定位程序，可以在 SDK 环境中，选择菜单栏上的 Window→Perferences，找到并打开行号的设置，如图 9-13 所示。

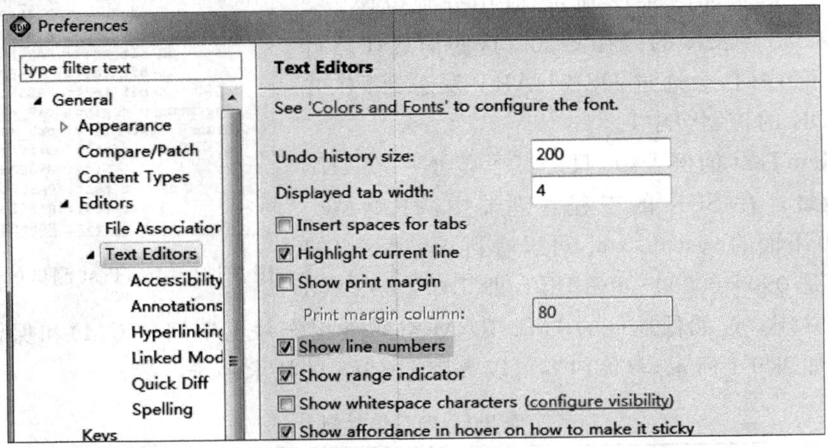

图 9-13　在 SDK 中显示行号

在 59、62 和 65 行，有内存测试的函数：

```
status = Xil_TestMem32((u32 *)range->base, 1024, 0xAAAA5555, XIL_TESTMEM_ALLMEMTESTS);
status = Xil_TestMem16((u16 *)range->base, 2048, 0xAA55, XIL_TESTMEM_ALLMEMTESTS);
status = Xil_TestMem8((u8 *)range->base, 4096, 0xA5, XIL_TESTMEM_ALLMEMTESTS);
```

可以看出，由模板生成的 Mem_Test 只进行了几次 4KB 长的内存测试。在这里可以修改其中的地址长度，例如 1024、2048、4096。因为这个程序最初设计的是既可以测试 OCM，又可以测试 DDR 的，而由表 9-1 可以看出，OCM 的地址范围要比 DDR 小得多，所以如果仅修改测试长度的话，显然会导致找不到对应的地址而出错。所以需要修改测试模式，只测试 DDR 空间，这样能够测试的地址范围就大得多。

打开 Mem_Test 程序下面 src 分类中的 memory_config.c，然后把 n_memory_ranges 从 2 改成 1，然后注释掉 ps7_ram_1 的相关代码(选中多行代码，然后按键盘的 Ctrl 和/键就可以了)，这样就能只测试 DDR 的空间了。

然后回到 memorytest.c，改变 59、62 和 65 行中的待测试的内存长度，就可以测试更多的 DDR 空间了。如果希望测试全部的 DDR3 RAM，就把地址范围改为最大值，即 8bit 测试的情况下最大范围是 1 072 693 248，16bit 测试的情况下最大范围是 1 072 693 248/2＝536 346 624，32bit 测试的情况下最大范围是 536 346 624/2＝268173312；然后保存更改，SDK 就会自动编译程序，并把结果显示在 SDK 的控制台中，如图 9-14 所示。

从图 9-14 可以看出，以十进制计算，生成的程序大小为 48 656 字节，即 47.5KB。而由图 9-12 可看出，在 CPU 模式下，CPU0 的 OCM 有 64×3＝192KB，存放生成的 Mem_Test.elf 文件完全没有问题。

最后，在 SDK 工程管理器中的 Mem_Test 项目下，右击选择 Run As→Run

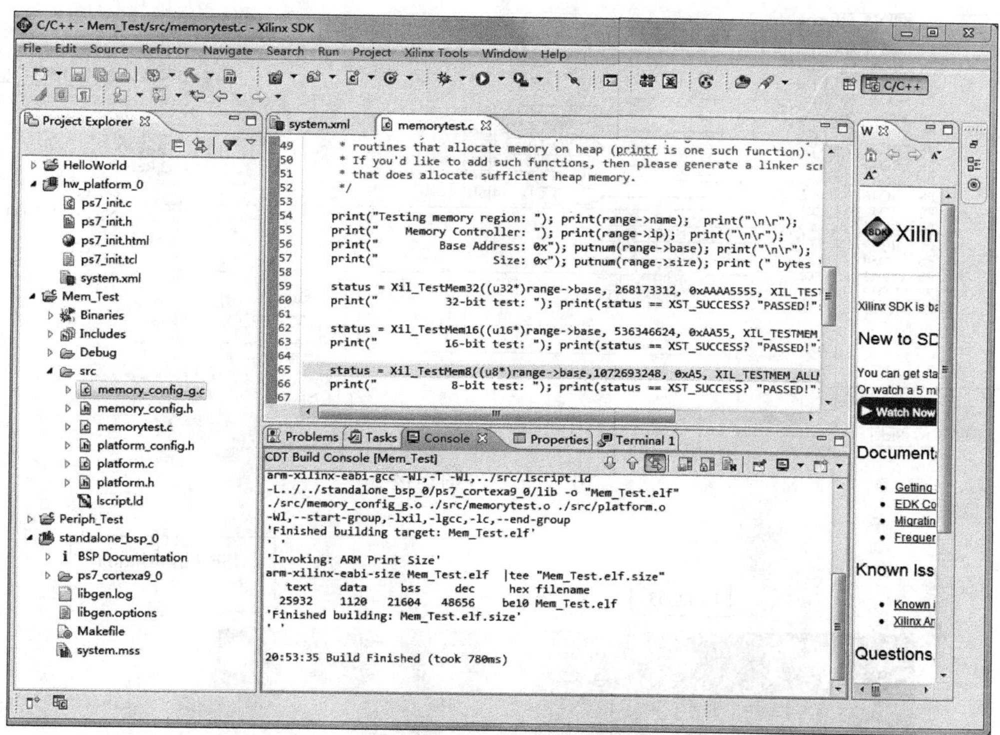

图 9-14 修改代码并编译程序

Configurations，找到 Xilinx C/C++application (GDB)下面的 Mem_Test Debug，在确认 STDIO 选项卡中已经正确配置 UART 之后，单击 Run，就可以运行 CPU1 中全部 DDR3 的测试了。全部的测试花费的时间将超过 10 分钟，其中 32bit 的测试最快，8bit 的最慢。

9.4 在 MicroZed 上运行开源 Linux

9.4.1 在 Linux 中控制 GPIO

前面已经把一个开源的 Linux 烧写到了 MicroZed 的 QSPI Flash。这样在配置启动模式为 QSPI 并上电之后，就可以在 Linux 中与 ZYNQ 的 GPIO 进行交互了。在 MicroZed 上面，有一个 LED(板子上的 D3 在 JTAG 插座的边上)连接到 PS 的 MIO 引脚，如图 9-15 所示，LED 和用户按钮在板子上的位置如图 9-16 所示。

根据图 9-15，只要控制 PS 的 MIO47(即 ZC7010 芯片的 B14 引脚)为低电平，D3 就能被点亮了。GPIO 的驱动存放在/sys 文件夹下(如果不知道的话可以用 find/-name 命令查找)。连接 USB-UART 电缆到 MicroZed，然后打开串口调试助手，再按一下 MicroZed 上的复位按钮，等待 Linux 启动完毕，就可以在串口调试助手里与 Linux 进行互动了。

输入 ls/sys/class/gpio/命令，可以查看如何通过 sysfs 把 GPIO 的驱动导出。返回值为：export gpiochip0 unexport。

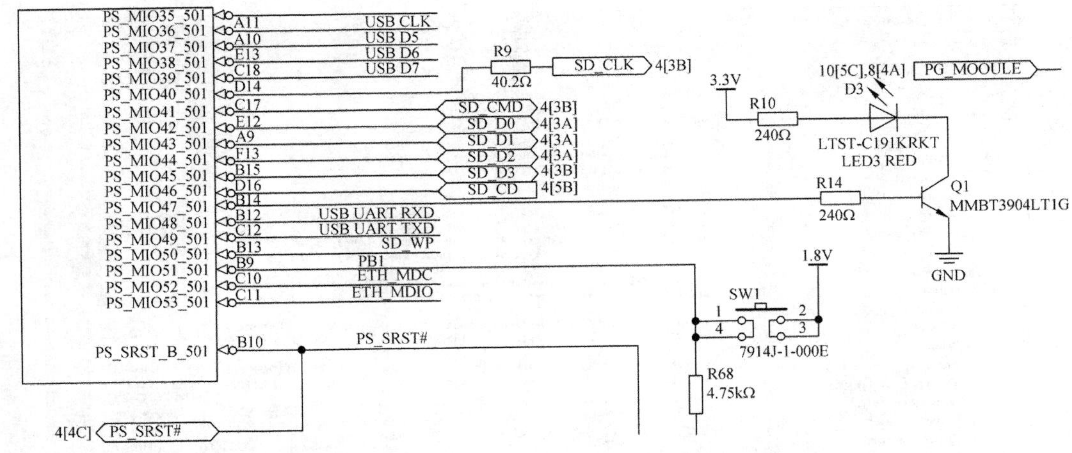

图 9-15　D3 的连接

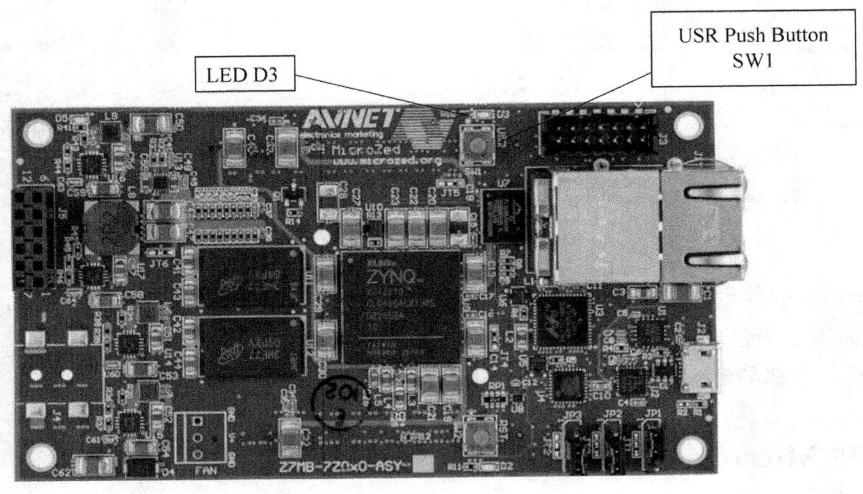

图 9-16　LED D3 和用户按钮 SW1

为了控制 MIO47，可以查看 gpio47 是不是已经被导出到 sysfs 文件系统。输入命令 echo 47>/sys/class/gpio/export 和 ls/sys/class/gpio，可以看到一个 GPIO47 的节点已经建立了，查看它的属性，输入 ls/sys/class/gpio/gpio47，可以看到的属性有 active_low、direction 等。把它配置为输出引脚，输入：

```
echo out > /sys/class/gpio/gpio47/direction
```

然后更改它的属性，即给引脚状态赋值，输入：

```
echo 1 > /sys/class/gpio/gpio47/value
```

回车之后，D3 就被点亮了。这时 MicroZed 上面应该有 3 种颜色的 LED 在发光了：一个是刚点亮的红色的 D3，一个是标识配置完成状态的蓝色 D2，以及表示供电正常的绿色 D5。

试验完和 LED 的交互，还可以在 Linux 里面对用户按钮 SW1 进行控制。从

MicroZed 的原理图上可知，SW1 连接到 PS 的 MIO51，也就是 ZC7010 的 B9 引脚。采用和前面类似的命令配置 gpio51 节点，只不过这次要配置为输入引脚。这时可以使用 cat/sys/class/gpio/gpio51/value 来捕捉引脚上的电平状态。当 SW1 没有被按下时，引脚状态为 0；SW1 被按下后，引脚状态为 1。

这时可以把 SW1 和 D3 关联起来，这样控制 SW1 就能控制 D3 的状态了。首先关闭 D3，输入 echo 0>/sys/class/gpio/gpio47/value 并回车。然后把二者的状态进行关联：

```
cat /sys/class/gpio/gpio51/value > /sys/class/gpio/gpio47/value
```

这样只要按着 SW1 输入上面的代码，D3 就会点亮，否则 D3 不亮。

最省事的办法还是用一个死循环，即创建一个任务，一直查询 SW1 的状态并控制 D3 点亮。这样只要按下 SW1，D3 就点亮了；只要松开，D3 就灭了。按 Ctrl+C 就能中断死循环的运行了。使用的所有命令和结果如图 9-17 所示。

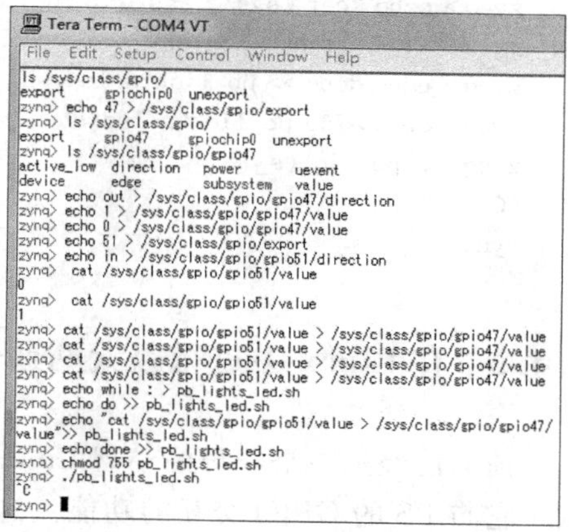

图 9-17　所有命令

```
ls /sys/class/gpio/
export      gpiochip0   unexport
zynq > echo 47 > /sys/class/gpio/export
zynq > ls /sys/class/gpio/
export      gpio47      gpiochip0   unexport
zynq > ls /sys/class/gpio/gpio47
active_low  direction   power       uevent
device      edge        subsystem   value
zynq > echo out > /sys/class/gpio/gpio47/direction
zynq > echo 1 > /sys/class/gpio/gpio47/value
zynq > echo 0 > /sys/class/gpio/gpio47/value
zynq > echo 51 > /sys/class/gpio/export
zynq > echo in > /sys/class/gpio/gpio51/direction
zynq >  cat /sys/class/gpio/gpio51/value
0
zynq >  cat /sys/class/gpio/gpio51/value
1
zynq > cat /sys/class/gpio/gpio51/value > /sys/class/gpio/gpio47/value
zynq > cat /sys/class/gpio/gpio51/value > /sys/class/gpio/gpio47/value
zynq > cat /sys/class/gpio/gpio51/value > /sys/class/gpio/gpio47/value
zynq > cat /sys/class/gpio/gpio51/value > /sys/class/gpio/gpio47/value
zynq > cd/
-/bin/ash: cd/: not found
zynq > zynq > cd/
-/bin/ash: can't create cd/: Is a directory
-/bin/ash: zynq: not found
zynq > -/bin/ash: cd/: not found
-/bin/ash: -/bin/ash:: not found
zynq > echo while : > pb_lights_led.sh
zynq > echo do >> pb_lights_led.sh
```

```
zynq> echo?? cat /sys/class/gpio/gpio51/value > /sys/class/gpio/gpio47
/value?? >> pb_lights_led.sh
-/bin/ash: can't create /sys/class/gpio/gpio47/value??: nonexistent directory
zynq> echo?? cat /sys/class/gpio/gpio51/value >
-/bin/ash: syntax error: unexpected newline
zynq> /sys/class/gpio/gpio47/value?? >> pb_lights_led.sh
-/bin/ash: /sys/class/gpio/gpio47/value??: not found
zynq> echo?? cat
zynq> pb_lights_led.sh
-/bin/ash: pb_lights_led.sh: not found
zynq> echo "cat /sys/class/gpio/gpio51/value > /sys/class/gpio/gpio47/
value">> pb_lights_led.sh
zynq> echo done >> pb_lights_led.sh
zynq> chmod 755 pb_lights_led.sh
zynq> ./pb_lights_led.sh
^C
zynq>
```

9.4.2 在 Linux 中进行以太网通信

前面已经把一个开源的小型 Linux 烧到了 MicroZed 板子的 QSPI Flash 里面，并测试了它与 PS 的 GPIO 交互的功能。这个开源 Linux 还支持 FTP、HTTP、内置 Web 界面、SSH 等协议，而 MicroZed 上带有 10/100/1000M 的以太网接口，所以这里就对它们进行简单的测试。

首先仍然是把 MicroZed 配置为 QSPI 启动模式(JP1：1-2，JP2：1-2，JP3：2-3)，然后连接 USB-UART 到 PC，并用一个网线连接 PC 和 MicroZed 的以太网接口；上电等待配置完成之后，按一下复位键启动 Linux 系统。此时通过串口调试助手可以读取 MicroZed 的网络配置。默认情况下，MicroZed 的 IP 地址为 192.168.1.10；为了更好地建立连接，把 PC 上有线网卡的 IP 也配置为同一个网段 192.168.1.x($x \neq 1$ 或 10)。通过串口助手向 MicroZed 发生 ifconfig 命令，就能看到其 IP 配置了，如图 9-18 所示。

这个开源的 linux 系统虽小，常用的网络命令却是都支持的。可以分别在 PC 上 ping MicroZed，也能通过串口助手把 ping PC 的命令发送到 MicroZed，然后就 ping PC。结果如图 9-19 所示。Linux 的 ping 命令是连续不断执行的，需要用键盘的 Ctrl＋C 才能中断，或者使用“ping 192.168.1.9-q-c 5”命令来限制 ping 的次数，5 就代表 5 次。在 PC 中一定要关闭防火墙或者找到 ICMP 设置，选择“允许传入回显请求”，否则 MicroZed ping PC 是不通的。

打开浏览器窗口，输入 MicroZed 的 IP 地址，就能查看 MicroZed 内置的网页服务器了，如图 9-20 所示。这个界面并没有提供太多的功能，因为被整个 Linux 的尺寸限制了，但它仍然提供了许多与 ZYNQ Linux 开发有关的连接。

使用 SSH 客户端，可以登录到 MicroZed 里的 Linux 中进行管理。以 Tera Term 为例，选择 File→Connection4，新建 SSH 连接，如图 9-21 所示。

```
Tera Term - COM4 VT
File  Edit  Setup  Control  Window  Help
dmatest: Started 1 threads using dma0chan6
dmatest: Started 1 threads using dma0chan7
drivers/rtc/hctosys.c: unable to open rtc device (rtc0)
IP-Config: Guessing netmask 255.255.255.0
IP-Config: Complete:
     device=eth0, hwaddr=00:0a:35:00:01:22, ipaddr=192.168.1.10, mask=255.255.255.0, gw=255.255.255.255
     host=192.168.1.10, domain=, nis-domain=(none)
     bootserver=255.255.255.255, rootserver=255.255.255.255, rootpath=
RAMDISK: gzip image found at block 0
VFS: Mounted root (ext2 filesystem) on device 1:0.
devtmpfs: mounted
Freeing init memory: 164K
Starting rcS...
++ Mounting filesystem
mount: mounting /dev/mmcblk0p1 on /mnt failed: No such file or directory
mount: mounting /dev/mmcblk0 on /mnt failed: No such file or directory
++ Setting up mdev
++ Starting telnet daemon
++ Starting http daemon
++ Starting ftp daemon
++ Starting ssh daemon
rcS Complete
zynq> xemacps e000b000.ps7-ethernet: Set clk to 2499999 Hz
xemacps e000b000.ps7-ethernet: link up (10/FULL)
xemacps e000b000.ps7-ethernet: link down
xemacps e000b000.ps7-ethernet: Set clk to 124999998 Hz
xemacps e000b000.ps7-ethernet: link up (1000/FULL)

zynq> ipconfig
-/bin/ash: ipconfig: not found
zynq> ifconfig
eth0      Link encap:Ethernet  HWaddr 00:0A:35:00:01:22
          inet addr:192.168.1.10  Bcast:192.168.1.255  Mask:255.255.255.0
          UP BROADCAST RUNNING MULTICAST  MTU:1500  Metric:1
          RX packets:0 errors:0 dropped:0 overruns:0 frame:0
          TX packets:0 errors:0 dropped:0 overruns:0 carrier:0
          collisions:0 txqueuelen:1000
          RX bytes:0 (0.0 B)  TX bytes:0 (0.0 B)
          Interrupt:54 Base address:0xb000

lo        Link encap:Local Loopback
          inet addr:127.0.0.1  Mask:255.0.0.0
          UP LOOPBACK RUNNING  MTU:65536  Metric:1
          RX packets:0 errors:0 dropped:0 overruns:0 frame:0
          TX packets:0 errors:0 dropped:0 overruns:0 carrier:0
          collisions:0 txqueuelen:0
          RX bytes:0 (0.0 B)  TX bytes:0 (0.0 B)

zynq>
```

图 9-18　MicroZed 的网络配置

```
管理员: C:\Windows\system32\cmd.exe
Microsoft Windows [版本 6.1.7601]
版权所有 (c) 2009 Microsoft Corporation。保留所有权利。

C:\Users\FU>ping 192.168.1.10

正在 Ping 192.168.1.10 具有 32 字节的数据:
来自 192.168.1.10 的回复: 字节=32 时间<1ms TTL=64
来自 192.168.1.10 的回复: 字节=32 时间<1ms TTL=64
来自 192.168.1.10 的回复: 字节=32 时间<
来自 192.168.1.10 的回复: 字节=32 时间<

192.168.1.10 的 Ping 统计信息:
    数据包: 已发送 = 4, 已接收 = 4, 丢
往返行程的估计时间(以毫秒为单位):
    最短 = 0ms, 最长 = 0ms, 平均 = 0ms

C:\Users\FU>
```

```
zynq> ping 192.168.1.100
PING 192.168.1.100 (192.168.1.100): 56 data bytes
64 bytes from 192.168.1.100: seq=24 ttl=64 time=0.203 ms
64 bytes from 192.168.1.100: seq=25 ttl=64 time=0.166 ms
64 bytes from 192.168.1.100: seq=26 ttl=64 time=0.147 ms
64 bytes from 192.168.1.100: seq=27 ttl=64 time=0.166 ms
64 bytes from 192.168.1.100: seq=28 ttl=64 time=0.166 ms
64 bytes from 192.168.1.100: seq=29 ttl=64 time=0.147 ms
64 bytes from 192.168.1.100: seq=30 ttl=64 time=0.148 ms
64 bytes from 192.168.1.100: seq=31 ttl=64 time=0.148 ms
64 bytes from 192.168.1.100: seq=32 ttl=64 time=0.166 ms
64 bytes from 192.168.1.100: seq=33 ttl=64 time=0.185 ms
64 bytes from 192.168.1.100: seq=34 ttl=64 time=0.203 ms
64 bytes from 192.168.1.100: seq=35 ttl=64 time=0.147 ms
64 bytes from 192.168.1.100: seq=36 ttl=64 time=0.147 ms
64 bytes from 192.168.1.100: seq=37 ttl=64 time=0.147 ms
64 bytes from 192.168.1.100: seq=38 ttl=64 time=0.166 ms
64 bytes from 192.168.1.100: seq=39 ttl=64 time=0.148 ms
64 bytes from 192.168.1.100: seq=40 ttl=64 time=0.148 ms
64 bytes from 192.168.1.100: seq=41 ttl=64 time=0.166 ms
64 bytes from 192.168.1.100: seq=42 ttl=64 time=0.148 ms
64 bytes from 192.168.1.100: seq=43 ttl=64 time=0.147 ms
^C
```

图 9-19　ping 测试 MicroZed

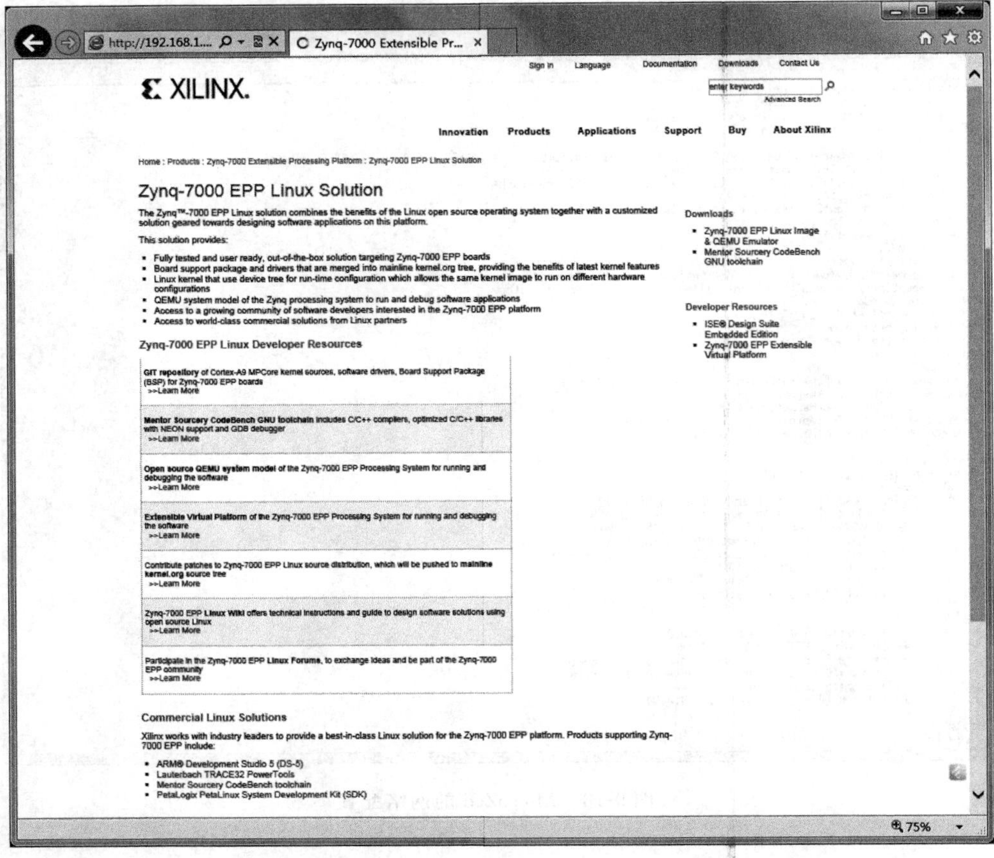

图 9-20　MicroZed 中开源 Linux 的 Web 界面

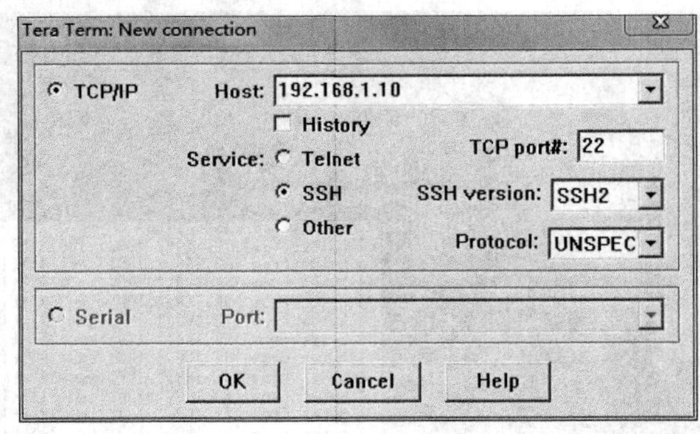

图 9-21　新建 SSH 连接

接受安全警告之后，进入远程登录界面，用户名和密码都是 root，然后就进入了远程终端，界面如图 9-22 所示；输入 exit 命令则注销登录并关闭连接。

在 Windows 系统中，打开命令窗口，然后输入 FTP，就可以通过以太网连接进行相关文件操作了，如图 9-23 所示。

```
192.168.1.10:22 - Tera Term VT
File  Edit  Setup  Control  Window  Help
zynq> cd /
zynq> ls -l
total 838
-rw-r--r--    1 root     root           256 Nov 27  2012 README
drwxr-xr-x    2 root     root          2048 Nov 27  2012 bin
drwxr-xr-x    6 root     root          2540 Jan  1 00:00 dev
drwxr-xr-x    5 root     root          1024 Jan  1 00:00 etc
drwxrwxrwx    3 root     root          1024 Nov 27  2012 home
drwxr-xr-x    3 root     root          1024 Nov 27  2012 lib
drwxr-xr-x   12 root     root          1024 Nov 27  2012 licenses
lrwxrwxrwx    1 root     root            11 Nov 27  2012 linuxrc -> bin/busybox
drwx------    2 root     root        838656 Nov 27  2012 lost+found
drwxr-xr-x    2 root     root          1024 Nov 27  2012 mnt
drwxr-xr-x    2 root     root          1024 Nov 27  2012 opt
dr-xr-xr-x   61 root     root             0 Jan  1 00:00 proc
drwxr-xr-x    2 root     root          1024 Jan  1 01:38 root
drwxr-xr-x    2 root     root          1024 Nov 27  2012 sbin
dr-xr-xr-x   12 root     root             0 Jan  1 00:00 sys
drwxrwxrwt    2 root     root            40 Jan  1 00:00 tmp
-rwxr-xr-x    1 root     root           481 Nov 27  2012 update_qspi.sh
drwxr-xr-x    6 root     root          1024 Nov 27  2012 usr
drwxr-xr-x    5 root     root          1024 Nov 27  2012 var
zynq> 
```

图 9-22　远程登录 MicroZed 中的开源 Linux

```
管理员: C:\Windows\system32\cmd.exe - ftp  192.168.1.10
连接到 192.168.1.10。
220 Operation successful
用户(192.168.1.10:(none)): root
230 Operation successful
ftp> put a.txt
a.txt: ftp> dir
200 Operation successful
150 Directory listing
total 838
-rw-r--r--    1 root     root           256 Nov 27  2012 README
drwxr-xr-x    2 root     root          2048 Nov 27  2012 bin
drwxr-xr-x    6 root     root          2540 Jan  1 00:00 dev
drwxr-xr-x    5 root     root          1024 Jan  1 00:00 etc
drwxrwxrwx    3 root     root          1024 Nov 27  2012 home
drwxr-xr-x    3 root     root          1024 Nov 27  2012 lib
drwxr-xr-x   12 root     root          1024 Nov 27  2012 licenses
lrwxrwxrwx    1 root     root            11 Nov 27  2012 linuxrc -> bin/busybox
drwx------    2 root     root        838656 Nov 27  2012 lost+found
drwxr-xr-x    2 root     root          1024 Nov 27  2012 mnt
drwxr-xr-x    2 root     root          1024 Nov 27  2012 opt
dr-xr-xr-x   60 root     root             0 Jan  1 00:00 proc
drwxr-xr-x    2 root     root          1024 Jan  1 01:38 root
drwxr-xr-x    2 root     root          1024 Nov 27  2012 sbin
dr-xr-xr-x   12 root     root             0 Jan  1 00:00 sys
drwxrwxrwt    2 root     root            40 Jan  1 00:00 tmp
-rwxr-xr-x    1 root     root           481 Nov 27  2012 update_qspi.sh
drwxr-xr-x    6 root     root          1024 Nov 27  2012 usr
drwxr-xr-x    5 root     root          1024 Nov 27  2012 var
226 Operation successful
ftp: 收到 1238 字节, 用时 0.00秒 1238.00千字节/秒。
ftp>
```

图 9-23　FTP 操作

9.4.3　测试 PS 与 USB 的通信

得益于 ZYNQ AP SoC 的强大功能，MicroZed 的外设接很丰富，如图 9-24 所示。前面已经测试了 MicroZed 现有的大部分外设，还剩下一个 USB Host，这里就对其进行测评。

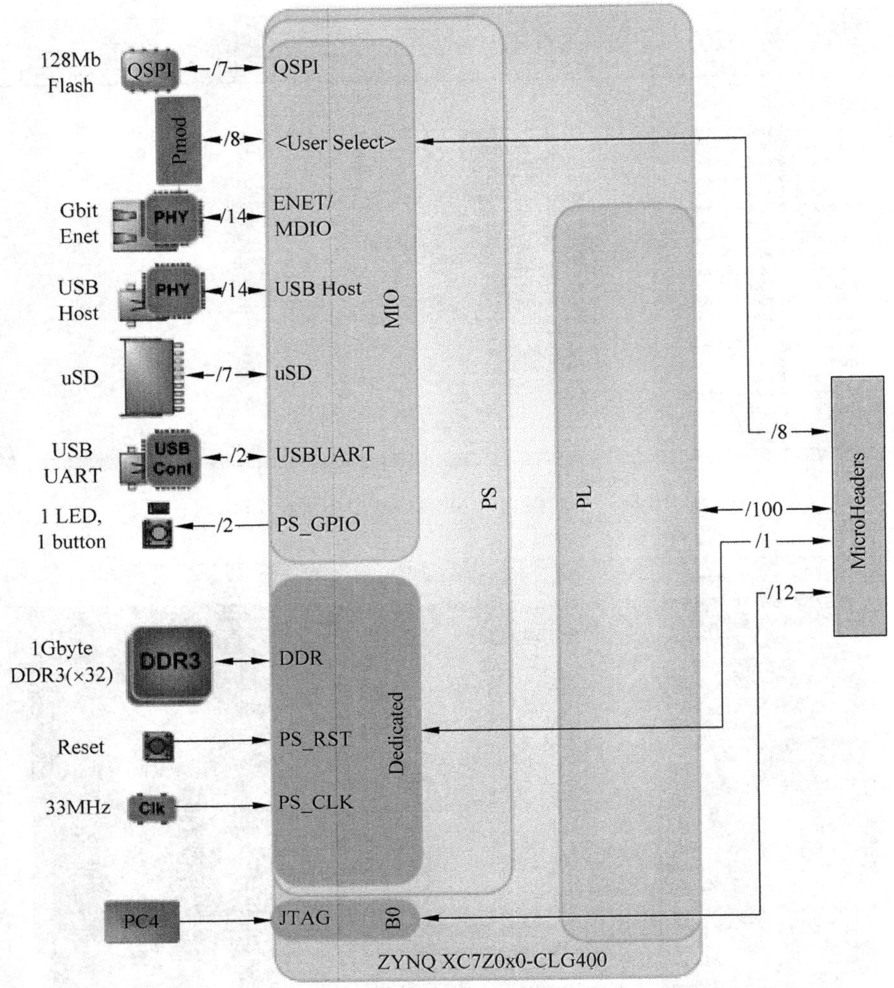

图 9-24　MicroZed 的外设接口

所谓 USB Host，自然就是把 MicroZed 作为 USB 的主机，外接的 U 盘、鼠标等则作为 USB 的从设备(目前 MicroZed 的 USB 只能配置为主机模式)。因为 MicroZed 没有使用外部电源，而是直接通过 USB-UART 从 PC 的 USB 接口上供电，所以其功率比较小，在 USB2.0 接口上最大功率只能为 5V×500mA=2.5W；如果要连接多个外部设备或者更大功率的，则需要使用外部的 USB-Hub。

首先，仍然是把 MicroZed 配置为 QSPI 启动模式(JP1：1-2，JP2：1-2，JP3：2-3)，然后连接 USB-UART 到 PC，并打开串口调试助手。等待 QSPI Flash 里面的 Linux 启动完成之后，把一个 U 盘插入 MicroZed 的 USB 接口，Linux 就会自动发现 U 盘，并把相关信息返回到串口助手，如图 9-25 所示。

需要注意的是，烧写到这个 QSPI Flash 里面的 Linux 只有几十 MB，如此精简的系统并不具备读取 NTFS 格式插件的功能，而在 Windows 下也无法直接格式化为 EXT 格式，所以需要提前把 U 盘格式化为 FAT32 格式。

```
zynq> scsi 0:0:0:0: Direct-Access     Generic  Flash Disk       8.07 PQ: 0 ANSI: 2
sd 0:0:0:0: [sda] 3753984 512-byte logical blocks: (1.92 GB/1.79 GiB)
sd 0:0:0:0: [sda] Write Protect is off
sd 0:0:0:0: Attached scsi generic sg0 type 0
sd 0:0:0:0: [sda] No Caching mode page present
sd 0:0:0:0: [sda] Assuming drive cache: write through
sd 0:0:0:0: [sda] No Caching mode page present
sd 0:0:0:0: [sda] Assuming drive cache: write through
 sda: sda1
sd 0:0:0:0: [sda] No Caching mode page present
sd 0:0:0:0: [sda] Assuming drive cache: write through
sd 0:0:0:0: [sda] Attached SCSI removable disk
```

图 9-25　发现的 U 盘信息

在串口助手中，向 Linux 发送 mkdir memstick 命令，从而创建 U 盘的加载点。然后输入 mount/dev/sda/mnt/memstick 命令，就可以将 U 盘挂载了。再输入 ls/mnt/memstick 命令，就能列出 U 盘上的内容了。然后可以创建一个新的文件到 U 盘上，输入：

```
echo "MicroZed is Awesome" > new.txt
```

再输入 ls 命令，就能在 U 盘上看到这个文件；然后输入 cat 命令查看文件内容：cat new.txt，就能在串口助手里读到 MicroZed is Awesome 这么一段话了。

在断开 MicroZed 板子的电源之前，最好使用 umount 命令卸载 U 盘，如图 9-26 所示。

```
zynq> cd /
zynq> umount /mnt
umount: can't umount /mnt: Invalid argument
zynq> df
Filesystem           1K-blocks      Used Available Use% Mounted on
none                    516800         0    516800   0% /tmp
zynq> cd /mnt
zynq> dkdir memstick
-/bin/ash: dkdir: not found
zynq> mkdir sdcard
zynq> mkdir memstick
zynq> df
Filesystem           1K-blocks      Used Available Use% Mounted on
none                    516800         0    516800   0% /tmp
zynq> mount /dev/sda /mnt/memstick
mount: mounting /dev/sda on /mnt/memstick failed: Invalid argument
zynq> mount /dev/sda1 /mnt/memstick
zynq> ls /mnt/memstick
New Folder        controlLearning
zynq> cat controllearning
cat: can't open 'controllearning': No such file or directory
zynq> cat controlLearning
cat: can't open 'controlLearning': No such file or directory
zynq> cat new folder
cat: can't open 'new': No such file or directory
cat: can't open 'folder': No such file or directory
zynq> echo "MicroZed is Awesome" > new.txt
zynq> ls
memstick  new.txt   sdcard
zynq> cat new.txt
MicroZed is Awesome
zynq> cd /mnt
zynq> umount memstick
zynq> 
```

图 9-26　操作过程

9.4.4　由 PS 向 PL 提供时钟信号

因为 MicroZed 是个低成本的开发套件，所以在板子上除了给 PS(33.3333MHz)、DDR、SPI FLASH、microSD 卡接口和 USB 提供时钟信号外，并没有为 PL 部分提供单独的晶振。为了让 PL 部分正常工作，一种方法是使用接口板从外部输入到 PL 的引脚上一个时钟信号，另一种方法则是使用 PS 提供给 PL 的时钟信号。

从 ZYNQ 的技术手册可知，PS 部分可以提供给 PL 四路相对独立的时钟信号(它们之间不保证时序上的关系)，因此它的任务就是配置 PS 和 PL，把这些时钟信号利用起来。此时可以充分利用 Vivado 提供的强大集成开发功能，轻松实现 PL“打包”PS 的功能——这与通常看到的 ZYNQ 的概念有点不同：PS 是主体，而 PL 作为一个逻辑胶合者被 PS 指挥；当然上电和初始化顺序还是一样的，必须先启动配置完 PS，才能初始化 PL。

首先在 Vivado 开发环境中建立 RTL 工程，并编写需要在 PL 中实现的功能代码 HDL 文件，把它作为顶层文件。

然后调用 PS 的 IP 核，建立并配置一个 PS，然后配置 PS 到 PL 的时钟输出，如图 9-27 所示。

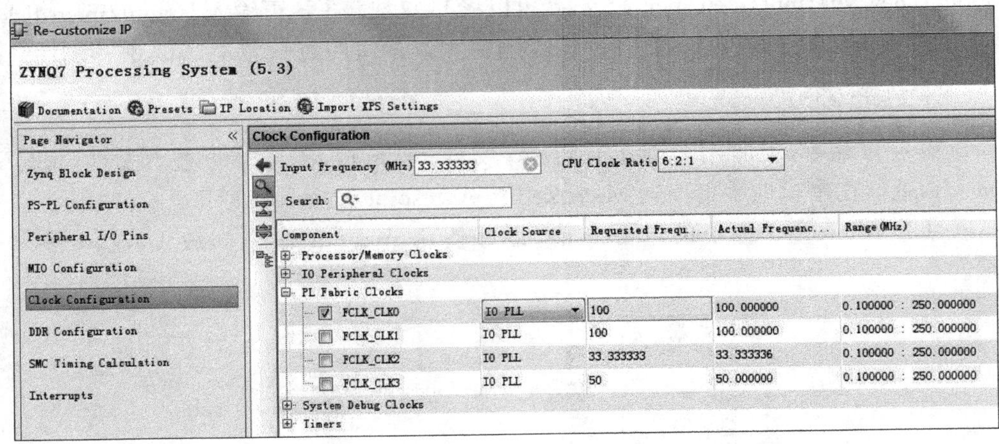

图 9-27 配置 PS 到 PL 的时钟

在引脚上单击创建端口，如图 9-28 所示。

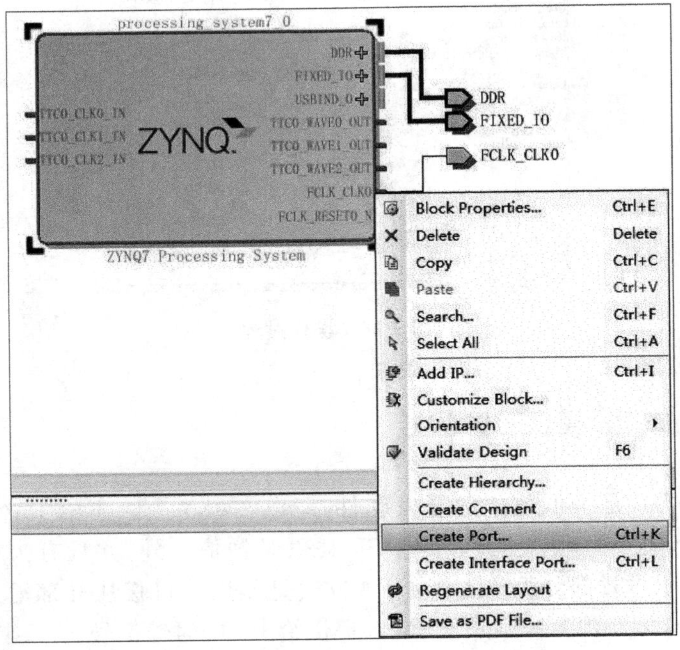

图 9-28 创建 PS 端口

单击 Run Automation，可以看到创建成功的 PS 和它的端口连线，如图 9-29 所示。

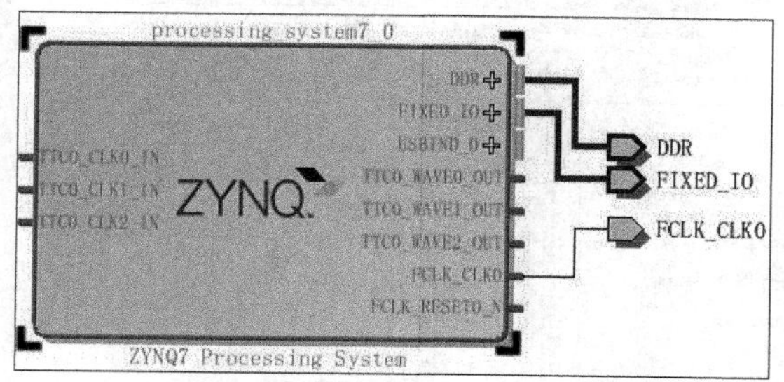

图 9-29　PS 端口与连线

然后右击 PS，进行基本的设计验证，如图 9-30 所示。

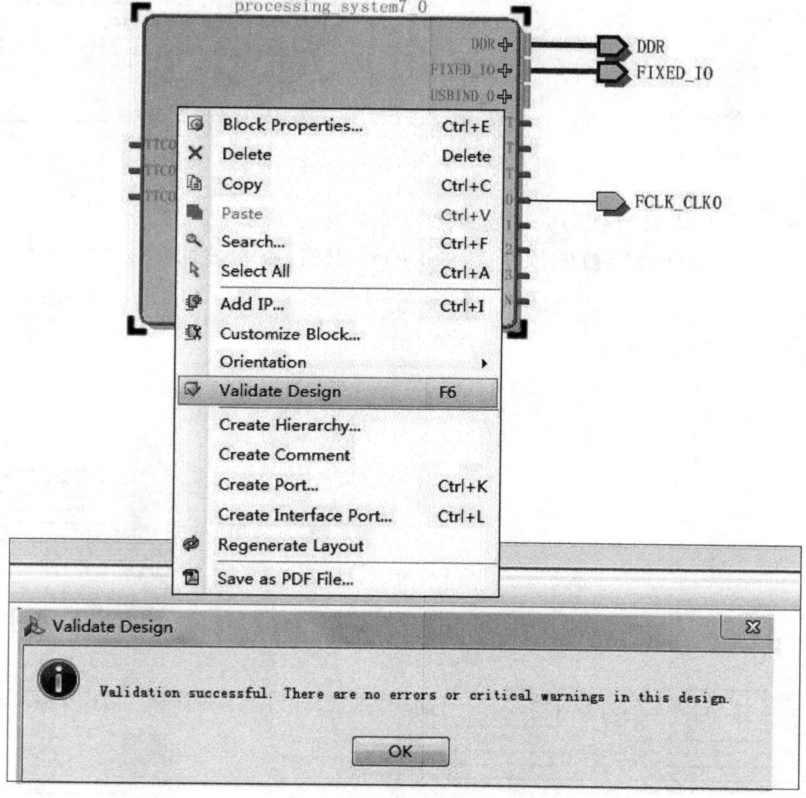

图 9-30　验证设计

完成 PS 的配置之后，在工程管理器里生成有关 PS 的打包文件，这是一个 HDL 文件，如图 9-31 所示。

接下来的事情就容易理解了：把 PS 及其端口、连线等一起生成的打包文件 HDL 文件在开头创建的顶层 HDL 文件里面进行例化。如果需要调用 IP 核的话，既可以在图 9-28 之前的步骤里面直接用 IP Integrator 创建后直接把 PS 的端口和 IP 自动关联，然后生成 HDL 打包文件后在顶层文件里面一起例化，也可以直接在顶层文件里面进行 IP 核的例

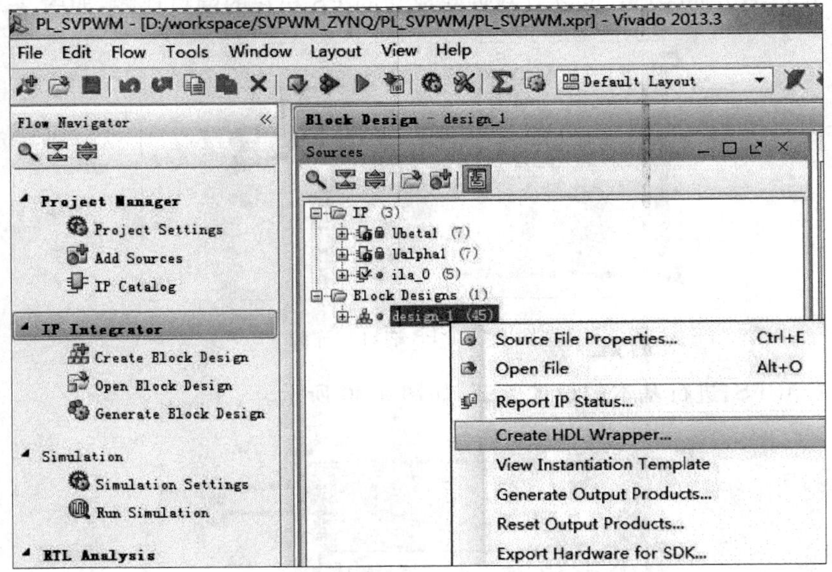

图 9-31 生成 HDL 打包文件

化。当然，前一种方式更方便，因为图形化的方式更直观、快捷。

可以看到 PS 部分已经被的顶层文件正确调用了，查看此时的 RTL，如图 9-32 所示。

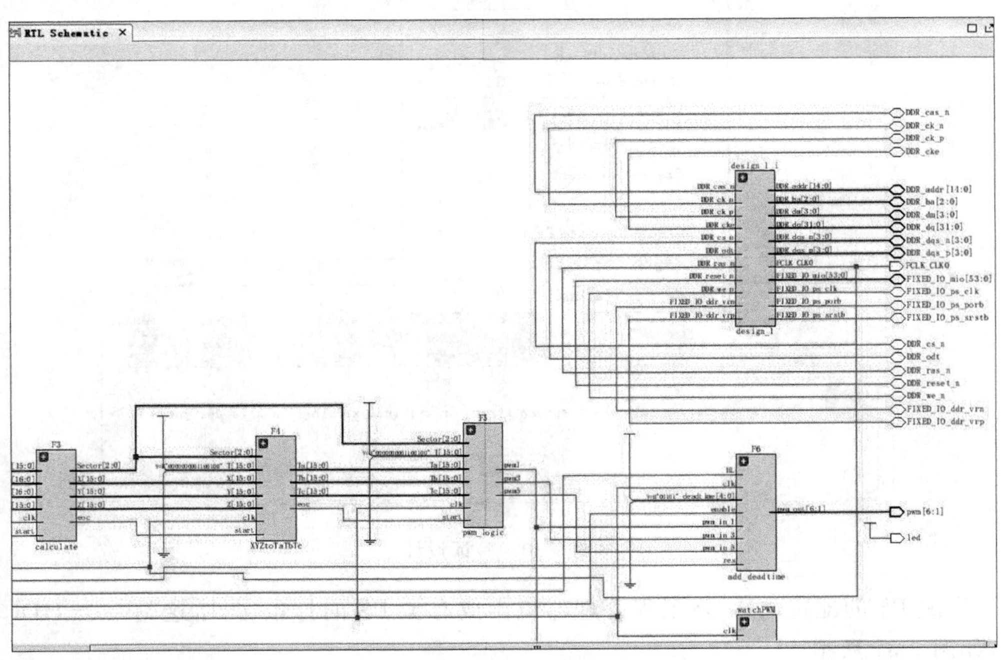

图 9-32 PL 中顶层文件的 RTL

此时，对比没有 PS 的设计，可以看出实现后的结果的区别了，如图 9-33、图 9-34 所示。

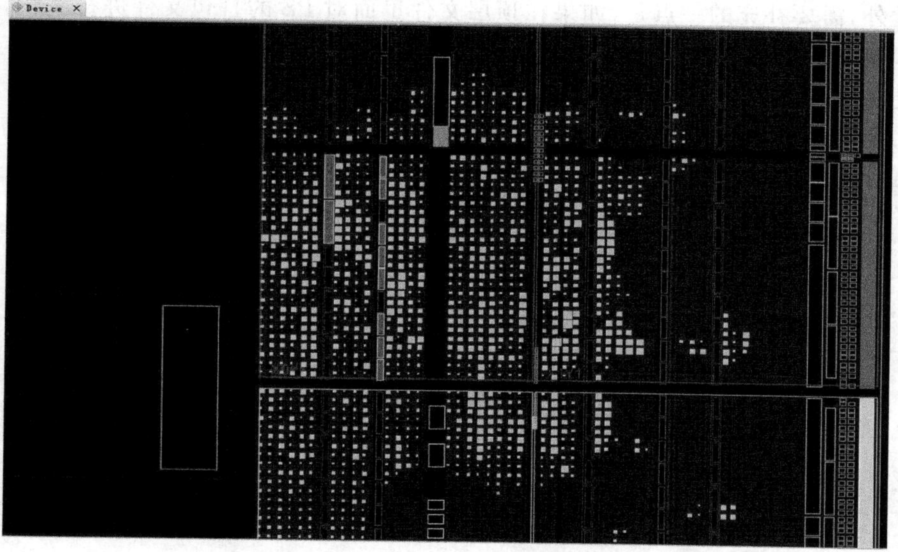

图 9-33　没有 PS 的实现结果

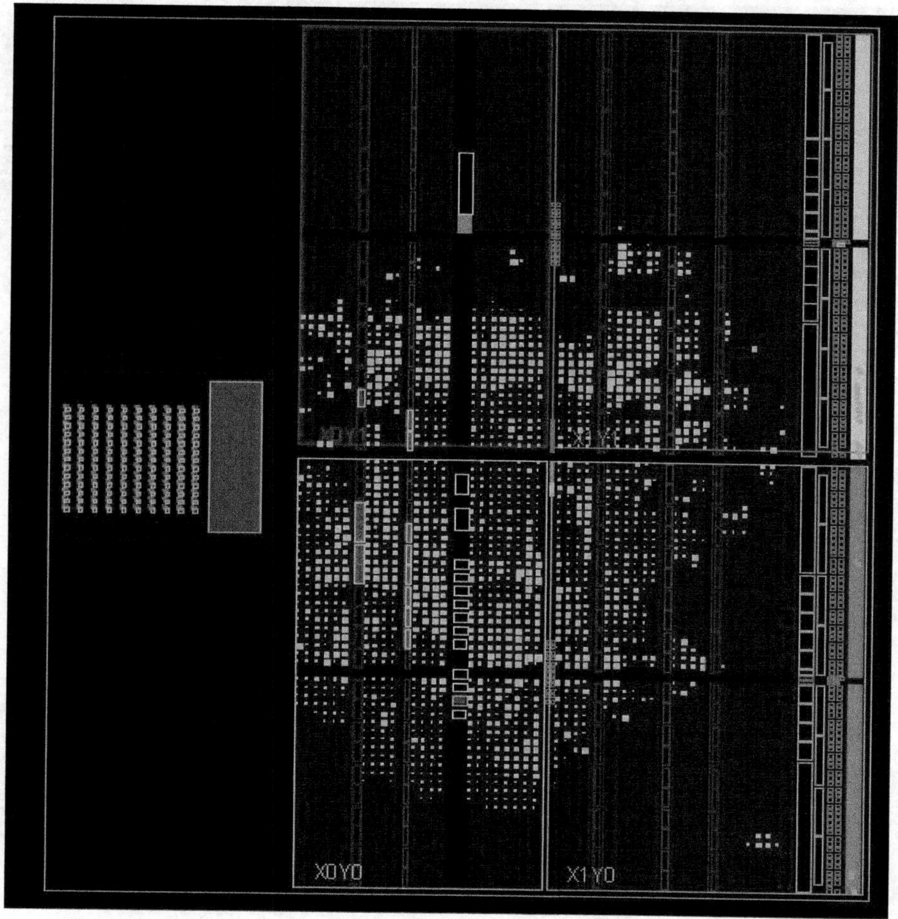

图 9-34　例化了 PS 的实现结果

此外，需要补充的一点是，如果在顶层文件里面对PS的打包文件进行例化，需要定义许多与PS有关的端口作为输入、输出或者双向端口，这样在设计文件中会产生上百个甚至更多的引脚。幸运的是，Vivado会自动为PS相关的端口分配引脚并设置电平标准，所以只需要对PL部分的程序分配引脚并设置电平标准就行了，如图9-35所示。

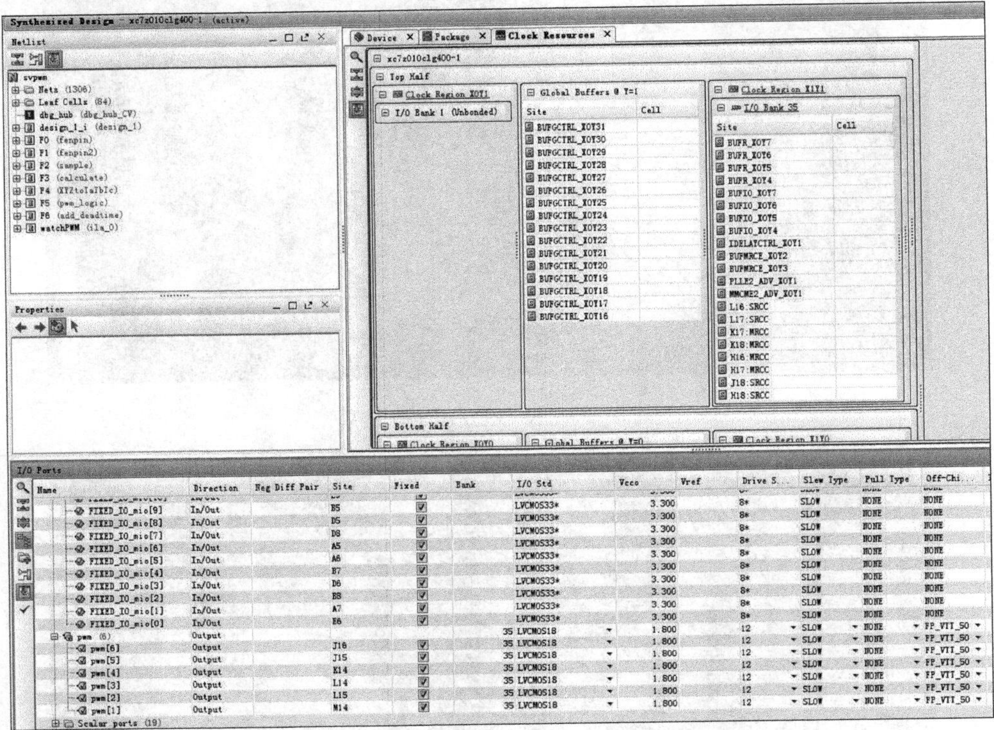

图9-35　自动分配的PS引脚

参考文献

[1] Xilinx Inc. DS190：ZYNQ-7000 All Programmable SoC Overview,2015.

[2] Xilinx Inc. UG585：ZYNQ-7000 All Programmable SoC Technical Reference Manual,2015.

[3] Xilinx Inc. UG821：ZYNQ-7000 All Programmable SoC Software Developers Guide,2015.

[4] Xilinx Inc. UG898：Vivado Design Suite User Guide Embedded Processor Hardware Design,2015.

[5] Xilinx Inc. UG1046：UltraFast Design Methodology Guide for the Vivado Design Suite,2015.

[6] Xilinx Inc. UG902：Vivado Design Suite User Guide：High-Level Synthesis (HLS),2015.

[7] Xilinx Inc. UG896：Vivado Design Suite User Guide：Designing with IP,2015.

[8] Xilinx Inc. UG1118：Vivado Design Suite User Guide：Creating and Packaging Custom IP,2015.

[9] Xilinx Inc. UG897：Vivado Design Suite User Guide：Model-Based DSP Design using System Generator,2015.

[10] Xilinx Inc. UG958：Vivado Design Suite Reference Guide：Model-Based DSP Design using System Generator,2015.

[11] Xilinx Inc. UG984：MicroBlaze Processor Reference Guide Vivado,2015.

[12] Xilinx Inc. UG1043：Embeded System Tools Reference Manual (Vivado Design Suite),2015.

[13] 何宾. Xilinx All Programmable ZYNQ-7000 SoC 设计指南[M]. 北京：清华大学出版社，2013.

[14] 陆佳华,等. 嵌入式系统软硬件协同设计实战指南:基于 Xilinx ZYNQ[M]. 北京：机械工业出版社，2013.

[15] ARM Inc. ARM DDI 0388I：Cortex-A9 Technical Reference Manual.

[16] ARM Inc. ARM DDI 0406C：ARM Architecture Reference Manual：ARMv7-A and ARMv7-R edition.